"十四五"时期国家重点出版物出版专项规划项目

智能建造理论·技术与管理丛书

建筑物联网技术

马鸿雁　主编

王亚慧　参编

机械工业出版社

本书依据建筑物联网技术课程标准进行编写，力争体现时代特征，突出基础理论与工程应用。本书共 8 章，包括绪论、建筑环境与智能建筑、物联网概述、自动识别技术、传感器与无线传感器网络、物联网通信、低功耗技术和智慧城市。本书深入浅出地介绍了建筑物联网技术及其在智能建筑、智慧城市中的应用。

　　本书主要面向高等学校智能建造专业的师生编写，内容丰富、重点突出、语言通俗易懂，可作为智能建造、土木工程、工程管理等专业的建筑物联网技术课程的教材，也可作为工程建设单位或智能建造相关领域从业人员的参考书。

图书在版编目（CIP）数据

建筑物联网技术 / 马鸿雁主编. -- 北京：机械工业出版社，2025. 6. --（智能建造理论·技术与管理丛书）. -- ISBN 978-7-111-78265-0

Ⅰ. TU-39

中国国家版本馆 CIP 数据核字第 2025PC7014 号

机械工业出版社（北京市百万庄大街 22 号　邮政编码 100037）
策划编辑：林　辉　　　　　责任编辑：林　辉　王　荣
责任校对：郑　婕　陈　越　封面设计：张　静
责任印制：任维东
河北宝昌佳彩印刷有限公司印刷
2025 年 7 月第 1 版第 1 次印刷
184mm×260mm·16.75 印张·409 千字
标准书号：ISBN 978-7-111-78265-0
定价：58.00 元

电话服务　　　　　　　　网络服务
客服电话：010-88361066　　机 工 官 网：www.cmpbook.com
　　　　　010-88379833　　机 工 官 博：weibo.com/cmp1952
　　　　　010-68326294　　金 书 网：www.golden-book.com
封底无防伪标均为盗版　机工教育服务网：www.cmpedu.com

前　言

物联网是在互联网基础上发展的，它通过约定的协议将原本独立存在的设备相互连接起来，并最终实现智能识别、定位、跟踪、监测、控制和管理，即"物物相连的互联网"物联网，主要应用于智能交通、智能仓储、智能家居、智能物流、智慧工地等领域。

"十四五"期间，我国明确了加快推进物联网建设向规模化方向发展。以社会治理现代化需求为导向，积极拓展物联网应用场景；以产业转型需求为导向，推进物联网与传统产业深度融合；以消费升级需求为导向，推动智能产品的研发与应用。推动交通、能源、市政、卫生健康等传统基础设施的改造升级，将感知终端纳入公共基础设施，统一规划建设。在智慧城市、数字乡村、智能交通等重点领域，加快部署感知终端、网络和平台。围绕强化数字转型、智能升级、融合创新支撑，物联网已经成为新型基础设施的重要组成部分。

物联网技术下的智能建筑是一个基于信息采集、控制、通信、分析和管理的系统工程，实现了智能建筑各类资源网络化的集成和应用，实现了人们利用信息技术进行建筑控制的目标，提升了建筑的使用效率和应用价值。

本书共8章，包括绪论、建筑环境与智能建筑、物联网概述、自动识别技术、传感器与无线传感器网络、物联网通信、低功耗技术和智慧城市。本书深入浅出地介绍了建筑物联网技术及其在智能建筑、智慧城市中的应用。

本书由马鸿雁主编，王亚慧参编。贺伟、许杰传、温浩宇、谢宗原等参与了本书的资料收集和整理工作，在此表示衷心感谢！

本书参考了大量文献，并引用了部分资料，在此向有关文献的作者表示诚挚的谢意！

限于编者水平，书中不妥之处在所难免，恳请广大读者批评指正。

编　者

目 录

第1章

绪　　论

在 21 世纪，电子技术、计算机网络技术、自动控制技术和系统工程技术获得了高速发展，并渗透到各个领域，深刻地影响着人类的生产方式和生活方式，给人类带来了前所未有的方便和利益。在建筑领域同样如此，智能建筑充分应用了各种电子技术、计算机网络技术、自动控制技术和系统工程技术，并将其研发和整合成智能装备，为人们提供安全、便捷、舒适的工作条件和生活环境，并逐渐成为现代建筑的主流。智能建筑可增强建筑所有者和管理者的竞争能力和应变能力，提高办公效率，也可满足用户改善工作环境、提高生活质量的需求。

近年来，按现代化、信息化运作的机构与行业，如政府、金融、商业、医疗、文教、体育、交通运输、法院、工业等，他们所建造的新建筑物，都已实现不同程度的智能化。智能建筑市场的拓展为建筑电气工程的发展提供了宽广的天地。特别是建筑电气工程中的弱电系统，更是借助电子技术、计算机网络技术、自动控制技术和系统工程技术在智能建筑中的综合利用，获得了日新月异的发展。智能建筑也为设备制造、工程设计、工程施工和物业管理等行业创造了巨大的市场，使社会对智能建筑技术专业人才的需求快速增加。

物联网技术是智能建筑的核心。通过集成传感器、自动化系统和数据分析，建筑可以实现高度智能化的运行。建筑物联网将传感器、设备和网络连接起来，使建筑内的各种系统（如暖通空调、照明和安防等）能够实现互联互通。

物联网技术也为建筑环境的优化提供了强大的技术支持，推动建筑向智能化、绿色化方向发展。建筑环境对建筑物联网的需求主要集中在提升建筑环境的舒适性、优化能源管理、增强建筑安全性、支持可持续发展、提升建筑的智能化管理水平、满足个性化需求等方面。

（1）提升建筑环境的舒适性　建筑环境可以通过物联网技术实现对室内温度、湿度、光照、空气质量等参数的实时监测与自动调节。例如，通过传感器监测室内的二氧化碳浓度，当浓度过高时，物联网系统可以自动开启通风系统，改善空气质量。此外，智能照明系统可以根据自然光照的强度自动调节室内的灯光亮度，确保舒适的视觉环境。

（2）优化能源管理　为了降低能耗，建筑环境可以通过物联网技术实现对暖通空调、照明等系统的精细化管理。例如，通过实时监测建筑内的人员活动和环境参数，物联网系统可以自动调整空调和照明设备的运行状态，避免能源浪费。这种智能化的能源管理系统不仅提高了能源利用效率，还能显著降低运营成本。物联网系统通过传感器网络收集大量数据，并借助云计算和大数据分析技术，为建筑管理者提供精准的决策支持。例如通过对历史数据的分析，管理者可以优化设备运行策略，降低运营成本。

（3）增强建筑安全性　建筑环境对安全性的需求也促进了物联网技术的广泛应用。例如物联网设备可以实时监控建筑内的人员位置和健康状况，防止工人进入危险区域，并在紧急情况下发出警报。此外，智能安防系统通过集成摄像头、门禁系统和传感器，可以实现对建筑的全方位监控，提升整体安全性。

（4）支持可持续发展　建筑环境可以利用物联网技术来实现可持续发展。通过监测能源使用情况和环境参数，物联网系统可以优化建筑的运行效率，减少碳排放。例如智能水管理系统可以实时监控水资源的使用情况，减少浪费。

（5）提升建筑的智能化管理水平　建筑环境可以利用物联网技术实现设备的互联互通和集中管理。例如通过物联网平台，建筑管理者可以远程监控建筑内的各种设备，如空调、照明、电梯等。这种智能化管理不仅提高了管理效率，还能通过数据分析来优化建筑的运行状态。物联网技术贯穿建筑的设计、施工、运营和维护。例如在设计阶段，物联网技术通过模拟建筑性能来优化设计方案；在运营阶段，物联网技术通过实时数据监测和分析来优化设备运行和维护策略。智能系统能够预测设备故障并提前预警，减少因设备故障导致的能源浪费和安全隐患。

（6）满足个性化需求　建筑环境可以利用物联网技术来满足不同用户的个性化需求。例如通过智能系统学习用户的偏好后，建筑可以自动调节温度、照明和窗帘状态，为用户提供定制化的舒适体验。此外，通过手机 APP 等终端设备，用户可以远程控制建筑内的设备，提升生活和工作的便利性。

物联网技术也将与人工智能、数字孪生、云计算等技术深度融合，实现建筑系统的高度集成化和数字化。随着环保意识的增强，物联网技术也将更多地应用于建筑的节能减排和可持续发展中。通过优化能源使用和资源管理，建筑物联网技术将助力绿色建筑的发展。

建筑物联网与建筑环境的协同发展是现代建筑领域的重要趋势，通过物联网技术与建筑环境管理的深度融合，能够实现智能化、高效化和可持续化的建筑运营。

建筑物联网技术正在快速改变建筑行业的面貌，据预测，建筑物联网市场规模将从 2023 年的 115.8 亿美元增长到 2036 年的 824.6 亿美元，年复合增长率超过 16.3%。这一增长主要得益于技术的进步、对安全和效率的需求，以及建筑行业的数字化转型。

建筑物联网不仅是单体建筑的智能化管理工具，更是智慧城市的重要组成部分。通过与智能家居、智慧城市等领域的无缝对接，建筑物联网能够实现更广泛的数据共享和协同工作，共同构建更加智慧、便捷、可持续的未来生活场景。

第2章

建筑环境与智能建筑

建筑是人与自然环境之间的媒介，依靠建筑，人类得以在地球环境中更好地生存和发展。人与建筑都是处于环境当中的，都要受到环境的影响，而人与建筑作为环境中的元素，也对环境有着重要影响。人与建筑本身就是广义的环境中的一部分，它们之间的相互关系非常密切。在人类发展的漫长进程中，环境对人类不断提出要求，建筑也在对环境的改造与适应中影响着人们的种种行为，而人类行为又始终不断地改变着周围环境，将其构成人、建筑、环境协调发展的系统。为了创造更适于人类生存与发展的建筑空间及物理环境，人与建筑环境的复杂关系亟待深入探索。

建筑空间由建筑的围合界面所限定。围合界面的形状、尺寸、材料与虚实决定了建筑空间的形体、比例、尺度、色彩、质感和围透等形式特征，也在一定程度上影响了建筑室内的声、光、热等物理环境条件。因此，只有将建筑与建筑室内环境中与人体健康有关的各种因素结合起来整体考虑，才有可能创造出一个健康舒适的室内环境，从而提高现代人们的居住质量。

2.1 建筑声环境

2.1.1 声音的产生和传播

声音是人类行为中重要的组成部分，凡是人们可以听到的声音都属于声环境范畴。声音的产生和传播过程包括三个基本因素：声源、传播介质和接收者。

声音是由于物体的振动产生的。振动停止，物体就停止发声。正在发声的物体叫作声源。声音是一种波动现象。声波必须通过介质才能进行传播。声音不仅可以在空气中传播，也可以在其他气体、液体或固体等不同介质中传播，如水、钢铁、木材和混凝土等。

2.1.2 声音的周期、频率、波长和声速

声音的周期 T：声源完成一次振动所经历的时间称为声音的周期，单位是秒（s）。

声音的频率 f：声源在 1s 内的振动次数，即周期 T 的倒数称为声音的频率，单位是赫兹（Hz）。

声音的波长 λ：声波在一个周期内的传播的距离称为声音的波长，单位是米（m）。

声速 c：声波在介质中的传播速度称为声速，单位是 m/s。声速不是质点振动的速度，而是振动状态传播的速度，它的大小与振动的特性无关，而与介质的弹性、密度以及温度有

关。温度为 0℃ 时声波在几种不同介质中的传播速度见表 2-1。

表 2-1 温度为 0℃时声波在几种不同介质中的传播速度

介质	传播速度/(m/s)	介质	传播速度/(m/s)
松木	3320	空气	331
软木	500	水	1450
玻璃	5000	花岗石	6000
铁	5000	钢	5000

在空气中，声速与温度的关系为

$$c = 331.4 \sqrt{1 + \frac{\theta}{273}} \qquad (2-1)$$

式中　θ——空气温度（℃）。

声速、波长和频率的关系为

$$c = \lambda f \qquad (2-2)$$

在一定的介质中声速是确定的。因此，频率越高，波长就越短。常温（15℃）下空气中的声速可取 340m/s。

人耳能听到的声波频率范围为 20~20000Hz（低于 20Hz 的声波为次声波，高于 20000Hz 的声波为超声波）。其中，人耳感觉最重要的部分为 100~4000Hz，相应的波长为 3.4~8.5cm。

2.1.3　声音的计量

声波是能量传播的一种形式，仅仅用声速、周期、波长等描述是远远不够的，它有其自身的特点。

1. 声功率

声功率是指声源在单位时间内以声波的形式辐射出的总能量，用符号 W 表示，单位为 W。声源声功率有时也指在某个有限频率范围内所辐射的声功率（通常称为频带声功率）。

在声环境设计中，声源辐射的声功率大都可以认为不因环境条件的不同而改变，所以可看作是属于声源本身的一种特性。表 2-2 列举了几种声源的声功率。

表 2-2　几种声源的声功率

声源种类	声功率	声源种类	声功率
喷气式飞机	10kW	钢琴	2mW
空气锤	1W	女高音	1000~7200μW
汽车	0.1W	对话	20μW

2. 声强

声强是衡量声波在传播过程中声音强弱的物理量。声场中某一点的声强，是指在单位时间内，该点处垂直于声波传播方向的单位面积上所通过的声能，记为 I，单位为 W/m^2，即

$$I = \frac{\mathrm{d}W}{\mathrm{d}S} \qquad (2-3)$$

式中　dS——声能所通过的面积（m²）；

　　　dW——单位时间内通过的声能。

在无反射声波的自由场中，点声源发出的球面波，均匀地向四周辐射声能。因此，距声源中心为 r 的球面上的声强为

$$I = \frac{W}{4\pi r^2} \tag{2-4}$$

3. 声压 P 和声压级

声波在传播过程中，由于传播介质受到压缩，使介质在原有压强的基础上又叠加了一个压强，这个叠加的压强就称为声压，记为 P，单位是 Pa。任一点的声压都是随时间不断变化的，每一瞬时的声压称瞬时声压，某段时间内起伏的声压的均方根值称为有效声压。如未说明，通常所指的声压即为有效声压。

在自由声场中，声强与声压的关系为

$$I = \frac{P^2}{\rho_0 c} \tag{2-5}$$

式中　P——有效声压（Pa）；

　　　ρ_0——介质密度（kg/m³）；

　　　c——介质中的声速（m/s）。

　　　$\rho_0 c$——介质的特性阻抗，在20℃时，其值为415N·s/m²。

在自由声场中，可以通过测量声压间接得到声强和声功率的数值。

声压级（SPL）是衡量声音强度的一个重要指标，表示声音在介质中产生的压力变化。声压级单位为 dB，声压级 = 20×log（实际声压/参考声压）。

2.1.4　人耳对声音的听觉范围

正常年轻人能听到的最小声音称为听阈，表 2-3 列出了国际标准组织（ISO）公布的自由场纯音听阈（MAF），即在自由场中，以纯音的平面波作为信号，使18~25岁听力正常的听者面对声源，双耳听闻，在人进入声场前听不到而进入声场后刚能听到的声音的声压为最低声压级。

表 2-3　自由场纯音听阈

纯音频率/Hz	20	40	60	120	250	500	1000	2000
自由场听阈/dB	74.3	48.4	36.8	21.4	11.2	6.0	4.2	1.0

感觉阈代表人耳可容忍的最高声压，超出可容忍程度即为不适阈，即感觉不适，引起人耳发痒或疼痛等。感觉阈与习惯性有关，未经受过强声训练的人，极限为120~125dB；经受过训练的人可达135~140dB；一般可取120dB为不适阈，130~140dB为痛阈。

2.1.5　室内噪声的主要来源

凡是干扰人们休息、学习、工作的声音，即不需要的声音统称为噪声。当噪声超过人们的生活和生产活动所能容许的程度，就形成了噪声污染。

《中华人民共和国环境噪声污染防治法》把超过国家规定的环境噪声排放标准并干扰他人

正常生活、工作和学习的现象称为环境噪声污染。按照国家标准规定，住宅区的噪声，白天不能超过50dB，夜间应低于45dB。室内环境的噪声标准依据国家颁布《城市区域环境噪声测量办法》的规定，在室内进行噪声测量时，室内噪声声限值应低于所在区域标准值10dB。

噪声对人体的危害主要表现在以下3个方面：

（1）令人烦恼　噪声使人感到不舒服，给人带来烦恼。在噪声环境中工作的人因为需要更加集中注意力而容易产生疲劳感。

（2）影响工作　在噪声较大的环境中工作，一般来说工作效率会有所降低，除非工作人员最大限度地集中精力。

（3）有害健康　噪声会引起听觉器官的损伤，也会对人体健康造成严重的影响。

室内噪声来源主要有以下5个方面：

（1）交通运输噪声　城市交通业日趋兴旺，给人们的工作和生活带来了便捷和舒适，也促进了经济的发展。但是随着城乡车辆的增加，公路和铁路交通干线的增多，机动车辆的噪声已成了交通噪声的元凶，占城市噪声的75%，特别是一些临街的建筑，受害极重。

（2）工业机械噪声　由于动力工作机构做功时产生的撞击、摩擦、喷射和振动可以产生70dB以上的声响，虽然都做了一定程度的降噪处理，但仍然不能从根本上消除机器本身所产生的噪声。

（3）城市建筑噪声　近年来城市建设迅速开展，道路建设、基础设施建设、城市建筑开发、旧城区改造以及百姓家庭的室内装修等，都造成了城市建筑噪声。建筑施工现场噪声一般在90dB以上，最高到达130dB。

（4）社会生活和公共场所的噪声　例如公共场所的商业噪声、餐厅、公共汽车、旅客列车、人群集会、高音喇叭等。

（5）家用电器直接造成室内噪声污染　随着人们生活现代化的发展，家庭中家用电器的噪声对人们的危害越来越大。许多家用电器的不恰当使用都可以产生噪声，不但会损害居室内人员的听力和健康，而且会影响邻居的休息。一些常见的家用电器所产生的噪声声压级见表2-4。

表2-4　家用电器所产生的噪声声压级

电器种类	噪声声压级/dBA	电器种类	噪声声压级/dBA	电器种类	噪声声压级/dBA
收录机	50~90	电视机	60~83	空调	50~67
耳机	70~110	电冰箱	50~90	换气扇	50~70
洗衣机	50~80	吸尘器	63~85	抽油烟机	65~78

注：dBA是一种考虑人耳频率感知的声压级单位。

2.1.6　环境噪声的控制

噪声的防治主要是控制声源的输出和噪声的传播途径，以及对接收者进行保护。

（1）在声源处控制噪声　对声源的具体噪声进行控制有以下两条途径：

1）改进结构，提高其中部件的加工质量、精度以及装配的质量，采用合理的操作方案等，以降低声源的噪声发射功率。

2）利用声的吸收、反射、干涉等特性，采取吸声、隔声、减振等技术措施，以及安装消声器等，控制声源的噪声辐射。

（2）在传播途径中控制噪声

1）使噪声源远离安静的地方，因为声音在传播中的能量是随着距离的增加而衰减的。

2）控制噪声的传播方向：声音的辐射一般有指向性，处在与声源距离相等而方向不同的地方，接收到的声音强度也就不同。低频的噪声指向性很差，随着频率的增高，指向性就增强。

3）建立隔声屏障：这种方法即绿化降噪、利用天然屏障以及利用其他隔声材料和隔声结构来阻挡噪声的传播。

4）使用吸声结构和吸声材料，将传播中的声能转换为热能。

5）在城市建设中，采用合理的城市防噪规划，对固体振动产生的噪声采取隔振措施以减弱噪声的传播。

（3）对接受者进行保护

1）佩戴护耳器，如耳塞、耳罩等。

2）减少在噪声中暴露的时间。

3）适当调整在噪声环境中工作的人员。

2.2　建筑热环境

建筑最本质的属性是提供一个遮风避雨、使人远离极端寒暑的遮蔽物。建筑首先要创造一个为人类生存提供基本保障的热环境，达到防寒避暑、遮风避雨的要求，同时兼有安全防御的功能，使建筑内的微气候适合人的生存与生活，而随着技术与文明的进步，在满足最基本的生存问题之后，人们也开始追求更加舒适的建筑热环境。

建筑热环境与建筑能源消耗关系密切，供暖和空调直接依赖能源。利用最少的能源消耗提供最舒适、健康和高效的工作和居住环境是建筑热环境设计的目标。

建筑热环境直接影响人们工作和居住的舒适性。不同的气候区有不同的气候特征。这些气候并非时时都能够让人们感到舒适，因此有必要利用建筑来加以改变，起到防寒避暑、遮风避雨的作用，形成有利于人们工作和居住的适宜的室内热环境。但是由于设计上的原因，建筑有时并没有达到人们预期的效果。例如，我国的长江流域夏热冬冷地区的住宅冬季不供暖，围护结构保温和密闭性差，室内温度达不到舒适的标准；在北方严寒和寒冷地区，合理的建筑朝向有助于充分利用太阳辐射供暖，避开冬季不利的风向，良好的平面设计和剖面设计有助于自然通风形成，围护结构良好的保温性能不仅有利于节能，而且可以避免冬季室内墙面结露。因此，合理的规划和建筑设计是塑造舒适的室内热环境的有效手段，从城市规划到建筑群体布局，从建筑平面设计到建筑构件的细部设计，都能够体现建筑师在建筑适应气候、合理选择围护结构和利用太阳能等可再生能源诸方面的技巧。由于气候直接影响建筑的群体布局、平面、立面乃至于开窗大小和开窗方式等，建筑设计适应气候是营造舒适的热环境同时又节能的重要途径。

2.2.1　人的热舒适

1. 热舒适

热舒适是人对周围热环境所做的主观满意度评价。建筑需要为人提供热舒适环境，并将人从热难受中解脱出来，不舒适的环境通常会引起人的不舒服反应。

热平衡是人感到舒适的必备条件。人的热平衡即人体新陈代谢产生的热量必须与蒸发、热辐射、热传导和热对流的失热代数和相平衡。对人体而言，与周围环境的热辐射、热对流以及热传导是得热或失热过程，而蒸发则完全是失热过程。

人在不同的活动状况下，所要求的舒适温度是不同的。新陈代谢的产热量取决于活动程度，在周围没有热辐射或导热不平衡的状况下，新陈代谢产热量有不同的平衡温度，例如在睡觉（产热功率为 70~80W）时需要的空气平衡温度是 28℃，这是人在熟睡时床铺里的温度。人在坐着（产热功率为 100~150W）时，热舒适平衡温度是 20~25℃。在更高的新陈代谢产热量情况下，定出空气平衡温度比较困难。例如，马拉松运动员产热功率达到 1000W，体温可达 40~41℃，此时无论环境温度如何，他的热感觉都极为不舒适。

通常能够接受的热舒适标准是低耗能、不出汗、不冷颤。在某种特定的情况下，热舒适可以与一定范围的环境因素联系起来，在这个范围内可以通过单独或者同时调节衣物和人的活动量来达到良好的热舒适。建筑的主要功能之一就是调节好室内外环境，缓解由于过多的得热和失热而带来的不舒适，让人满意地生活及从事各项工作。

2. 影响人体热舒适的因素

人体热舒适受到各类因素的影响，主要包括环境物理状况和个体差异。

（1）环境物理状况　与人的热舒适密切相关的环境物理状况包括：空气温度、空气湿度、空气流动（风速）、平均辐射温度、接触温度和气味，见表 2-5。

表 2-5　影响热舒适的环境因素

环境因素	指标	影响
空气温度	空气的平均温度 水平的温度梯度 垂直的温度梯度	通过对流方式的主要散热量
空气湿度	绝对湿度 相对湿度	潜热交换 主观上的凉爽感觉
空气流动	平均速度、脉动速度 主导方向上的气流速度 主导方向上的气流温度	主观上的凉爽感觉
平均辐射温度	平均辐射温度 一定方向上的辐射温度	通过热辐射方式的散热量
接触温度	表面温度（围护结构）	局部加热和冷却
气味	空气量 有害物质浓度	呼吸、主观上的凉爽感觉

1）空气温度：在人的热舒适感觉指标中，空气温度给人冷热的感觉，对人体的舒适感最为重要，室内最适宜的温度是 20~24℃。在人工空调环境下，冬季室内温度控制在 16~22℃，夏季室内温度控制在 24~28℃ 时，能耗比较经济，同时又较为舒适。如果室内温度低于 16℃，则人的手指温度将低于 25℃，无法正常工作和写字，同时对人体的肌肉和骨关节有害；如果温度高于 30℃，人体的活动也将受不良影响。在讨论热环境时，如果只用到空气温度，一般认为其他 3 个因素（空气湿度、风速和平均辐射温度）大致都是恒定的，此

外，温度场的水平和垂直分布对人的舒适性也将产生影响。

2）空气湿度：空气湿度是指空气中含有的水蒸气的量。在舒适性方面，湿度直接影响人的呼吸器官和皮肤出汗，影响人体的蒸发散热。在舒适区（干球温度在 $16 \sim 25℃$），相对湿度在 30%～70%范围内变化对人体的热感觉影响不大，但是当温度升高到人体需要通过出汗来散热降温时（干球温度大于 $29℃$），空气湿度将对热舒适造成较大的影响。一般认为最适宜的相对湿度应为 50%～60%。相对湿度低于 20%，人会感到喉咙疼痛、皮肤干燥发痒、呼吸系统的正常工作受到影响。在夏季高温时，如果相对湿度过高（高于 70%）则汗液不易蒸发，形成闷热感，令人不舒适。在冬季，相对湿度过大则产生湿冷感，同样令人不舒适。此外，空气湿度过高且通风不好时，微生物很容易滋生。

3）空气流动：空气流动形成风，改变风速是改善热舒适的有效方法。舒适的风速随温度变化而变化，在一般情况下，令人体舒适的风速应小于 $0.3m/s$。在夏季利用自然通风的房间，由于室温较高，舒适的气流速度也应较大。

4）平均辐射温度：周围环境中的各种物体与人体之间都存在热辐射，可以用平均辐射温度来评价。人通过热辐射从周围环境得热或失热。当人体皮肤温度低时，人就可以从高温物体（炉火和暖气）处用热辐射得热。热辐射具有方向性，因此在单向热辐射下，只有朝向热辐射的一侧才能感到热，人体无法感到热舒适。

（2）个体差异　不同个体对于热舒适的感受是有差异的，体现在下列方面：

1）热舒适的瞬感现象：在冬季早晨，当人进入阳光暖照的房间时立即就感到温暖，这是热辐射和瞬感现象综合作用的结果，即使此时周围的空气温度可能低于 0℃，身体也并没有真正加热，人仍然有愉快的温暖感。同样，当人从不舒适的热环境进入到凉爽环境时，也同样是立即就感到轻松，因为人的热调节机制能够用调节皮肤和血液温度的办法预感出最终情况。

2）服装调节：在热舒适方面，服装的作用不仅仅是御寒，而且还可以用来控制热辐射和对流热交换，起到遮阳和防风/通风的作用。服装调节热舒适是有限度的，由于生活习惯的差异，服装的热舒适调节作用也是不同的。

3）性别差异：实验表明，热舒适感觉在性别之间是有差别的，女性选择的舒适温度比男性稍高一点。

4）个体状况：一般来说，瘦人比胖人耐热，虽然在坐着时两者对温度的选择没有什么差别，但是一旦增加活动量后显然对肥胖者不利，特别是在炎热的地区或季节。

5）适应性差异：适应环境是人在一个全新的环境中减轻所受困扰的过程。不同的人的适应性是有差异的，一般来说 80%的困扰可以在短时间内减轻，而剩下的困扰可能需要很长时间才能减轻，调节新陈代谢产热的内分泌也要经过长期的过程才能适应当地环境，甚至有些人对某些情况永远都不能适应。

6）地域差异：当其他条件相同时，各地的人对水土、气候、服装、精神等环境因素的适应性是不一样的。居住在湿热地区的人喜欢的温度比适应了寒冷地区的人更高一些。

7）年龄差异：医学研究表明，儿童和老人在平衡得热和失热方面不如成人，因此他们对热环境的敏感性更高，对舒适性的要求更高。

8）恒定与变化：热环境不舒适会降低脑力和体力劳动的工作效率，因此有必要保持环境的热舒适性，但是恒温、恒湿的环境也不能获得最大的工作效率和最舒适的主观评价，相反环境因素的小幅度变化可以改善人们的工作行为。

2.2.2 室内热舒适的量化表示及评价

为了研究室内热环境和热舒适性，需要对热舒适进行量化表示。

（1）量化参数及测量 室内热环境由室内热辐射、室内空气温度、室内空气湿度和室内空气风速等一些因素综合形成，以人的热舒适感觉作为评价标准。

1）室内热辐射。对一般建筑来说，室内热辐射主要是指房间内各表面和设备对人体的热辐射作用。室内热辐射的强弱通常用"平均辐射温度"（T_{mrt}）表示。平均辐射温度指的是在一个给定环境内，假定所有表面温度都是平均辐射温度后，与该环境进行的净辐射热平衡将与原各表面温度情况下相同。平均辐射温度也就是室内对人体辐射热交换有影响的各表面温度的平均值。由于人在房间里的位置常不固定，房间里各表面的温度也不相同，精确计算室内平均辐射温度就很复杂，工程中一般常用粗略计算，用各表面的温度乘以面积计权的平均值表示。其计算式为

$$T_{mrt}=\frac{A_1 T_1+A_2 T_2+\cdots+A_n T_n}{A_1+A_2+\cdots+A_n} \tag{2-6}$$

式中 T_1、T_2、$\cdots$、T_n——各表面温度（K）；

A_1、A_2、$\cdots$、A_n——各表面面积（m^2）；

T_{mrt}——房间的平均辐射温度（K）。

平均辐射温度无法直接测量，但是可以通过黑球温度（T_0）换算得出。平均辐射温度与黑球温度间的换算关系可用贝尔丁经验公式（Belding's formula）计算，即

$$T_{mrt}=t_g+2.4v^{0.5}(t_g-t_a) \tag{2-7}$$

式中 T_{mrt}——平均辐射温度（K）；

t_g——室内黑球温度（K）；

t_a——室内空气温度（K）；

v——室内风速（m/s）。

平均辐射温度对室内热环境有很大的影响。在炎热地区，夏季室内过热的原因除了夏季气温高外，主要是外围护结构高温内表面的长波热辐射，以及通过窗口进入的太阳辐射。而在寒冷地区，如外围护结构内表面的温度过低，将对人产生"冷辐射"，也会严重影响室内热环境及人体舒适性。

2）室内空气温度。温度是7个国际基本单位制之一，反映了人对某种热刺激的感受。人们习惯于用"热"或"冷"来对天气进行描述。物体的许多性质均随温度而变，绝大多数固体、液体或气体有热胀冷缩的现象。温度的量度有华氏温度、摄氏温度和热力学温度三种方式。摄氏温度和热力学温度刻度相同（见表2-6）。温度虽无上限，但有下限。

表2-6 摄氏温度和热力学温度比较

温度	摄氏温度/℃	热力学温度/K
绝对零度	-273.15	0
水结冰点	0	273.15
水沸点	100	373.15

摄氏温度和华氏温度的关系为

$$t_C = \frac{5}{9}(t_F - 32)$$

式中　t_C——摄氏温度；

　　　t_F——华氏温度。

室内空气温度是表征室内热环境的主要参数，是最实用最简易的测量指标，一般采用干球温度计来测量。

对于一般建筑，按照房间的使用要求，对于空气温度有相应规定：冬季室内气温应在16~22℃；夏季空调房间的气温规定为24~28℃，并以此作为室内计算温度。室内实际温度则由房间内得热和失热、围护结构内表面的温度及通风等因素构成的热平衡所决定，设计者的任务就在于使实际温度达到室内计算温度，并把温度波动值控制在一定范围之内。特殊房间对室温有特殊的要求。

3）室内空气湿度。空气湿度表示的是空气中含有水蒸气的量。在一定温度和气压下，空气中所能容纳的水蒸气量有一定限度。在气压相同时，空气温度越高，它所能容纳的水蒸气量也越多。湿度可以用绝对湿度、空气含湿量、水蒸气分压力或相对湿度来量化表示。

① 绝对湿度：每立方米湿空气中所含水蒸气量，单位为 g/m^3。

② 空气含湿量：在单位质量的干空气中所包含的水蒸气量，单位为 g/kg。

③ 水蒸气分压力（e）：在整个大气压力中由水蒸气所造成的部分压力，单位为 Pa（帕斯卡）。在一定的气压和温度条件下，空气中所能容纳的水蒸气量有一个饱和值，与饱和含湿量对应的水蒸气分压力称为饱和水蒸气分压力（E），饱和水蒸气分压力随空气温度的不同而改变。

以上 3 种表示方法在数值上存在下式关系：

$$d = 0.622\frac{e}{P-e} \tag{2-8}$$

式中　d——空气含湿量（kg/kg，干空气）；

　　　e——水蒸气分压力（Pa）；

　　　P——大气压（Pa），一般标准大气压为 101300Pa。

此外还有

$$e = 0.461 T f P_a \tag{2-9}$$

式中　T——空气的绝对温度（K）；

　　　f——绝对湿度（g/m^3）；

　　　P_a——室内空气压力（Pa）。

④ 相对湿度：在一定的温度和气压下空气中水蒸气量与饱和水蒸气量之比。在建筑工程中常用水蒸气分压力与饱和水蒸气分压力比值的百分数来表示相对湿度，饱和空气的相对湿度为 100%。相对湿度的表达式为

$$\varphi = \frac{e}{E} \times 100\% \tag{2-10}$$

室内外空气存在对流，室外空气的含湿量直接影响室内空气的湿度。虽然冬季室内的一

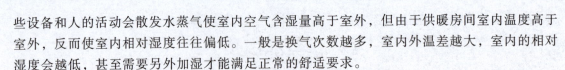

些设备和人的活动会散发水蒸气使室内空气含湿量高于室外，但由于供暖房间室内温度高于室外，反而使室内相对湿度往往偏低。一般是换气次数越多，室内外温差越大，室内的相对湿度会越低，甚至需要另外加湿才能满足正常的舒适要求。

4）室内空气流动。风速是指单位时间内空气流动的行程，单位为 m/s。风向是指气流吹来的方向。室内气流状态影响人体的对流换热和蒸发换热，也保证室内空气清新。如果空气温度低于皮肤温度，增加风速就可增加皮肤的对流失热率，如果人正在出汗，通风还使汗水蒸发散热。虽然汗水蒸发可以散热，但是如果继续加大风速，汗水蒸发散热的速度也会达到一个极值点而不再增加。如果空气温度高于皮肤温度，那么人体就可能由对流而得热。

（2）热舒适指数评价指标　热舒适指数包括作用温度、有效温度、热应力指标和预测平均热感觉指标等。不同指标有各自的优缺点和适用范围。其中，预测平均热感觉指标是应用最广泛、得到最普遍认同的一种评价体系。

1）作用温度。作用温度综合了室内气温和平均辐射温度对人体的影响，可用公式表示为

$$t_0 = \frac{t_a a_c + t_{mrt} a_r}{a_c + a_r} \tag{2-11}$$

式中　t_0——作用温度（℃）；

　　　t_a——室内空气温度（℃）；

　　t_{mrt}——室内平均辐射温度（℃）；

　　　a_c——人体与室内环境的对流换热系数；

　　　a_r——人体与室内环境的辐射换热系数。

当室内空气温度（t_a）与室内平均辐射温度相等时，作用温度与室内空气温度相等。

2）有效温度。有效温度为室内气温、空气湿度和室内风速在一定组合下的综合指标，是根据人进入某一特定环境中的瞬时热感觉反映来评价各项因素对人体的综合作用。有效温度最早由美国供暖制冷及空调工程师协会（ASHRAE）于 1923 年提出，认为在同一有效温度作用下，虽然温度、湿度、风速各项因素的组合不同，但人体会产生同样的热舒适感觉。它以试验为依据，受试者在热环境参数组合不同的两个房间走动，其中一个房间的平均风速为"静止"状态（$v \approx 0.12 \text{m/s}$），相对湿度达到"饱和"（100%），另一房间的各项参数（温度、湿度、风速）均可调节，如多数受试者在两个房间均能产生同样的热感觉，则可得出同样的有效温度。有效温度曾广泛用于空调房间设计中，它的不足之处是由试验方法使然，对湿度的影响可能估计过高。另外，这个指标主要针对休息和轻体力劳动状态，并且是衣着轻薄时的热感觉，不能概括各种不同情况。

3）热应力指标。热应力指标是美国匹兹堡大学的贝尔丁和哈奇在 1955 年提出的。热应力指标是根据人体热平衡的条件，先求出在一定热环境中人体所需的蒸发散热量，然后再计算在该环境中最大可能的蒸发散热量，最后求二者的百分比。它提供了一种按照人体活动产热、衣着及周围热环境对人的生理机能综合影响的分析方法。但是根据实验范围，由于该指标是以蒸发为依据，它只适用于空气温度偏高，即在 20～50℃，并且衣着较单薄的情况。

4）预测平均热感觉指标。预测平均热感觉指标是在 20 世纪 80 年代初得到国际标准化组织（ISO）承认的一种相对全面的热舒适指标。丹麦的范格尔（P. O. Fanger）综合了近千人在不同热环境下的热感觉试验结果，并以人体热平衡方程为基础，认为人的热感觉是热负荷的函数，而且人在舒适状态下应有的皮肤温度和排汗散热率分别与产热率之间存在相对应关系。

在一定的活动状态下，只有一种皮肤温度和排汗散热率是使人感到最舒适的，可以通过人的活动状态和排汗率计算人处于舒适状态的平均皮肤温度。它们之间的数值关系为

$$t_s = 35.7 - 0.028 \frac{H}{A_{Du}} \tag{2-12}$$

$$E_{sw} = 0.42 A_{Du}\left(\frac{H}{A_{Du}} - 58\right) \tag{2-13}$$

式中　t_s——人体皮肤各部分平均温度（℃）；

　　E_{sw}——排汗散热率，即从总的蒸发散热率中减去由呼吸和正常的水分渗透造成的蒸发散热（W）；

　　H/A_{Du}——人体新陈代谢产热率（W/m）。

按式（2-12）和式（2-13）计算，可得出静坐状态（$H/A_{Du} = 58$）的人体排汗率应为 0，且平均皮肤温度为 34℃左右为舒适。

由范格尔推导出的热舒适方程可以计算出人在多种衣着和活动状态下对热环境的舒适感觉，并将这种感觉分为 7 级，即"预测平均热感觉指标"，以 PMV 表示（见表 2-7）。预测平均热感觉指标与人对环境感觉的满意程度又可用预测不满意百分率表示。国际标准化组织推荐的热舒适环境的 PMV 范围在 −0.5~0.5 之间。在国内，一般认为 PMV 的值在 −1~1 之间可以视为热舒适环境。

表 2-7　预测平均热感觉指标（PMV）与热感觉的对应关系

PMV 值	3	2	1	0	−1	−2	−3
预测热感觉	热	暖	稍暖	舒适	稍凉	凉	冷

PMV 的计算公式非常复杂，因此精确计算 PMV 并不太容易，往往要借助计算机才能准确得出结果，而绘制好的现成图表因数量太多也不便于查找。从另外一个角度看，虽然环境温度、湿度和风速等因素都可以通过测量得出较为精确的结果，但衣着和人体新陈代谢率则很难精确测量。因此，通过看似复杂而精确的计算所得出的 PMV 值往往精度并不高。另外，不同人群（如老人、儿童与成人，生活环境气候条件不同的人）对于相同环境会有显著不同的热感觉，因而 PMV 的绝对数值往往没有太多的实际意义，而值得关注的是不同环境下 PMV 值的相对变化。

5）热感觉投票。美国供暖制冷及空调工程师协会 7 级热感觉投票（Thermal Sensation Votes，TSV）主要用于评价人体的热感觉，侧重于人体冷或热的生理感觉，是考察人体对热环境评价的又一基本参量。在进行热感觉试验时，设置一些投票选择方式来让受试者说出自己的热感觉，这种投票选择的方式被称为热感觉投票，其内容也是一个与 PMV 值内容一致的 7 级分度指标，见表 2-8。

表 2-8　热舒适投票（TCV）与热感觉投票（TSV）的对应关系

热舒适投票（TCV）		热感觉投票（TSV）	
分值	热感觉	分值	热感觉
4	不可忍受	3	热
3	很不舒适	2	暖
2	不舒适	1	稍暖
1	稍不舒适	0	正常
0	舒适	−1	稍凉
		−2	凉
		−3	冷

2.3　建筑光环境

光环境是从物理观点考虑的由光照射而创造的客观环境。建筑光环境是建筑环境中的一个非常重要的组成部分。人们对光环境的需求与所从事的活动有密切关系。在进行生产、工作和学习的场所，适宜的照明可以振奋人的精神，提高工作效率，保证产品质量，保障人身安全与视力健康。因此，充分发挥人的视觉效能是营建这类光环境的主要目标。在居住、休息、娱乐和公共活动的场合，光环境的首要作用则在于创造舒适优雅、活泼生动或庄重严肃的特定环境气氛，使光环境对人的精神状态和心理感受产生积极的影响。

为了创造令人满意的建筑光环境，同时又要避免过高的建筑能耗，就必须充分了解不同类型的采光、照明设备和方法的性能特点与能耗特点。在建筑光环境的设计中，将适当的昼光引进室内照明，并且让人能透过窗户看见室外的景物，是保证人的工作效率、身心舒适的重要条件。许多研究表明，太阳的全光谱辐射，是人们在心理上和生理上长期感到舒适的关键因素。建筑物充分利用昼光照明的意义，不仅在于获得较高的视觉功效，节约能源和费用，而且很可能还是一项长远的保护人体健康的措施。另外，多变的天然光又是表现建筑艺术造型、材料质感与渲染室内环境气氛的重要手段。所以，无论是从环境的实用性，还是从美观的角度，都要求建筑师对天然光的利用做认真的规划，掌握天然光环境的知识和技巧。建筑光环境在建筑环境工程学中占有重要地位。现代建筑的发展对天然光资源的利用、建筑装饰、灯光设计、光环境的艺术处理、城市夜景设计和照明节能措施等方面提出了更高要求。

2.3.1　光的物理描述

光是以电磁波形式传播的，也是一种横波。电磁波的波长范围很广，只有波长在 380~780nm 的这部分电磁波才能引起光视觉，称为可见光。波长短于 380nm 的是紫外线、X 射线、γ 射线和宇宙射线；波长长于 780nm 的是红外线、无线电波等，它们用人眼是看不见的。

不同波长的可见光在视觉上形成不同的颜色。例如，700nm 的光呈红色，580nm 的光呈黄色，470nm 的光呈蓝色。单一波长的光呈现一种颜色，称为单色光。太阳光和灯光都是由不同波长的光混合而成的复合光，它们呈白色或其他颜色。将复合光中各种波长的光的相对功率量值按对应波长排列连接起来，就形成该复合光的光谱功率分布曲线，它是光源的一个重要物理参数。光源的光谱组成不但影响光源的表观颜色，而且决定了被照物体的显色效果。

按照麦克斯韦电磁场理论，电磁波在真空中的传播速度为

$$c=\frac{1}{\sqrt{\varepsilon_0\mu_0}}\tag{2-14}$$

式中　ε_0——真空中的介电常数，$\varepsilon_0=8.854188\times10^{-12}\mathrm{F/m}$；

μ_0——真空中的磁导率，$\mu_0=4\pi\times10^{-7}\mathrm{H/m}$。

因此 c 的数值是只与电磁学公式中的比例系数有关的普适常数，$c=2.9979246\times10^{8}\mathrm{m/s}$。其值与光在真空中的传播速度正好相同，于是麦克斯韦认为光是某一波段的电磁波。

2.3.2　颜色对视觉环境的影响

颜色同光一样，是构成光环境的要素。

（1）颜色的分类和基本特性

1）颜色的形成。颜色来源于光。可见光包含的不同波长的单色光在视觉上反映出不同的颜色。表2-9列出了光的颜色对应的波长及范围。在两个相邻颜色范围的过渡区，人眼还能看到各种中间颜色。

表 2-9　光的颜色对应的波长及范围

颜色	波长/nm	范围/nm	颜色	波长/nm	范围/nm
红	700	640～750	绿	510	480～550
橙	620	600～640	蓝	470	450～480
黄	580	550～600	紫	420	400～450

物体的颜色是物体对光源的光有选择地反射或透射后对人眼产生的感觉。例如，若用白光照射某一表面，它吸收了白光包含的其他单色光，只反射红色光，这一表面就呈红色；若用蓝光照射同一表面，它将呈现黑色，因为光源中没有红色光成分。反之，若用红色光照射该表面，它将呈现出鲜艳的红色。

2）颜色的分类。颜色可以分为彩色和无彩色两大类。任何一种彩色的表观颜色，都可以按照3个独立的主观属性分类描述，这就是色调（也称色相）、明度和彩度（也称为饱和度）。

色调是各彩色彼此区别的特性。可见光波长的不同，在视觉上表现为各种色调，如红、橙、黄、绿、蓝等。各种单色光在白色背景上呈现的颜色，就是单色光的色调。

明度是指颜色相对明暗的特性。彩色光的亮度越高，人眼越感觉明亮，它的明度就越高。物体颜色的明度则反映为光反射比的变化，反射比大的颜色明度高，反之明度低。

彩度是指彩色的纯洁性。可见光的各种单色光彩度最高。单色光掺入白光成分越多，彩度越低。当单色光掺入白光成分比例很大时，看起来彩色就变成无彩色了。

非彩色是指白色、黑色中间深浅不同的灰色。它们只有明度的变化，没有色调和彩度的区别。

3）颜色的混合。人眼能够感知和辨认的每一种颜色都能用特定波长的红、绿、蓝三种颜色匹配出来。但是，这三种颜色中无论哪一种都不能由其他两种颜色混合产生。因此，在色度学中将红、绿、蓝称为三原色。

颜色混合可以是颜色光的混合，也可以是物体色（颜料）的混合。颜色光的混合具有以下规律：

① 凡两种颜色按适当比例混合能产生白色，这两种颜色称为互补色，如黄和蓝、红和青、绿和品红等。

② 非互补色的任何两种颜色混合，可以产生中间色。色调取决于两种颜色的相对比例，偏重于比重大的颜色。

③ 表观颜色相同的光，不管其光谱组成是否相同，在颜色相加混合中具有同样的效果。例如，颜色 A＝颜色 B、颜色 C＝颜色 D，则 A+C＝B+D。另外，若 A+B＝C，而 X+Y＝B，则同样有 A+（X+Y）＝C。这个由代替而产生的混合色，与原来的混合色在视觉上是等同的。

④ 由几种颜色光组成的混合色的亮度，是各种颜色光亮度的总和。

颜色的相加混合应用于不同类型光源的混光照明、舞台照明、彩色电视机的颜色合成等方面。

2.3.3 光源的颜色

在光环境设计实践中，照明光源的颜色质量常用以下两个性质不同的术语来表征：

1）光源的色表，即灯光的表观颜色。

2）光源的显色性，即灯光对它照射物体的颜色的影响作用。

光源的色表与显色性都取决于光的光谱组成。不同光谱的光源可能具有相同的色表，而其显色性则有很大差异。同样，色表有明显区别的两个光源在某种情况下还可能具有大体相等的显色性。所以，不可能从一个光源的色表得出有关它的显色性的任何判断。

在照明应用领域，常用色温（Color Temperature）定量描述光源的色表。当一个光源的颜色与完全辐射体在某一温度时发出的光的颜色相同时，完全辐射体的温度就叫作此光源的色温，用符号 T 表示，单位是 K（开尔文）。

完全辐射体也称黑体，它既不反射，也不透射，但它是能把照射在它上面的辐射全部吸收的物体。黑体加热到高温便产生辐射，黑体辐射的光谱功率分布完全取决于它的温度。在 800~900K 的温度下，黑体辐射呈红色，3000K 呈黄白色，5000K 左右呈白色，在 8000~10000K 之间呈淡蓝色。热辐射光源，如白炽灯其光谱功率分布与黑体辐射非常相近，都是连续光谱。白炽灯的色坐标点正好落在黑体轨迹上，因此用色温来描述它的色表很恰当。

非热辐射光源，如荧光灯、高压钠灯，它们的光谱功率分布与黑体辐射相差甚大，其色坐标点不一定落在黑体轨迹上，而常常在这条线的附近。严格地说，不应当用色温来描述这类光源的色表，但允许用与某一温度黑体辐射最接近的颜色来近似地确定这类光源的色温，这称为相关色温（Correlated Color Temperature），以符号 T_{CP} 表示。两种色温的单位都为 K。

2.3.4 人工光环境设计中的节能措施

由于能源短缺，节约能源已成为国家的重要政策。在人工光环境设计中，应该高度重视节能的要求，采用有效的节能技术和节能装置，提高人工光环境的质量，将建筑照明系统的能耗控制在规定的水平以下。这对于国家的增产节约有重大的意义。一般建筑的人工光环境设计应从以下几个方面对建筑照明系统采取最大限度地节能措施。

（1）照明方式

1）在进行人工光环境设计时，功能性照明宜采用直接照明方式，而不采用间接照明方式。在多功能的场所中优先采用非均匀的照明方式，并按照各种用途选取不同的照度值，尽可能采用混合照明或分区一般照明。对于被照场所，可以分为工作照明区、一般照明区和非工作照明区。如果工作照明区的面积为被照面积的50%以上时，工作照明区的照度值可以作为一般照明区的照度值。

2）采用高强度气体放电灯的间接照明，由于它的光通量大，发光体小，若能采用宽配光上射灯具，合理地布置灯位就可以充分发挥顶棚的反射作用，从而获得高质量的光环境。

3）采用组合式吊顶系统，即将照明、空调、吸声结构融为一体，组成独立的吊顶单元，可以灵活分隔室内空间，取得综合节能效益。

（2）光源　在不影响视觉工作特性和室内光环境质量的情况下，应该采用寿命长、光效高的光源来取代白炽灯。室内安装高度在6m以上时，宜优先采用高强度气体放电灯；在6m以下时则采用低压管形荧光灯、小功率高压钠灯；在4~6m时，宜采用低压荧光灯、小功率高强度气体放电灯。室内应急照明可以采用低压荧光灯。

对室外大面积区域采用泛光照明时，应该优先采用高压钠灯或金属卤化物灯；城市道路宜采用高压钠灯；郊区公路、高速公路和居住小区的道路宜采用低压钠灯。要求较高显色性的场所可以采用白炽灯或卤钨灯。

（3）灯具　在满足人工光环境质量的条件下，应该尽量采用效率高且控光性能合理的灯具。例如，室内荧光灯灯具的效率一般不要低于70%，敞开式高强度气体放电灯灯具则应在70%以上；室外投光灯灯具的效率不要低于55%。在洁净度要求高的房间内，满足控光的条件下，可以采用敞开式或减少带格片、格栅的灯具，还要改善灯具构造，使其便于清洗或更换控光器。靠窗附近的灯具最好单独设置开关，以便充分利用天然光。

（4）照明维护　要保证室内人工光环境的质量，首先要对室内各表面定期清扫。对光源、灯具及其控光器要定期清洗。失效、频闪或损坏的光源要及时更换。受损的或零部件失效的灯具要及时修复或更换。

2.3.5　基本光度量

光环境的设计和评价离不开定量的分析和说明，这就需要借助于一系列的物理光度量来描述光源与光环境的特征。常用的光度量有光通量、照度、发光强度和光亮度。

（1）光通量　光通量是单位时间到达、离开或者穿过表面的光能数量，通常用 Φ 表示，其单位为流明（lm）。

人眼对不同波长单色光的视亮度感受性也不一样，这是光在视觉上反映的一个特征。在光亮的环境下（适应亮度大于 $3cd/m$），辐射功率相等的单色光中人眼看起来会感觉波长555nm的黄绿光最明亮，并且明亮程度向波长短的紫光和波长长的红光方向递减。国际照明委员会（CIE）根据大量的实验结果，把555nm定义为同等辐射功率条件下，视亮度最高的单色光的波长，用 λ_m 表示。将波长为 λ_m 的单色光的辐射功率与视亮度感觉相等的波长为 λ 的单色光的辐射功率的比值，定义为波长为 λ 的单色光的光谱光视效率（也称视见函数），以 $V(\lambda)$ 表示。波长 555nm 的黄绿光的 $V(\lambda)=1$，其他波长单色光的 $V(\lambda)$ 均小于 1，这就是明视觉光谱光视效率。在较暗的环境下（适应亮度小于 $0.03cd/m$ 时），人的视亮度感受性发生变化，以 $\lambda=510nm$ 的蓝绿光最为敏感。按照这种特定光环境条件确定的 $V(\lambda)$ 函数称为暗视觉光谱光视效率。

光视效能 $K(\lambda)$ 是与单位辐射功率相当的光通量，最大值 K_m 在 $\lambda=555nm$ 处。1977年，国际计量委员会决定采用 $K_m=683lm/W$，也就是波长 555nm 的光源，其发射出的 1W 辐射功率折合成光通量为 683lm。

根据这一定义，如果有一光源，其各波长的单色辐射功率为 $\Phi_{e,\lambda}$，则该光源的光通量为

$$\Phi = K_m \int \Phi_{e,\lambda} V(\lambda) \, d\lambda \qquad (2-15)$$

式中　Φ——光通量（lm）；

　　$\Phi_{e,\lambda}$——波长为 λ 的单色辐射功率（W）；

　　$V(\lambda)$——CIE 标准度观测者明视觉光谱光视效率；

　　K_m——最大光谱光视效能，$K_m=683lm/W$。

在照明工程中，光通量是说明光源发光能力的基本量。例如，一只 40W 的白炽灯发射的光通量为 370lm，而一只 40W 的荧光灯发射的光通量为 2800lm，是白炽灯的 7 倍多，这是由它们的光谱分布特性决定的。

（2）照度　照度是受照表面单位面积上接受的光通量，通常用 E 表示。若照射到表面一点面元上的光通量为 $d\Phi$，该面元的面积为 dA，则有

$$E = \frac{d\Phi}{dA} \qquad (2-16)$$

照度的单位是勒克斯（lx）。1lx 等于 1lm 的光通量均匀分布在 $1m^2$ 表面上所产生的照度，即 $1lx=1lm/m^2$。

（3）发光强度　点光源在给定方向的发光强度，是光源在这一方向上单位立体角内发射的光通量，采用 I 表示，单位为坎德拉（cd），其表达式为

$$I = \frac{d\Phi}{d\Omega} \qquad (2-17)$$

式中　Ω——立体角。

以任一锥体顶点 O 为球心，任意长度 r 为半径作一球面，被锥体截取的一部分球面面积为 S，则此锥体限定的立体角 Ω 为

$$\Omega = \frac{S}{r^2} \qquad (2-18)$$

立体角的单位是球面度（sr）。当 $S=r^2$ 时，$\Omega=1sr$。因为球的表面积为 $4\pi r^2$，所以立体角的最大数值为 $4\pi sr$。

坎德拉是我国法定单位制与国际 SI 制的基本单位之一，其他光度量单位都是由坎德拉导出的。1979 年 10 月第 10 届国际计量大会通过的坎德拉定义如下：一个光源发出频率为 $540\times102Hz$（相当于在空气中传播且波长为 555nm）的单色辐射，若在一定方向上的辐射强度为 683W/sr，则光源在该方向上的发光强度为 1cd。

发光强度常用于说明光源和照明灯具发出的光通量在空间各方向或在选定方向上的分布

密度。例如，一只 40W 白炽灯泡发出 370lm 的光通量，它的平均发光强度为 $370/4\pi = 31cd$。如果在裸灯泡上面装一盏白色搪瓷平盘灯罩，灯的正下方发光强度能提高到 80~100cd，如果配上一个合适的镜面反射罩，则灯下方的发光强度可以高达数百坎德拉。在这两种情况下，灯泡发出的光通量并没有变化，只是光通量在空间的分布更为集中了。

（4）光亮度 光源或受照物体反射的光线进入人眼，在视网膜上成像，使人们能够识别它的形状和明暗。视觉上的明暗知觉取决于进入眼睛的光通量在视网膜物像上的密度，即物像的照度。这说明确定物体的明暗要考虑两个因素：

1）物体（光源或受照体）在指定方向上的投影面积——这决定了物像的大小。

2）物体在该方向上的发光强度——这决定了物像上的光通量密度。照度并不能直接表达人眼对物体的视觉感觉，于是人们引入了光亮度的概念。

光亮度简称亮度，单位是 cd/m^2。其定义是发光体在某一方向上单位面积的发光强度，以符号 L_θ 表示，其定义式为

$$L_\theta = \frac{dI_\theta}{dA\cos\theta} \tag{2-19}$$

式（2-19）所定义的亮度是一个物理亮度，它与视觉上对明暗的直观感受还有一定的区别。例如，同一盏交通信号灯，夜晚看的时候感觉要比白天看的时候亮得多。实际上，信号灯的亮度并没有变化，只是眼睛适应了晚间相当低的环境亮度的缘故。由于眼睛适应环境亮度，物体明暗在视觉上的直观感受就可能会比它的物理亮度高一些或低一些。人们把直观看去一个物体表面发光的属性称为"视亮度"（Brightness 或 Luminosity），这是一个心理量，没有量纲。它与"亮度"这一物理量有一定的相关关系。

（5）基本光度单位之间的关系

1）发光强度与照度的关系。如果点光源发光强度为 I，光源与被照面的距离为 r，被照面的法线与光线的夹角为 α，则被照面的照度 E 为

$$E = \frac{I}{r^2}\cos\alpha \tag{2-20}$$

线光源是点光源的积分叠加，面光源是线光源的积分叠加。求解线光源与面光源在被照面上照度的计算原理是相同的。

2）亮度与照度的关系。如果面光源的亮度为 L，面积为 A，与被照面形成的立体角为 ω，光源与被照面的距离为 r，被照面的法线与光线的夹角为 α，光源的法线与光线的夹角为 θ，则被照面的照度 E 为

$$E = L\omega\cos\alpha = L\frac{A\cos\theta\cos\alpha}{r^2} \tag{2-21}$$

2.3.6 视觉与光环境

一个优良的光环境，应能充分发挥人的视觉功效，使人轻松、安全、有效地完成视觉作业，同时又在视觉和心理上感到舒适满意。

为了设计这样的环境，首先需要了解人的视觉机能，研究有哪些因素影响视觉功效和视觉舒适以及它们如何发生影响。据此建立评价光环境质量的客观（物理）标准，并作为设计的依据和目标。

1. 眼睛与视觉特征

（1）视觉　视觉形成的过程可分解为以下四个阶段：

1）光源发出光辐射。

2）外界景物在光照射下产生颜色、明暗和形体的差异，相当于形成二次光源。

3）二次光源发出不同发光强度、颜色的光信号进入人眼瞳孔，借助眼球调视，在视网膜上成像。

4）视网膜上接受的光刺激变为脉冲信号，经视神经传给大脑，通过大脑的解释、分析、判断而产生视觉。

视觉的形成既依赖于眼睛的生理机能和大脑积累的视觉经验，又和照明状况密切相关。人的眼睛和视觉，就是长期在自然光照射下演变进化的。

（2）眼睛的构造与亮度阈限　眼睛大体是一个直径 25mm 的球状体。它有一个外保护层，位于眼球前方的部分是透明的，叫作角膜。角膜的背后是虹膜。虹膜是一个不透明的"光圈"，中央有一个大小可变的洞叫瞳孔，光线经过瞳孔进入眼睛。瞳孔直径的变化范围为 2~8mm，视野的亮度增强，瞳孔缩小；亮度减弱，瞳孔放大。虹膜后面的晶状体起着自动调焦成像的作用，保证在远眺或近视时都能在视网膜上形成清晰的像。

眼球内壁约 2/3 的面积为视网膜，它是眼睛的感光部分。视网膜上有视锥细胞和视杆细胞两种感光细胞。

视杆细胞对于光非常敏感，但是不能分辨颜色。在眼睛能够感光的亮度阈限（10^{-6} ~ $0.03\mathrm{cd/m^2}$）范围内，主要是视杆细胞起作用，称为暗视觉。在暗视觉条件下，景物看起来总是模糊不清、灰茫茫一片。

视锥细胞对于光不甚敏感，在亮度高于 $3\mathrm{cd/m^2}$ 的水平时，视锥细胞才充分发挥作用，这时称为明视觉。视锥细胞有辨认细节和分辨颜色的能力，这种能力随亮度增加而达到最大。所有的室内照明，都是按照明视觉条件设计的。

当适应亮度处在 0.03 ~ $3\mathrm{cd/m^2}$ 之间时，眼睛处于明视觉和暗视觉的中间状态，称为中间视觉。一般道路照明的亮度水平，相当于中间视觉的条件。对于在眼中长时间出现的大目标，视觉阈限亮度约为 $10^{-6}\mathrm{cd/m^2}$。目标越小，或呈现时间越短，越需要更高的亮度才能引起视觉。

（3）视野与视场　当头和眼睛不动时，人眼能察觉到的空间范围叫视野，分为单眼视野和双眼视野。单眼视野即单眼的综合视野，在垂直方向约有 130°，向上 60°，向下 70°，水平方向约 180°。两眼同时能看到的视野即双眼视野较小一些，垂直方向与单眼相同，水平方向约有 120°的范围。在视轴 1°~1.5°范围内具有最高的视觉敏锐度，能分辨最细小的细部，称作中心视野。从视野中心往外 30°范围，视觉清晰度较好，称作近背景视野，这是观看物件总体时最有利的位置。人们通常习惯于站在离展品高度的 1.5~2.0 倍距离处观赏展品，就是为了使展品处于视觉清晰区域内。

人眼进行观察时，总要使观察对象的精细部分处于中心视野，以便获得较高的清晰度。但是眼睛不能有选择地取景，摒弃它不想看的东西。中心视野与周围视野的景物同时都在视网膜上反映出来，所以周围环境的照明对视觉功效也会产生重要影响。

观察者头部不动但眼睛可以转动时，观察者所能看到的空间范围称为视场。视场也有单眼视场和双眼视场之分。

（4）对比感受性　任何视觉目标都有它的背景。例如，看书时白纸是黑字的背景，而桌子又是书本的背景。目标和背景之间在亮度或颜色上的差异，是人们在视觉上能认知世界万物的基本条件。

亮度对比，是视野中目标和背景的亮度差与背景亮度之比，记为 C，即

$$C = \frac{|L_0 - L_b|}{L_b} = \frac{\Delta L}{L_b} \qquad (2-22)$$

式中　L_0——目标亮度（cd/m^2），一般面积较小的为目标；

　　　L_b——背景亮度（cd/m^2），面积较大的部分作背景。

人眼刚刚能够知觉的最小亮度对比，称为阈限对比，记为 $\overline{C}$。阈限对比的倒数，表示人眼的对比感受性，也叫对比敏感度，符号为 S_c，即

$$S_c = \frac{1}{\overline{C}} = \frac{L_b}{\Delta L} \qquad (2-23)$$

S_c 不是一个固定不变的常数，它随照明条件变化，同观察目标的大小和呈现时间也有关系。在理想条件下，视力好的人能够分辨 0.01 的亮度对比，即对比感受性最大可达到 100。

（5）视觉敏锐度　需要分辨的细节尺寸对眼睛形成的张角称作视角。d 表示需要分辨的物体的尺寸，l 为角膜到视看物件的距离，则视角 α 为

$$\alpha = \arctan \frac{d}{l} \approx \frac{d}{l}（弧度）= 3440\frac{d}{l}（分）\qquad (2-24)$$

人凭借视觉器官感知物体的细节和形状的敏锐程度，称视觉敏锐度，在医学上也称为视力。视觉敏锐度等于刚刚能分辨的视角 α_{min} 的倒数，它表示了视觉系统分辨细小物体的能力，即

$$V = \frac{1}{\alpha_{min}} \qquad (2-25)$$

视觉敏锐度伴随背景亮度、对比、细节呈现时间、人眼的适应状况等因素而变化。在呈现时间不变的条件下，提高背景亮度或加强亮度对比，都能改善视觉敏锐度，看清视角更小的物体或细节。

（6）视觉速度　从发现物体到形成视知觉需要一定的时间。因为光线进入眼睛，要经过瞳孔收缩、调视、适应、视神经传递光刺激、大脑中枢进行分析判断等复杂的过程，才能形成视觉印象。良好的照明可以缩短完成这一过程所需的时间，从而提高工作效率。

人们把物体出现到形成视知觉所需时间（t）的倒数，称为视觉速度（$1/t$）。实验表明，在照度很低的情况下，视觉速度很慢；随着照度的增加（100～1000lx），视觉速度提高很快；但照度水平达到 1000lx 以上，视觉速度的变化就不明显了。

（7）视觉适应　视觉适应是指人眼由一种光刺激到另一种光刺激的适应过程，是人眼为适应新环境连续变化的过程。在这种过程中包括视锥细胞和视杆细胞之间的转换过程，所以需要一定的时间，这个时间称为适应时间。适应时间与视场变化前后的状况，特别是与现场亮度有关。视觉适应可分为暗适应和明适应。暗适应是人眼从明到暗的适应过程。当人们从光亮环境走到黑暗处时，就会产生一个原来看得清楚，突然变得看不清楚，经过一段时间

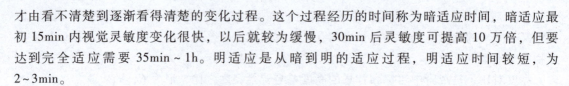

才由看不清楚到逐渐看得清楚的变化过程。这个过程经历的时间称为暗适应时间,暗适应最初 15min 内视觉灵敏度变化很快,以后就较为缓慢,30min 后灵敏度可提高 10 万倍,但要达到完全适应需要 35min~1h。明适应是从暗到明的适应过程,明适应时间较短,为 2~3min。

2. 舒适光环境的要素与评价标准　舒适的光环境应当具有以下 4 个要素:

(1) 适当的照度水平　人眼对外界环境明亮差异的知觉,取决于外界景物的亮度。规定适当的亮度水平是相当复杂的,因为它涉及各种物体不同的反射特性。所以,实践中还是以照度水平作为照明的数量指标。

1) 照度标准。不同工作性质的场所对照度值的要求不同,适宜的照度应当是在某个具体工作条件下,大多数人都感觉比较满意而且保证工作效率和精度均较高的照度值。研究人员对办公室和车间等工作场所在各种照度条件下感到满意的人数的百分比做过大量调查。发现随着照度的增加,感到满意的人数的百分比也在增加,最大值处在 1500~3000lx 之间。照度超过此数值,对照度满意的人反而越少,这说明照度或亮度要适量。物体亮度取决于照度,照度过大,会使物体过亮,容易引起视觉疲劳和眼睛灵敏度的下降。因此,提高照度水平对视觉功效只能改善到一定程度,并非照度越高越好。所以,确定照度水平要综合考虑视觉功效、舒适感与经济、能耗等因素。

任何照明装置获得的照度,在使用过程中都会逐渐降低。这是由于灯的光通量衰减,以及灯、灯具和室内表面污染造成的。这时,只有换用新灯或清洗灯具,甚至重新粉刷室内表面,才能恢复原来的照度水平。所以,一般不以初始照度作为设计标准,而采取维持照度,即在照明系统维护周期末段所能达到的最低照度来制定标准。

2) 照度分布。照度分布应该满足一定的均匀性。视场中各点照度相差悬殊时,瞳孔就会经常改变大小以适应环境,引起视觉疲劳。

评价工作面上的光环境水平,照度均匀度和照度一样都是非常重要的因素。照度均匀度是指工作面上的最低照度与平均照度之比,也可认为是室内照度最低值与平均值之比。我国建筑照明设计标准规定办公室、阅览室等工作房间的照度均匀度不应低于 0.7,作业面邻近周围的照度均匀度不应小于 0.5,房间内交通区域和非作业区域的平均照度一般不应小于工作区平均照度的 1/3。

(2) 舒适的亮度比　人的视野很广,在工作房间里,除工作对象外,作业面、顶棚、墙、窗和灯具等都会进入视野,它们的亮度水平构成了周围视野的适应亮度。如果它们与中心视野亮度相差过大,就会加重人眼瞬时适应的负担,或产生眩光,降低视觉功效。此外,房间主要表面的平均亮度可形成房间明亮程度的总印象,亮度分布使人产生对室内空间的形象感受。所以,室内主要表面还必须有合理的亮度分布。

在工作房间,作业近邻环境的亮度应当尽可能低于作业本身亮度,但最好不低于作业亮度的 1/3。而周围视野(包括顶棚、墙、窗户等)的平均亮度,应尽可能不低于作业亮度的 1/10。灯和白天窗户的亮度,则应控制在作业亮度的 40 倍以内。墙壁的照度以达到作业照度的 1/2 为宜。为减弱灯具同周围顶棚之间的对比,特别是采用嵌入式暗装灯具时,顶棚表面的反射比至少要在 0.6 以上,以增加反射光。顶棚照度不宜低于作业照度的 1/10,以免顶棚显得太暗。

(3) 适宜的色温与显色性　光源的颜色质量常用两个性质不同的术语来表征,即光源的色表和显色性。色表是灯光本身的表观颜色，而显色性是指灯光对其照射的物体颜色的影响作用。光源色表和显色性都取决于光源的光谱组成，但不同光谱组成的光源可能具有相同的色表，而其显色性却大不相同。同样，色表完全不同的光源可能具有相等的显色性。因此，光源的颜色质量必须用这两个术语同时表示，缺一不可。

1）光源的色表与色温。人对光色的爱好同照度水平有相应的关系，1941 年 Kruithoff 根据他的实验，首先定量地提出了光色舒适区的范围，后人的研究进一步证实了他的结论。

光源的色表常用色温定量表示。当一个光源的光谱与黑体在某一温度时发出的光谱相同或相近时，黑体的热力学温度就称作该光源的色温。黑体辐射的光谱功率分布完全取决于它的温度。在 800~900K 的温度下，黑体辐射呈红色；3000K 呈黄白色；5000K 左右呈白色，接近日光的色温；在 8000~10000K 之间为淡蓝色。随着色温的提高，人所要求的舒适照度也相应提高。对于色温为 2000K 的蜡烛，照度为 10~20lx 就可以了；而对于色温为 5000K 以上的荧光灯，照度在 300lx 以上才让人感到舒适。

一个光源发出的光经常是由许多不同波长的单色光组成的，每个波长的光的辐射功率也不一样。光源的各单色光的辐射功率按波长的分布称作光源的光谱功率分布（或称光谱能量分布），它决定了光的色表和显色性能。光源的光谱功率分布不同导致其色表不同。日光、晴天天空光等自然光均为连续光谱。热辐射光源如白炽灯，其光谱功率分布与黑体辐射非常相近，也是连续光谱。因此，用色温来描述它们的色表很恰当。非热辐射光源，如荧光灯、高压钠灯等，它们的光谱功率分布形式与黑体辐射相差甚大，光谱是不连续的，有多个峰值存在。严格地说，不应当用色温来描述这类光源的色表，但是允许用与某一温度黑体辐射最接近的颜色来近似地确定这类光源的色温，称为相关色温。

CIE 将室内照明常用的光源按其色温分成 3 类。表 2-10 列出了这 3 种分类与各自的用途。

表 2-10　光源的分类与用途

色表类别	色表	相关色温/K	用途
1	暖	<3300	客房、卧室、病房、酒吧
2	中间	3300~5300	办公室、教室、商场、诊室、车间
3	冷	>5300	高照度空间、热加工车间

2）显色性。物体颜色随照明条件的不同而变化。物体在待测光源下的颜色同它在参照光源下的颜色相比的符合程度，定义为待测光源的显色性。

由于人眼适应日光光源，因此，人们大多以日光作为评定人工照明光源显色性的参照光源。CIE 及我国制订的光源显色性评价方法，都规定相关色温低于 5000K 的待测光源以相当于早晨或傍晚时日光的黑体作为参照光源；色温高于 5000K 的待测光源以相当于中午日光的组合昼光作为参照光源。

从室内环境的功能角度出发，光源的显色性具有重要作用。印染车间、彩色制版印刷、美术品陈列等要求精确辨色的场所要求良好的显色性，顾客在商店选择商品、医生观察病人的气色，也都需要真实地显色。此外，有研究表明，在办公室内用显色性好的灯，达到与显色性差的灯同样的照明效果，照度可以减低 25%，节能效果显著。

CIE 选取一般显色指数 R_a 做指标来评价灯的显色性。显色指数的最大值定为 100，一般认为在 80~100 范围内显色性优良，R_a 为 50~79 则显色性一般，$R_a < 50$ 则显色性较差。据此将灯的显色性能分为 5 类，并提出了每一类显色性能适用的范围供设计时参考，见表 2-11。

表 2-11　灯的显色类别与适用范围

显色类别	显色指数	色表	应用示例	
			优先采用	允许采用
I_A	$R_a \geqslant 90$	暖 中间 冷	颜色匹配 临床检验 绘画美术馆	
I_B	$80 \leqslant R_a < 90$	暖 中间	家庭、旅馆 餐馆、商店、办公室 学校、医院	
		中间 冷	印刷、油漆和纺织工业、需要的工业操作	
II	$60 \leqslant R_a < 80$	暖 中间 冷	工业建筑	办公室 学校
III	$40 \leqslant R_a < 60$		显色要求低的工业	工业建筑
IV	$20 \leqslant R_a < 40$			显色要求低的工业

虽然高显色指数的灯是理想的选择，如白炽灯，但是这类灯的光效不高。反之，光效很高的普通高压钠灯的显色指数又很低，所以，实际选择时应当显色性与光效两者兼顾。开发显色性与光效俱优的新节能光源始终是光源研究致力的目标。

（4）避免眩光干扰　当直接或通过反射看到灯具、窗户等亮度极高的光源，或者在视野中出现强烈的亮度对比时（先后对比或同时对比），人们就会感受到眩光。眩光可以损害视觉（失能眩光），也能造成视觉上的不舒适感（不舒适眩光）。对室内光环境来说，控制不舒适眩光更为重要。只要将不舒适眩光控制在允许限度内，失能眩光也就自然消除了。眩光效应同光源的亮度与面积成正比，同周围环境亮度成反比，随光源对视线的偏角而变化。

2.4　建筑电磁环境

2.4.1　建筑电磁环境的概述

随着社会的发展，电气、电子技术的广泛应用，无线电广播、电视以及微波技术等事业的迅速发展和普及，射频设备的功率成倍提高，地面上的电磁辐射大幅度增加，目前已达到可以直接威胁人体健康的程度。电磁污染给人类和社会带来的影响已经引起世界各国的重视，被列为环境保护项目之一。

自 1831 年法拉第发现电磁感应以来，电磁技术已应用到各个领域，人类发明了许多利用电磁能工作的设施，它们在给人类生活工作带来方便快捷的同时，也带来了一系列不利的影响。人类是从 20 世纪 60 年代开始意识到电磁辐射所带来的污染的，近些年随着人们电磁防护意识的增强，我国受理的电磁投诉案件也逐渐增多，其中多是关于移动通信基站、变电站、输电线、电视广播发射塔等大中型电子和电气设备。而家用电器和现代办公设备对建筑室内产生的电磁辐射污染更为突出。因此，明确室内电磁辐射污染所带来的危害及可采取的有效防护措施具有非常重要的意义。随着电子科学技术的迅速发展，工业、科研、医疗、通信、广播等诸多领域大量使用电磁设施设备，城市空间中充斥着不同频率的电磁波，电磁辐射量随之大幅增加，人类正面临着日益复杂、恶化的电磁环境，这引发了城市新问题——电磁辐射污染。

电磁场环境健康问题涉及生物学、医学、流行病学、物理学和工程学等多门学科，在缺乏有效沟通的情况下，错误信息等因素均会影响环境健康问题存在的周期。国际非电离辐射防护委员会（ICNIRP）是与世界卫生组织（WHO）正式建立关系的非政府组织，它已经制定了国际指导准则，极低频指导准则适用范围为 1Hz～100kHz。

自 19 世纪后期以来，人工电磁场的潜在健康效应一直是科学界十分关注的一个话题。从广义上讲，电磁场可分为静态/低频的电场和磁场、高频的电场和磁场两种，前者常见的场源包括高压线路、家用电器、计算机等，后者的主要场源包括雷达、无线电设备、电视播报设施、移动电话、移动电话的发射台、感应加热设备和防盗设施等。

电磁污染的主要来源是各种射频设备，它们所形成的强大电磁辐射，已经成为电磁污染的主要成分。微波加热设备、短波和超短波理疗设备以及手机等都是室内电磁污染的主要来源。超过一定阈值的电磁辐射会对公众环境和生物体健康造成潜在的不良影响，这也是公众最关注的问题之一。随着社会的发展，公众对环境质量的要求逐步提高。面对新的发展需求，需要不断深入研究建筑设施中典型的电磁辐射系统，如大功率通信设备、移动通信基站等对于公众健康的影响。

强大的电磁辐射作用于人体，被组织吸收一定能量后会产生热效应。这种热作用是由于人体组织的分子反复做极向和非极向的运动摩擦而产生的，会引起体内温度升高，从而导致过热甚至烧伤，一般以微波辐射最为有害。此外，长期在非致热强度电磁辐射下工作的人会出现乏力、记忆力衰退等神经衰弱以及心悸、心前区疼痛、胸闷、易激动、脱发、月经紊乱等病症。

电磁污染的环境容许强度各国尚未达成一致，苏联规定微波职业接触强度为 $10\mu W/cm^2$，环境标准为 $5\mu W/cm^2$。美国国家标准学会规定照射时间平均在 0.1h 以上的接触强度为 $1mW/cm^2$。

家庭中计算机、电视机、收音机、微波炉、电磁炉、电冰箱、空调机、电热水器、电热毯、家庭影院、手机、电话、电吹风等数不清的家用电器，大大方便了人们的生活，形成了现代生活方式，但同时也造成了家庭电磁环境恶化。随着各种家用电器进入千家万户，人们接触极低频电磁场的机会和时间增多。美国环境保护委员会经过两年多的研究发现，长期生活在极低频电磁场中，可导致人们某些癌症的发生。世界卫生组织认为电磁辐射随时可能对胎儿产生有害影响，医学家则特别提醒妇女妊娠初期尽量不要使用电热毯。以北京城区为例，城区迅速发展扩大，无线广播的大功率电磁发射台、卫星通信地面站和设在高层建筑上的移动通信基站被新建居民区包围，电磁辐射成为城市环境污染的新问题。近年来，人们开始逐渐关注建筑室内环境健康问题，其中电磁辐射污染作为一种物理性污染也备受关注，其来源广泛，具有累积性、潜在性、隐蔽性和可控性的特征。对人们生活已产生一定的影响。

北京市环境保护部门已对电磁辐射污染制定了审批、考察和验收的对策。

如今，室内和室外的电磁环境已融为一体，日趋复杂的城市电磁环境的变化必将导致室内小环境的电磁辐射发生变化。通过对江西省城市室内环境电磁辐射调查也发现，该地区的室内环境电磁辐射仍处于较低水平，但由于周围各类通信基站的建设，此时室内环境中电磁辐射强度要高于其他环境。由于城市不断发展和扩张，大量的广播电视发射台和移动通信发射设备安装到居住人口多的地带，高压输电线穿过人口密集的住宅区域，同时由于设备的日益增多，造成复合电磁场频率增大，从而使局部居民生活区形成强电磁场而受到污染。人体如果长期处在这样的环境中，就可能引起多种疾病。近年来，居民住宅的人为电磁辐射呈现明显上升趋势，除了建筑外环境中电磁设施的影响，还源于家用电器和电子设备的辐射。它们在使用时会辐射出各种频率和功率的电磁波，从而形成复合电磁场，使室内这个小环境的电磁能量密度不断增加，造成空间电磁环境恶化。同时，由于人们对电磁辐射危害认识不足，不能对电器设备进行合理的布局，无形中增强了电磁辐射的危害。另外，由于室内居住空间的局限性，无法使辐射源与人体保持一定的距离，长期处于这样一个密闭且复杂的电磁环境中，必然会受到影响。种种迹象表明城市建筑内的电磁环境不容乐观，大城市尤其严重，电磁污染纠纷时常发生。因此，我国的室内电磁环境污染问题应该引起人们的充分重视。

2.4.2 室内电磁辐射的来源及其特点

1. 电磁辐射源分析

现代社会的人们全天有超过80%的时间活动在建筑空间里，必须确保室内电磁辐射污染危害尽可能低，要更好地研究室内电磁辐射的监控与防护技术，以保证室内设备安全运行和人员的健康。常见的室内电磁辐射源见表2-12。

表 2-12 常见的室内电磁辐射源

频率/Hz	30~300Hz	30kHz~3MHz	3~30MHz	30~300MHz	300MHz~3GHz	3~30GHz	30~300GHz
波段	极低频（ELF，含工频）	中频（MF）	高频（HF）	甚高频（VHF）	特高频（UHF）	超高频（SHF）	极高频（EHF）
					微波波段		
电磁辐射源	电吹风机、电冰箱、电热毯等家用电器，计算机、传真机等电子办公设备和输电线路、变电站	中波广播	短波广播	电视广播、调频广播、移动无线通信	电视广播、雷达、微波炉、移动电话	雷达、卫星通信系统	雷达

室内环境的电磁场是由家用电器或者电子设备产生的电磁场、室外的电磁辐射源辐射到室内的电磁场和地球的低强度低频电磁场3部分构成。科学研究表明，天然产生的电磁辐射对人体的影响很小，基本没有损害。人工电磁辐射才是威胁人体健康，造成环境污染的主要原因。从室外环境来看，住宅附近的广播电视发射塔、移动通信基站、高压输电线、变电站和微波发射装置构成室外庞大的电磁辐射系统，它会加剧室内电磁辐射的污染；从室内环境来看，微波炉、电磁炉和电视机等家用电器与计算机、无线电话等电子设备在运行过程中也会向室内环境发射一定频率的电磁波。城市空间中的电磁波多为低强度、混合的射频波，而

在室内环境中主要为极低频电磁波，这些射频和工频电磁波的来源都与居民的生活相关。射频电磁波频率较高且频谱范围较宽，其电磁辐射的影响范围也较大，多来自于雷达、通信、电视广播及某些医疗设备等。工频电磁波多来自于高压输电电力线、室内电线分布以及各种使用交流电的设备等，输变电线路和家用电器工作时，周围会产生工频（50Hz）电磁场，它们是导致建筑室内环境电磁场强度升高的主要因素。由于距离更近，家用电器所产生的电磁影响远远高于电力设施产生的电磁影响。

2. 电磁辐射特点分析

电磁辐射污染作为第四大环境污染，具有"看不见、摸不着"的特性，是一种能量流污染，对环境的污染比较隐蔽。因此，只有认识和了解电磁辐射对室内环境污染的特点，才能提出行之有效的对策，避免或减轻电磁辐射污染的危害。

（1）累积性　人体是导体，电磁辐射作用于人体后，在产生电磁效应的同时，有一部分能量沉积在人体内。如长期处在这种低剂量电磁辐射照射下，就会对人体产生不可逆转的损害。同时由于室内环境相对较封闭，电磁辐射在室内传播路径比较复杂，不易消除，局部空间可能强度过高。如不采取有效的措施，电磁辐射会对人体和设备造成影响。

（2）潜在性　任何事物都有两面性，电磁辐射既是有益于社会发展的信息载体和能量流载体，又是潜在的环境污染要素。当室内环境中电磁辐射强度超过一定限值时，就会对公众的身体健康产生潜在的、长期的影响。

（3）隐蔽性　电磁辐射污染一种新型的物理性污染，无色无味无形，人的感官难以觉察，凭借专业的测试仪器才能监测到。不同波长的电磁波均可穿透人体，若长时间待在超标的室内电磁环境中，人体细胞可能会发生病变。

（4）可控性　根据电磁设备的性能和发射方式，可以初步估算出电磁辐射释放到室内环境的电磁能量密度，通过调控其发射功率和增益可对室内电磁辐射污染进行防护。为了最大限度地发挥电磁辐射的经济性能，应对室内外电磁辐射源进行环境影响评价，以便有效地减少对室内环境的污染。

3. 室内电磁辐射污染的危害

1）对身体健康的影响。至今的相关研究没有关于电磁辐射对人体危害的定性结论，但国内外流行病学调查和大量的试验研究已经证明，电磁辐射可造成广泛的生物损伤效应。当室内环境中电磁辐射超过一定强度时，会对周围的人产生一定的影响，严重时可能危害人类生命安全。早在1998年，世界卫生组织就公布了"电磁辐射对人体五大影响"的调查结果。室内环境中些许微弱的电磁波都会影响人体的生物电活动，若长期生活在电磁污染严重且有很多电器的密闭的房间中，人体会受到一定的影响。复合电磁波，特别是高频、高强度电磁辐射会严重影响人体的生理健康，容易引起癌症、白血病、肿瘤、白内障和不孕不育等疾病。也有资料表明：生活在 $0.2\mu T$ 以上的低频磁场环境中，可能会造成中枢神经机能紊乱、心血管系统失调，从而影响人体健康。

2）对电子设备的影响。许多电子设备内部电路工作时一般处于低压状态，因此处于室内这个小环境的电子设备就容易受到外界各种电磁辐射和室内其他电子设备的电磁辐射干扰，造成其性能下降至无法工作，甚至引起事故和设备损坏。例如：原本位于郊区的广播电台发射站随着城市扩建被市区所包围，其发射出的电磁辐射会干扰周围电视机的工作。

4. 室内电磁辐射污染控制对策

室内环境的电磁容量究竟是多大，目前国内外尚无客观的科学的论证，但各国都十分重视越来越复杂的室内电磁环境及其广泛的影响，力图将室内电磁辐射水平控制在合理范围内，从而保障环境和生命健康。现如今电磁环境控制和健康保障与电磁辐射污染防治已成为一个迅速发展的新学科领域。

（1）完善室内电磁辐射标准体系　从 1988 年起，国家先后制定了《电磁辐射防护规定》《环境电磁波卫生标准》《微波和超短波通信设备辐射安全要求》等标准，但仍有待完善。

国内外治理电磁辐射污染的经验表明，通过制定各种电磁辐射控制标准，对改善居民环境，预防电磁辐射危害具有重要作用。因此，应该尽快制定室内电磁辐射标准，使电磁辐射量在规定的限制内，保障人们在室内的生命安全和设备的正常运行，并且制定各种法规、监察管理条例，依法治理室内电磁辐射污染，还要根据室内电磁辐射的来源及其分布情况和特点提出适用于建筑室内的电磁辐射源的管理模式，并进一步充实和完善相应的法律法规，以适应形势的需要，为实现"绿色建筑"奠定基础。

（2）室内电磁辐射的监测　室内应定期进行电磁辐射检测，及时了解建筑内电磁辐射污染的程度，可有效防止电磁辐射污染。目前普遍采用的电磁辐射测量方法有电磁辐射源检测法和一般电磁环境测量法两种。室内的家用电器或办公设备的电磁辐射可采用电磁辐射源检测法，一般电磁环境测量法针对通信设备、广播电视发射塔、高压输电线、变电站等对象，可对附近建筑的环境电磁辐射污染状况及其分布规律进行监测。同时采用这两种检测方法，可全面掌握室内电磁环境分别受建筑物内和外环境电磁辐射源的影响程度。

（3）室内电磁辐射污染的防护技术　目前，消除电磁辐射污染主要采取电磁屏蔽技术、接地、吸收防护、线路滤波、距离防护、个体防护等手段。电磁辐射污染可以从电磁辐射源、传播途径和接受体三方面入手进行防护，为人类创造一个无电磁辐射污染的安全绿色建筑环境。

1）控制电磁辐射源。室内的电磁辐射污染来源于建筑外环境和室内小环境，对其防护也要从这两方面入手。对于工作中伴随电磁辐射污染的系统，应根据国家有关标准，控制在允许水平；对于发射系统，应根据有关规定合理布局，尽量远离人群，控制发射功率等。对于小型室内电磁辐射污染源可采用电磁屏蔽、接地等方法将电磁辐射污染限定在尽可能低的水平，控制其对外界的电磁辐射污染。

2）控制电磁污染传播途径。

① 种植绿化带：广播发射台、变电站、长中短波通信发射台等大型电磁辐射设施周围种植绿化带，特别是树叶茂密的植物，能有效吸收和衰减设施周边环境中的电磁辐射，减少过量电磁辐射对附近建筑和居民区的危害。实验证明，10m 宽的林带可衰减电磁波 2～3dB左右。因此，在居民区大面积种植树绿化，可增加电磁辐射在传播媒介中的衰减，有效防止电磁辐射。

② 距离防护：电磁辐射对人体的危害与电磁辐射源的距离紧密相关。电磁场强度会随电磁辐射源距离增大而急剧减少，所以增大与电磁辐射源的距离能起到有效的防护作用。合理规划室外大型电磁辐射设施布局，可保持建筑物内保持较低电磁辐射水平。确保输电线路与民房的距离，根据国家规定制定输电线路的走廊宽度，可防止输电线路对室内环境的影

响。对于家用电器、计算机、扫描仪、打印机、无线路由器等办公电子设备要尽可能保持一定距离，防止其电磁辐射的电磁能量对人体造成危害，如电视机、计算机显示器、微波炉等在使用时保持 1~3m 以上的距离就可基本避免其电磁辐射伤害。

3）控制被污染对象。

① 个体防护：居住、工作在高压线、雷达站、电视台、电磁波发射塔附近的人，生活在现代化电气自动化环境中的人，应定期体检，并加强自身的电磁辐射防护意识。同时要加强体育锻炼，增加维生素的摄入，提高身体素质。特别对于免疫低的病人、处于妊娠期的孕妇、小龄儿童、体弱老人等可适当穿戴具有电磁辐射防护功能的产品，如防护服、防护眼镜、防护屏等。

② 电磁辐射屏蔽：屏蔽被公认是抑制电磁辐射最有效的手段。对家用电器和电子设备，可采用电磁辐射防护产品将微波炉、手机等屏蔽起来，降低设备的电磁辐射强度，避免其对室内环境构成过大的污染。但对于外环境的电磁辐射源，只能对建筑空间进行屏蔽，这种方法可以通过在建筑内外采用电磁辐射屏蔽建材进行防护，营造一个无电磁辐射的"屏蔽屋"。国内外已经研究出很多建筑电磁辐射屏蔽材料，如俄罗斯发明的防电磁辐射导电水泥，日本研制的电磁辐射屏蔽玻璃、电磁辐射吸收幕墙、电磁辐射屏蔽涂料都能有效屏蔽外环境对室内空间的电磁辐射，防止室外电磁辐射对建筑内人体和仪器设备产生影响。

（4）吸收防护 屏蔽手段并不能将电磁辐射消除，存在一定的弊端。电磁辐射吸收材料能吸收、衰减掉入射的电磁辐射，可用于改善室内的电磁环境。建筑物在进行装饰装修时，可使用具有电磁辐射吸收功能的建筑材料，消除室内空间的各个频段的电磁辐射，有效降低电磁辐射对人体的影响。例如：设置吸波材料或装置，可有效地将电磁场强降下来，也可在建筑内外分别使用不同的吸波材料，同时吸收来自外环境和室内空间的电磁辐射，从而达到防护的目的。

2.5 智能建筑

2.5.1 智能建筑的产生

建筑物一般是指供人们进行生产、生活或其他活动的房屋或场所。它必须符合人们的一般使用要求并适应人们的特殊活动要求。建筑物可根据不同功能，分为办公建筑、商业建筑、文化建筑、媒体建筑、体育建筑、医院建筑、学校建筑、交通建筑、住宅建筑和通用工业建筑。

人类社会活动的需求是建筑不断发展进步的根本动力。今天的建筑已不仅限于居住栖身的性质，它已成为人们学习、生活、工作和交流的场所，人们对建筑在信息交换、安全性、舒适性、便利性和节能性等诸多功能上提出了更高更多的要求。现代科学技术的飞速发展为实现这样的建筑功能提供了重要手段。

自 20 世纪 80 年代开始，世界由工业化社会向信息化社会转型的步伐明显加快。很多跨国公司纷纷采用新技术新建或改建建筑大楼。1984 年 1 月，美国联合科技集团（UTBS）公司将美国康涅狄格州福德市的旧金融大厦改建成都市大厦（City Place），当时该大厦中开创性地安装了计算机、移动交换机等先进的办公设备和高速信息通信设施，为客户提供诸如语言通信、文字处理、电子邮件和信息查询等服务，同时大厦内的暖通、给水排水、安防、电梯以及供配电系统均采用计算机进行监控。都市大厦成为世界上公认的第一座智能建筑。日本于 1985 年开始建造智能大厦，并建成了电报电话株式会社智能大厦（NTT-IB），同时制定了从智能设备、智能家庭到智能建筑、智能城市的发展计划，成立了"建设省国家智能建筑专业委员会"及"日本智能建筑研究会"，加快了建筑智能化的建设。欧洲国家的智能建筑发展基本上与日本同步启动，到 1989 年，在西欧的智能建筑面积中，伦敦占 12%，巴黎占 10%，法兰克福和马德里分别占 5%。新加坡政府为推广智能建筑，拨巨资进行专项研究，计划将新加坡建成"智能城市花园"。韩国准备将其半岛建成"智能岛"。印度于 1995年开始在加尔各答的盐湖城建设"智能城"。

随着信息技术的不断发展，城市信息化应用水平不断提升，智慧城市建设在世界各国应运而生。我国近年来也出台了多项相关政策促进智慧城市的健康发展。智慧城市的建设离不开智能建筑的支撑，建筑的高效运转和节能环保是智慧城市的重要组成部分，在智慧城市中，智能建筑不再仅仅是一个概念，而将是人们所在城市的一道风景。在智能化、现代化、生态化与和谐化的思路指导下，智能建筑将在我国未来的城市现代化建设和居民生活水平提升等方面发挥日益重要的作用，成为我国智慧城市建设的根基。

2.5.2　智能建筑的定义

智能建筑是建筑技术与现代控制技术、计算机技术、信息与通信技术结合的产物，随着科技水平的迅速发展，人们对于信息、环保、节能和安全的观念和要求在不断提高，对建筑的"智能"也提出了更高的期盼，因而智能建筑的内涵和定义也在不断地发展完善。

智能建筑（Intelligent Building）是指以建筑物为平台，基于对建筑各种智能信息化综合应用，集架构、系统、应用、管理及其优化组合，具有感知、传输、记忆、推理、判断和决策的综合智慧能力，形成以人、建筑、环境互为协调的整合体，为人们提供安全、高效、便利及可持续发展功能环境的建筑。

美国智能建筑学会认为：智能建筑是对建筑物的结构、系统、服务和管理这 4 个基本要素进行的最优化组合，为用户提供一个高效率并具有经济效益的环境。智能只是一种手段，通过对建筑物智能功能的配备，强调高效率、低能耗和低污染，在真正实现以人为本的前提下，达到节约能源、保护环境和可持续发展的目标。若离开了节能与环保，再"智能"的建筑也将无法存在，每栋建筑的功能必须与由此功能带给用户或业主的经济效益密切相关。

欧洲智能建筑集团认为：智能建筑是能使其用户发挥最高效率，同时又有最低的保养成本、最有效的本身资源管理的建筑，并能提供一个反应快、效率高和有支持力的环境，以使用户达到其业务目标。

日本智能大楼研究会认为：智能建筑提供商业支持功能、通信支持功能等在内的高度通信服务，并通过高度的大楼管理体系，保证舒适的环境和安全，以提高工作效率。

新加坡政府的公共设施署认为：智能建筑必须具备 3 个条件：一是具有保安、消防与环境控制等自动化控制系统以及自动调节建筑内的温度、湿度和灯光等参数的各种设施，以创造舒适安全的环境；二是具有良好的通信网络设施，使数据能在建筑物内各区域之间流通；三是能够提供足够的对外通信设施与能力。智能建筑是一个发展中的概念，它随着科学技术的进步和人们对其功能要求的变化而不断更新。

智能建筑的概念中有4个基本要素，它们是：

1）建筑环境结构，它涵盖了建筑物内外的土建、装饰、建材、空间分割与承载。

2）系统实现建筑物功能所必备的机电设施，如给水排水、暖通、空调、电梯、照明、通信、办公自动化和综合布线等。

3）管理，即对人、财物及信息资源的全面管理，体现高效、节能和环保等要求。

4）服务，即提供给客户或住户居住生活、娱乐或工作所需要的服务，使用户获得到优良的生活和工作的质量。

这4个要素是相互联系的。其中，建筑环境结构是其他3个要素存在和发挥作用的基础平台，它对建筑物内各类系统功能发挥起着最直接的作用，直接影响着智能建筑的目标实现，影响着系统安置的合理性、可靠性、可维护性和可扩展性等。系统是实现智能建筑管理和服务的物理基础和技术手段，是建筑"先天智能"最重要的组成部分，系统的核心技术是所谓的"3C"技术，即现代计算机（Computer）技术现代通信（Communication）技术和现代控制（Control）技术。管理是使智能建筑发挥最大效益的方法和策略，是实现智能建筑优质服务的重要手段，其性能将直接影响建筑物的"后天智能"。服务是前3项的最终目标，它的效果反映了智能建筑的优劣。

只有综合考虑4个要素的相关性及相互约束，充分地应用现有的技术及人们的相关知识，对智能建筑的目标进行正确的观察、思考、推理、判断、决策与合理投资，满足用户的需求，所建设的智能建筑才是具有可持续发展能力的。

2.5.3　智能建筑的特点

（1）提供安全、舒适和高效便捷的环境　智能建筑具有强大的自动监测与控制系统。该系统可对建筑物内的动力、电力、空调、照明、给水排水、电梯和停车库等机电设备进行监视、控制、协调和运行管理。智能建筑中的消防报警自动化系统和安防自动化系统可确保人、财和物的高度安全，并具备对灾害和突发事件的快速反应能力。智能建筑提供室内适宜的温度、湿度、新风以及多媒体音像系统、装饰照明和公共环境背景音乐等，使楼内工作人员心情舒畅，从而可显著地提高工作、学习和生活的效率和质量。其优美完善的环境与设施能大大提高建筑物使用人员的工作效率与生活的舒适感、安全感和便利感，使建造者与使用者都获得很高的经济效益。

（2）节约能源　节能是智能建筑的基本功能，是高效高回报率的具体体现。据统计，在发达国家中，建筑物的耗能占社会总耗能的30%~40%。在建筑物的耗能中，采暖、空调和通风等设备是耗能大户，占65%以上，生活热水占15%，照明、电梯和电视占14%，其他占6%。在满足使用者对环境要求的前提下，智能建筑通过其能源控制与管理系统，尽可能利用自然光和大气冷量（或热量）来调节室内环境，以最大限度地减少能源消耗。根据不同的地域、季节，按工作行程编写程序，在工作与非工作期间，对室内环境实施不同标准的自动控制。例如，下班后自动降低照度、温度与湿度控制标准。利用智能建筑能源控制与管理系统可节省能源30%左右。

（3）节省设备运行维护费用　通过管理的科学化、智能化，使得建筑物内的各类机电设备的运行管理、保养维修更趋自动化。建筑智能化系统的运行维护和管理，直接关系到整座建筑物的自动化与智能化能否实际运作，并达到其原设计的目标。维护管理工程的主要目的是以最低的费用确保建筑内各类机电设备的妥善维护、运行与更新。根据美国大楼协会的统计，一座大厦的生命周期为 60 年，启用后 60 年内的维护及营运费用约为建造成本的 3 倍；依据日本的统计，一座大厦的管理费、水电费、煤气费和机械设备及升降机的维护费，占整个大厦营运费用支出的 60% 左右，且这些费用还将以每年 4% 的幅度递增。因此，只有依赖建筑智能化系统的正常运行，发挥其作用才能降低机电设备的维护成本。同时，由于系统的高度集成，系统的操作和管理也高度集中，人员安排更合理，使得人工成本降到最低。

（4）提供现代通信手段和信息服务　智能建筑具有功能完备的通信系统。该系统能以多媒体方式高速处理各种图、文、音、像信息，突破了传统的地域观念，以零距离、零时差与世界联系。其办公自动化系统通过强大的计算机网络与数据库，能高效综合地完成行政、财务、商务、档案和报表等处理业务。

2.5.4　我国智能建筑的发展与现状

（1）起始阶段　我国对智能建筑的研究始于 1986 年。国家"七五"重点科技攻关项目中就将"智能化办公大楼可行性研究"列为其中之一，这项研究由中国科学院计算技术研究所于 1991 年完成并通过了鉴定。

这一时期的智能建筑主要是一些涉外的酒店等高档公共建筑和特殊需要的工业建筑，其所采用的技术和设备主要是从国外引进的。在此期间人们对建筑智能化的理解主要包括：在建筑内设置程控交换机系统和有线电视系统等通信系统，将电话、有线电视等接到建筑中来，为建筑内用户提供通信手段；在建筑内设置广播、计算机网络等系统，为建筑内用户提供必要的现代化办公设备；同时利用计算机对建筑中的机电设备进行控制和管理，设置火灾报警系统和安防系统，为建筑和其中的人员提供保护手段。这时建筑中各个系统是独立的，相互没有联系。

1990 年正式营业的 18 层的北京发展大厦可认为是我国智能建筑的雏形。北京发展大厦已经开始采用了建筑设备自动化系统（Building Automation System，BAS）、通信网络系统（Communication Network System，CNS）和办公自动化系统（Office Automation System，OAS），但并不完善，3 个子系统没有实现统一控制。位于广州市的广东国际大厦可称为我国大陆首座智能化商务大厦，它具有较完善的"3A"系统及高效的国际金融信息网络，通过卫星可直接接收美联社和道琼斯公司的国际经济信息，并且还提供了舒适的办公与居住环境。

这个阶段建筑智能化普及程度不高，主要是产品供应商、设计单位以及业内专家推动建筑智能化的发展。

（2）普及阶段　在 20 世纪 90 年代中期的房地产开发热潮中，房地产开发商在还没有完全弄清智能建筑内涵的时候，发现了智能建筑这个标签的商业价值，于是"智能建筑""5A 建筑"甚至"7A 建筑"的名词出现在他们促销广告中。虽然其中不乏名不符实甚至是商业炒作，但在这种情况下，智能建筑迅速在中国推广起来。20 世纪 90 年代后期沿海一带新建的高层建筑几乎全都自称是智能建筑，并迅速向西部扩展。可以说这个时期房地产开发商是建筑智能化的重要推动力量。

从技术方面讲，除了在建筑中设置上述各种系统以外，智能建筑主要是强调对建筑中各个系统进行系统集成和广泛采用综合布线系统。应该说，综合布线这样一种布线技术的引入，曾使人们对智能建筑的概念产生某些混乱。例如，有的综合布线系统的厂商宣传，只有采用其产品，才能使大楼实现智能化等，这夸大了其作用。其实，综合布线系统仅是智能建筑设备的很小一部分。但不可否认，综合布线技术的引入确实吸引了一大批通信网络和 IT 行业的公司进入智能建筑领域，促进了信息技术行业对智能建筑发展和关注。同时，由于综合布线系统对语音通信和数据通信的模块化结构，在建筑内部为语音和数据的传输提供了一个开放的平台，加强了信息技术与建筑功能的结合，因此对智能建筑的发展和普及也产生了一定的推动作用。

这一时期，政府和有关部门开始重视智能建筑的规范，加强了对建筑智能化系统的管理。1995 年上海市建委审定通过了《智能建筑设计标准》（DBJ 08-47-1995）；建设部在 1997 年颁布了《建筑智能化系统工程设计管理暂行规定》（建设〔1997〕290 号），规定了承担智能建筑设计和系统集成必须具备的资格。2000 年建设部出台了国家标准 GB/T 50314—2000《智能建筑设计标准》；同年信息产业部颁布了 GB/T 50311—2000《建筑与建筑群综合布线系统工程设计规范》和 GB/T 50312—2000《建筑与建筑群综合布线工程验收规范》；公安部也加强了对火灾报警系统和安防系统的管理。2001 年建设部在《建筑业企业资质管理规定》（中华人民共和国建设部令第 87 号）中设立了建筑智能化工程专业承包资质，将建筑中的计算机管理系统工程、楼宇设备自控系统工程、保安监控及防盗报警系统工程、智能卡系统工程、通信系统工程、卫星及公用电视系统工程、车库管理系统工程综合布线系统工程、计算机网络系统工程、广播系统工程、会议系统工程、视频点播系统工程、智能化小区综合物业管理系统工程、可视会议系统工程、大屏幕显示系统工程、智能灯光控制系统工程、智能音响控制系统工程、火灾报警系统工程和计算机机房工程 18 项内容统一为建筑智能化工程，纳入施工资质管理。

（3）发展段段 我国的智能建筑在 20 世纪 90 年代的中后期形成建设高潮，上海市的浦东区，仅 1997 年 1 年内就规划建设了上百座智能建筑。我国在 2000 年 10 月正式实施 GB/T 50314—2000《智能建筑设计标准》，2007 年 7 月 1 日开始执行 GB/T 50314—2006《智能建筑设计标准》，2015 年年底开始执行 GB 50314—2015《智能建筑设计标准》。智能建筑直接服务于人，将建筑与生态环境和可持续性城市发展融为一体已成为智慧城市实现与实践的基石。随着各国智慧城市的不断建设，智能建筑已成为其重要支撑，节能舒适的未来绿色智能建筑为智慧城市的可持续发展提供了强大助力。在构建智慧城市中，智能建筑已经不再仅仅是一个概念，而变成了人们所在城市的一道风景。在智能化、现代化、生态化和谐化的思路指导下，智能建筑将在我国未来的城市现代化建设和居民生活水平提升等方面发挥日益重要的作用，成为我国智慧城市建设的根基。智能建筑也将作为智慧城市发展的重点产业，为推动我国的经济发展和和谐社会建设发挥更加重要的作用。未来，智能建筑应适应建筑的低碳、节能、绿色、环保和生态等需求，同时结合"智慧城市"大环境、融入"物联网""云计算"科技，以新应用、新目标、新技术和新方式对行业进行整理创新。

2.5.5 建筑智能化系统工程的构成要素

建筑智能化系统工程的构成要素包括信息化应用系统、智能化集成系统、信息设施系统、建筑设备管理系统、公共安全系统、机房工程等智能建筑主体配置要素及其各相关辅助系统等。

（1）信息化应用系统　信息化应用系统（Information Application System，IAS）是为满足建筑的信息化应用功能需要，以智能化设施系统为基础，具有各类专业化业务门类和规范化运营管理模式的多种类信息设备装置及与应用操作程序组合的应用系统。

信息化应用系统的业务主要有：工作业务应用、物业运营管理、公共服务管理、公众信息服务、智能卡应用和信息网络安全管理等。

（2）智能化集成系统　智能化集成系统（Intelligented Integration System，IIS）是为实现建筑的建设、运营及管理目标，以建筑内外多种类信息基于统一信息平台的集成方式，从而形成具有信息汇聚、资源共享、协同运行和优化管理等综合应用功能的系统。其主要功能有：

1）以满足建筑物的使用功能为目标，确保对各类系统监控信息资源的共享和优化管理。

2）以建筑物的建设规模、业务性质和物业管理模式等为依据，建立实用、可靠和高效的信息化应用系统，以实施综合管理功能。

智能化集成系统配置应符合下列要求：

1）应具有对智能化系统进行数据通信、信息采集和综合处理的能力。

2）集成的通信协议和接口应符合相关的技术标准。

3）应实现对各智能化系统的综合管理。

4）应支撑工作业务系统及物业管理系统。

5）应具有可靠性、容错性、易维护性和可扩展性。

（3）信息设施系统　信息设施系统（Information Infrastructure System，IIS）是为适应信息通信需求，对建筑内各类具有接收、交换、传输、处理、存储和显示等功能的信息系统予以整合，从而形成实现建筑应用与管理等综合功能统一及融合的信息设施基础条件的系统。

信息设施系统主要包括：信息接入系统、电话交换系统、信息网络系统、综合布线系统、室内移动通信覆盖系统、卫星通信系统、有线电视及卫星电视接收系统、广播系统、会议系统、信息导引及发布系统、时钟系统和其他相关的信息通信系统。GB 50314—2015《智能建筑设计标准》对上述各系统分别提出了相应的具体要求。

（4）建筑设备管理系统　建筑设备管理系统（Building Management System，BMS）是为实现绿色建筑的建设目标，具有对建筑机电设备及建筑物环境实施综合管理和优化功效的系统。其主要功能有：

1）具有对建筑机电设备测量、监视和控制的功能，确保各类设备系统运行稳定、安全和可靠并达到节能和环保的管理要求。

2）一般采用集散式控制系统。

3）具有对建筑物环境参数的监测功能。

4）能满足对建筑物的物业管理需要，实现数据共享，以生成节能及优化管理所需的各种相关信息分析和统计报表。

5）具有良好的人机交互界面及采用中文界面。

6）共享所需的公共安全等相关系统的数据信息和资源。

建筑设备管理系统主要对下列建筑设备的情况进行监测和管理：

1）压缩式制冷机系统和吸收式制冷系统。

2）蓄冰制冷系统。

3）热力系统。

4）冷冻水系统。

5）空调系统。

6）变风量（VAV）系统。

7）送排风系统。

8）风机盘管机组。

9）给水排水系统。

10）供配电及照明控制系统。

11）公共场所的照明系统。

12）电梯及自动扶梯系统。

13）热电联供系统、发电系统和蒸汽发生系统。

（5）公共安全系统　公共安全系统（Public Security System，PSS）是综合运用现代科学技术，为应对危害建筑物公共环境安全的因素而构建的技术防范及安全保障系统。其主要功能有：

1）应对火灾、非法侵入、自然灾害、重大安全事故和公共卫生事件等危害人民生命财产安全的各种突发事件，建立起应急及长效的技术防范保障体系。

2）以人为本、平战结合、应急联动和安全可靠。

公共安全系统主要包括火灾自动报警系统、安全技术防范系统和应急联动系统等。

（6）机房工程　机房工程（Engineering of Electronic Equipment Plant，EEEP）是为提供各智能化系统设备及装置等安置或运行的条件，确保各智能化系统安全、可靠和高效地运行与便于维护而实施的综合工程。

机房工程范围主要包括：信息中心设备机房、数字程控交换机系统设备机房、通信系统总配线设备机房、消防监控中心机房、安防监控中心机房、智能化系统设备总控室、通信接入系统设备机房、有线电视前端设备机房、弱电间（电信间）和应急指挥中心机房及其他智能化系统的设备机房。

机房工程内容主要包括机房配电及照明系统、机房空调、机房电源、防静电地板、防雷接地系统、机房环境监控系统和机房气体灭火系统等。

2.5.6　建筑智能化技术与绿色建筑

绿色建筑强调节约能源，不污染环境，保持生态平衡，体现可持续发展的战略思想，其目的是节能环保。建筑智能化技术是信息技术与建筑技术的有机结合，可为人们提供一个安全、便捷和高效的建筑环境，同时实现建筑的健康和环保。在节能环保意识已成为世界性问题的今天，建筑必须朝着生态、绿色的方向发展，而在发展过程中，绿色建筑的内涵也在逐渐丰富。

当前，建筑智能化技术与绿色建筑的有机结合已经成为未来建筑的发展方向，"绿色"是概念，"智能"是手段，合理应用智能化技术的绿色建筑，可大大提高自身性能。例如，在绿色建筑中采用电动百叶窗和智能遮阳板，既可满足室内采光，又可防止太阳光的直接照射，增加室内空调的负荷，从而实现节能。又如，通过设备监控系统，对空调、给排水和照明等设备的工作状态进行监控，根据其负荷的变化情况实现温度、流量和照度的自动调节，从而提高能源利用率。在绿色建筑中，经常会尽可能使用可再生能源，如果采用智能化控制技术，对地热能、太阳能等分布式能源进行优化利用，可使绿色建筑的能耗进一步降低。

第3章

物联网概述

3.1　物联网的起源和发展历程

1982 年，卡内基梅隆大学学生开发的网络可乐机被视为物联网的早期雏形。1999 年，美国麻省理工学院首次提出"物联网"概念，强调通过射频识别等技术将物品与互联网连接，实现智能化识别与管理。

物联网自从问世以来，就引起了人们的极大关注。它被认为是继计算机、互联网、移动通信之后的又一次信息产业浪潮。

2005 年，国际电信联盟（ITU）将物联网视为信息通信技术的新阶段，强调物品间的广泛连接。2008 年，全球首个物联网会议在苏黎世举行，同年美国将物联网纳入"智能地球"战略。

物联网发展经历了以下三个阶段：

第一阶段是物联网连接大规模建立阶段。越来越多的设备在放入通信模块后通过移动网络、WiFi、蓝牙、RFID、ZigBee 等连接技术连接入网。在这一阶段，网络基础设施建设、连接建设及管理与终端智能化是核心。

第二阶段是快速发展阶段。大量连接入网的设备状态被感知，产生海量数据，形成了物联网大数据。在这一阶段，传感器、计量器等器件进一步智能化，多样化的数据被感知和采集，汇集到云平台进行存储、分类处理和分析。

第三个阶段是初始人工智能已经实现的阶段，对物联网产生数据的智能分析和物联网行业应用及服务将体现出核心价值。该阶段物联网数据发挥出最大价值，企业对传感数据进行分析并利用分析结果构建解决方案实现商业变现。

国内物联网起步相对较晚，但是近年来发展迅速。下文将从国内物联网的政策、技术和市场 3 个方面对国内物联网发展现状进行梳理。

（1）政策　产业的发展离不开政府政策的支持，物联网产业尤其如此。从 2009 年国务院发布"感知中国"战略开始，到 2017 年工信部下发《物联网发展规划（2016—2020 年）》，政府出台了一系列的政策推动物联网的发展，见表 3-1。

表 3-1　2011—2021 年我国物联网相关文件或政策

时间	部门	物联网相关文件或政策
2011 年	工信部	物联网白皮书
	财政部	物联网发展专项资金管理暂行办法

（续）

时间	部门	物联网相关文件或政策
2012 年	工信部	"十二五"物联网发展规划
2013 年	国务院	国务院关于推进物联网有序健康发展的指导意见
	农业部	农业物联网区域实验工程工作方案
	发改委等部委	物联网发展专项行动计划（2013—2015 年）
2014 年	国务院	十三五规范大力扶持健康物联网
	工信部	工业和信息化部 2014 年物联网工作要点
2015 年	国务院	十三五规划明确提出，要积极推进云计算和物联网发展，推进物联网感知设施规划布局，发展物联网开环应用
2016 年	国务院	《2016 年政府工作报告》强调大力发展以物联网等为主的战略新兴产业
2017 年	工信部	物联网发展规划（2016—2020 年）
2020 年	工信部	关于深入推进移动物联网全面发展的通知
2021 年	工信部等部委	物联网新型基础设施建设三年行动计划（2021—2023）
	工信部	"十四五"信息通信行业发展规划

在政府政策调动下，各地纷纷推动物联网产业发展，如无锡、重庆、上海等城市针对物联网技术研发、产业化、应用示范等提供了相应的支持。在政府政策的带动下，我国物联网产业链已基本形成，产业发展十分迅速。

（2）技术　技术是影响物联网发展的关键因素，RFID、MEMS 传感器、M2M 和 5G 网络等技术的不断发展和突破，极大地推动了国内物联网产业的发展。

1）RFID 技术。RFID 是一种非接触式自动识别技术，其操作便捷，环境适应能力强，抗干扰能力也强，主要是通过无线电信号来识别特定的目标。目前，RFID 技术发展迅速，部分核心技术已实现突破，并在智能追踪等领域已展开应用。

2）MEMS 传感器。MEMS 即微机电系统，是指将微型传感器、微型执行器以及信号处理和控制电路等集于一体的微型器件或系统。相比传统的传感器，MEMS 传感器优势明显，其尺寸小，成本低，功耗低，因此广泛应用于智能家居、可穿戴设备及汽车电子等领域。

3）M2M 技术。M2M 技术包括远距离通信技术、近距离通信技术以及基于 GPS 的位置服务等其他技术，主要是通过机器间的无线通信，为客户提供综合的信息化解决方案。M2M 技术具有智能化、低成本、实时监控等优势，能够使业务流程自动化，并通过集成信息处理系统创造增值服务。M2M 技术将会大规模地应用在双向通信领域，并在自动售货机、电动机械等领域提供广泛的应用和解决方案。

4）5G 网络技术。与 4G 网络技术相比，5G 网络技术在速率、连接数、覆盖范围上都有明显优势。国内 5G 的发展已经处于国际领先地位。2017 年 9 月，联发科携手华为率先完成 5G 测试，主要测试内容是联发科 5G 终端原型机和华为 5G 基站在 3.5GHz 频段、200MHz 带宽下的连续广覆盖（eMBB）和热点高容量（UDN）两个重要场景中的对接，这展现了 5G 技术在 sub-6GHz 频段的商用潜力，对于 5G 终端的技术创新、产品开发以及走向商用具有里程碑式的意义。

（3）市场　在政策和技术的驱动下，国内物联网高速发展，市场规模迅速扩大。国内物联网的产业体系已初步形成，具备了一定的技术、产业和应用基础。根据工信部发布数据，我国物联网产业在智能可穿戴设备、无人机等领域已初步出现龙头企业。

国内已初步建成涵盖传感芯片、网络、软件、应用服务在内的物联网产业体系，且环渤海、长三角、珠三角和中西部地区集聚发展，共同构建了国内物联网产业发展格局。

3.2 物联网的定义

物联网中的"物"，具有接收信息的接收器、数据传输通路，有的还具有一定的存储功能或者相应的操作系统。具有应用程序的物体可以发送和接收数据，数据传输时遵循物联网的通信协议，接入网络后还具有世界网络中可被识别的唯一编号。

从技术角度来看，物联网是指物体的信息通过智能感应装置，经过传输网络，到达指定的信息处理中心，最终实现物与物、人与物之间的自动化信息交互、处理的一种智能网络。从应用角度来看，物联网是指把世界上所有的物体都连接到一个网络中，然后这个网络又与现有的互联网结合，实现人类社会与物理系统的整合，从而以更加精细和动态的方式去管理生产和生活。通俗地来说，物联网则是将无线射频识别和无线传感器结合使用，为用户提供生产生活监控、指挥调度、远程数据采集和测量、远程诊断等方面服务的网络。

早在物联网的概念产生之前，在自动化领域人们就提出了 M2M 通信[○]的控制模型，如图 3-1 所示。M2M 表达的是多种不同类型的通信技术：机器之间通信、人机交互通信、移动通信、GPS 和远程监控。M2M 技术综合了数据采集、传感器系统和流程自动化。这一类服务在自动抄表、自动售货机、公共交通系统、车队管理、工业流程自动化和城市信息化等领域已经得到了广泛的应用。因此，M2M 模型应该可以看成是物联网的前身。

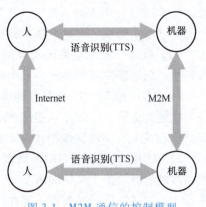

图 3-1　M2M 通信的控制模型

简而言之，物联网就是将无处不在的末端设备和设施，包括具备"内在智能"的传感器、移动终端、工业系统、楼控系统、家庭智能设施、视频监控系统等和"外 在 使 能 （Enabled）"的，如采用无线射频技术（Radio Frequency Identification，RFID）的各种资产、携带无线终端的个人与车辆等"智能化物件或动物"或"智能尘埃（Mote）"，通过各种无线或有线的长距离或短距离通信网络实现互连互通（M2M）、应用大集成以及基于云计算软件应用模式（SaaS，Software as a Service）等，在内网（Intranet）、专网（Extranet）或互联网（Internet）环境下，采用适当的信息安全保障机制实现对"万物"的"高效、节能、安全、环保"的"管、控、营"一体化。在这里，物联网的关键技术不仅是对物实现操控，它通过技术手段的扩张，实现了人与物、物与物之间的相融与沟通。物联网既不是互联网简单的翻版，也不是互联网的接口，而是互联网的一种延伸。作为互联网的扩展，物联网具有互联网的特性，物联网不仅能够实现由人找物，而且能够实现以物找人。

从物联网的本质分析，物联网是现代信息技术发展到一定阶段后，才出现的一种聚合性

○　M2M（Machine to Machine）通信是一种通过通信技术实现机器之间直接信息交换和控制的技术。

应用与技术提升，它是将各种感知技术、现代网络技术和人工智能与自动化技术聚合与集成的应用，可使人与物智慧对话，创造一个智慧的世界。因此，物联网技术的发展几乎涉及信息技术的方方面面，被称为是信息产业的第三次革命性创新。物联网的本质主要体现在以下三个方面：

1）互联网特征，即需要接入网络的物一定要能够实现互联互通的互联网络。

2）识别与通信特征，即纳入物联网的"物"一定要具备自动识别、物物通信的功能。

3）智能化特征，即网络系统应具有自动化、自我反馈与智能控制的特点。

2009 年 9 月，在北京举办的物联网与企业环境中欧研讨会上，欧盟委员会信息和社会媒体司 RFID 部门负责人 Lorent Ferderix 博士给出了欧盟对物联网的定义：物联网是一个动态的全球网络基础设施，它具有基于标准和互操作通信协议的自组织能力，其中物理的和虚拟的"物"具有身份标识、物理属性、虚拟的特性和智能的接口，并与信息网络无缝整合。物联网将与媒体互联网、服务互联网和企业互联网共同构成未来互联网。总体上来说，物联网可以概括为：通过传感器、射频识别装置、全球定位系统、激光扫描器等信息传感设备，实时采集任何需要监控、连接、互动的物体或过程的声、光、热、电、力学、化学、生物、位置等各种需要的信息，通过各种可能的网络接入，实现物与物、物与人的泛在连接，进行信息交换和通信，提供安全可控乃至个性化的实时在线监测、定位追溯、报警联动、调度指挥、预案管理、远程控制、安全防范、远程维保、在线升级、统计报表、决策支持、领导桌面等管理和服务功能，从而实现对物品和过程的智能化感知、识别和管理，如图 3-2 所示。

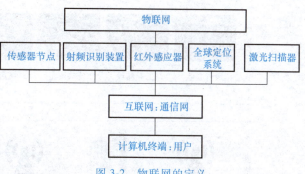

图 3-2　物联网的定义

2011 年，我国发布的《物联网白皮书》将物联网定义为：物联网是通信网和互联网的拓展应用和网络延伸。它利用感知技术与智能装置对物理世界进行感知识别，通过网络传输互联，进行计算、处理和知识挖掘，实现人与物、物与物信息交互和无缝链接，达到对物理世界实时控制、精确管理和科学决策的目的。从上面对于物联网的定义可以看出，物联网基本体现出以下三方面内容：

1）物联网具备感知判断、有效传输、智能控制与处理等属性。

2）物联网通过实现感知、传输、处理与应用数据的一体化，将人与人、人与物之间的交流联系拓展到物与物之间。

3）物联网的发展不能脱离互联网，必须建立在互联网发展到一定程度的基础上。

物联网使得现代信息技术创新与传统产业发展密切联系在一起，以符合生产社会化的要求，适应智能化发展的规律。作为我国经济发展的一个新增长点，物联网的发展迎来了前所未有的机遇。随着技术手段的不断进步，各种先进的传感技术和设备的普及，物联网的应用前景十分广阔，越来越多的传感器被部署在广泛的生产生活领域，从国家安全、公共卫生、便利交通等政府公共管理，到智能家居、健康检查、便捷支付等百姓日常生活，并由互联网和通信技术连接起来，物理世界通过数字世界摆脱了时间和空间的约束，得以更加准确地呈现在人们的面前，为人们提供更加安全舒适的生活。物联网通过传感设备和网络将物品连接起来，实现对物体自动且实时地开展识别、定位等监督管理活动，以实现管理者和消费者对物品相应的需求目标。本书将物联网定义为通过近场通信（Near Field Communication NFC）、射频识别技术等传感技术和互联网，实现自动接收、传输与智能处理物品与物品之间信息的，由感知层、传输层、处理层共同构成的社会信息网络。

3.3　物联网的基本架构

物联网是通过信息传感设备，把物体连接到互联网上，按照约定的协议进行通信和信息交换，从而实现智能化定位、识别、监控、跟踪和管理的一种网络。物联网的价值在于它让物体也拥有了"智慧"，从而实现人与物、物与物之间的沟通，物联网的特征在于感知、互联和智能的叠加。因此，物联网由以下三个部分组成：

1）感知部分，即感知层，以二维码、RFID、传感器为主，用于实现对"物"的识别。

2）传输网络，即网络层，通过现有的互联网、广电网络、通信网络等实现数据的传输。

3）智能处理，即应用层，利用云计算、数据挖掘、中间件等技术实现对物体的自动控制与智能管理等。物联网的基本架构如图3-3所示。

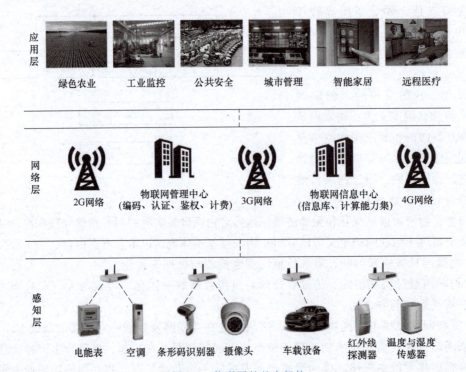

图3-3　物联网的基本架构

1. 感知层

感知层位于物联网基本架构的最底层，它通过传感器网络来识别物体并获取信息，是物联网的核心，也是信息采集的关键部分。感知层一般包括数据采集和数据短距离传输两部分，即首先通过传感器、摄像头等设备采集外部物理世界的数据，然后通过蓝牙、红外线、ZigBee、工业现场总线等短距离有线或无线传输技术进行协同工作，或者传递数据到网关设备。特殊情况下，也可以只有数据的短距离传输这一部分，特别是在仅传递物品的识别码的情况下。

感知层由各种传感器和传感器网络构成，包括条形码、二维码和扫描器、无线射频识别（Radio Frequency Identification，RFID）和解读器、摄像头、全球定位系统（Global Positioning System，GPS）、温度与湿度传感器等和物联网终端。传感器的出现和发展，让物体有了"触觉""味觉"和"嗅觉"等功能。传感器一般由敏感元件、转换元件和调理电路组成。敏感元件是构成传感器的核心，是指能直接感测或响应被测量的部件。转换元件是指传感器中能将敏感元件感测或响应的被测量转换成可用的输出信号的部件，通常这种输出信号以电量的形式出现。调理电路是把传感元件输出的电信号转换成便于处理、控制、记录和显示的有用电信号所涉及的有关电路。

在物联网时代，微机电系统（Micro Electro Mechanical System，MEMS）传感器凭借其体积小、成本低和可与其他智能芯片集成在一起的优势，成为传感器的主要生产技术。MEMS 传感器是由微传感器、微执行器、信号处理和控制电路、通信接口和电源等部件组成的一体化的微机电系统。MEMS 在手机、航空、航天、汽车、军事等领域有着十分广阔的应用前景。

2. 网络层

网络层是在现有网络的基础上建立起来的，位于物联网基本架构中的第二层，它作为纽带连接着感知层和应用层。网络层由各种私有网络、互联网、有线和无线通信网等组成，负责将感知层获取的信息安全可靠地传输到应用层。物联网要求网络层能够把感知层感知到的数据无障碍、高可靠性、高安全性地传送。网络层解决的是感知层所获得的数据在一定范围内，尤其是远距离的传输问题。与此同时，网络层也将承担比现有网络更大的数据量，并面临更高的服务质量要求。所以，物联网需要对现有网络进行融合与扩展，利用新技术来实现更加广泛和高效的互联功能。

网络层包含传输网和接入网，分别实现传输功能和接入功能。传输网由公网与专网组成。典型的传输网包括电信网（固网、移动通信网）、广电网、互联网、电力通信网和专用网（数字集群）。典型的接入网包括光纤网络、无线网络、以太网网络、卫星网络、传感器网络和 RFID 网络。网络层基本上综合了已有的全部网络形式，来构建更加广泛的"互联"。每种网络都有自己的特点和应用场景，互相组合才能发挥出最大的作用。因此，在实际应用中，信息往往以经由任何一种网络或几种网络组合的形式进行传输。

网络层的核心是物联网无线接入点（Access Point，AP）和物联网接入控制器（Access Control，AC）。物联网 AP 整合了 RFID 阅读器和无线 AP 功能，支持信息的双频四通道接收和发送，物联网 AP 既可以接收支持无线保真（Wireless Fidelity，WiFi）的移动终端返回的信息，又可以接收 RFID 标签返回的信息，从而实现前端信息感知的融合。物联网 AC 可以用物联网 AP 或融合物联网中间件模块，实现前端感知信息与应用系统之间的转换、解析、封装和集成，并借助融合通信网关模块，把 RFID 信号转换成网络通信协议（Transfer Control Protocol/Internet Protocol，TCP/IP）信号并传输。

3. 应用层

应用层位于物联网基本架构中的顶层，其功能为"信息处理"，即通过云计算平台进行信息处理。应用层与底端的感知层是物联网的显著特征和核心所在。应用层可以对感知层采集的数据进行计算、处理和知识挖掘，从而实现对物理世界的实时控制、精确管理和科学决策。

应用层的核心功能有两个：一是"数据"，应用层需要完成数据的管理和数据的处理；二是"应用"，应用层需要将这些数据与各行业应用相结合。例如在智能电网的远程电力抄表应用中，安置于用户处的读表器就是感知层中的传感器，这些传感器在收集到用户的用电信息后，通过网络发送并汇总到发电厂的处理器上。该处理器及其对应的工作就属于应用层，它将完成对用户用电信息的分析，并自动采取对应措施。

从结构上划分，物联网的应用层包括以下三个部分：

（1）物联网中间件 物联网中间件是一种独立的系统软件或服务程序，它将各种可以公用的能力统一封装，提供给物联网应用使用。

（2）物联网应用 物联网应用就是用户直接使用的各种应用，如智能操控、安防、电力抄表、远程医疗、智能农业等。

（3）云计算 云计算可以助力物联网海量数据的存储和分析。依据云计算的服务类型可以将云计算分为基础架构即服务（IaaS）、平台即服务（PaaS）、服务和软件即服务（SaaS）。

应用层负责提供丰富的应用，将物联网技术与数据挖掘、中间件、云计算等技术相结合，根据各行各业的信息化需求，提供智能化的应用解决方案。应用层是物联网产业的核心技术，也是物联网实现信息有效利用的相关概念和技术。

3.4 物联网的基本特征

1. 实时性

在物联网应用场景中，其前端感知设备获取的信息一般为实时产生的信息，这些信息实时通过网络层传输至用户控制终端，从而完成相应的实时监测及反馈控制操作。传统的IT应用往往获取的是结果信息，只能做到事后处理，无法实施控制，改变结果。这也体现了物联网应用于需要实时监测及反馈控制的场景的明显优势。

2. 精细化

物联网应用更注重产生结果的过程信息，这些过程信息既包括温度、湿度等慢量变化，也包括结构应力等可能发生突变的物理量，因此其更应确保信息的准确性。除此之外，这些信息还可以为进一步的精细数据分析和处理提供良好的基础，有助于进行相应的改善。

3. 智能化

物联网应用往往可实现自动采集、处理信息、自动控制的功能。某些构架可将原本在终端中的信息处理功能的一部分移交到收集前端感知设备信息的汇聚节点中，从而分担少部分信息处理工作，除此之外，通过对收集信息的存储及长期积累，可分析得出适应特定场景下规则的专家系统，从而可以让信息处理规则适应业务的不断变化。

4. 多样性

一方面，物联网的应用涉及无线传感器网络、通信等多种科技领域，因此其可提供的相应产品及服务形态能够实现多种组合。例如物联网的应用架构中，前端感知既可采用无线传感器网络实现，也可通过 RFID 等多种手段实现，因此其可提供的前端感知信息也是多种多样的。这决定了物联网可应用的领域具有多样化的特点。

另一方面，物联网涉及各个技术领域的产品形态及技术手段，因此其可提供的物联网应用架构也有多种可能。现代通信网络的不断普及，特别是移动通信网络的普及和广域覆盖，为物联网应用提供了网络支撑基础。到了 5G 时代，多业务、大容量的移动通信网络又为物联网的业务实现提供了基础，而物联网信息网络的连接载体也可以是多样的。

5. 包容性

物联网的应用有可能需要多个基础网络的连接，这些基础网络有可能是有线网络、无线网络、移动网络或是专网，物联网的业务应用网络就是用这些网络组建成的新的网络组合，多个网络、终端、传感器组成了业务应用。物联网应用可将众多行业及领域整合在一起，形成具有强大功能的技术架构，因此，物联网也为众多企业及行业提供了巨大的市场和许多机会。

6. 创新性

物联网将数字化管理的范围从虚拟信息世界延伸至实物世界，强化了实时处理和远程控制能力，极大地扩展和丰富了现有的信息系统。同时，物联网将原本独立的实物管理自动化系统延伸至远程控制终端，借助现有的无线传感、互联网等众多 IT 技术，提升了自动化管理的处理性能和智能水平。另外，现有技术的结合将创造出更多的物联网信息系统，也将促进更多的新技术、新产品、新应用产生。

3.5 物联网的主要技术及技术特征

3.5.1 物联网的主要技术

1. 感知层的主要技术

（1）传感器技术 传感器是一种检测装置，能感受到被测的信息，并能将这些信息按一定规律变换成电信号或其他所需形式的信息输出，以满足信息的传输、处理、存储、显示、记录和控制等要求。传感器是实现自动检测和自动控制的首要环节。在物联网系统中，对各种参量进行信息采集和简单加工处理的设备，称为物联网传感器。传感器可以独立存在，也可与其他设备以一体方式呈现，但无论哪种方式，它都是物联网中的感知和输入部分。在未来的物联网中，传感器及其组成的传感器网络将在数据采集前端发挥重要的作用。

传感器的分类方法多种多样，比较常用的是按传感器的物理量、工作原理、输出信号的性质来分类。此外，按照是否具有信息处理功能来分类的意义越来越重要，特别是在未来的物联网时代。按照这种分类方式，传感器可分为一般传感器和智能传感器。一般传感器采集的信息需要计算机进行处理；智能传感器带有微处理器，本身具有采集、处理、交换信息的能力，具备高数据精度、高可靠性与高稳定性、高信噪比与高分辨力、强自适应性、高性价比等特点。

传感器是摄取信息的关键器件，它是物联网中不可缺少的信息采集手段，也是采用微电子技术改造传统产业的重要方法，对提高经济效益、科学研究水平与生产技术水平有着举足轻重的作用。传感器技术水平不但直接影响信息技术水平，而且会影响信息技术的发展与应用。目前，传感器技术已渗透到科学和国民经济的各个领域，在工农业生产、科学研究及改善人民生活等方面，起着越来越重要的作用。

（2）射频识别（Radio Frequency Identification，RFID）技术　RFID 又称电子标签，是 20 世纪 90 年代兴起的一种自动识别技术，它利用射频信号通过空间电磁耦合来实现无接触信息传递，并通过所传递的信息实现物体识别。RFID 是一种非接触式的自动识别技术，可以通过无线电信号识别特定目标并读写相关数据。它主要用来为物联网中的各物体建立唯一的身份标示。

RFID 是物联网感知层的一个关键技术。在对物联网的构想中，RFID 标签中存储着规范而具有互用性的信息，通过有线或无线的方式把它们自动采集到中央信息系统，实现物体（商品）的识别，进而通过开放式的计算机网络实现信息交换和共享，最终实现对物体的"透明"管理。

RFID 系统主要由电子标签（Tag）、读写器（Reader）和天线（Antenna）三部分组成。其中，电子标签具有数据存储区，用于存储待识别物体的标识信息；读写器可将约定格式的待识别物体标识信息写入电子标签的存储区中（写入功能），或在读写器的阅读范围内以无接触的方式将电子标签内保存的信息读取出来（读出功能）；天线用于发射和接收射频信号，往往内置在电子标签和读写器中。

RFID 技术的工作原理是：电子标签进入读写器产生的磁场后，读写器发出射频信号，电子标签凭借感应电流所获得的能量发送出存储在芯片中的产品信息（无源标签或被动标签），或者主动发送某一频率的信息（有源标签或主动标签）；读写器读取信息并解码后，送至中央信息系统进行有关数据的处理。

由于 RFID 具有无须接触、自动化程度高、耐用可靠、识别速度快、适应各种工作环境、可实现高速和多标签同时识别等优势，因此可用于广泛的领域，如物流和供应链管理、门禁安防系统、道路自动收费、航空行李处理、文档追踪、图书馆管理、电子支付、生产制造和装配、物品监视、汽车监控、动物身份标识等。以简单 RFID 系统为基础，结合已有的网络技术、数据库技术、中间件技术等，构筑一个由大量联网的读写器和无数移动的标签组成的，比因特网更为庞大的物联网成为 RFTD 技术发展的趋势。

（3）二维码技术　二维码技术是物联网感知层实现过程中的基本和关键技术。二维码技术是用某种特定的几何形体按一定规律在平面上分布（黑白相间）的图形来记录信息的应用技术。从技术原理来看，二维码在代码编制上巧妙地利用了构成计算机内部逻辑基础的"0"和"1"比特流的概念，使用若干与二进制数相对应的几何形体来表示数值信息，并通过图像输入设备或光电扫描设备自动识读，以实现信息的自动处理。

与条形码相比，二维码有明显的优势，归纳起来主要有以下 4 个方面：数据容量更大，二维码能够在横向和纵向两个方向同时表达信息，因此能在很小的面积内表达大量的信息；超越了字母和数字的限制；比条形码的尺寸小；具有抗损毁能力。此外，二维码还可以引入保密措施，其保密性较条形码要强很多。

二维码可分为堆叠式/行排式二维码和矩阵式二维码。其中，堆叠式/行排式二维码在形态上由多行短截的条形码堆叠而成；矩阵式二维码以矩阵的形式组成，在矩阵相应元素的位置上用"点"表示二进制"1"，用"空"表示二进制"0"，并由"点"和"空"的排列组成代码。

二维码技术具有条形码技术的一些共性：每种码制有其特定的字符集；每个字符占一定的宽度；具有一定的校验功能等。二维码的特点归纳如下。

1）高密度编码，信息容量大：二维码可容纳多达 1850 个大写字母/2710 个数字/1108 个字节/500 多个汉字，比普通条形码的信息容量高几十倍。

2）编码范围广：二维码可以把图片、声音、文字、签字、指纹等可以数字化的信息进行编码。

3）容错能力强，具有纠错功能：二维码因穿孔、污损等引起局部损坏，甚至损坏面积达 50％时，仍可以得到正确识读。

4）译码可靠性高：二维码译码错误率比普通条形码译码错误率（百万分之二）要低得多，错误率不超过千万分之一。

5）可引入加密措施，保密性、防伪性好。

6）成本低，易制作，持久耐用。

7）二维码的符号形状、尺寸大小比例可变。

8）二维码可以使用激光或 CCD 摄像设备识读，十分方便。

与 RFID 相比，二维码最大的优势在于其成本较低，一个二维码的成本仅为几分钱，而 RFID 标签因其芯片成本较高，制造工艺复杂，所以价格较高。

2. 网络层的主要技术

（1）因特网（Internet）　广义的因特网叫互联网，它以相互交流信息资源为目的，基于一些共同的协议，并通过许多路由器和公共互联网连接而成，它是一个信息资源和资源共享的集合。因特网采用了客户机/服务器工作模式，凡是使用 TCP/IP，并能与因特网中任意主机进行通信的计算机，无论是何种类型、采用何种操作系统，均可看成是因特网的一部分，可见因特网覆盖范围之广。物联网也被认为是因特网的进一步延伸。

因特网可作为物联网的主要传输网络之一，然而为了让因特网适应物联网大数据量和多终端的要求，业界正在发展一系列新技术。其中，由于因特网用 IP 地址对节点进行标识，而目前的 IPv4 受制于资源空间耗竭，已经无法提供更多的 IP 地址，所以 IPv6 以其近乎无限的地址空间将在物联网中发挥重大作用。引入 IPv6 技术，使网络不仅可以为人类服务，还可服务于众多硬件设备，如家用电器、传感器、远程照相机、汽车等，它将使物联网无所不在地深入社会的每个角落。

（2）移动通信网　移动通信网由无线接入网、核心网和骨干网三部分组成。无线接入网主要为移动终端提供接入网络服务，核心网和骨干网主要为各种业务提供交换和传输服务。从通信技术层面看，移动通信网的基本技术可分为传输技术和交换技术两大类。

在物联网中，终端需要以有线或无线方式连接起来，发送或者接收各类数据。同时，考虑到终端连接的方便性、信息基础设施的可用性（不是所有地方都有方便的固定接入能力）以及某些应用场景需要监控的目标本身就是在移动状态下，移动通信网以其覆盖广、建设成本低、部署方便、终端具备移动性等特点，将成为物联网的重要接入手段和传输载体，为人与人之间的通信、人与网络之间的通信、物与物之间的通信提供服务。在移动通信网中，比较热门的接入技术有 5G、WiFi 和 WMAX。

（3）ZigBee　ZigBee 是一种短距离、低功耗的无线传输技术，是一种介于无线标记技术和蓝牙之间的技术，它是 IEEE 802.15.4 协议的代名词。ZigBee 的名字来源于蜂群使用的赖以生存和发展的通信方式，即蜂类靠飞翔和"嗡嗡"（Zig）地抖动翅膀来与同伴传递新发现的食物源的位置、距离和方向等信息。也就是说，蜂类依靠这样的方式构建了群体中的通信网络。ZigBee采用分组交换和跳频技术，可使用3个频段，分别是2.4GHz的公共通用频段、欧洲的868MHz频段和美国的915MHz频段。ZigBee主要应用于距离范围短且数据传输速率不高的各种电子设备之间。与蓝牙相比，ZigBee更简单，速率更慢，功率及费用也更低。同时，ZigBee的低速率和通信范围较小的特点，也决定了ZigBee只适合承载数据流量较小的业务。

（4）蓝牙（Bluetooth） 蓝牙是一种无线数据与话音通信的开放性全球规范，和ZigBee一样，蓝牙也是一种短距离的无线传输技术。其本质内容是为固定设备或移动设备之间的通信环境建立通用的短距离无线接口，将通信技术与计算机技术进一步结合起来，使各种设备在无导线或电缆相互连接的情况下，能在短距离范围内实现相互通信或操作的一种技术。蓝牙采用高速跳频和时分多址等技术，支持点对点及点对多点通信。其传输频段为全球通用的2.4GHz频段，能提供1Mbit/s的传输速率和10m的传输距离，并采用时分双工传输方案实现全双工传输。蓝牙作为一种电缆替代技术，主要有以下3类应用：话音/数据接入、外围设备互连和个人局域网（PAN）。在物联网的感知层，蓝牙主要用于数据接入。蓝牙技术可以有效地简化移动通信终端设备之间的通信，也能够简化设备与因特网之间的通信，从而让数据传输变得更加迅速高效，为无线通信拓宽了道路。

3. 应用层的主要技术

（1）M2M技术 M2M是Machine-to-Machine（机器对机器）的缩写，根据不同的应用场景，也可被解释为Man-to-Machine（人对机器）、Machine-to-Man（机器对人）、Mobile-to-Machine（移动网络对机器）、Machine-to-Mobile（机器对移动网络）。Machine一般特指人造的机器设备，而物联网中的Things则是指更抽象的物体，范围也更广。例如，树木和动物属于Things，可以被感知、被标记，属于物联网的研究范畴，但它们不是Machine，不是人造事物。冰箱属于Machine，同时也是一种Things。所以，M2M可以看作物联网的子集或应用。

M2M是现阶段物联网的普遍应用形式，也是实现物联网的第一步。M2M业务现阶段通过结合通信技术、自动控制技术和软件智能处理技术，可实现对机器设备信息的自动获取和自动控制。这个阶段的通信对象主要是机器设备，尚未扩展到任何物品，在通信过程中，也以使用离散的终端节点为主。并且，M2M的平台也不等于物联网运营的平台，它只解决了物与物的通信，解决不了物联网智能化的应用。所以，随着软件的发展，特别是应用软件的发展和中间件软件的发展，M2M平台可以逐渐过渡到物联网的应用平台上。

M2M将多种不同类型的通信技术有机地结合在一起，将数据从一台终端传送到另一台终端，也就是实现了机器与机器的对话。M2M技术综合了数据采集、GPS、远程监控、电信、工业控制等技术，可以在安全监测、自动抄表、机械服务、维修业务、自动售货机、公共交通系统、车队管理、工业流程自动化、电动机械、城市信息化等场景中运行，并提供广泛的应用和解决方案。

（2）云计算 云计算（Cloud Computing）是分布式计算（Distributed Computing）、并行计算（Parallel Computing）和网格计算（Grid Computing）的发展，或者说是这些计算机科学概念的商业实现。云计算通过共享基础资源（硬件、平台、软件）的方法，将巨大的系统池连接在一起，以提供各种 IT 服务，这样一来，企业与个人用户就无须再投入昂贵的硬件购置成本，只需要通过互联网来租赁计算力等资源即可。用户可以在多种场合，利用各类终端，通过互联网接入云计算平台来共享资源。

云计算涵盖的业务范围，一般有狭义和广义之分。狭义的云计算指 IT 基础设施的交付和使用模式，即通过网络以按需、易扩展的方式获得所需的资源（硬件、平台、软件）。提供资源的网络被称为"云"。"云"中的资源在使用者看来是可以无限扩展的，并且可以随时获取、按需使用、随时扩展、按使用付费。这种特性经常被称为像水电一样使用 IT 基础设施。广义的云计算指服务的交付和使用模式，即通过网络以按需、易扩展的方式获得所需的服务。

云计算具有强大的处理能力、存储能力、带宽和极高的性价比，可以用于物联网应用和业务，也是应用层能提供众多服务的基础。它可以为各种不同的物联网应用提供统一的服务交付平台，也可以为物联网应用提供海量的计算和存储资源，还可以提供统一的数据存储格式和数据处理方法。利用云计算可以大大简化应用的交付过程，降低交付成本，提高处理效率。同时，物联网也将成为云计算的最大用户，促使云计算取得更大的商业成功。

（3）人工智能 人工智能是探索研究如何使各种机器模拟人的某些思维过程和智能行为（如学习、推理、思考、规划等），使人类的智能得以物化与延伸的一门学科。目前对人工智能的定义大多可划分为四类，即让机器"像人一样思考""像人一样行动""理性地思考"和"理性地行动"。人工智能试图了解智能的实质，并生产出一种能以与人类智能相似的方式做出反应的智能机器。该领域的研究包括机器人、语言识别、图像识别、自然语言处理和专家系统等。目前主要的方法有人工神经网络、进化计算和粒度计算 3 种。在物联网中，人工智能技术主要负责分析物品所承载的信息内容，从而实现计算机自动处理。

人工智能技术的优点在于：大大改善操作者的作业环境，减轻工作强度；提高作业质量和工作效率；一些危险场合或重点施工应用可以得到解决，如环保、节能；提高了机器的自动化程度及智能化水平；提高了设备的可靠性，降低了维护成本；实现故障诊断的智能化等。

（4）数据挖掘 数据挖掘是从大量的、不完全的、有噪声的、模糊的及随机的实际应用数据中，挖掘出隐含的、未知的、对决策有潜在价值的数据的过程。数据挖掘主要基于人工智能、机器学习、模式识别、统计学、数据库和可视化技术等，高度自动化地分析数据，做出归纳性的推理。它一般分为描述型数据挖掘和预测型数据挖掘两种：描述型数据挖掘包括数据总结、聚类及关联分析等；预测型数据挖掘包括分类、回归及时间序列分析等。数据挖掘通过对数据的统计、分析、综合、归纳和推理，揭示事件之间的相互关系，预测未来的发展趋势，为决策者提供决策依据。

在物联网中，数据挖掘只是一个代表性概念，它是一些能够实现物联网"智能化""智慧化"的分析技术和应用的统称，细分起来则包括数据挖掘和数据仓库、决策支持、商业智能、报表、ETL（数据抽取、转换和清洗等）、在线数据分析、平衡计分卡等技术和应用。

（5）中间件 中间件是为了实现每个小的应用环境或系统的标准化，以及它们之间的通信，在后台应用软件和读写器之间设置的一个通用的平台和接口。在许多物联网体系架构中，经常把中间件单独划分一层，位于感知层与网络层或网络层与应用层之间。本书参照当前比较通用的物联网架构，将中间件划分到应用层。在物联网中，中间件作为其软件部分，有着重要地位。在物联网中采用中间件技术，可以实现多个系统或多种技术之间的资源共享，最终组成一个资源丰富、功能强大的服务系统，最大限度地发挥物联网系统的作用。具体来说，物联网中间件的主要作用在于将实体对象转换为信息环境下的虚拟对象，因此数据处理是中间件最重要的功能。同时，中间件具有数据搜集、过滤、整合与传递等特性，可以将正确的对象信息传到后端的应用系统。

目前主流的中间件包括 ASPIRE 和 Hydra，其中 ASPIRE 旨在将 RFID 应用渗透到中小型企业。为了达到这样的目的，ASPIRE 完全改变了现有的 RFID 应用开发模式，它引入并推进了一种完全开放的中间件，同时完全有能力支持原有模式中核心部分的开发。ASPIRE 的解决办法是完全开源和免版权费用，这大大降低了总的开发成本。Hydra 中间件便于实现环境感知行为和在资源受限设备中处理数据的持久性问题。Hydra 项目的第一个产品是基于面向服务结构的中间件，第二个产品是基于 Hydra 中间件的可以简化开发过程的工具，即供开发者使用的软件或者设备开发套装。

物联网中间件的实现依托中间件关键技术的支持，这些关键技术包括 Web 服务、嵌入式 Web、SemanticWeb 技术、上下文感知技术、嵌入式设备及 WebofThings 等。

3.5.2　物联网技术的基本特征

通过物联网，物体能够彼此"交流"，而无须人的指令帮助。其实质是利用 RFID 技术，通过计算机互联网实现物体的自动识别和信息的互联共享。目的是实现物与物、物与人，乃至所有物体与网络的连接，以便识别、管理和控制。物联网虽然是在互联网的基础上建立起来的，但它与互联网存在很大的差异，物联网具有鲜明的技术特征。

物联网技术具备识别和通信的特征，它通过感知技术实现对实时数据的更新。物联网装备了大量且多样的传感器，每个传感器都是一个信息源，不同类别的传感器所捕获的信息格式不同。物联网的对象是物体，物联网的组成包含不同类型的传感器，不同类型的传感器所收集的信息的格式和内容也会有所差异，而且收集的信息都是实时的，这就要求对所收集到的信息进行及时更新。传感器获得的数据具有实时性，可按一定频率周期性地采集环境信息，不断更新数据。

物联网技术的重要基础仍然是互联网。物联网通过各种有线和无线网络与互联网融合，将物体的信息实时准确地传递出去。在物联网上，传感器定时采集的信息需要通过网络传输，由于其数量极其庞大，形成了海量信息，在传输过程中，为了保障数据的正确性和实时性，必须适应各种异构网络和协议，为了保证信息传输的质量，就需要对互联网的各种协议做很好的支持。

物联网技术具有智能处理的能力。物联网实施的最终目的是通过智能化平台对相关设备进行自动化控制，物联网可将传感器与智能化的信息处理技术相结合，通过对收集的信息进行计算，再利用各种关键技术，可对相关管理和操作进行控制，进而满足不同用户的不同需求，这些控制是不受时间和地域限制的，这样就达到了用户智能化操作的目的。物联网技术不仅提供了传感器的连接，也能对物体实施智能控制，将传感器和智能处理相结合，利用云计算、模式识别等各种智能技术，扩充应用领域，并从传感器获得的海量信息中分析、加工和处理有意义的数据，以适应不同的需求。

物联网技术的基本特征可简要概括为：全面感知、可靠传输、智能处理和异构网络融合。

（1）全面感知 物联网要将大量物体接入网络并进行通信活动，因此对各物体的全面感知是十分重要的。全面感知是指物联网应随时随地获取物体的信息。要获取物体所处环境的温度、湿度、位置、运动速度等信息，就需要物联网能够全面感知物体的各种需要考虑的状态。全面感知就像人体系统中的感觉器官，眼睛收集各种图像信息，耳朵收集各种音频信息，皮肤感觉外界温度等。所有器官共同工作，才能对人所处的环境进行准确的感知。物联网则通过 RFID、传感器、二维码等感知设备对物体的各种信息进行感知获取。

物联网正是通过遍布在各个角落和物体上的形形色色的传感器，以及由它们组成的无线传感器网络，来最终感知整个物质世界的，其感知层的主要功能就是信息感知与采集，具体设备包括二维码标签和识读器、RFID 标签和读写器、摄像头、声音感应器等，用于完成物联网应用的数据感知和设施控制。随着科学技术的不断发展，传感器正逐步实现微型化、智能化、信息化和网络化，并经历着一个从传统传感器到智能传感器，再到嵌入式 Web 传感器的内涵不断丰富的发展过程。现在，传感器以其低成本、微型化、低功耗和灵活的组网方式、铺设方式以及适合移动目标等特点受到广泛重视。在传感器网络中，节点可以通过飞机布撒或人工布置等方式，大量部署在被感知对象内部或者附近。这些节点通过自组织的方式构成无线网络，以协作的方式实时感知、采集和处理网络覆盖区域中的信息，并通过多跳网络将数据经由 Sink 节点和链路传送到远程控制管理中心。传感器网络节点的基本组成包括以下基本单元：传感单元、处理单元、存储器、通信单元以及电源。此外，可以选择的其他功能单元还包括定位单元、移动单元等。

（2）可靠传输 可靠传输对整个网络的高效、正确运行起到了很重要的作用，也是物联网的一项重要特征。物联网的可靠传输是指物联网通过各种通信网络与互联网的融合，将物体接入信息网络，随时随地进行可靠的信息交互和共享。而物联网的网络层就是各种通信网络与互联网形成的融合网络，它不仅要具备网络运营的能力，还要提升信息运营的能力，包括传感器的管理，利用云计算能力对海量信息的分类、聚合和处理，对样本库和算法库的部署等。网络层承担着物联网感知层与应用层之间的数据通信任务。它主要包括现行的通信网络，如 3G/4G 移动通信网、互联网、WiFi、WiMAX、无线城域网等。

（3）智能处理 在物联网系统中，智能处理部分可将收集来的数据进行处理运算，然后做出相应的决策，以此指导系统进行相应的改变，它也是物联网应用实施的核心。智能处理是指利用人工智能、云计算等技术对海量的数据和信息进行分析和处理，并对物体实施智能化监测与控制。智能处理相当于人的大脑，它根据神经系统传递来的各种信号做出决策，指导相应器官活动。信息采集的过程中会从末梢节点获取大量原始数据，对用户来说，这些原始数据只有经过转换、筛选、分析、处理后才有实际价值。物联网上有大量的传感器，因此随之而来的就是海量数据的融合和处理。对物联网的海量数据进行存储与快速处理，并将处理结果实时反馈给网络中的各种"控制"部件，必须依托软件工程技术和智能技术。智能技术主要包括人工智能、人机交互技术、海量信息处理的理论和方法、网络环境下信息的开发与利用、机器学习、语义网研究、文字及语言处理、虚拟现实技术、智能控制技术等。除此之外，物联网的智能控制还包括物联网管理中心、信息中心等对海量数据进行智能处理的云计算功能。

数据融合是指将多种数据或信息进行处理，组合出高效且符合用户要求的信息的过程。

数据融合技术需要人工智能理论的支撑，包括智能信息获取的形式和方法，海量数据处理的理论和方法，在网络环境下的数据系统开发与利用方法，以及机器学习等基础理论。

数据融合技术起源于军事领域的多传感器数据融合，是传感器网络中的一项重要技术。物联网由计算系统、包含传感器与执行器的嵌入式系统等异构系统组成，首先需要解决的问题就是物理系统与计算系统的协同处理。物联网应用是由大量的传感器网络节点构成的，在信息感知的过程中，采用各个节点单独传输数据到汇聚节点的方法是不可行的，需要采用数据融合与智能技术进行处理。

（4）异构网络融合 物联网支持多种通信技术（如 NB-IoT、LoRa、ZigBee 等）的融合，可以满足不同应用场景的需求。一方面，物联网的应用涉及无线传感器网络、通信、网络等多种科技领域，因此其可提供的相应产品及服务形态也有实现多种组合的可能。例如，在物联网的应用架构中，前端感知既可采用无线传感器网络实现，也可通过 RFID 等多种手段实现，因此其所能够提供的前端感知的信息是多种多样的。这也决定了物联网的可应用领域具有多样化的特点。另一方面，物联网涉及各个技术领域的产品形态及技术手段，因此其可提供的物联网应用构架也有多种可能。随着现代通信网络的不断普及，特别是移动通信网络的普及和广域覆盖，为物联网的应用提供了网络支撑。在 5G 时代，多业务、大容量的移动通信网络又为物联网的业务实现提供了基础，而物联网信息网络的连接载体也可以是多样的。物联网的应用有可能需要多个基础网络连接，这些基础网络有可能是有线网络、无线网络、移动网络或是专网，物联网的业务应用网络就是由这些网络组建的新的网络组合，即多个网络、终端和传感器组成了业务应用。

总而言之，物联网技术的特点就是对物体具有全面感知的能力，对信息具有可靠传递和智能控制的能力。

3.6 物联网的发展趋势与应用前景

碳排放在未来将是一个巨大的市场，对物联网企业而言也是一个巨大的机遇。因为在实现碳中和的过程中，物联网将发挥重要作用。由物联网构成的各种系统，仿佛为地球配备了一层"数字肌肤"，能够有效监测、分析和管理碳排放。各类物联网企业更是碳中和的重要参与者和引领者，它们利用科技的力量，致力于提高能源利用效率，进一步加强节能减排。

很多国家已经注意到物联网在实现碳中和的过程中发挥的重要作用。根据世界经济论坛发布的数据，物联网与 5G、人工智能等技术相结合，在全球范围内可助力减少 15% 的二氧化碳排放量。更进一步的分析显示，绝大多数物联网项目的目标都与碳中和的目标一致。84% 的物联网项目可以满足全球性的可持续发展，在这些项目中，有 25% 关注工业和基础设施创新，有 19% 聚焦于提供价格合理的清洁能源。

物联网与 5G、人工智能、区块链等技术相结合，能够从环境中采集大量的数据，辨识和分析其中存在的能效改进机会点，并给出合理的行动建议。从普适性的应用场景来看，物联网助力碳中和的底层逻辑围绕以下三点展开：一是物联网助力监测碳排放，其改进的基础是记录和了解，各类智能传感器可以让企业实时掌握能源和损耗数据，有效侦测浪费情况的发生。这些数据不仅包括企业在生产和运营过程中产生的碳足迹，还包括在人员办公和差旅过程中的碳排放。例如在苹果公司披露的碳足迹中，产品生产过程中的碳排放最多，占比

76%，其次是产品使用和产品运输中的碳排放，分别占 14% 和 5%；二是物联网与人工智能结合预测和减少碳排放，人工智能技术可以根据企业当前的工作过程、减排方法和需求，预测未来的碳排放量，这有利于帮助企业更加准确地制定、调整和实现碳排放目标。根据分析，使用人工智能技术可以帮助减少 26 亿~53 亿吨二氧化碳，占减排总量的 5%~10%；三是物联网与区块链结合，促进实现碳中和的收益。为了监督企业实现碳减排，还需要一些配套的措施，例如碳交易。很多国家每年会给企业发放碳排放配额，排放量少于配额的企业就可以把多余的配额拿到碳交易所出售，而碳排放超过配额的企业，就需要到市场上去买排放权，这么做的好处是可以用更加市场化的方式来推动企业主动减少碳排放。在这个机制下，高耗能的能源企业排碳成本较高，而新技术、新能源等企业可以用省下来的配额增加盈利。

基于以上三个底层逻辑，不同的企业可以从不同的环节切入，减少碳排放。对于生产、加工与制造型企业，可以从原料、生产、分销、使用和回收这五大环节入手，利用物联网将整个价值链打通，助力实现碳中和。

在原料环节，可减少对于资源的使用。以农业为例，据有关资料显示，全球超过 70% 的淡水被用于农业灌溉，而物联网传感器以及自动灌溉系统可以有效节约用水量。这些传感器还可以监控农作物生长的整体环境，包括光照强度、土壤养分以及空气温湿度，从而决定播种、灌溉、施肥的最佳时间点，有效利用各种资源并提升农作物的产量和质量。

在生产环节，可以改进流程并降低浪费。通过智能互联产品，制造企业可以深入了解产品的使用情况，并根据数据分析结果来优化新产品的设计。针对易损部件，企业可以事先选择更加坚固的材料进行生产。对于生产流程本身，企业可以根据实时提供的生产线数据优化流程，减少能源消耗，提升产品质量。

在分销环节，可以实现高效的物流运输。借助物联网，企业可以实时追踪物料和货物信息，提升供应链的透明度。很多企业已经采用物联网进行车队管理，优化运输路线并辅助驾驶员进行行为管理，这种做法一方面可以节省燃油，另一方面可以降低城市拥堵和污染。尤其是针对冷链运输的货物，物联网降低碳排放的作用更加显著。通过及时调整运输途中箱内的温度，可以避免易腐和易碎产品暴露在过热、过冷、强振条件下，出现产品破损和失效。

在使用环节，可以延长使用寿命并实现产品共享。根据预测，到 2030 年，全球将有 60% 的人口居住在城市，而且城市化的趋势仍将持续，人口超过千万的大型城市会越来越多。智能互联产品可以有效帮助大型城市降低碳排放。例如，智能空调可以自动调节温度并降低能耗。有数据显示，与传统系统相比，按需控制的智能通风系统最高可以节省 70% 的碳排放。还有些企业利用物联网技术变革商业模式，从卖产品到卖服务，为用户提供方便使用的共享空调。从共享自行车到共享按摩椅，产品即服务的模式正在成为共享经济的核心。这些共享产品一方面提高了利用率，有效促进了物尽其用；另一方面使产品回收和处理的权责更加明晰，为循环经济做出了贡献。

在回收环节，可以改善废品分类和收集。基于物联网的废品管理系统可以促使人们进行垃圾分类，并在垃圾箱将满的时候发出提示，提升废品管理的效率和垃圾车的运营效率。还有的企业研发了可以自动分拣不同废品的带式输送机，使塑料、纸张、玻璃和金属可以被自动识别和分离，减少了人为错误，提升了分拣效率。

人工智能与物联网深度融合，相互促进，人工智能可以填补数据收集和数据分析之间的空白，并且可以实现更好的图像处理、视频分析，创造出更多的应用场景和商机。从目前来看，物联网需要重点突破的环节包括设备智能控制、数据智能分析处理、语义理解和基于内容的融合应用开发等。而人工智能恰恰是实现信息技术高层次智能化应用（如数据挖掘、语义理解、智能推理、智能化决策）的能手。因此，人工智能成为解决物联网技术瓶颈的有效工具，人工智能与物联网的深度融合将成为物联网进一步发展的驱动力。

2017 年 11 月 28 日，研究者首次公开提出了人工智能物联网（The Artificial Intelligence of Things，AIoT）的概念。AIoT 是人工智能和物联网的融合应用，两种技术通过融合获益。一方面，人工智能帮助物联网智能化处理海量数据，提升其决策流程的智能化程度，改善人机交互体验，帮助开发出高层次应用，提升物联网应用价值。另一方面，物联网无所不在的传感器和终端设备为人工智能提供了大量可分析的数据对象，使得人工智能研究得以落地。简言之，人工智能让物联网拥有了"大脑"，使"物联"提升为"智联"，而物联网则给予人工智能更广阔的研究"沃土"，促使"人工智能"转向"应用智能"。

如今，人工智能物联网已在多个应用领域实现了落地，如智能家居、智慧城市、智能医疗、无人驾驶、智能工业控制等。

国内主要 IT 企业在人工智能物联网方面的主要应用领域见表 3-2。

表 3-2　国内主要 IT 企业在人工智能物联网方面的主要应用领域

公司名称	战略重点	应用场景
阿里巴巴	物联网称为第 5 个主赛道	智能家居、智慧城市、工业物联网
百度	与硬蛋签订人工智能物联网合作协议	无人驾驶、智能家居
腾讯	布局人联网、物联网和智联网	腾讯超级大脑
小米	称为核心战略	智能家居、硬件平台研发
华为	首次公布人工智能物联网战略	全场景应用
京东	推出"京鱼座"生态品牌	智能硬件、智能家居、智能出行等
云知声	公布多模态 AI 芯片战略	智慧城市、智能家居、智能出行等
思必驰	发布首款 AI 芯片 TAIHANG	智能家居、智能车载、企业服务
OPPO	称为新兴移动事业部、注意人工智能物联网技术研发	智能生活
旷世	宣布打造人工智能物联网操作系统	制造业、智能物流等

人工智能物联网涉及信息处理、人工智能、物联网、云计算、边缘计算等诸多技术，是多学科交叉融合的产物，目前已广泛应用在智慧城市、智能家居、智能医疗、智能交通、智能制造等多个场景，是 IT 行业中极富应用前景的新兴领域。然而，人工智能物联网的发展仍处于初级阶段，尚有诸多问题和挑战需要解决，例如体系架构、安全和信任管理、异构数据融合处理、异构网络融合、复杂事件处理协同等。

3.7　物联网应用场景之智能安防

由于人民群众生活质量的不断提高，人们对生活的要求不再满足于最基础的生活需求，越发注重生活品质，对家居生活也越来越注重人性化与智能化发展，以及智能建筑是否足够安全方便、舒适安逸等，这些已经成为人们广泛关注的热点问题。然而现代化建筑物安防系统存在的不足之处、报警系统发生的漏报误报现象、智能建筑物在安全管控方面没有统一标准以及建筑物的智能化标准不高等问题,给广大使用者的工作与生活均带来了明显的不良影响,同时留下了一定的安全隐患。物联网科学技术对新时代下的智能建筑物在应用过程中存在的缺陷具有明显的改善作用,能够为人们的生产生活带来极大便利,并在心理层面提供安全保障。经过分析物联网技术在智能建筑物安全防护体系中的具体应用过程发现,物联网技术的科学使用在很大程度上提高了智能建筑物内部安全防护体系的智能化水平,大大提高了人们日常生活的舒适度、便捷程度以及安全性。

根据目前的情况来看,智能安防技术已经发展成为我国开展安全管理工作的重要方向之一。越来越多的先进技术推动了智能安防控制系统的完善,同时,优质的安防经验也在各企业中得到了越来越多的重视和越来越广泛的应用,由此有必要针对智能安防控制系统进行进一步完善,也就是需要对其系统构建方法进行探究,并提出相应的应用策略。

物联网科学技术的诞生与各类电子传感装置以及每一类相关电子控制装置紧密相关,依照以前规定好的每项协议,与互联网系统以及各种信息或者有关资料进行科学有效的连接,在整个过程中促使通信与数据信息交互任务得以完成,最终就形成了智慧型数据信息分辨、位置明确与监管控制。物联网系统内部存在互联网协议以及不同种类电子传感装置控制协议两种模式。互联网系统作为物联网系统得以发展进步的前提条件,经过相应的拓展之后,不同种类设备之间能够完成所有类别数据信息相互交换的任务。物联网系统应用在智能型建筑系统中主要可以分为以下3个部分,即电子传感装置、相应执行装置及局域控制以太网络。连接互联网体系、电子传感装置等均是互联网系统协议中明确规定的核心内容。感知模块、连接模块以及应用模块是现代化智能型建筑物联网体系利用框架进行覆盖的重要组成部分。

智能安防技术也就是将现代计算机技术与网络通信技术进行结合的一项具有综合性特点的安全防范技术,其主要功能可以在电子门自动管理、视频监控以及自动报警等多个方面进行体现。当前我国已经大量应用智能安防技术,并将其设置于公路、公共区域以及主要出入口等。从对智能安防控制系统进行应用开始,我国数个区域之中的安全事故发生率均大幅度下降。随着智能安防控制系统的成功应用,各时间段之中各地发生的各项情况均可得以有效记录和保存,也就更有利于为案件的侦破工作提供线索和依据。

根据目前的情况来看,视频实时监控系统、电子门安全管理系统以及入侵检测自动报警系统属于当代我国智能安防控制系统进行主要投入的3个重要方面,并且在科技不断发展成熟的背景之下,智能安防控制系统已经逐渐落实了区域集中的监控及管理。并且,在智能安防控制系统不断趋于成熟的背景之下,需要相关部门积极应用新型安防技术,并将其充分融合于计算机技术之中,以"取长补短"为工作原则,使计算机技术以及各项相关的先进技术能够推动智能安防技术得到进一步发展,并逐渐构建起将多项技术集为一体的安防控制系统平台。相对于传统模式的安防控制系统,智能安防技术中包含更多的安防功能,例如实时动态监控功能、自动跟踪监控功能、智能行为分析功能等,并且随着安防技术水平的不断提升,消防管理、停车场管理以及广播等越来越多的领域,均已对其进行了充分应用。

在传统的安防体系中,各分支系统都是独立安装且独立完成工作任务的,各分支系统间也不存在任何联系。随着物联网技术的快速发展与进步,安防技术的不断提升,以及人们对家居环境安全性要求的不断提高,这种分散的模式已难以满足现代需求。因此构建一个比较集中的综合管控平台显得十分必要,以实现对每个分支系统进行一体化操作与管理。物联网技术不仅能把智能建筑内部所有的安全防护系统集中到综合管控平台之中,还能对其集成化

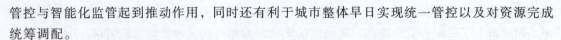

管控与智能化监管起到推动作用，同时还有利于城市整体早日实现统一管控以及对资源完成统筹调配。

智能建筑中的安全防护体系具有很强的综合性与智能化，包括视频图像监控系统、周边警报系统、智能巡逻系统、单元门禁对讲系统与家居安全防护系统等。

1）视频图像监控系统。基于物联网技术下的视频图像监控系统与常规视频图像监控系统有所不同，此系统主要是将视频图像摄录装置、信号传输装置以及雷达系统等其他传感装置归入安防监控网络中，形成大面积区域、众多场所以及全天候的安防检测，不需要人为对其进行干涉。视频图像监控系统有前部监视系统、终端发射系统以及终端控制系统三大部分。智能建筑内其监控系统中的摄像装置一般安设在建筑物进出口、单元门门口、停车库门口及其内部、关键通道转角处以及周边报警系统能够探测到的其他区域，针对这类区域进行完整视频录像与监控。摄像装置又能分为全景可移动式与固定式两种，室外应用时需要安装必要的防雨罩与雨刮器，为了满足夜间监控的需要，该装置还应该具备红外线或者微光功能，否则就应该配置具有联动照明性能的有关型号。一般来说，摄像装置能够拍摄到的监控范围为 $25 \sim 41\mathrm{m}$，高度介于 $2.6 \sim 3.6\mathrm{m}$ 之间。固定式摄像监控装置还应该具备与之匹配的电源适配线与视频信号传送线；全景移动式摄像装置还应在固定式的基础上再配备相应的信号传送控制线，如果会用到解码装置，则信号传送控制线只要二芯双绞式屏蔽线即可。视频信号传送线的传送区间一般不会超过 $505\mathrm{m}$，否则还需增加一定的均衡装置，以免因数据信号强度不够而影响到数据传送品质，从而对监控视频的清晰度产生不良影响。电源适配线一般会统一使用供电模式，即通过供电系统中的控制中心进行统一配送。终端控制系统包括控制模块、录像模块以及显示模块，其中控制模块又包括矩阵式控制器与矩阵式键盘两部分。而矩阵式键盘包含多个组成部分，分别安装在不同的位置上，便于在不同位置抽取相应视频至此地的视频监控装置。

2）周边警报系统。物联网技术下的周边警报系统实际上是通过在安防区域设置很多或类型各异的探测装置而成的，这种探测装置可以自行进行网络搭建以及协作感应，是一种科学的探测安防区域入侵的系统。智能建筑所配备的周边警报系统一般安在建筑物总的电源线上，主要是对智能建筑遭遇入侵的情况进行监控。组成该系统的部分有红外线对射探测装置、周边警报端口箱以及电源警报线缆，其中红外线对射探测装置通常为主动型，探测间距分别为 $45\mathrm{m}$、$85\mathrm{m}$ 和 $105\mathrm{m}$，周边警报端口箱是一种安装在现场的壁挂装置。以上两个构成部分一般由电源箱进行持续供电。警报线缆一般沿着建筑物户外电缆线槽进行敷设或在地下穿管敷设。值得注意的是，周边警报一定要跟图像监控装置同步进行参数设置并能够联动图像监控系统开启。

3）智能巡逻系统。智能建筑物配备的智能巡逻系统一般可分为在线巡逻与离线巡逻两种，当下离线式巡逻系统比较常用。离线式巡逻系统主要由电子巡逻装置、巡逻感应装置及身份识别卡等组成。电子巡逻装置一般是由巡逻人员拿在手里的，主要用于采集巡逻感应装置发来的物理地址以及巡逻时长等重要参数，此设备利用干电池实现供电；巡逻感应装置属于现场安装的一种设备，一般是非接触型的，便于在夜晚以及恶劣天气情况下使用，通常在智能建筑物一些比较重要的出入口都有安装，如单元门口、停车场口以及设备间等；身份识别卡主要是为了辨认巡逻人员的身份，检查是否存在虚假冒充人员。巡逻系统通过数据变送装置将感应装置中的参数信息和计算机实现数据交换，利用相应数据处理软件进行管控。

4）单元门禁对讲系统。单元门禁对讲系统也称作来访人员提示系统，此系统的主要组成部分有用户室内分机系统、户外主机系统、可视化对讲线路以及 CAN 总线隔离装置。其中室内分机系统与户外主机系统还能够合成一台或多台。户外主机一般是通过可视化对讲装置与网线连接并直接与建筑物对讲监控系统的总的指挥中心相连通。一般会将室内分机安装在入户门里侧或内楼梯间进门位置，其安装方式为壁挂式；户外主机一般会安置在各单元门外侧墙体上，最常用的安装方式为嵌墙式。CAN 总线隔离装置一般与总的安防隔离装置一同镶嵌在箱体上。与之匹配的电源箱一般会在通道入口里侧主机位置周围，采用壁挂式进行安装。可视化对讲装置的 CAN 的总控制线路与图像传输线缆排布相对简单，对于一些管道竖井横截面积相对较小的单元，可以采用分管暗铺式。单元门禁对讲系统还具有纯警报类安防的作用，在此过程中室内警报前端装置与对讲分机装置进行直接连接，户外主机系统需要与报警监控体系的总指挥中心实现有效连接，此种连接方法可以完全利用有关监控装置的功能，符合普通型智能建筑对技术的标准要求。

5）家居安全防护系统。普通的家居安防装置没有相应的高效控制系统，这也导致警报系统无法对报警数据信息进行有效处理，致使漏报、误报情况时有发生。物联网技术下的家居安全防护系统是集传感器技术和控制工程技术等多种先进技术为一身的综合应用，可利用单元门禁对讲系统以及可视化对讲装置的有关功能完成屋内安防系统密码操作，而建设人员可以对室内安设的遥控设备与电话报警通信功能等进行自由取舍。远程抄表装置与市政部门息息相关，结合其可行性进行相应设置，不仅可实现数据的高效传输和管理，还能为市政部门提供有力支持，提升城市管理水平。

3.7.1 智能安防控制系统的构建

智能安防控制系统进行构建的过程中，需要相关部门注意的是，必须应用国际通用的总线和接口，以促使其中的通用性和专业性得到提升。与此同时，软件和硬件等各项相关设施均应使用具有良好互换性的开放式结构，同时保障其中兼容性良好，以便日后出现故障时可以及时得到有效调整，所以开展系统设计工作的过程中，必须对以下几项技术进行应用：

（1）VPP 规范软件 通过应用 VPP 规范软件，可以构建起科学合理的开发环境，并将此作为开展系统建设工作的重要前提，其可以保障各操作系统以及各平台之间得到合理的移植转接。

（2）VISA 结构技术 VISA 结构技术属于虚拟仪器软件，通过对其进行应用，可以保障系统的各测试接口之间具有良好的兼容性。

（3）VPP 软件驱动程序 应用 VPP 软件之中的驱动程序，不仅可以为仪器驱动程序的正常运行提供重要保障，还有利于提升其中的兼容性，使其应用效果更加良好。

（4）数据库 对数据库 ODBC 网络技术以及 SQL 数据库进行建立和开放，可以对语言查询和辨别的需求进行有效满足，也就更有利于提升软件的实时通用性，使软件应用的效果得到显著提升。

（5）模块软件结构设计方法 对模块软件结构设计方法进行应用，不仅可以提升系统的维护性及灵活性建设水平，还可促使系统中的笨拙性和复杂性得以降低，从而提升整体工作效率。

从整体上来看，智能安防控制系统构建工作具有较为显著的复杂性特点，所以正式落实工作之前，还需相关工作人员制定科学且完善的构建方案，并开展调试工作，以对其中不够完善的部分进行进一步有效处理，以促使智能化安防控制系统的应用效果得到提升。

3.7.2　智能安防控制系统的组成

当前我国所应用的智能安防控制系统主要包括前端检测设备、数据有效传输、数据及时储存、系统终端调用及显示和系统智能分析5个方面。

（1）前端检测设备

1）入侵报警系统：对于重要的活动场所来说，入侵报警系统属于其中的安防核心，在对相关设备进行选择时，应主要选择传感器应用效果较好的设备，如微波探测仪、激光探测仪、红外微波双鉴探测仪等，并且可以将智能高清摄像机自身所具有的智能分析技术作为前端设备，针对超越某一区域或是越界的行为发出报警，以引起相关工作人员的重视。

2）视频监控：在安防监控设备应用于视频监控中时，需要采用摄像机、红外线检测器和万向云台等多项设备，以开展全面的实时监控工作，且在工作过程中，主要对视频进行获取。

3）消防系统：一般采用感烟效果良好、感光效果良好的探测设备，如复合式感光探测器、智能典型离子烟雾探测器等，于火灾初期可对其中的烟雾情况进行准确判断，也就可以为消防救援工作的顺利开展提供便利。

4）电子门禁系统：包含重要办公区域、重要生产区域及小区进出通道等关键场所的门禁管理，并配备先进的探测头及其他相关设备，全方位保障区域安全。

（2）数据有效传输　通过应用不同的信号处理器，智能安防控制系统已经可以有效传输不同的网络信号数据。一般以网络视频编码器和网络视频解码器为主要处理器，以光纤为主要传输介质。

（3）数据及时储存　在智能安防控制系统持续发展的背景之下，系统前期的检测设备主要可以在收集、传输和储存信号工作中进行应用，原因在于，将安防技术以及流媒体服务器进行结合，可以实现二者在功能方面的价值最大化。

（4）系统终端调用及显示　网络监控系统需要应用客户端及电视墙等数据显示系统，对数据进行实时的监控和调用。

（5）系统智能分析　在目前的高清摄像机之中，系统智能分析属于一项先进的、重要的技术，通过获取高清摄像机的图像，并应用软件算法或是智能芯片对图片进行智能分析，可以降低工作过程中的人工成本，并且相对于传统形式的、事后的、被动的查录像，应用系统智能分析技术，可以主动发现和明确问题，并及时预警。目前系统智能分析在目标检测方面、目标跟踪方面以及目标行为分析方面均已经得到了重点应用。

3.7.3　智能安防控制系统的应用

智能安防控制系统应该包含防盗报警系统、视频监控系统、出入口控制系统以及巡逻报警系统等多个项目，企业可以对子系统进行单独设置，并采用集中管理的形式开展统筹管理工作。

（1）防盗报警系统　防盗报警系统的前端检测设备主要包括探测器和传感器，终端则包括控制器和显示器，将其应用在区域内的防卫工作或是周边的防卫工作等，虽然在总体上，防盗报警系统处于分散分布的状态，但是因为企业可以通过信息控制中心开展指挥控制工作，所以防盗报警系统的应用效果较好。与此同时，在该系统之中需要管理者首先对误报警的紧急报警按钮以及可接受的范围进行设置，以避免发生漏报警情况或是武力威胁情况。

（2）视频监控系统　视频监控系统主要针对公共场合以及重要场合开展实时监测工作。

在视频监控系统之中，其前端需要应用摄像机等各项相关设备，终端则需要采用控制器和显示器等。一般来说，系统的监控中心控制台应该处于独立状态，同时集中管理出入口系统以及防盗报警系统，且监控视频画面应能够自动进行编程以及切换，并可以将需要进行显示的摄像机型号、日期和时间等各项重要信息显示于视频画面上，特别是在重要场合，需要积极完善视频监控系统的智能分析功能，以对监控相关工作人员的工作起到辅助作用。

（3）出入口控制系统　因为建筑物周围的人流量相对较大，所以需要相关部门将自动化系统充分应用于建筑物之中，自动化系统的功能包括记录、监控以及报警，且在出入口控制系统之中，前端设备为识别装置以及门锁开关装置，同时结合网络传输模式有效传输信息数据，在该系统的终端，设备则为显示设备以及独立门禁控制器。另外，该系统的报警功能应该能够与消防系统和防盗系统进行密切关联，以保障安防系统所具有的价值得到尽可能的体现。当前我国社会中的各个行业对于智能安防系统的需求量越来越大，例如 GPS 车辆报警系统以及 110 报警系统等，均针对智能安防系统予以了充分的重视，并且我国已经基本进入信息化社会，信息技术必然得到越来越广泛的应用，相应的技术及系统也必然能够逐渐在社会的各个方面之中进行广泛应用。

3.7.4　智能安防控制系统的发展建议

（1）提升用户对家居安防的重视程度　相对智能家电来说，智能安防在智慧家庭阵营中潜力巨大。对大量的家庭用户而言，安全是最原始的基本需求。提升用户对家居安防的重视程度，需要加大对智能安防概念的宣传与推广力度，增设体验厅和体验设备，提升国民认知度。目前来讲，智能安防类产品的概念更能打动年轻人。新房装修会优先考虑整套智慧家庭的更新迭代，寻找目标用户适合从中高端楼盘着手，特别是新小区、新建筑。

（2）加大基础网络覆盖，提升网络应用能力　由于这类安全设备的使用周期可达 5~8 年，基础网络能力也就成为用户高频使用黏性的基础。随着人工智能、云计算、大数据、5G 和物联网等新型基础设施的建设和应用，以及视频技术的不断迭代更新，"AI+安防"能力已经突破安防的内涵，安防系统集成的业务边界正不断拓宽，除了家庭安防，同时也深入到各行各业的业务应用之中，意味着行业正在进入泛安防时代，需要更坚实的网络支撑。

（3）整合高速迭代发展的新技术，降低价格　当市场发展相对成熟时，产品价格就会趋于合理，服务也会相对周到。目前一套组件的购买以及租用的价格不低，可能这是影响市场规模发展的重要因素之一。对于老旧小区的用户来说，家庭智能安防的投入比新小区更多，打造智能安防需要更换智能门锁，需要智能网关、组网和摄像头等，增加烟雾、红外等传感器，相比新小区打造系统需要除旧换新。智能安防类产品要有显著发展，需要形成规模，因此要有完整的产业链，降低造价成本，并且在设备的设计上趋向简单化，让用户便捷使用易上手。

虽然智能安防产品具有极为广阔的市场前景，但是智能安防类产品与 AI 的结合仍远未成熟。美国对芯片等核心关键技术产品的出口管制或许会加速我国芯片等关键技术的自主研发进程。受国际环境影响，加速市场竞争的同时也将加快传统安防智能化转型的步伐。智能安防监控技术将随着有线及无线网络技术的发展得到飞跃，而终端产品价格的下降以及运营商对个人市场的不断推动，将使用户更加自发、主动地应用智能安防产品，这将有利于形成产品用户规模化增长。

第 4 章

自动识别技术

4.1　自动识别技术概述

自动识别技术融合了物理世界和信息世界，是物联网区别于其他网络的最独特的部分。自动识别技术可以对每个物品进行标识和识别，并可以将数据实时更新，是构造全球物品信息实时共享的重要组成部分，也是物联网的基石。

自动识别技术将数据自动采集，对信息自动识别，并自动输入计算机，使得人类得以对大量数据信息进行及时、准确的处理。

在现实生活中，各种各样的活动或者事件都会产生这样或者那样的数据。这些数据的采集与分析对于人们的生产或者生活决策是十分重要的。如果没有这些实际工况的数据支撑，生产和生活决策就缺乏现实基础。

在计算机信息处理系统中，数据的采集是信息系统的基础。这些数据通过数据系统的分析和过滤，最终成为影响人们决策的信息。

在信息系统早期，相当部分数据的处理都是通过人工手工录入，这样不仅数据量十分庞大、劳动强度大，而且数据误码率较高，使其失去了实时的意义。为了解决这些问题，人们就研究和发展了各种各样的自动识别技术，将人们从重复又十分不精确的手工劳动中解放出来，提高了系统信息的实时性和准确性，从而为生产的实时调整、财务的及时总结以及决策的正确制定提供正确的参考依据。

基础数据的自动识别与实时采集更是物流信息系统（Logistics Management Information System，LMIS）的存在基础，因为物流过程比其他任何环节都更接近于现实的"物"，物流产生的实时数据比其他任何工况都要密集，数据量都要大。

4.2　自动识别技术的分类

按照应用领域和具体特征的分类标准，自动识别技术分为如下 7 种：

（1）条码识别技术　条码是由平行排列的宽窄不同的线条和间隔组成的二进制编码。比如这些线条和间隔根据预定的模式进行排列并且表达相应记号系统的数据项。宽窄不同的线条和间隔的排列次序可以解释成数字或者字母。可以通过光学扫描对条码进行阅读，即根据黑色线条和白色间隔对激光的不同反射来识别。

二维码技术是在条码无法满足实际应用需求的前提下产生的。例如，由于受信息容量的限制，条码通常对物品的标示，而不是对物品的描述。二维码能够在横向和纵向两个方向同时表达信息。因此，二维码能在很小的面积内表达大量的信息。

（2）生物识别技术　生物识别技术通过获取和分析人体的生物特征来实现人的身份的自动鉴别。生物特征分为物理特征和行为特征两类。物理特征包括指纹、掌形、眼睛（视网膜和虹膜）、人体气味、脸型、皮肤毛孔分布、手腕、手的血管纹理和 DNA 等。行为特征包括签名、语音、行走的步态、击打键盘的力度等。

1）声音识别技术。声音识别是一种非接触的识别技术，用户可以很自然地接受。这种技术可以用声音指令实现"不用手"的数据采集，其最大特点就是不用手和眼睛，这对那些采集数据同时还要手脚并用的工作场合尤为适用。由于声音识别技术的迅速发展以及高效可靠的应用软件的开发，声音识别系统在很多方面得到了应用。

2）人脸识别技术。人脸识别，特指利用分析比较人脸视觉特征信息进行身份鉴别的计算机技术。人脸识别是一项热门的计算机技术研究领域，它包括人脸追踪侦测、自动调整影像放大、夜间红外侦测和自动调整曝光强度。人脸识别技术属于生物特征识别技术，是用生物体（一般特指人）本身的生物特征来区分生物体个体。

3）指纹识别技术。指纹是指人的手指末端掌心一侧皮肤上凸凹不平的纹线。纹线有规律的排列形成不同的纹型。纹线的起点、终点、结合点和分叉点，称为指纹的细节特征点（minutiae）。

由于指纹具有终身不变性、特定性和方便性，已经几乎成为生物识别技术的代名词。

指纹识别即指通过比较不同指纹的细节特征点来进行自动识别。由于每个人的指纹不同，就是同一人的十指之间，指纹也有明显区别，因此指纹可用于身份的自动识别。

（3）图像识别技术　在人类认知的过程中，图像识别指图像刺激作用于感觉器官，人们进而辨认出该图像是什么的过程，也叫图像再认。

在信息化领域，图像识别是利用计算机对图像进行处理、分析和理解，以识别各种不同模式的目标和对象的技术。

图像识别技术的关键信息，既包括当时进入感官（即输入计算机系统）的信息，也包括系统中存储的信息。只有通过存储的信息与当前的信息进行比较的加工过程，才能实现对图像的再认。

（4）磁卡识别技术　磁卡是一种磁记录介质卡片，由高强度、高耐温的塑料或纸张涂覆塑料制成，能防潮、耐磨且有一定的柔韧性，携带方便，使用较为稳定可靠。磁条记录信息的方法是变化局部磁条的极性，使这些部分的磁条具有相反的极性，这个过程被称作磁变。解码器可以识读到磁变，并将它们转换回字母或数字的形式，以便由计算机来进一步处理。磁卡识别技术能够在小范围内存储较大数量的信息，在磁条上的信息可以被重写或更改。

（5）IC 卡识别技术　IC 卡即集成电路卡，是继磁卡之后出现的又一种信息载体。IC 卡通过卡里的集成电路存储信息，采用 RFID 与支持 IC 卡的读写器进行通信。读写器向 IC 卡发一组固定频率的电磁波，卡片内有一个 LC 串联谐振电路，其频率与读写器发射的频率相同，这样在电磁波激励下，LC 串联谐振电路产生共振，从而使电容内有了电荷；在这个电容的另一端，接有一个单向导通的电子泵，将电容内的电荷送到另一个电容内存储，当所积累的电荷达到 2V 时，此电容可作为电源为其他电路提供工作电压，将卡内数据发射出去或接受读写器的数据。

可按读取界面将 IC 卡分为下面两种。

1）接触式 IC 卡。该类卡通过 IC 卡读写器的触点与 IC 卡的触点接触后进行数据的读写。国际标准 ISO 7816 对此类卡的机械特性、电气特性等进行了严格的规定。

2）非接触式 IC 卡。该类卡与 IC 卡读写器无电路接触，通过非接触式的读写技术进行读写（如光或无线技术）。卡内所嵌芯片除了 CPU、逻辑单元、存储单元外，增加了射频收发电路。该类卡一般用在使用频繁、信息量相对较少、可靠性要求较高的场合。

（6）光学字符识别技术（Optical Character Recognition，OCR） OCR 是属于图像识别的一项技术。其目的就是要让计算机知道它到底看到了什么，尤其是文字资料。

针对印刷体字符（如一本纸质的书），可采用光学的方式将文档资料转换成为黑白点阵的图像文件，然后通过 OCR 软件将图像中的文字转换成文本格式，以便文字处理软件进一步编辑加工。OCR 识别系统，从影像到结果输出须经过影像输入、影像预处理、文字特征抽取、比对识别、再经人工校正等流程。

（7）射频识别技术（RFID） 射频识别技术是通过无线电进行数据传递的自动识别技术，是一种非接触式的自动识别技术。它通过射频信号自动识别目标对象并获取相关数据，识别工作无须人工干预，可工作于各种恶劣环境。与条码识别技术、磁卡识别技术和 IC 卡识别技术等相比，它以特有的无接触、抗干扰能力强、可同时识别多个物品等优点，逐渐成为自动识别技术中应用领域最广泛的技术之一。

4.3 RFID 技术

RFID 技术是从 20 世纪 90 年代兴起的一项自动识别技术。与传统识别方式相比，RFID 技术具有很多突出的优点：RFID 技术不需要光学可视，不需要直接接触，不需要人工干预即可完成信息输入和处理；RFID 技术可以工作在较为恶劣的环境中，能够识别高速运动的物体并可同时识别多个标签，操作方便快捷。RFID 技术与互联网、通信等技术相结合，可实现全球范围内物品的跟踪与信息共享。

RFID 技术涉及无线通信、芯片设计制造、系统集成、信息安全等高新技术领域。目前，包括中国在内的许多国家和地区都在加速推动 RFID 技术的发展和行业应用进程。从全球范围来看，美国在 RFID 标准的建立、相关软硬件技术的开发和应用领域走在世界的前列，欧洲紧随美国的发展，基本处在同一阶段，而日本和韩国政府也同样对 RFID 技术给予了高度重视。当前，我国在 RFID 应用市场上大项目比较少，但随着 RFID 技术的重要性日益明显，我国政府也更加重视在该技术上的创新努力。RFID 技术能够在改善人们的生活质量、提高企业经济效益、加强公共安全以及提高社会信息化水平等方面发挥重大作用。

4.3.1 RFID 系统组成

RFID 系统是指利用 RFID 技术并集识别、传输、共享信息等功能于一体的智能系统。RFID 系统包括 RFID 读写器、RFID 电子标签、中央信息系统三部分，如图 4-1 所示。

（1）RFID 电子标签 RFID 电子标签是 RFID 系统中必备的一部分，标签中存储着被识别物体的相关信息，通常被安置在被识别的物体表面。当 RFID 电子标签被 RFID 读写器识

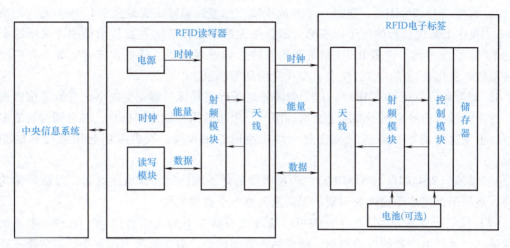

图 4-1 RFID 系统组成框图

别到或者电子标签主动向读写器发送消息时，标签内的物体信息将被读取或改写。RFID 电子标签可分为有源标签和无源标签两类，通过标签中是否有电池来区分。RFID 电子标签包括射频模块和控制模块两部分。射频模块通过内置的天线来完成与 RFID 读写器之间的射频通信。控制模块内有一个存储器，它存储着标签内的所有信息，并且部分信息可以通过与 RFID 读写器间的数据交换来进行实时的修改。

（2）RFID 读写器　RFID 读写器是 RFID 系统的中间部分，它可以利用射频技术读取或者改写 RFID 电子标签中的数据信息，并且可以把这些读出的数据信息通过有线或者无线方式传输到中央信息系统进行管理和分析。RFID 读写器的主要功能是读写 RFID 电子标签中的物体信息，它主要包括射频模块、读写模块以及其他一些基本功能单元。RFID 读写器通过射频模块发送射频信号，读写模块连接射频模块，可对从射频模块中得到的数据信息进行读取或改写。RFID 读写器还有其他的硬件设备，包括电源和时钟等。电源用来给 RFID 读写器供电，并且通过电磁感应给无源 RFID 电子标签供电。时钟在进行射频通信时用于确定同步信息。

（3）中央信息系统　中央信息系统是对识别到的信息进行管理、分析及传输的计算机平台。它一般包含一个数据库，存储着所有 RFID 电子标签的数据信息，用户可以通过中央信息系统查询相关的 RFID 电子标签信息。中央信息系统与 RFID 读写器相连，通过读写器对电子标签中的数据信息读取或改写，数据库内的数据信息也进行实时的更新。中央信息系统一般和互联网或专网相连接，使 RFID 电子标签中的数据信息可以得到大范围的共享。

4.3.2　RFID 的分类

（1）按信号频段分类　不同的使用频率会在读写距离、数据交换速度和抗干扰性等方面上产生区别。决定 RFID 系统主要性能和应用可行性的因素主要是该系统所用的无线电频率。由于频率不同，一些电子标签能穿透液体或金属被读取，另一些却可被一堵薄薄的墙阻挡。RFID 使用的频率主要分为 4 个频段。

1）低频（125~135kHz）：使用这个频段的系统，其识读距离只有几厘米。但是该频段的信号能穿透动物体内的高湿环境，因此被应用于动物识别、门禁系统等领域。

2）高频（13.56MHz）：这是一个开放频段，标签的识读距离最远至1.5m，写入距离可达1m。在这个频段运行的电子标签绝大部分是无源的，依靠读写器供给能源。采用这个频段的RFID系统得到了许多RFID制造商的支持，如德州仪器、索尼和飞利浦等，有广泛的应用基础，常用于门禁卡、公交卡、二代身份证等场景。

3）超高频（860~960MHz）：这个频段的电子标签和读写器在空气中的有效通信距离最远。这个频段的信号虽然不能穿透金属和湿气，但是数据传输速率更快，并可同时读取多个标签。但是这个频段在各国均被分配为移动通信专用频段，很容易引起国家之间的频段碰撞。

4）微波（2.45GHz或5.8GHz）：微波频段的标签和读写器读取距离远，数据传输速率极高，适用于高速移动物体的识别，如高速公路电子收费系统。

（2）按电子标签分类　电子标签可以通过读写器发射的无线电信号产生感应磁场而获得能量，也可以由内置的电池驱动。前者称为被动标签，后者称为主动标签。被动标签范围为几厘米到10m，而主动标签读取距离可达1~200m。由于标签读取距离扩大后必须考虑多标签防碰撞算法等复杂问题，因此主动标签比被动标签成本要高，使用期限也受到电池制约。另外，还存在半主动标签，即只需通过读写器的射频能量唤醒电子标签工作。

RFID电子标签的应用方式可分为粘贴式、可拆卸式、内置式和流动式。粘贴式标签一旦贴上就不能摘下，而可拆卸式标签则可以重复使用。内置式标签被设计成物体永久的一部分，用于长期监控。流动式标签是指RFID认证卡、ATM卡等可以随身携带的标签。

4.3.3　RFID基本工作原理

RFID电子标签进入磁场后，接收RFID读写器发出的射频信号，凭借感应电流所获得的能量发送出存储的信息，或者主动发送某一频率的信息；RFID读写器读取信息并解码后，送至中央信息系统进行有关数据处理。

以读写器及电子标签之间的通信及能量感应方式来看，大致上可以分成感应偶合及后向散射偶合两种，一般低频的RFID系统大都采用第一种式，而较高频的系统大多采用第二种方式。

读写器根据使用结构和技术的不同可以是只读或读/写装置，它是RFID系统信息控制和处理的中心。读写器通常由电源、时钟、读写模块、射频模块和天线组成。读写器和电子标签之间一般采用半双工通信方式进行信息交换，同时读写器可通过耦合给无源的电子标签提供能量和时序。在实际应用中，读写器还可通过以太网或WLAN等实现对物体识别信息的采集、处理及远程传送等管理功能。

4.3.4　RFID系统的特点

自动识别技术是以计算机技术和通信技术的发展为基础的综合性科学技术，它是信息数据自动识读、自动输入计算机的重要方法和手段。归根到底，自动识别技术是一种高度自动化的信息和数据采集技术。自动识别技术近几十年来在全球范围内得到了迅猛发展，初步形成了一个包括条码技术、磁条磁卡技术、IC卡技术、光学字符识别技术、射频识别技术、声音识别技术及图像识别技术等集计算机、光、磁、物理、机电，通信技术为一体的高新技术学科。从技术演变过程来看，RFID技术是IC卡技术的改进和延伸。与目前广泛使用的自动识别技术，例如条码，IC 卡等技术相比，RFID 技术具有以下突出的优点：

1）非接触操作，长距离识别（几厘米至几十米），因此完成识别工作时不用人工干预，应用便利。

2）无机械磨损，寿命长，并可工作于各种油渍、灰尘污染等恶劣的环境。

3）形状和大小多样化。RFID 电子标签基本不受尺寸大小与形状限制，此外，RFID 电子标签更加小型化。因此 RFID 技术的应用范围更加广泛。

4）可识别高速运动的物体并可同时识别多个电子标签。

5）数据的存储容量大。数据存储容量会随着存储器容量的发展而扩大，未来物品所携带的信息量越来越大，对扩充容量的需求也日趋增加，对此 RFID 技术不会受到限制。

6）读写器具有不直接对最终用户开放的物理接口，保证其自身的安全性。

7）数据安全方面除密码保护外，数据部分还可以用一些加密算法实现安全性管理。

8）在部分安全性要求较高的场合，读写器与电子标签之间存在相互认证的过程，可实现安全通信和存储。

4.3.5 RFID 电子标签

RFID 技术之所以被广泛应用，其根本原因在于这项技术真正实现了自动化管理，不再像条码那样需要扫描。RFID 电子标签由耦合元件（天线）及内置芯片（包括射频模块、控制模块和存储器）组成，一般附着在目标对象上。RFID 电子标签内有唯一的电子编码，一个电子标签就是一个身份标识。RFID 电子标签中存储了目标对象的相关信息，通过无线数据通信，根据 RFID 读写器内编写的程序可以自动地被 RFID 读写器所读取或改写。RFID 电子标签为了适应各行业的应用，形式种类多样，使用十分方便。通常 RFID 电子标签的芯片体积很小，厚度一般不超过 0.35mm，可以印制在纸张、塑料、木材、玻璃、纺织品等包装材料上，也可以直接制作在商品标签上，通过自动贴标签机进行自动贴标。

RFID 电子标签十分便于大规模生产，并且能做到日常免维护使用。如果 RFID 电子标签能够与电子供应链紧密联系，那它很有可能取代条码扫描技术，RFID 电子标签的应用将给物流、零售等行业带来重大变化。

1. RFID 电子标签的功能和特性

RFID 电子标签通常具有以下功能：具有一定的存储容量，可以存储被识别物品的相关信息；在一定工作环境及技术条件下，RFID 电子标签存储的数据能够被读出或写入；维持对识别物品的识别及相关信息的完整；数据信息编码后，及时传输给 RFID 读写器；可写入，并且在写入以后，永久性数据不能修改；具有确定的使用期限，使用期限内不需维修；对于有源 RFID 电子标签，通过 RFID 读写器能够显示电池的工作状况。

RFID 电子标签的特性包括以下几点：

1）存储物体数据信息，RFID 电子标签的主要功能之一就是存储目标对象的数据信息。RFID 电子标签中有控制模块和存储器，当 RFID 读写器对其进行读写操作时，RFID 电子标签中的控制模块把存储器中的数据信息传送出去；读写操作完成后，控制模块又把修改后的数据信息保存在存储器中。

2）对物体进行唯一标识，RFID 电子标签内有唯一的电子编码，它代表着被标识的物体身份。当 RFID 电子标签进入 RFID 读写器的工作范围内时，RFID 读写器首先要验证这个电子编码，看它是否是安全的，或者是否是需要被读写的 RFID 电子标签。电子编码的唯一性使得 RFID 电子标签在零售和物流行业内应用非常广泛，也是 RFID 成为物联网关键技术的重要原因。

3）RFID 电子标签可以被 RFID 读写器识别和读写。

4）具有较长的使用寿命。RFID 电子标签有不易损坏、能够长时间工作、使用寿命长的特性。RFID 电子标签一般被安置在物体表面上以后，会经历较恶劣的环境。

2. RFID 电子标签的基本组成

从功能上来说，RFID 电子标签一般由天线、射频模块、控制模块、存储器、电池（可选）等组成，如图 4-1 所示。

天线是 RFID 电子标签中信号的出入口，它能够接收 RFID 读写器发出的射频信号，还能够把 RFID 电子标签中经过射频模块处理后的射频信号发送出去。射频模块是对数据信息进行射频化的一个设备，首先把存储器中得到的二进制信息进行基带编码，然后把基带信号调制到相应的发送频带上，再通过天线将数据信息发送出去。控制模块在接收到 RFID 读写器发送过来的写入信息时，经过信号解码后写入到存储器中；在 RFID 读写器要读取存储器的数据信息时，控制模块先要对该信息进行编码然后才传送到射频模块。也就是说，控制模块就是对存储器的信息进行编解码并对其控制的设备。存储器保存着物体的相关数据信息，包括 RFID 电子标签唯一的电子编码。存储器中的信息不但可以读取，还可以被改写。RFID 电子标签中的电池是可选设备，只有有源标签中才有电池，无源标签通过与 RFID 读写器进行电磁感应获得工作能量，不需要电池。

3. RFID 电子标签的分类

1）按供电方式分为有源标签和无源标签。有源标签有内置电池供电，通常具有较远的通信距离，但寿命有限（取决于电池的供电时间）、体积较大、价格相对较高，且不适合在恶劣环境中工作，主要应用于对贵重物品远距离检测等场合。无源标签不带电池，其所需能量由读写器所产生的电磁波提供，价格相对便宜，但其工作距离、存储容量等受到能量来源及生产成本限制，一般用于低端的 RFID 系统。

2）按载波频率分为低频标签、高频标签和超高频标签。低频标签的频率主要有 125kHz 和 134.2kHz 两种，高频标签频率主要为 13.56MHz，超高频标签频率主要为 433MHz、915MHz、2.45GHz 和 5.8GHz 等多种。低频标签主要用于短距离、低成本的应用中，它可以在油渍灰尘等恶劣的环境中使用，在校园卡、动物监管、货物跟踪等场合应用广泛。高频标签用于门禁控制系统以及需要传送大量数据的应用场合。超高频标签应用于需要较长的读写距离和高速识别的场合，其天线波束方向较窄，使用价格较高，在列车监控、高速公路收费等系统中应用较为广泛。

3）按发送数据的方式可分为主动式标签和被动式标签。主动式标签用自身的电池能量主动地发送数据，主要用于有障碍物或传输距离要求较高的应用中。被动式标签使用调制散射方式发送数据，它必须利用读写器的载波来调制自己的信号，该类标签适合在门禁或交通系统中应用，由于 RFID 读写器与被动式标签的作用距离较短，RFID 读写器可以确保只激活一定范围和区域内的被动式标签。

4）按作用距离可分为密耦合标签、遥耦合标签和远距离标签。密耦合系统是具有很小作用距离的 RFID 系统，典型的范围是 0~1cm，这种系统必须把 RFID 电子标签插入 RFID

读写器中或紧贴 RFID 读写器，又或者放置在 RFID 读写器为此设定的表面上。遥耦合系统把读和写的作用距离增为 1cm～1m，在这种系统中 RFID 读写器和 RFID 电子标签之间通信是通过电感（磁）耦合实现的。远距离系统典型的作用距离是 1～10m，这种系统是在微波波段内以电磁波方式工作的，工作的频率较高，一般包括 915MHz、2.45GHz、5.8GHz 和 24.125GHz。

5）根据 RFID 电子标签的读写功能来划分，可分为只读标签、一次写多次读标签和可读写标签。只读标签的结构功能最简单，出厂时已被写入，包含的信息较少，识别过程中数据或信息只可读出不能被更改，只读标签内部一般包含只读存储器（ROM）和随机存储器（RAM）；一次写多次读标签是用户可以一次性写入数据的标签，写入后数据不变，存储器由可编程只读存储器和可编程阵列逻辑组成；可读写标签集成了容量为几十字节到几千字节的存储器，一般为带电可擦可编程只读存储器（EEPROM），可读写标签内的信息可被 RFID 读写器读取、更改或重写，因此生产成本较高，价格较贵。

6）依据封装形式的不同，RFID 电子标签又可以分为信用卡标签、线形标签、纸状标签、玻璃管标签、圆形标签以及特殊用途的异形标签等。

4.3.6 RFID 读写器

RFID 读写器是 RFID 系统的基本单元，在整个系统中有着举足轻重的作用。RFID 读写器又称为阅读器、读头、扫描器、查询器等，其主要任务是向 RFID 电子标签发射读取或写入信号，并接收 RFID 电子标签的应答，对 RFID 电子标签的对象标识信息进行解码，并将对象标识信息连带 RFID 电子标签上其他相关信息传输到中央信息系统以供处理。RFID 读写器可外接天线，用于发送和接收射频信号，分为手持式（便携式）和固定式两种。RFID 读写器可以是单独的整体，也可以作为部件嵌入到其他系统中。RFID 读写器可以单独具有读写、显示和数据处理等功能，也可与计算机或其他系统进行互联，完成对 RFID 电子标签的相关操作。RFID 读写器的频率决定了 RFID 系统的工作频段，RFID 读写器的功率直接影响射频识别的距离。

1. RFID 读写器的基本组成

各种 RFID 读写器虽然在耦合方式、通信流程、数据传输方法，特别是在频率范围等方面有着根本的差别，但是在功能原理以及由此决定的构造设计上，各种 RFID 读写器是十分类似的，其详细结构如图 4-1 所示。从图中可以看出，RFID 读写器的基本组成包括射频模块、天线、读写模块、电源和时钟。

（1）射频模块 射频模块由射频振荡器、射频处理器、射频接收器以及前置放大器组成。射频模块可发射和接收射频载波。射频载波信号由射频振荡器产生并经射频处理器放大，然后该载波通过天线发送出去。射频接收器接收到从天线处传来的 RFID 电子标签信号后，通过前置放大器和射频处理器的处理，将处理过的信息传给读写模块。

射频模块主要完成射频信号的处理功能，包括产生射频能量，激活无源 RFID 电子标签并为其提供能量；将 RFID 读写器欲发往 RFID 电子标签的命令调制到 RFID 读写器发射的射频信号上，形成已调制射频信号，经 RFID 读写器天线发送出去。发送出去的已调制射频信号经过空中信道传送到 RFID 电子标签上，RFID 电子标签对接收到的射频信号做出响应，形成返回 RFID 读写器天线的反射回波信号；射频模块将 RFID 电子标签返回到 RFID 读写器的回波信号进行必要的加工处理并从中解调，提取出 RFID 电子标签回送的数据。

（2）读写模块　读写模块一般由放大器、解码及纠错电路、微处理器、时钟电路、标准接口以及电源组成，它可以接收射频模块传输的信号，解码后获得 RFID 电子标签内的信息，或将要写入 RFID 电子标签的信息编码后传递给射频模块，完成写入 RFID 电子标签的操作。读写模块还可以通过标准接口将 RFID 电子标签内容和其他信息传送给中央信息系统。

读写模块主要完成对 RFID 电子标签进行读写的控制操作，包括控制与 RFID 电子标签的通信过程，传递信号的编、解码，对 RFID 读写器和 RFID 电子标签间传送的数据进行加密和解密；进行 RFID 读写器和 RFID 电子标签之间的身份验证；与中央信息系统进行通信，并执行从中央信息系统发来的动作指令。

（3）天线　天线是发射和接收射频载波信号的设备。RFID 读写器必须要通过天线来发射能量，形成电磁场，通过电磁场来对 RFID 电子标签进行识别。天线所形成的电磁场范围就是射频系统的可读区域。在确定的工作频率和带宽条件下，天线发射由射频模块产生的射频载波，并接收从 RFID 电子标签发射或反射回来的射频载波，传送给射频模块进行相关处理。

（4）电源、时钟等基本功能单元　电源给 RFID 读写器提供必要的工作能量，并且通过电磁感应的方式可以给无源 RFID 电子标签提供工作能量。时钟为 RFID 读写器在通信过程中提供同步时钟信息。这些基本功能单元有时被集成在 RFID 读写器的读写模块当中，有时被当作单独的模块来放置，但它们的功能是类似的。

2. RFID 读写器的功能特性与工作方式

在无线射频识别系统中，RFID 读写器是 RFID 系统构成的主要部分之一。如果人们想要通过计算机应用软件对 RFID 电子标签写入或读取数据信息，由于 RFID 电子标签的非接触性质，因此必须借助位于中央信息系统与 RFID 电子标签之间的 RFID 读写器来实现。

在 RFID 系统的工作流程中，通常由 RFID 读写器在一个特定区域内发送射频能量形成电磁场，RFID 读写器发射功率的大小决定了 RFID 系统的工作范围。RFID 电子标签通过这一区域时被触发，通过电磁感应获得工作能量后，把储存的数据发送出去，或者根据读写器的指令改写存储的数据。RFID 读写器可以接收 RFID 电子标签发送过来的数据或者向 RFID 电子标签发送指令数据，并且能够通过标准接口与中央信息系统进行通信。

RFID 读写器的基本任务是触发作为数据载体的 RFID 电子标签，并与其建立通信联系，实现在中央信息系统和一个非接触的数据载体之间传输数据。这种非接触通信的过程中涉及的一系列任务，如通信的建立、防止碰撞和身份验证等都是在由 RFID 读写器来进行处理。

RFID 读写器与 RFID 电子标签的所有行为均由中央信息系统中的应用软件控制完成。在 RFID 系统结构中，应用系统软件作为主动方对 RFID 读写器发出读写指令，而 RFID 读写器则作为从动方只对应用软件的读写指令做出回应。RFID 读写器接收到应用软件的动作指令后，根据指令的不同，对 RFID 电子标签做出不同的动作，与之建立通信关系。RFID 电子标签接收到 RFID 读写器的指令后，对指令进行响应。在这个过程中，RFID 读写器变成指令的主动方，而 RFID 电子标签则是从动方。

RFID 读写器主要有两种工作方式，一种是读写器先发言（Reader Talks First，RTF），另一种是标签先发言（Tag Talks First，TTF），这是 RFID 读写器为了防止通信冲突而设计的工作方式。

在一般状态下，RFID 电子标签处于"等待"或称为"休眠"的工作状态，当 RFID 读写器发出射频信号，而 RFID 电子标签进入到 RFID 读写器的工作范围时，RFID 电子标签能够检测到一定的射频信号，它便从"休眠"状态转到"接收"状态，接收 RFID 读写器发送的命令后，进行相应的处理，并将结果返回 RFID 读写器。这种只有接收到 RFID 读写器特殊命令才发送数据的 RFID 电子标签被称为 RTF 方式；与此相反，进入 RFID 读写器的能量场获取工作能量后就主动发送自身电子编码和储存的数据信息的 RFID 电子标签被称为 TTF 方式。

与 RTF 方式相比，TTF 方式的 RFID 电子标签具有识别速度快的特点，适用于需要高速应用的场合；另外，它在处理 RFID 电子标签数量动态变化的场合更为实用，在噪声环境中也更稳健。因此，TTF 方式更适于工业环境的追踪应用。

3. RFID 读写器的分类

按双工方式分类，RFID 读写器可以分为全双工方式和半双工方式。全双工方式是指 RFID 系统工作时，允许 RFID 读写器和 RFID 电子标签在同一时刻双向传送消息。半双工方式是指 RFID 系统工作时，在同一时刻仅允许 RFID 读写器向 RFID 电子标签传送命令或消息，或者是 RFID 电子标签向 RFID 读写器返回消息。

按通信方式来分类，RFID 读写器还可以分为 RFID 读写器先发言 RTF 方式和 RFID 电子标签先发言 TTF 方式两类。根据不同的应用，RFID 系统采用不同的通信方式。

按应用模式来分类，可以分为固定式读写器、便携式读写器、一体式读写器和模块式读写器。固定式读写器是指天线、RFID 读写器和主控机分离，RFID 读写器和天线可分别固定安装，主控机一般在其他地方安装。便携式读写器是指天线、RFID 读写器和主控机集成在一起，RFID 读写器只有一个天线接口。一体式读写器是指天线和 RFID 读写器集成在一个机壳内固定安装，而主控机一般在其他地方安装或安置，一体式读写器与主控机可有多种接口。模块式读写器指 RFID 读写器一般作为系统设备集成的一个单元，RFID 读写器与主控机的接口与应用有关。

根据应用环境的不同，必须考虑 RFID 读写器的工作频率、输出功率、输出接口、结构形式、匹配天线等技术参数，以便选择适当的 RFID 读写器。在工作频率方面，RFID 读写器的工作频率要和 RFID 电子标签统一。输出功率方面，RFID 读写器的输出功率必须能够激活无源标签并给予工作能量，输出功率还必须符合所在国家或地区对于无线发射功率的许可标准，以满足人类健康需要。输出接口方面，根据需要可选择 RS-232、RS-485、RJ45、无线网络等接口中的一种或多种。结构形式方面，应考虑选择固定式或者手持式 RFID 读写器。匹配天线方面，RFID 读写器选定后还需要考虑与之相配的天线的类型和数量。

随着 RFID 技术的发展，RFID 系统的结构和性能也会不断提高。越来越多的应用和各种不同的应用环境对 RFID 读写器提出了更高的要求。未来的 RFID 读写器将会有以下特点：多功能、小型化、便携式、嵌入式、模块化、低成本、智能化、具有多种天线接口、具有多种数据接口、多制式、多频段兼容等。

4.3.7 开发 RFID 技术的潜力

可能有些人会误认为 RFID 技术和物联网是同义的，因为实时识别物体并且获得它们的信息很重要，不论它们是静止的还是移动的。当然，物联网在范围上要比 RFID 技术广，并且为了创造一个真正的泛在网络环境，物联网囊括了不同的技术来实现各种组件和设备的互联。

1. 技术规范

RFID 技术使物体可以被标记，通过短距离无线技术可以从这些 RFID 电子标签上把储存的信息读出来。此信息包含一个识别符，可能还有其他与物体相关联的应用数据。信息可以被写入 RFID 电子标签，使各种各样的组织能够提供范围广泛的基于 RFID 电子标签识别的服务。博物馆、商店或餐馆可以用 RFID 电子标签标记其环境中的物体，以提供关于它们的进一步信息，例如名字、描述、价格或位置等。一个识别符可以被分配到任何实体，例如物理/逻辑对象、一个地方或一个人。它储存在一个 ID 标签中，例如，条码、无源/有源 RFID 电子标签、智能卡或红外线标签。

RFID 技术的技术规范涵盖物体的识别、空中接口特征和数据通信协议。早期的一个 RFID 技术的应用是动物识别。国际标准化组织（ISO）在 1994 年定义了用于动物识别的 RFID 识别码的结构的标准（ISO 11784）。补充的 ISO 11784 标准描述了如何读取标签的信息。ISO 已着手定义一套完整的项目管理规范：ISO/IEC 15961~15963，它们描述了一般的数据协议和适用于 ISO/IEC 18000 系列标准描述的不同频率的空中接口的识别符格式。不同的频段需要单独的规范，因为工作频率决定了通信能力的特征，如工作范围或者发射是否受到水的影响。

此外，ISO 17363~17367 明确了供应链应用（含部分适用于货运集装箱、可回收运输项目、运输单位、产品包装和产品标签）并介绍了如何使用 RFID 技术跟踪货物集装箱的动向（ISO 18185）。ISO 还制定了性能和一致性测试规范。与 RFID 技术相关的 ISO/IEC 规范总结如下：

（1）动物识别

ISO/IEC 11784　动物的射频识别——代码结构。

ISO/IEC 11785　动物的射频识别——技术概念。

（2）项目管理

1）识别符和数据协议。

ISO/IEC 15961　数据协议：应用接口。

ISO/IEC 15962　数据协议：数据编码准则和逻辑存储功能。

ISO/IEC 15963　独特的射频识别标签。

2）空中接口。

ISO/IEC 18000　关于项目管理的 RFID。

部分 1：参考架构和参数定义。该部分定义了 RFID 系统的通用架构和需要标准化的参数。

部分 2：<135kHz，适用于低频频段，规定了电子标签和读写器之间通信的物理接口、协议和指令等。

部分 3：13.56MHz，适用于高频频段，规定了读写器与标签之间的物理接口、协议、命令以及防碰撞方法。

部分 4：2.45GHz，适用于微波频段。

部分5：860~960MHz，适用于超高频频段。

类型A——前向链路中的脉冲间隔编码和自适应ALOHA碰撞仲裁算法。

类型B——前向链路中的曼彻斯特编码和自适应二叉树碰撞仲裁算法。

类型C——EPC Global Class1 Gen.2。

部分6：433MHz的主动空中接口。

3）供应链应用。

ISO/IEC 17363 货运集装箱。

ISO/IEC 17364 可回收运输项目。

ISO/IEC 17365 运输装置。

ISO/IEC 17366 产品包装。

ISO/IEC 17367 产品标记。

4）测试。

ISO/IEC 18046 无线电频率识别装置性能试验方法。

ISO/IEC 18047 RFID 设备的一致性测试方法。

另一个重要的关于RFID技术发展的标准化组织是Auto-ID中心。Auto-ID中心成立于1999年，该中心开发了现在被普遍应用于工业的电子产品编码（EPCs，标签识别符）。EPC Global为EPC引领工业驱动的标准的发展，以支持RFID技术的使用。EPC Global也为标签数据编码制定了一系列的标准、一种运行在860~960MHz频段的空中接口协议、读取器协议以及信息和物体名称服务。

EPC Global标准的主要内容如下：

1）EPC标签数据标准定义了大量的识别方案，并描述了如何对这些数据在标签上进行编码，以及如何以一种适合在EPC系统网络内使用的形式编码。

2）在EPC标签数据转换标准中，给出了EPC数据格式的机读版本。这可以用于验证EPC识别和在各种数据表示之间进行转换。

3）标签协议是一种超高频RFID空中接口。RFID读写器通过调节在860~960MHz频率范围的射频信号发送信息到RFID电子标签，这些RFID电子标签是被动的，因为它们从RFID读写器发送的信号中获得能量。这种空中接口协议已经被列入了ISO/IEC 18000系列规范的部分6中的类型C。

4）客户端使用低级RFID读写器协议控制其空中协议操作。另一方面RFID读写器协议提供了应用软件和RFID读写器之间的接口。RFID读写器能够发现那些使用发现、配置、初始化标准中的具体过程的客户。

5）读者管理标准用来监控RFID读写器的运行状态。它是使用IETF定义的基于简单网络管理协议的。

6）应用服务层事件标准为客户提供了一种获取过滤EPC数据的方法。这个接口为获得原始EPC数据的基础设施组件提供了独立性，这些组件处理那些数据和使用该数据的应用。

7）EPC信息服务标准允许企业内和跨企业的EPC数据共享。

8）服务标准描述了如何使用域名系统（DNS）获得与一特定EPC相关的信息。

9）EPC Global证书模式标准描述了EPC全球网络中的实体如何被认证。功用由X.509认证框架和互联网公钥基础设施模式组成。

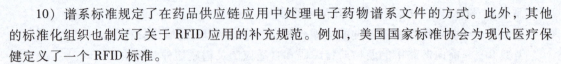

10）谱系标准规定了在药品供应链应用中处理电子药物谱系文件的方式。此外，其他的标准化组织也制定了关于 RFID 应用的补充规范。例如，美国国家标准协会为现代医疗保健定义了一个 RFID 标准。

2. 无线电频谱和电磁兼容性

无线电频谱是一个有价值的经济和社会资源。与普通的货物一样，人们必须对无线电频谱进行管理，否则，无限制的使用会由于用户间的干扰导致利用率降低。关于频谱分配问题，各国在国际电联达成了国际性的一致意见，由国家主管部门管理该国内的频率使用。有些频谱是保留给特定的应用的，如移动电话，并且只能由有许可证的运营商才能提供此类服务，但是无线电的其他频谱可以在没有许可证的情况下使用。例如，2.4GHz 频段为下面所描述的无线个人局域网（WPANs）使用，全球范围内都可以无须申请许可的情况下，使用这个频段。然而，使用无须申请许可频率的设备必须遵守特定的规定，如尽量减少干扰，以便合法销售。

RFID 技术在全球范围内的频段使用有区域性的不同，特别是在 860～960MHz 的频率范围内的频段：中国使用 840～845MHz 和 920～925MHz，欧洲使用 865～868MHz，美国和加拿大使用 902～928MHz，日本使用 952～954MH。

有的国家或地区会出台一些规定，以限制无线电干扰其他系统，以及确立为获得许可证所做的设备测试的规则。例如无线电和电信终端设备管理条例规定了欧洲的有关规定。主要需求包括健康和安全保护、电磁兼容性和无线电频谱的有效利用以及避免对其他设备的有害干扰。RFID 的具体要求包含在以下由欧洲电信标准研究所（ETSI）制定的欧洲标准中：

（1）ETSIEN 300330　频率范围在 9kHz～25MHz 之间的无线电设备，以及频率范围在 9kHz～30MHz 之间的感应回路系统的技术特性和测试方法。

（2）ETSIEN 300220　要使用的无线电设备在 25～1000MHz 的频率范围，最大功率达 500mW。

（3）ETSIEN 302208　RFID 设备运行在频段 865～868MHz，最大功率可达 2W。

（4）ETSIEN 300440　要使用的无线电设备在 1～40GHz 的频率范围。

4.4　NFC 技术

NFC 技术即近距离无线通信技术，是一种新兴的短距离无线通信技术。运行在 13.56MHz 频率上，采用了特殊的信号衰减机制，使得其工作距离一般在 10cm 左右，具有连接建立快、安全性高的优点，但数据传输率低。从功能上讲，NFC 技术的工作模式可以分为：卡模拟模式、点对点模式和读写器模式 3 种。不同的工作模式对应着不同的应用需求，工作在读写器模式的终端可以替代读卡器读取非接触卡；工作在卡模拟模式的终端可以替代标签用于个人识别和消费；工作在点对点模式下的终端双方可以进行信息的交换和共享。NFC 技术与 RFID 技术是两种十分相似的无线通信技术，NFC 技术源自 RFID 技术，并完全兼容非接触卡的相关技术标准。在系统中，RFID 技术通信双方是 RFID 读写器和 RFID 电子标签，只能实现信息的读取以及判定，且不存在对等通信模式，能够读取的信息有限，并且 RFID 读写器是一套独立的系统，不方便个人应用。NFC 通信的双方既可以是终端与非接触卡，也可以是两个终端，应用方式多样，这是 RFID 技术所不能实现的。另外，RFID

应用比较单一，产业附加值比较低。而 NFC 技术应用丰富多样，与通信、移动终端、金融等多个行业直接相关，拥有巨大的市场潜力，受到了普遍的关注。事实上，RFID 技术在生产、物流和物资管理方面有比较突出的价值。但是对于公交卡等非接触卡业务，NFC 技术会使人们在使用各类非接触卡时更加便捷、高效、安全，并且传输距离比 RFID 技术近。随着移动终端的广泛应用，NFC 技术在这个方面大有取代 RFID 技术的趋势。

随着网络与通信技术的飞速发展，无线通信在人们的生活中扮演着越来越重要的角色，其中近距离无线通信技术正在成为人们关注的焦点。目前的近距离无线通信技术包括了蓝牙、WiFi（IEEE 802.11）、ZigBee、红外（IrDA）、超宽带（UWB）、NFC 等，它们都有各自的特点，或基于传输速度、距离、耗电量的特殊要求，或着眼于功能的扩充性，或符合某些单一应用的特别要求等。但是没有一种技术可以满足所有的要求。图 4-2 所示为目前不同无线通信技术的传输速率和传输距离。

NFC 技术在人们日常生活的不同领域发挥着重要作用。例如，移动支付、电子票证、医疗保健、教育、基于位置的服务、访问控制、社交应用和娱乐等。在 NFC 支付领域，最具代表性和最流行的分别是 Android Pay、Apple Pay 和 Samsung Pay。

Android Pay 的代表是 Google Wallet，它是由谷歌于 2011 年推出的移动支付应用程序。该应用

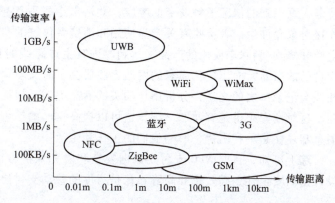

图 4-2　目前不同无线通信技术的传输速率和传输距离

程序将信用卡和银行信息存储在云端，然后在 POS 终端使用密码，支持非接触式支付。谷歌还提供了一个谷歌电子钱包卡，该卡与谷歌电子钱包相关联，几乎可以在任何地方使用。钱包的安全性主要是通过标记化技术或者点对点加密技术来实现。在标记化技术方案中，实际的信用卡或借记卡信息被一次性有效令牌替换，并且令牌只能由颁发令牌的服务器识别和解密。在点对点加密技术方案中，所有数据都经过加密处理，直到它们到达点对点加密的安全环境时才被解密。但谷歌会存储有关用户账户和付款历史记录的所有详细信息，一旦服务器遭到黑客入侵或信息泄露时，用户隐私安全受到较大的威胁。

Apple Pay 是苹果公司于 2014 年 10 月推出的移动支付服务，交易所使用的账户是与信用卡/借记卡号完全不同的唯一设备账号，该设备账号和 AR 值、私钥使保证了 Apple Pay 交易的安全性，同时使用带有指纹的 Touch ID 进行身份验证。虽然 Apple Pay 使用指纹识别对用户进行身份验证，但它不使用令牌化方案来保护信用卡或借记卡信息。

Samsung Pay 通过使用 NFC 技术的常见的分流和付费终端实现移动支付。如果只有较旧的终端可用，Samsung Pay 可以使用 MST 模拟传统磁条信用卡。这项技术相当简单，只需要用户在 POS 终端一侧轻拍智能手机即可。这样做时，MST 以磁性方式传输数据，从而使智能手机发送支付凭证。供应商方面不需要进行任何技术更改来支持此功能。这使得 Samsung Pay 可以访问更多未配备 NFC 技术的 POS 终端。

NFC 支付看起来是一个非常不错的移动支付手段，但由于基于 NFC 技术的支付流程中

交易的信息类型和数量，使其容易成为大量攻击者的目标，并且目前基于 NFC 技术的支付系统的安全级别尚未被证实可以抵御所有类型的威胁。因此 NFC 支付系统的安全性依然是用户和开发者的高度关注点。在现实中，基于 NFC 技术的移动支付系统仍然存在相对严重的安全漏洞。例如，目前为移动支付系统提供所需安全性的 Euro pay 万事达卡和 Visa（EMV）协议存在两个安全漏洞，可能会给该类系统的用户带来安全风险。第一个漏洞是商户和用户在支付过程中，两者的支付设备间没有进行相互认证；第二个漏洞是，交易信息从用户移动设备发送到商户端时，银行的支付数据没有进行加密，反之亦然。EMV 的这些安全漏洞给使用 NFC 支付进行交易的用户带来了潜在的资金流失风险，因为攻击者可以通过远程使用 NFC 无线电波来检索存储在受害者的 NFC 银行卡上的敏感银行数据。

交易过程中，用户的身份合法性认证固然重要，但消费者的个人隐私安全也同等重要，因为所有非接触式信用卡和借记卡都是被动的，因此其附近的恶意 POS 终端可以在没有被持卡人意识到的情况下触发卡的响应，并从卡中提取敏感信息。其次，在一些零售应用中，连接对象允许生产者接收有关产品使用和消费者传统的实时信息，然后利用这些信息来改善生产并修改/删除未使用的产品，达到改进其生产路线的目的。除此之外，一些商家希望推广自己的商品，而用户在商家的网站上注册会员时又填写了真实姓名和手机号码，那么商家往往会记录每次的交易，分析用户购买的商品类型，根据用户的消费习惯向用户推荐相关产品，这对商家来讲是有益的，毕竟这可以提高自己的销售额，但对个别用户来说，这种推送消息却往往是一种困扰，影响他们的工作和生活。

综上可知，目前 NFC 支付在数据安全和隐私保护方面依然存在许多不足的地方，所有设计出高安全性、高效率和高隐私保护力度的移动支付协议具有非常重要的意义。

4.4.1　NFC 设备架构

移动设备中的 NFC 由 SE 和 NFC 接口两个集成电路组成。NFC 接口由 NFC 天线和被称为 NFC 控制器的 IC 组成，以实现 NFC 交易，以下是对这些部分的简单介绍。

（1）主控制器　主控制器（基带控制器）是任何智能手机中最重要的元件。主控制器接口（HCI）连接 NFC 控制器和主控制器，设置 NFC 控制器的操作模式，处理通过 HCI 发送和接收的数据，建立 NFC 控制器和 SE 之间的连接也由主控制器完成。

（2）NFC 控制器　设备中的 NFC 控制器将来自阅读器的所有数据直接发送到 SE。

（3）SE　SE 是防篡改设备（通常是单芯片安全微控制器），为敏感数据提供安全的存储和执行环境（如密钥管理），以及物理和逻辑保护，确保其内容的完整性和机密性。SE 对于 NFC 移动支付意义重大，在 NFC 支付过程中，安全元件直接与 POS 终端通信而无须 CPU 的参与，只有在事务完成后，才会通过安全元件通知 CPU。SE 有 3 种不同的表现形式，分别是 UICC、嵌入式 SE 和 MicroSD，其中 UICC 和 MicroSD 都是可拆卸的。

UICC 是在支持 NFC 技术的智能手机上提供 SE 基础设施的临时模型。基于 UICC 的 SE 显然为移动网络运营商创造了巨大的优势和机会，因为 SIM 卡由他们发行和管理。但是，生态系统中的其他利益相关者不接受移动网络运营商对 SE 的所有权和管理，并试图寻找其他的替代方案。

嵌入式 SE 在生产制造过程中被集成到智能手机内，并且可以在设备交付给最终用户后进行个性化处理。这种解决方案显然对智能手机制造商非常有利。

MicroSD 对于服务供应商是有明显优势的，因为 SIM 卡和手机硬件都不用作 SE。但这个形式却不受市场欢迎，因为每个智能手机都需要新的硬件支持。

4.4.2 NFC 天线基本理论

NFC 天线是一种以电磁波形式接收或者输出并发射来自无线电收发机的射频信号的装置，相当于传输线和自由空间的一个接口，是无线通信系统中的一个重要组成部分。

NFC 天线和传统意义上的天线有一定的区别，传统意义上的天线的电信号是通过电磁辐射输出的。而 13.56MHz 的 NFC 天线实际上可以看作是一个耦合线圈，通过电磁耦合的方式来传输接收到的电信号，所以一般考虑从线圈耦合的角度分析 NFC 天线的工作原理。用半径为 r 的闭合圆环线圈 NFC 天线为例，当电流 I 流入 NFC 天线的线圈时，线圈周围会产生随时间变化的磁场，沿着线圈圆心的法线方向距离圆心为 R 处，磁感应强度为

$$B = \frac{\mu_0 I N r^2}{2\left(r^2 + R^2\right)^{3/2}}$$

式中 N——线圈匝数；

μ_0——真空磁导率。

由此可见，磁感应强度 B 与线圈面积以及线圈匝数成正比，而与距离 R 的三次方成反比，即磁感应强度 B 的大小随着距离 R 的增加而减小。

4.4.3 通信模式与工作模式

1. 通信模式

NFC 通信的实现主要是基于电磁感应，工作频率为 13.56MHz，使用小于 15mA 的电流来传输其范围内的数据。

NFC 通信模式分为主动模式和被动模式。主动模式的设备是产生 RF 场（射频场）并具有独立电源的设备，而被动模式的设备则由另一个主动设备进行供电。在主动模式下进行通信的双方实体会产生各自的 RF 场，且双方实体是通过各自的 RF 场来进行数据交换的。在被动模式下进行通信的双方实体则只有发起通信的那一方实体会产生 RF 场，通信双方以同等的传输速度进行数据交换。

2. 工作模式

NFC 有 3 种工作模式：读写器模式、点对点模式和卡模拟模式。

（1）读写器模式 在此模式下，具有 NFC 功能的设备扮演读卡器的角色，使用 13.56MHz 载波振幅调制与标签进行通信，标签上感应线圈的电压会随着载波振幅的变化而发生改变，标签通过解码电路对信号进行解码。读卡器与标签通过使用负载调制的方法来实现通信，改变并联电容的开关状态可以改变标签线圈的负载。这种模式的重要应用是智能海报。

（2）点对点模式 在点对点模式下，两个 NFC 设备可以实现图片的传输或者音乐的共享。由于两个 NFC 设备都有电池进行供电，所以可以在它们之间建立无线电链路。它有两个标准化协议，分别是 NFCIP-1 和 LLCP。其中，NFCIP-1 协议拥有提供分段和重组（SAR）1 级、数据流控制和错误处理的能力。LLCP 对 NFCIP-1 协议进行了增强，它提供了一些重要的服务，如链接激活、无链接传输、面向链接的传输、监督和停用、协议多路复用等，具

体用于票务、汇款或较低安全访问控制的应用程序。

（3）卡模拟模式　在卡模拟模式中，NFC 设备本身充当 NFC 卡，将设备置于被动通信模式，该设备不会产生自己的 RF 场，RF 场由读卡器产生。因此，在这个模式下工作的 NFC 设备可以用来充当传统的公交卡、门禁卡和信用卡等 IC 卡。这个模式最大的优点就是在 NFC 设备没电的情况下仍然可以正常使用。

4.4.4　NFC 安全威胁及其解决措施

1. NFC 安全威胁

自 NFC 技术于 2004 年由飞利浦、诺基亚和索尼公司正式发布以来，随着互联网的发展和 NFC 技术的不断成熟，NFC 技术已广泛应用到各种电子设备，如智能手机、笔记本计算机、个人计算机、打印机、电视和其他电子消费品，同时 NFC 技术也为用户提供了多种服务，如支付、广告和文件共享等。虽然 NFC 技术已经渗透到人们生活的方方面面，但现存的 NFC 技术依然存在许多安全漏洞问题。例如，容易受到窃听、数据篡改、数据破坏、中间人攻击、网络钓鱼和未经授权访问等，用户个人隐私数据面临着泄露的风险，这对财务信息和用户的财产安全构成了严重的威胁。因此，加强和提高 NFC 技术的安全性意义重大。以下是对这些安全威胁的具体介绍：

（1）窃听攻击　窃听攻击是指攻击者在 NFC 通信过程中利用特殊设备获取通信数据的过程。对于非 NFC 支付的通信过程来讲，数据链路层通信一般不加密，攻击者能够轻松获得 NFC 标签中的内容。虽然 NFC 的通信距离没有超过 20cm，但攻击者可以利用特制的天线或者增强的信号接收器来扩大 NFC 的通信距离来获取通信数据，并且攻击者往往不需要截取完整数据就能够还原通信内容。此外，窃听的难易程度与通信模式相关。在主动模式下，发起 RF 场的有源设备，可以在 10m 内受到窃听攻击；而在被动模式下，无法生成自己 RF 场的无源设备则只能在 1m 内才能受到窃听攻击。因此，如果通信数据包含有用户的敏感信息，那受到窃听攻击的用户隐私将会受到严重威胁。

（2）数据篡改　数据篡改主要是指原来有效的 NFC 标签被攻击者构造的恶意 NFC 标签覆盖或者原本的 NFC 标签内容被攻击者恶意修改过，从而使得接收者收到的数据内容与原本的数据内容不符，达到破坏数据的目的。但这种攻击的可行性很大程度取决于载波信号的调幅强度，而在 NFC 通信过程中，NFC 设备会进行射频信号检测操作，一旦发现可疑现象，即可终止本次 NFC 通信。另外，除了低廉的 NFC 设备外，现在大部分的标签应用都设置了逻辑保护，内容不允许被修改，因此此类攻击不易实现。

（3）网络钓鱼　网络钓鱼是指攻击者通过特殊设备对 NFC 标签中的 NDEF 消息（如 URL）进行非法覆盖，从而诱使用户连接不安全的黑客网站。例如，通过非法覆盖智能海报上的 NFC 标签使用户访问恶意网站来达到获取用户敏感信息的目的。

（4）未经授权访问　当攻击者破坏了 NFC 标签的密钥或 NFC 标签未锁定时，标签数据存在被恶意用户非法访问的风险和被攻击者覆盖的风险。

（5）中间人攻击　中间人攻击是指攻击者作为第三方通过某种技术手段在通信双方毫不知情的情况下截获到两者之间的通信数据，攻击者对截获到的信息进行转发或者对信息进行修改来实现自己的目的。但在 NFC 连接上实现中间人攻击是非常困难的，毕竟中间人攻击的实现需要合适的通信距离和通信模式。虽然该攻击模式实现困难，但为了完全降低中间人攻击的风险和保护用户的数据安全，通信双方最好是采用主动-被动通信模式进行通信，因为在这种模式下，NFC设备可以监听并检测到第三方攻击者的存在。中间人攻击模型如图 4-3 所示。

图 4-3　中间人攻击模型

NFC 技术在移动支付领域的应用与日俱增，这得益于它拥有良好的保密性和安全性，一般情况下的 NFC 支付流程如图 4-4 所示。

虽然 NFC 移动支付发展迅速，但其安全性依然得不到有效的保证。图 4-5 所示为常见的 NFC 支付系统安全框架。

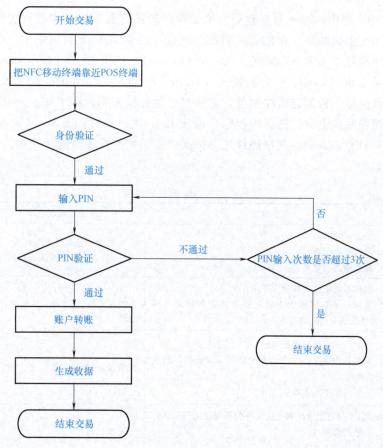

图 4-4　NFC 支付流程

由图 4-5 可知，现阶段常见的 NFC 移动支付系统一般由 NFC 控制器、NFC 安全芯片、TSM（Trusted Service Manager）和服务供应商 4 部分组成。而这 4 部分也分别面临着各自的安全威胁，分别如下：

（1）NFC 控制器的安全威胁　设备丢失、数据损坏、标记克隆、DoS 攻击、低电量。

（2）NFC 安全芯片的安全威胁　越权存取、数据损坏。

（3）TSM 的安全威胁　未经身份验证的 TSM 系统访问权限、数据损坏、窃听、DoS 攻击。

（4）服务供应商的安全威胁　DoS 攻击、数据损坏、未经身份验证的访问权限。

在 NFC 移动支付过程中保护用户数据安全固然重要，但用户的个人隐私安全也同等重要，在实际生活中个别零售商会保存用户的交易记录到自己的服务器中，一方面为了在交易出现争议时，可以为解决问题订单提供有力证据；另一方面为了根据用户平时的消费习惯来推销自己的产品，这种行为对于商家来讲是有益的，但有时候却让用户非常苦恼。

图 4-5　常见的 NFC 支付系统安全框架

2. 安全威胁解决措施

在 NFC 支付过程中，加密通信数据、生成身份验证的数字签名和进行支付认证都需要密钥的参与，因此密钥的安全存储尤为重要。在现阶段的 NFC 支付技术中，存储支付密钥和执行支付应用程序主要有 SE 模式（Secure Element）、HCE 模式（Host Card Emulation）、云 SE 模式（SE in the Cloud）和 TEE 模式（Trusted Execution Environment）。其中 SE 模式是一种防篡改硬件组件，通常是微控制器，能够安全地存储密钥；HCE 模式不需要专用硬件，因此允许移动操作系统上运行的应用程序模拟成 IC 卡执行支付；云 SE 模式需要 HCE 和云服务器的参与；TEE 模式利用共享硬件来保护支付密钥并执行支付应用程序。4 种方法的具体比较见表 4-1。

表 4-1　4 种方法的具体比较

方法	安全性	管理复杂性和成本	性能
SE 模式	1. 安全硬件隔离 2. 密钥提取困难 3. 抵抗中间人攻击	1. 需要可信的服务管理器 2. SE 应用程序开发成本高	速度快
HCE 模式	1. 操作系统提供的纯软件隔离 2. 从用户手机提取的支付密钥可以用在其他手机中，容易受到中间人攻击	实现方便,成本低	速度快
云 SE 模式	1. 密钥在云中受到保护（通过硬件实现） 2. 抵御攻击取决于用户的安全性和云服务执行的设备身份验证 3. 容易受到中间人攻击	实现方便,成本低	需要联网
TEE 模式	1. 部分隔离:受信任和不受信任的环境使用相同硬件 2. 密钥提取困难 3. 抵抗中间人攻击	管理复杂	速度快

针对 NFC 支付系统中的 NFC 控制器、NFC 安全芯片、TSM 和服务供应商这 4 部分的安全问题，现阶段主要的解决方法分别是：通过加密、单天线设计和多天线设计方法来解决 NFC 控制器安全威胁；通过加密和 TSM 来解决 NFC 安全芯片安全威胁；通过 SSL、VPN 和加密等措施来解决 TSM 安全威胁；通过加密和认证等方式来解决服务供应商安全威胁。

针对现阶段的用户隐私安全问题，主要有两种解决方案，分别是隐私设计和隐私增强。

隐私设计在产品、服务或系统开发之初就被考虑，隐私保护被整合到技术计算机芯片、网络平台和组织政策中。隐私增强可以避免个人数据泄露，重建用户和服务供应商之间的信任。在以上两种方案的基础上，匿名化、加密、安全性和责任控制、所有权和控制隐私保护技术被相继提出。虽然人们针对隐私安全问题提出了各种各样的方法和措施，但因移动终端存储空间和计算能力的限制，类似加密和防火墙等的传统技术还不足以解决具有挑战性的隐私安全问题。随着用户隐私保护意识的不断增强，人们越来越重视移动支付中的隐私保护安全，因此 NFC 支付的隐私安全保护力度的大小决定了 NFC 支付未来的发展前景和增速，这也是业界现阶段重点关注的研究对象之一。

3. NFC 设备的工作模式和应用模式

NFC 设备有主动模式和被动模式两种工作模式。在主动模式中，NFC 通信设备是有源设备，通过外部电源驱动，发出交变电磁场。在被动模式中，NFC 通信设备是利用电磁感应原理，将射频能量转化为自身供电电能进行驱动，依靠所转化的电能驱动产生交变电磁场进行通信。NFC 设备具有功耗小、建立连接速度快、安全性高等特点，在现实生活中有着广泛的应用场景，基于其设备工作的模式，可分为以下几种类型：

（1）接触和确定通过　NFC 设备作为确认标签设备已经得到了广泛的应用。例如，门禁卡、会议签到、电子门票等功能已经成为日常生活中必不可少的部分。这些应用都是通过将 NFC 标签与 NFC 读取设备贴近并开展近场通信确认的。

（2）接触和确定支付　这类应用十分广泛，从传统的公交卡、校园卡交易，到在现有互联网移动支付的各类电子钱包如 Apple Pay、Mi Pay、华为手机钱包和运营商的电子钱包，均使用了 NFC 技术进行通信服务。

（3）接触和连接　这类应用主要用于点对点传输功能，虽然 NFC 传输速率相对有限，但在小数据量情况下，其快速建立连接的能力十分实用。

（4）接触和充能。随着 Apple 和华为等手机厂商均推出了无线充电的手机，利用 NFC 技术进行反向充电的应用也正式进入到市场中来。虽然其反向充电功率有限，但未来有很大的发展前景。

（5）接触和浏览　如智能广告标签等设备，通过将广告等信息存入电子标签中，利用手机 NFC 功能接触识别，对相关内容进行浏览和查看。

4.4.5　NFC 技术与 RFID 技术的区别

NFC 技术与 RFID 技术是两种十分相似的无线通信技术。NFC 技术源自于 RFID 技术，并完全兼容非接触卡的相关技术标准，两者的区别主要在于工作频率、工作距离、工作模式和协议标准有所不同。随着互联网技术的逐步发展，移动支付的需求逐步增大，NFC 技术在安全性和近距离支付等方面具有天然的优势，越来越多的移动支付厂商选择 NFC 技术作为移动支付的支撑技术，来满足相应的支付场景应用。NFC 技术是一种提供轻松、安全、迅速的通信的无线连接技术，其传输范围比 RFID 技术小，RFID 的传输范围可以达到几米甚至几十米，但由于 NFC 技术采取了独特的信号衰减技术，相对于 RFID 技术来说具有距离近、带宽高、能耗低等特点。NFC 还是一种近距离连接协议，提供各种设备间轻松、安全、迅速而自动的通信。在系统中，RFID 通信双方是读写器和标签，只能实现信息的读写以及判定，且不存在对等通信模式，能够读写的信息有限，并且 RFID 读写器是一套独立的系统，不方便个人应用。NFC 通信的双方既可以是终端与非接触卡，也可以是两个终端，应用方式多样，这是 RFID 技术所不能实现的。相较于 RFID 技术，NFC 技术的主要区别与特点如下：

（1）工作频率　RFID 技术有多重工作频率的模式，按照频段划分为低频（<135KHz）、高频（13.56MHz）和超高频（860～960MHz）等；而 NFC 技术工作频率固定为 13.56MHz，工作频率单一。

（2）工作距离　RFID 设备的工作距离从几厘米到几十米均可；而 NFC 的工作距离一般在 10cm 左右。

（3）工作模式　RFID 设备中读卡器和非接触卡的身份不能切换，是相互独立的设备；而 NFC 设备同时支持读写器、卡模拟模式，并可根据需求在两种模式之间来回切换。NFC 技术支持的点对点工作模式是 RFID 技术不支持的。

（4）协议标准　NFC 技术和 RFID 技术在高频模式（13.56MHz）下遵循的底层技术标准相互兼容，但 NFC 技术的上层协议更加完整。

（5）安全与应用　RFID 技术主要应用于物流监测和远距离识别等领域，私密性不够高；NFC 设备有功耗衰减技术，实际工作距离在 10cm 以内，从通信范围来看具有更好的安全性和隐私性。因此，NFC 技术主要应用于门禁卡、手机支付、银行卡支付、身份证和公共交通卡等领域。

另外，RFID 技术的应用比较单一，产业附加值比较低。NFC 技术应用丰富多样，与通信、移动终端、金融等多个行业直接相关，拥有巨大的市场潜力，受到了普遍的关注。事实上，RFID 技术在生产、物流和物资管理方面有比较突出的价值，但是对于公交卡等应用的非接触卡业务，NFC 技术会使人们在使用各类非接触卡时更加便捷、高效、安全，并且传输距离比 RFID 近。随着技术在移动终端上的广泛应用，NFC 技术在这个方面大有取代 RFID 技术的趋势。

4.4.6　NFC 标签

NFC 标签有接触通过的应用，这与 RFID 技术的应用类似，如小区门禁卡，但这在手机上使用的情况较少。还有一种应用为接触浏览，主要为识别、追踪带 NFC 信息的物体，如任天堂 3DS 游戏机，通过 NFC 来识别 Amiibo 手办，会在屏幕上显示对应的内容，Amiibo 手办便是一个 NFC 标签。另有一些 NFC 标签可写入简单的指令，用于激活启动手机上指定的功能。例如，在标签上写入切换静音模式的命令，当该标签靠近手机时，手机便会自动进入静音。

1. NFC 标签类型的定义

定义的基本标签类型有 4 种，以 1～4 来标识，它们各有不同的格式与容量。这些标签类型格式的基础是：ISO 14443 的 A 与 B 类型、Sony Felica。前者是非接触式智能卡的国际标准，而后者符合 ISO 18092 被动式通信模式标准。

保持 NFC 标签尽可能简单的优势是在很多场合标签可一次性使用，例如在海报这类寿命较短的场合中。

2. NFC 标签运行

NFC 标签是不需要电源的被动装置。在使用时，用户以具有 NFC 功能的设备与其接触。

标签从读写器获得很小的电源来驱动标签的电路，把少量信息传输到读写器。

标签内存储器里的数据被传至带有 NFC 功能的设备。尽管数据量很小，却可以把设备导向到某个网址（URL）、少量文本或是其他数据。

3. NFC 系统存在的问题

（1）兼容性问题　目前不同厂家的 NFC 设备的兼容性问题还是比较突出的，这也是 NFC 论坛目前正在致力于解决的一个重点。其希望通过 NFC 标志认证来达到所有 NFC 设备兼容性的统一。

（2）安全性问题　安全的 NFC 设备会将各种 NFC 应用结合智能卡的安全性。重要的机密资料与数据会一直储存在卡片中安全存储器的某个区域，并且只能经由 NFC 装置授权，由储存在装置内安全存储器中的私密金钥将传送资料予以加密。

（3）主动或被动运作模式　拥有 NFC 功能的装置可以在主动或被动模式下运作，一般的行动装置主要以被动模式运作，可以大幅降低耗电量，并延长电池的寿命。主动式 NFC 装置可以透过内部产生的 RF 场提供与被动装置通信时所需的所有电能，这与免接触式智能卡的情况相同，可确保即使关掉行动装置的电源仍可以正常进行资料的读取。

（4）标准化　NFC 技术符合 ECMA340、ETSITS102190V1.1.1 以及 ISO/IEC 18092 标准的开放式平台技术，这些标准具体地规范了 NFC 装置的调制方案、编码、传输速度与 RF 界面的讯框格式等，此外还有被动与主动 NFC 模式初始化过程中资料冲突控制所需的初始化设定与条件。这些标准也定义了传输协议，其中包括通信协议的启动与资料交换方式等。

（5）政策问题　由于移动支付产业环节复杂，价值链的构建需要多方参与，在此时间段，产业主导者不清晰，金融机构和移动运营商的议价能力相当，产业实际投入力度比较低。由于终端和消费环境的缺乏，用户体验也较差，用户通过移动支付购买的物品和服务并不丰富，目前并没有给消费者带来真正的便捷。

现在，13.56MHz 的 NFC 天线的应用已经十分广泛了，像二代身份证、手机支付、校园一卡通、酒店房间钥匙等都使用了这个技术。此外，NFC 天线技术还逐渐应用到智能手表、手机、平板计算机、医疗设备以及可穿戴设备方面，并成了一种新的通信方式，在商品市场上越来越受欢迎。NFC 天线在可穿戴无线系统中的研究有很多，制造方法包括化学腐蚀和屏蔽印花，但这些方法并不特别适合贴身的可穿戴设备。

4.4.7　NFC 主要标准协议

目前国际通用的 NFC 技术标准制定方比较多样化，但广泛通行的也只是几种核心协议。

1. ISO 标准协议

国际标准化组织（International Organization for Standardization，ISO）。致力于为各种技术制定国际标准。在 RFID 技术和 NFC 技术领域，ISO 联合 IEC（国际电工委员会）一起制定了一系列国际标准协议，如著名的 ISO/IEC 14443 协议、ISO/IEC 15693 协议等。

ISO 14443 协议是专门为非接触式芯片在 13.56MHz 频段的无线通信技术设计的，是目前应用最广泛的 NFC 协议。针对 NFC 电子标签，从物理层到协议命令层，ISO 14443 规定了一整套完整的协议栈，如图 4-6 所示。

ISO 15693 协议是疏耦合标准，信号传输同时包含 100%ASK 和 10%ASK 两种调制方式。ISO 15693 协议的工作距离比 ISO 14443 协议远，主要应用于物品跟踪、物流仓储等领域。

目前在国内市场，绝大多数的 NFC 卡和设备都采用了 ISO 14443 协议。

2. ECMA 标准协议

欧洲计算机制造商协会简称 ECMA，是欧盟下属的一个组织，主要是针对通信业内的技术标准进行研究和推广。在 RFID 技术和 NFC 技术领域，ECMA 提出了 ECMA340、ECMA352 和 ECMA385 协议等。

3. ETSI 标准协议

欧洲电信标准化协会简称 ETSI，主要致力于电信业的标准化。针对手机支付这一需求，ETSI 制定了手机 SIM 卡与 NFC 芯片间的接口规范 ETSIES102613 和 ETSITS102622。

4. NFC Forum 标准协议

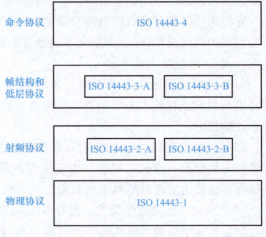

图 4-6　ISO 14443 协议规定的一整套完整的协议栈

NFC Forum 即 NFC 论坛，是目前国际上最为知名和权威的 NFC 标准维护方，它最早是 NFC 技术的发起方飞利浦公司和索尼公司共同成立的国际论坛，目前已有近 200 个会员，包括许多国际大型设备制造商、智能卡服务方、服务提供商和运营商等。NFC 论坛主要致力于解决 NFC 设备兼容性和相互通信问题，其制定的标准大多数来自于 ISO 的国际标准。另外，NFC 论坛还制定了国际统一的 NFC 设备认证和测试标准。

NFC 论坛标准协议架构如图 4-7 所示，Analog 标准规定了 NFC 设备的射频特性，Digital 标准主要纳入了 ISO 14443 和 ISO 18092，规范了 NFC 通信的相关格式和命令。图 4-7 中的三种工作模式的协议都基于底层的协议，而在工作模式的协议之上，NFC 论坛也制定了不同的协议规范。

4.4.8　NFC 产品的认证与测试

产品认证是为了开发出和已公开发布的标准一致且可互操作的测试设备，产品测试是针对待测产品，用既定测试方法和测试仪器进行一致性测试，得到结果与预先设定测试结果进行对比，以此判断该产品是否达到协议和规范标准。按照国际 NFC 协议规范，忽略各 NFC 设备在生产环节的差异，通过产品测试的各 NFC 设备之间应可以互相通信，不存在兼容性问题。但在实际情况中，由于生产质量、制造工艺的区别，使用 NFC 技术的不同 POS 设备存在射频方面的场强、

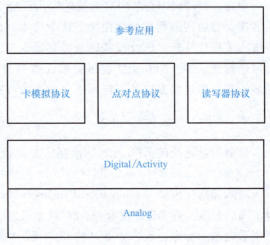

图 4-7　NFC 论坛标准协议架构图

频率、波形质量等差异，不同的 NFC 卡也存在天线耦合能力等的差别，导致对同种 POS 设备的回复波形存在差异。因此，针对 NFC 产品，业界存在着使用前必须通过 ISO/IEC 标准的射频一致性测试的强制要求，包括空载场强、载波频率等指标必须达到协议规定范围。针

对 NFC 终端设备与不同 POS 设备的通信成功率，也存在着端到端的兼容性测试，包括仪表兼容性测试、R/W 兼容性测试、POS 兼容性测试三种。

1. NFC 产品的认证流程

产品认证的作用是为 NFC 设备指定国际统一的设备制造标准，通过认证的产品可以确保相互之间正常通信，避免设备间的兼容性问题。图 4-8 所示为 NFC 认证流程。

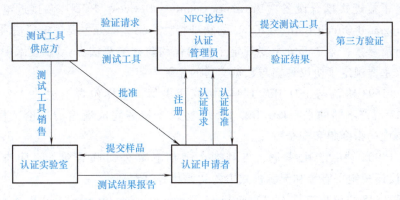

图 4-8　NFC 认证流程

2. NFC 产品的测试流程

（1）NFC 产品的射频一致性测试　射频一致性测试用于验证 NFC 产品是否满足当前国际通行的强制性要求规范，测试指标包括传输功率、载波频率、波形调制质量、空载场强等。NFC 论坛制定了射频一致性测试规范 *NFC Forum Analogue Test Specification*，测试中需要的设备包括校准线圈、场源天线、感应线圈、参考装置、数字采样示波器。

（2）NFC 产品的协议一致性测试　协议一致性测试用于验证 NFC 产品是否符合国际通行的协议。当对目标方设备进行测试时，需要使用仿真的发起方设备，进行协议初始化、协议激活和数据交换等测试；当对发起方设备进行测试时，需要仿真上层控制器和下层目标方设备，同样进行配置和协议测试。

（3）仪表兼容性测试　此项测试属于端到端兼容性测试，会使用测试仪表模拟产生各项传输参数的 POS 机，对 NFC 终端设备进行兼容性测试。仪表设备需要具备模拟大多数 POS 终端的能力，并对载波功率、调制参数等具有可调节性。通过不同的传输参数设定，模拟 POS 刷卡过程中可能出现的各类问题。

（4）R/W 兼容性测试　此项测试属于端到端兼容性测试。具体方法是采用不同的读写器对待测试的 NFC 设备进行兼容性测试。由于市面上大多数的 POS 设备都可以等效看成是一个读写器，因此可以使用市面上不同的读写器对测试设备进行测试。

（5）POS 兼容性测试　此项测试属于端到端兼容性测试。具体的测试方法是使用多种不同的 POS 终端，对 NFC 卡与设备进行兼容性测试。此项测试应选用市场占有率较高的商用终端，并且要尽可能多，这样才能较好地反映兼容性问题，但随之而来的是成本较高。

4.4.9　与 NFC 相关的标准化组织与标准化进程

NFC 技术有着诸多的标准与规范，在这些标准与规范中，以 ISO 和 IEC、NFC 论坛和 ECMA 所制定的标准为主。

通常，ISO/IEC 二者以合作的形式制作全球的国际标准。在 NFC 技术领域，ISO/IEC 制定了 ISO/IEC 14443 协议、ISO/IEC 15693 协议和 ISO/IEC 18902 协议。

ISO/IEC 14443 协议主要为日常生活中所用到的身份证、公交卡等 NFC 设备提供了规范化协议，是 NFC 技术标准规范协议较为常用的协议之一。在 ISO/IEC 14443 协议中，将 NFC 智能卡设备主要区分为 Type-A、Type-B 和 Type-F 三个类型，该协议主要有 4 个部分的内容：第 1 部分规定了接近式耦合设备（Proximity Coupling Devices，PCD）和接近电路集成卡片（Proximity Integrated Circuit Card，PICC）的物理特性；第 2 部分主要规定了信号的接口参数以及射频场所需参数；第 3 部分主要规定了初始化和防冲突算法在 NFC 技术中的应用与参数；第 4 部分主要规定了协议传输与数据交易的相关内容。

ISO/IEC 15693 协议与 ISO/IEC 14443 协议相类似，同样包含上述的 4 个部分，但与 ISO/IEC 14443 协议不同的是，ISO/IEC 15693 协议支持的完成通信的理论工作距离更远，并且有扩展特性的指令集和安全特性。

ISO/IEC 18902 协议，由索尼、飞利浦、诺基亚等公司联合推出，可兼容 ISO/IEC 14443。该协议还规定了有源和无源模式下的初始化等过程。

ISO/IEC 21848 协议也被称为 "Near Field Communication Interface and Protocol 2" 即 NF-CICP-2，该协议融合了 ISO/IEC 14443 和 ISO/IEC 18902 协议，并且可以兼容 ISO/IEC 15693 协议，为保证不同设备协议兼容性提供了很好的规范标准。

NFC 论坛针对 NFC 不同的工作模式进行了技术分析和技术规范的制定，主要制定了底层的 Analog、Digital 和 Activity 规范，这些规范也融合了部分 ISO/IEC 14443 和 ISO/IEC 18902 等协议的内容。基于这些规范，NFC 论坛专门为读写器模式和点对点模式定义了逻辑链路控制协议和简单的 NDEF 交换协议。同时也推出了 NFC 数据交换格式规范和记录类型定义等协议规范。此外，NFC 论坛还针对 3 种工作模式提出了相应的协议架构。NFC 论坛读卡器标准架构如图 4-9 所示。

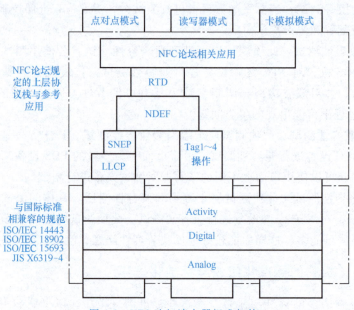

图 4-9　NFC 论坛读卡器标准架构

4.4.10 NFC 测试技术难点

目前 NFC 技术的推广受到了现实技术差异和硬件性能等方面的影响，十分需要对其协议的兼容性和一致性进行测试。我国在 NFC 技术的测试领域起步较晚，正处于初级阶段。NFC 测试技术的主要技术难点有以下几点：

（1）产业链过长　NFC 技术的软硬件厂家众多，在实际生产中生产工艺和生产技术方面有着巨大的差异，链上各成员所制造的产品在物理参数、协议兼容性等方面与理论值都有着较大偏差，集成芯片的参数适配兼容性不好。这些都导致了 NFC 设备和 NFC 标签不能很好地符合协议规范中所规定的参数范围，降低了 NFC 设备的兼容性。现有 NFC 测试仪表需要兼容尽可能多的被测试设备，测试范围比较有限。

（2）NFC 技术标准与规范多样　由于 NFC 技术标准与规范多样，在实际生产 NFC 设备与标签时，对于协议与技术标准的选择不够统一，使得 NFC 各设备之间出现了严重的不匹配问题。再加上各厂商不愿意提供相关技术接口，导致了在实际应用和测试环节中无法进行测试匹配。

（3）国外公司垄断　由于国外 NFC 技术相关测试设备与技术发展较早，导致相关测试仪表与设备被少数几个大公司垄断。这些进口设备的价格极为昂贵并且维护费用很高，对于一般中小型企业来说无疑增加了运营成本。

因此，国内市场十分需要一种相应的测试仪表来针对日益增长的 NFC 技术的兼容性和一致性的测试。综合上述问题，为了更好地适应不同的 NFC 设备，NFC 测试仪表需要具备更好的协议兼容性，并且具有参数可调、可扩展测试接口、可进行智能测试、性价比高等特性。

4.5　物联网应用场景之智能家居

4.5.1　智能家居的概述

智能家居或称智能住宅，可以让人"行在外，家在身边；居于家，世界就在眼前"。智能家居以住宅为平台，利用综合布线技术、网络通信技术、安全防范技术、自动控制技术和音视频技术将家居生活有关的设施集成，构建高效的住宅设施与家庭日程事务的管理系统，提升家居安全性、便利性、舒适性和艺术性，并实现环保节能的居住环境。智能家居系统利用先进的计算机技术、网络通信技术、智能云端控制、综合布线技术和医疗电子技术依照人体工程学原理，融合个性需求，将与家居生活有关的各个子系统如安防、灯光控制、窗帘控制、燃气控制、信息家电、场景联动、健康保健、卫生防疫和安防保安等有机地结合在一起，通过网络化综合智能控制和管理，实现"以人为本"的全新家居生活体验。与普通家居相比，智能家居不仅具有传统的居住功能，提供舒适、安全、高品位且宜人的家庭生活空间，而且还通过物联网技术将家里的灯光、音响、电视、冰箱、洗衣机、电风扇、电动门窗甚至燃气管道等所有光、声、电设备连在一起，提供视频监控、智能防盗、智能照明、智能电器、智能门窗和智能影音等多种功能手段。用户只要通过台式计算机、笔记本计算机、平板计算机、智能手机等智能移动设备，即可远程监控，还能实时控制家里的灯光、窗帘和电器等。

（1）智能家电　智能家电是一种新型的家用电器产品，它是将微处理器、传感器技术和网络通信技术引入家电设备后形成的家电产品，具有自动感知功能。能够感知住宅空间状态、家电自身的状态以及家电服务的状态，还具备自动控制、自动调节与接收远程控制信息的功能。

作为智能家居的组成部分，智能家电并非单一的智能产品，它们还能与住宅内其他的家电、家居等互联互通，形成一个完整的智能家居系统，帮助人们实现智能化的生活。图 4-10 所示为智能家居联动作用示意。

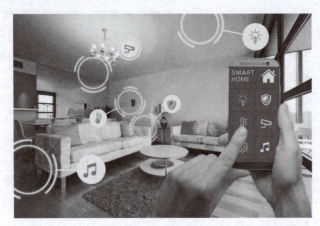

图 4-10　智能家居联动作用示意图

与传统的家用电器相比，智能家电具有如图 4-11 所示的特点。

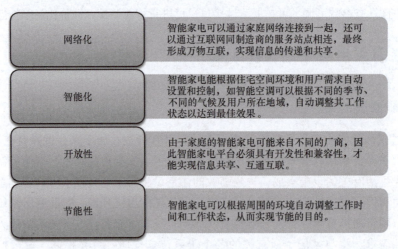

网络化	智能家电可以通过家庭网络连接到一起，还可以通过互联网同制造商的服务站点相连，最终形成万物互联，实现信息的传递和共享。
智能化	智能家电能根据住宅空间环境和用户需求自动设置和控制，如智能空调可以根据不同的季节、不同的气候及用户所在地域，自动调整其工作状态以达到最佳效果。
开放性	由于家庭的智能家电可能来自不同的厂商，因此智能家电平台必须具有开放性和兼容性，才能实现信息共享、互通互联。
节能性	智能家电可以根据周围的环境自动调整工作时间和工作状态，从而实现节能的目的。

图 4-11　智能家电的特点

（2）物联网　物联网以感知为目的，利用互联网等通信技术把传感器、控制器、机器、人和物等通过某种方式连接在一起，形成人与人、人与物和物与物的互联，从而实现信息化、远程管理控制和智能化的网络。5G+物联网如图 4-12 所示。

物联网技术的本质就是为物品赋予主动性，方便用户使用该物品。物联网应用中有 3 项关键技术，如图 4-13 所示。

（3）云计算　"云"是网络、互联网的一种比喻说法，云计算是一种基于互联网的新型计算方式，其运算能力是每秒 10 万亿次，通过这种方式，可以按需提供共享的软硬件资源和信息给计算机和其他设备。云计算可以分为基础平台管理中心、应用中心和安全中心等几个类型。

对于智能家居来说，云计算的所有功能都建立在互联网与移动互联网基础上，典型的云计算提供通用的网络业务应用，通过其他软件或 Web 服务来访问，数据都存储在服务器上，并在服务器上进行大量的数据计算和模型生成，从而反馈出计算结果。

智能家居就是一个小型物联网，它有庞大的硬件群，这个硬件群搜集了庞大的数据和信息，这些信息的稳定性和可靠性必须建立在良好的硬件基础上。因此这就需要容量足够大的存储设备，

图 4-12　5G+物联网

如果没有足够容量的存储设备，就会使信息难以储存，甚至大量遗失。因此，云计算就应运而生，它将庞大的数据集中起来，实现智能家居自动管理。

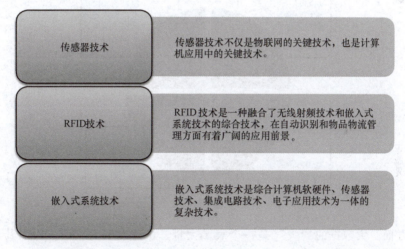

传感器技术	传感器技术不仅是物联网的关键技术，也是计算机应用中的关键技术。
RFID技术	RFID 技术是一种融合了无线射频技术和嵌入式系统技术的综合技术，在自动识别和物品物流管理方面有着广阔的应用前景。
嵌入式系统技术	嵌入式系统技术是综合计算机软硬件、传感器技术、集成电路技术、电子应用技术为一体的复杂技术。

图 4-13　物联网应用中的 3 项关键技术

云计算是商业化的超大规模分布式计算技术，即用户可以通过已有的网络将所需要的庞大的计算处理程序自动分拆成无数个较小的子程序，再交由多部服务器所组成的更庞大的系统，经搜寻、计算、分析之后将处理的结果回传给用户，其主要特点如图 4-14 所示。

（4）大数据　大数据不仅是字面上的意思，表示大量的数据集合，更表示不同来源、不同类型和不同含义的数据集合。通常情况下，大数据是无法用普通软件进行采集管理和计算的。

大数据在各个行业都有应用，用户在行动时，每时每刻都会产生大量的数据。其中大部分数据都是没有价值的，需要筛选后才能让有价值的数据被利用。

大数据的变化太快，而且数据量在不断增加，所以需要通过专业的软件工具进行研究分析，才能发现其中所蕴含的规律并产生价值。同时，大数据具有 4 个特点，具体如图 4-15 所示。

非实体性	谷歌云计算目前已经拥有100多万台服务器，Amazon、微软、IBM、Yahoo 等的"云"均拥有几十万台服务器。由此可见，"云"已经初具规模。
普遍使用	"云"不是固定的、有形的实体，用户无需了解、也不用担心应用运行的具体位置，只需要一台笔记本计算机或者一个手机，就可以通过网络服务来实现需要的一切。
非常可靠	"云"使用了数据多副本容错、计算节点同构可互换等措施来保障服务的可靠性。
可拓展性	云计算可以构造出千变万化的应用，同一个"云"可以同时支撑不同的应用运行。
按需服务	"云"是一个庞大的资源池，用户可以按需购买。
低成本	"云"具备低成本优势，它的通用性和容错措施减少很多成本，因此企业无需负担高昂的成本。

图 4-14 云计算的主要特点

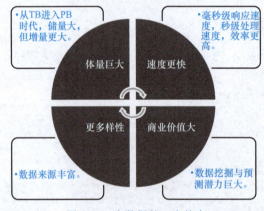

图 4-15 大数据的 4 个特点

在数据方面，大数据的"大"是一个表示大量、快速发展的术语，因而其自身的发展变化引起的社会竞争的激烈化也就显而易见了。越来越多的企业和科研机构参与到大数据的竞争中就是其表现之一。在当前的这一形势下，了解大数据的相关知识就很有必要了。大数据谓之"大"，是纵向上演变、发展和横向上累积的结果，如图 4-16 所示。

图 4-16 大数据之"大"的理解

从图 4-16 中可以看出，大数据的根本在于积累。例如，智能家居每时每刻都在采集用户的数据，以便针对不同的用户要求做出不同的数据反应和操作反应，给予用户不同的家居体验。所以，大数据的出现和技术处理是大势所趋，它是智能设备大幅增加与芯片功能不断提高的产物。大数据也有一个产生发展的过程，见表4-2。随着智能家居的迅速发展，在新兴智能家居企业的主导下，已有的数据被重新定义，引起了以大数据为代表的技术更新。

表4-2 大数据产生的历史背景

时间	任务/机构	事件
1890 年	（美）赫尔曼·霍尔瑞斯	发明了一台用于读取数据的电动器，由此开启了全球范围内的数据处理新纪元
1961 年	美国国家安全局（NSA）	采用计算机自动收集、处理超量的信号情报，并对积压的模拟磁盘信息进行数字化处理
1997 年	（美）迈克尔·考克斯和大卫·埃尔斯	他们提出了"大数据问题"，认为超级计算机生成大量不能被处理和可视化的信息，超出各类存储器的承载能力。这是人类历史上第一次使用"大数据"这个词
2009 年	印度身份识别管理局	扫描12亿人的指纹、照片及虹膜，分配12位的数字ID号码，并将这一数据汇集到生物识别数据库中
2009 年	data.gov 网站	该网站拥有超过4.45万的数据量集，利用网站和智能手机应用程序，实现对航班、产品召回和特定区域内失业率等信息的跟踪
2011 年	IBM	在智力竞赛节目中，其沃森计算机系统打败了人类挑战者，被称为一个"大数据计算的胜利"

（5）人工智能 人工智能（Artificial Intelligence，AI）属于计算机学科的一个重要分支，主要涉及怎样用人工的方法或者技术，让人的智能通过某些自动化机器或者计算机来模仿、延伸和拓展，从而使某些机器具备类似人类思考的能力或脑力劳动自动化。

它的研究目的就是利用机器模拟、延伸、拓展人的能力。在智能家居领域，人工智能起到了决定性的作用。当一个智能家电装载上人工智能领域的芯片和软件时，才能真正意义上去理解用户传达的指令，并给出相应反应。

人工智能逐渐成为人们日常议论的一个重要话题，并不断渗入到不同的领域当中，带来新的改变，具体如图4-17所示。

图4-17 人工智能渗入不同领域

智能家居的"智能"，其实就是人工智能，在智能家居真正变得无比智能之前，人工智能还有三大难题需要解决，具体如图 4-18 所示。

图 4-18 人工智能需要解决的三大难题

智能家居很大程度上解决了家居家电使用率过低的问题。而且，智能家居中的人工智能存在无限的商业价值，特别是与各大家居家电产品的深度结合，对每个人的生活都将产生重要的影响。

（6）人机互动 人机互动，简单来说就是人与机器的互动。实际上，人机互动是人输出信息，机器接受信息并反馈的过程。随着科技的进步，原先不是智能终端的设备也可以加入智能模块，从而拥有智能功能。

在智能家居行业，人机互动的模式决定了用户的实际体验和购买欲望。智能家居需要通过用户的主动输入或者被动输入才能够有所反应，实现智能化的人机互动。可以说人机互动是智能家居领域最为重要的内容之一，它与认知学、人机工程学和心理学等学科领域有密切的联系。

4.5.2 智能家居的主要特征

作为让人们更舒适、安全、节能和环保的居住环境，智能家居的特征可以归纳为操作方式多样化、提供便利的服务、满足不同的需求、安装规格一致和系统稳定且可靠。同时，智能家居应当具备一定的可扩展性，能够方便快捷地加入新的模块，从而形成智能家居整体联动效应。

（1）操作方式多样化 智能家居的操作方式十分多样，可以使用触摸屏进行操作，也可以用手机 APP 进行操作，还可以用语音、手势进行操作。没有时间和空间的限制，可以在任何时间、任何地点对任何设备实现智能控制。例如照明控制只要按几下按钮就能调节所有房间的照明，情景功能可实现各种情景模式，全开全关功能可实现所有灯具的一键全开和一键全关功能等。

（2）提供便利的服务 智能家居系统在设计时，应根据用户的真实需求，为人们提供与日常生活息息相关的服务，例如灯光控制、家电控制、电动窗帘控制、防盗报警和门禁可视对讲等，同时还可以拓展诸如自动清洁、健康提醒等增值服务，极大地方便人们的生活。图 4-19 所示为电动窗帘控制。

智能家居最基本的目标是为人们提供一个舒适、安全、方便和高效的生活环境，因此智能家居产品最重要的是以实用为核心，去掉华而不实的功能，以实用性、易用性和人性化体验为主。

（3）满足不同的需求 智能家居系统的功能具备可拓展性，因此能够满足不同人的需求。例如最初用户的智能家居系统只能与照明设备或常用的家用电器连接，而随着智能家居

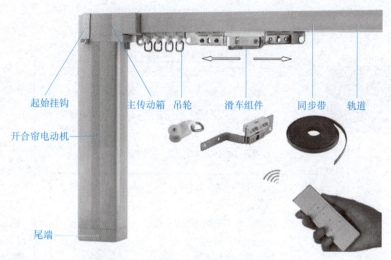

起始挂钩   主传动箱 吊轮   滑车组件   同步带   轨道

开合帘电动机

尾端

图 4-19　电动窗帘控制

的发展，将来也可以与其他设备连接，以适应新的智能生活需要。

为了满足不同类型、不同档次和不同风格的用户的需求，智能家居系统的软件平台还可以在线升级，控制功能也可以不断完善。除了实现智能灯光控制、家电控制、安防报警、门窗控制和远程监控之外，还能拓展出其他的功能，例如喂养宠物、看护老人小孩和花园浇灌等，如图 4-20 所示。

图 4-20　智能家居系统满足不同的需求

（4）安装规格一致　智能家居系统的智能开关、智能插座与普通电源的开关、插座规格一样，因此不必破坏墙壁，不必重新布线，也不需要购买新的电气设备，可直接使用原有墙壁开关和插座。系统完全可与用户家中现有的电气设备，如灯具、电话和家电等进行连接，十分方便快捷。假设新房装修时采用的是双线智能开关，则只需多布一根零线到开关即可。

智能家居产品的另一个重要特征是普通家电工参照简单的说明书就能组装完成整套智能家居系统，如图 4-21 所示。

智能家居具有十分便捷的安装性，可以开箱即用。只需要连接上互联网并加以简单操作，智能家居就可以开始采集数据，给予用户优异的产品使用体验。

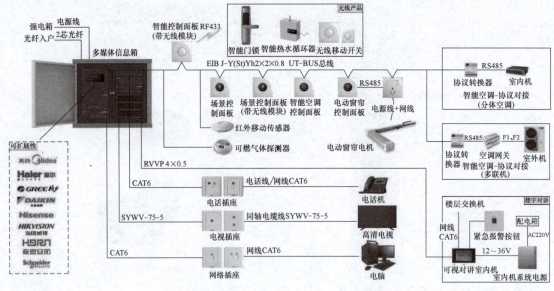

图 4-21　智能家居安装容易

（5）系统稳定且可靠　由于智能家居的智能化系统都必须保证 24h 运行，因此对智能家居的安全性、稳定性和可靠性必须给予高度重视，要保证即使在互联网网速较低或不稳定的情况下依然不会影响智能家居系统的主要功能。对各个子系统，应从电源、系统备份等方面采取相应的容错措施，保证系统正常安全使用、性能良好且具备应对各种复杂环境变化的能力。

4.5.3　智能家居系统的组成

单个智能家居终端只能称为智能产品，而智能产品实现互联互通，共同协作之后才是真正意义上的智能家居系统。智能家居系统中的智能产品没有上限，任何物品都可以加入智能模块从而实现互联互通。

智能家居系统本身主要由传感器、探测器、接收器、智能开关、智能插座、路由器以及智能家居本身的软件平台组成。

（1）连接互联网的路由器　在智能家居中，路由器就如同一个翻译器，对不同的通信协议、数据格式或语言等信息进行"翻译"，然后将分析处理过的信息进行传输，再通过无线网发出。可以说，路由器是家庭网络与外界网络沟通的桥梁，是智能家居的重要组成部分之一。

除具备传统的网络功能外，路由器还具备无线转发功能和无线接收功能，即将外部所有信号转换成无线信号。当用户操作遥控设备或无线开关的时候，软件平台通过互联网发送信号，路由器将信号输出，完成灯光控制、电气控制、场景设置、安防监控和物业管理等一系列操作。

（2）传感器与探测器　传感器与探测器就像人的感官功能，它们将看到、听到或闻到的信息转换为电信号传送到控制主机上。然后控制主机通过接受传来的电信号，分析并做出相应的反应。

智能家居中主要的传感器和探测器产品有：温、湿度一体化传感器，烟雾传感器，可燃气体传感器，人体红外探测器，玻璃破碎探测器，无线幕帘探测器，无线门磁探测器等，见表4-3。

表4-3 传感器与探测器

类型	介绍
温、湿度一体化传感器	由于温度和湿度与人们的实际生活有着密切的关系，所以温、湿度一体化传感器就此产生了。温、湿度一体化传感器是指能将温度和湿度转换成容易被测量处理的电信号的设备或装置。市场上的温、湿度一体化传感器一般测量温度和相对湿度
烟雾传感器	烟雾传感器就是通过监测烟雾的浓度来实现火灾防范的，它是一种将空气中的烟雾浓度转换成有一定对应关系的输出信号的装置。烟雾传感器分为光电式烟雾传感器和离子式烟雾传感器两种
可燃气体传感器	可燃气体传感器是对单一或多种可燃气体浓度进行测定的传感器，目前可燃气体传感器主要有催化型和半导体型两种。催化型可燃气体传感器是利用难熔金属铂丝加热后的电阻变化来测定可燃气体浓度的，半导体型传感器是利用灵敏的气敏半导体器件工作的
人体红外探测器	因为人体都有一定的温度，一般不高于37℃，所以会发出 $10\mu m$ 左右波长的红外线，而人体红外探测器对波长为 $10\mu m$ 左右的红外线非常敏感，它就是靠探测人体发射的波长为 $10\mu m$ 左右的红外线进行工作的
玻璃破碎探测器	玻璃破碎探测器是智能家居的安防探测器之一，用来探测家里的窗户玻璃是否被人破坏。如果有人破坏玻璃而非法入侵室内，则会发出报警信号。根据工作原理不同，玻璃破碎探测器可以分为声控型的单技术玻璃探测器和双技术玻璃破碎探测器两类
无线幕帘探测器	因价格低廉、技术性能稳定等特征，无线幕帘探测器被广泛应用到智能家居领域。无线幕帘探测器是一种被动式红外探测器，一般安装在窗户旁边或顶部。当有人进入探测的区域时，探测器就会自动探测该区域内的人体活动，如发现动态移动现象，无线幕帘探测器就会向控制主机发送报警信号
无线门磁探测器	无线门磁探测器在智能家居的安防领域和门窗控制领域应用得比较多。它是用来探测门、窗和抽屉等是否被非法打开或移动的装置。它本身并不能发出报警，只能发送某种编码的报警信号给控制主机，当控制主机接收到警报信号后，会将信号传递给报警器，报警器会发出报警声音

（3）智能面板与插座 智能面板与插座，是在物联网的概念下，伴随智能家居概念而生的产品。其主要作用是利用电力资源的开关来控制智能家居。智能面板与插座的功能具体如图4-22所示。

1）智能插座。在智能家居中，智能插座可通过计算机、手机或遥控器实现对电器及用电负载的通断控制。例如，图4-23所示为通过智能手机客户端来控制的智能插座。其最基本的功能是通过手机客户端遥控插座通断电流，当电器不工作时，可关断智能插座的供电回路，这样既安全又省电。智能插座还能定时开关家用电器的电源，起到节能、防用电火灾的作用，如图4-24所示。

图4-22 智能面板与插座的功能

　　智能插座的远程控制功能也能够让用户远程控制一些家电的工作时间，使非智能家电变得智能起来。例如，用户可以通过远程控制宠物喂食器的电源开关，定时定量地给宠物喂食，也可以在回家前打开空调、电灯等电源开关。智能插座给广大用户带来了低成本的家电控制手段，可以说是智能家居的低门槛入手产品。

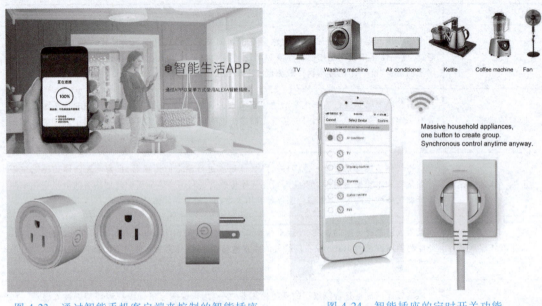

图 4-23　通过智能手机客户端来控制的智能插座　　　　图 4-24　智能插座的定时开关功能

　　2）智能面板。目前市面上比较流行的智能面板有智能灯光面板和智能窗帘面板。智能灯光面板分为智能灯光开关面板和调光面板，主要作用是实现灯光的开关控制和亮度调节，用户只要用手轻轻触碰，就能控制灯具的开关。智能窗帘面板用于实现对窗帘的控制，包括窗帘的开关与暂停开关等。智能面板已经出现融合的趋势，在未来，或许可以用一个智能面板操作所有智能家居设备。

　　（4）家庭局域网　家庭局域网是融合家庭互联网和智能家居局域网于一体的家庭信息化平台，是在家庭范围内，将计算机、电话、家电、安防控制系统、照明控制和互联网相连，实现信息设备、通信设备、娱乐设备、家用电器、自动化设备、照明设备、监控装置以及水表、电能表、燃气表等设备与家庭求助报警设备等互联互通，共享数据和信息的系统。家庭局域网也是智能家居的信息传输平台，承担所有的信息传输任务。

4.5.4　智能家居存在的问题

　　（1）智能家居终端功能升级引发安全风险　智能家居终端产品涉及多个行业的产品，如家电、音视频产品、安防产品、信息产品和家居家具等，这些产品升级成为智能家居终端并互联组成智能家居系统时，可能因智能控制、网络连接或平台系统管理等带来新的安全风险。另外，由于一些智能家居终端，特别是功能比较单一的传感器产品或相对比较简单的智能控制面板等，因其成本控制、配置及使用便利性等方面的考虑，往往对信息安全不够重视，会成为整个智能家居系统的安全薄弱环节，甚至主要的安全风险点。智能家居终端可使用操作系统和各种应用程序，同样会增加应用程序、操作系统及其所运行的硬件系统的漏洞带来的安全风险。

（2）多级系统互联加剧智能家居安全风险　智能家居系统是个多级互联的系统：第一级，智能家居是家电、信息、音视频、医疗和安防等多个家庭子系统互联互通而成的家庭网络系统；第二级，智能家居系统由智能家居终端、控制终端、智能家居网关和应用服务平台等共同组成；第三级，智能家居系统会与智慧社区系统和智慧城市系统进行网络和应用的互联互通。这些多级互联造成了智能家居安全风险大大增加。

（3）智能分析导致安全风险提升　智能家居系统会在其生命周期中产生各种数据和信息，由于缺乏对数据获取和流转的严格管控，出于利益的考虑，导致许多数据和信息进入到各种大数据分析系统，被其他系统和用户使用，这些数据和结果的滥用大大增加了用户个人数据信息被泄露的安全风险。

第 5 章

传感器与无线传感器网络

5.1 传感器概述

传感器技术在现代科学技术中具有十分重要的地位，被称为现代信息技术的三大支柱（传感器技术、通信技术和计算机技术）之一。传感器技术、通信技术和计算机技术分别构成了现代信息技术系统的"感官""神经"和"大脑"。微电子技术的发展与进步，极大地促进了通信技术和计算机技术的快速发展。与此形成鲜明对照的是，传感器技术发展十分缓慢，制约了信息技术的发展，被称为技术发展的瓶颈。这种发展不协调的状况以及由此带来的负面影响，在近几年科学技术的快速发展过程中表现得尤为突出，甚至在局部领域出现了由于传感器技术发展的滞后，反过来影响、制约了其他相关科学技术的发展与进步的情况。所以，传感器技术又被认为是现代信息技术的关键和智能技术的先导。许多国家都把传感器技术列为重点发展的关键技术之一。美国曾把 20 世纪 80 年代看成是传感器技术时代，并将传感器技术列为 20 世纪 90 年代 22 项关键技术之一；日本把传感器技术列为 20 世纪 80 年代十大技术之首；从 20 世纪 80 年代中后期开始，我国也把传感器技术列为国家优先发展的技术之一。

传感器技术是一项与现代科学技术密切相关的尖端技术。一个国家、一项工程设计中传感器应用的数量和水平直接标志着其技术先进的程度。当今传感器技术被广泛地应用于各种先进的设备和系统中。例如，"土星 V"运载火箭采用的传感器达 2077 个；"阿波罗"飞船的传感器达 1218 个；一架波音飞机所用的传感器达上千个。任何自动控制装置和系统都离不开传感器技术。

从生产技术的发展角度看，人类社会已经或正在经历着由手工化、机械化、自动化到信息化的发展历程。在这个发展历程中的每一历史时代，都有其代表性的生产方式作为标志。例如：手工化——人与简单工具；机械化——动力与机械；自动化——自动测量与控制；信息化——智能机械与装置（智能机器人）。每一种生产方式，又要以相应的科学技术水平作为支柱。科学技术的重要作用在于，不断用机（仪）器来代替和扩充人的体力劳动和脑力劳动，以大大提高社会生产力。为达到此目的，人们在不懈地探索着机器与人之间的机能模拟——人工智能，并不断地创造出拟人装置——自动化机械，以至智能机器人。

由前述可知，作为模拟人体感官的"电五官"，传感器是获取研究对象信息的"窗口"。如果对象也视为系统，从广义上讲传感器是系统之间实现信息交流的"接口"，它为系统提供进行处理和决策所必需的对象信息，它是高度自动化系统乃至现代尖端技术必不可少的组成部分。

在工业和国防领域，传感器更有用武之地。高度自动化的工厂、设备、装置或系统，可以说是传感器的大集合地。例如，工厂自动化中的柔性制造系统（FMS）或计算机集成制造系统（CIMS）、几十万千瓦的大型发电机组、连续生产的轧钢生产线、无人驾驶的自动化汽车、多功能装备指挥系统，直至宇宙飞船或星际、航海、远洋探测器等，均需配置数以千计的传感器，用以检测各种各样的工况参数，以达到运行监控的目的。

当传感器技术在工业自动化、军事国防和以宇宙开发为代表的尖端科学与工程等重要领域广泛应用的同时，它正以自己的巨大潜力，向着与人们生活密切相关的方面渗透，生物工程、医疗卫生、环境保护、安全防范和家用电器等方面的传感器应用已层出不穷，并在日新月异地发展。

传感器正在由传统单一型向微型化、数字化、智能化、多功能化、集成化、系统化和网络化方向发展。纵观近年来创新技术的发展，新型传感器采用半固态或全固态材料，结构微型化、集成化和模块化，其检测量程宽、检测精度高、抗干扰能力强、性能稳定可靠且器件寿命更长。系统则向多功能、分布式、智能化、多维度和无线网络化方向发展。

传感器主要应用在工业、汽车、消费电子和医疗等领域。工业上的应用占有31%，汽车（车联网和自动驾驶）方面的需求占有21%，借助传感器进行病患健康状况的监测与医疗诊断，占有传感器市场的12%。伴随物联网技术的逐渐成熟，智能家居、可穿戴产品、智能工厂、智能交通等新兴领域市场迅猛成长，这为传感器技术和产品提供了良好的发展机遇，也为传感器领域提出了新的课题。据中商产业研究院发布的《2025～2030年中国物联网市场需求预测及发展趋势前瞻报告》，2023年我国物联网产业规模约为3.35万亿元，2025年我国物联网市场规模可达4.55万亿元。物联网的发展将极大促进传感器技术与产品的创新，穿戴设备、自动驾驶与物联网应用将是未来驱动传感器需求成长的动力。

5.1.1 传感器的定义和组成

（1）传感器的定义　广义地说，传感器是指能感知某一物理量、化学量或生物量等信息，并能将之转化为可以加以利用的信息装置。人的"五官"可看作是传感器，测量仪器就是将被测量转化为人们可感知或定量认识的信号传感器。传感器狭义的定义是：感受被测量，并按一定规律将其转化为同种或别种性质的输出信号的装置。GB 7665—2005《传感器通用术语》对传感器（sensor）的定义是：能感受规定的被测量并按照一定规律转换成可用输出信号的器件或装置，通常由敏感元件和转换元件组成。由于电信号易于保存、放大、计算和传输，是计算机唯一能够直接处理的信号，所以传感器的输出一般是电信号（如电流、电压、电阻、电感、电容、频率等）。

（2）传感器的组成　传感器的作用一般是把被测的非电量转换成电量。因此，它首先应包含一个元件去感受被测非电量的变化。但是，并非所有的非电量都能利用现有手段直接变换成电量，这时需要将被测非电量先变换成易于变换成电量的某一中间非电量。传感器中完成这一功能的元件称为敏感元件（或预变换器）。例如，应变式压力传感器的作用是将输入的压力信号变换成电压信号输出，它的敏感元件是一个弹性膜片，其作用是将压力转换成膜片的变形。

传感器中将敏感元件输出的中间非电量转换成电量输出的元件称为转换元件（或转

器）。它利用某种物理的、化学的、生物的或其他的效应来达到这一目的。例如，应变式压力传感器的转换元件是一个应变片，它利用电阻应变效应（金属导体或半导体的电阻随着它所产生机械变形的大小而发生变化的现象），将弹性膜片的变形转换为电阻值的变化。所以，敏感元件（Sensing Element）是能直接感受或响应被测量的部分；转换元件（Transduction Element）是将敏感元件感受或响应的被测量转换成适于传输和测量的电信号的部分。需要说明的是，有些被测非电量可以直接被变换为电量，这时传感器中的敏感元件和转换元件就合二为一了。例如，热敏电阻就可以直接将被测温度转换成电阻值输出。

转换元件输出的电量常常难以直接进行显示、记录、处理和控制，这时需要将其进一步变换成可直接利用的电信号，而传感器中完成这一功能的部分称为测量电路。测量电路又称信号调节与转换电路，它是把转换元件输出的电信号转换为便于显示、记录、处理和控制的电信号的电路。例如，应变式压力传感器中的测量电路是一个电桥电路，它可以将应变片输出的电阻值转换为一个电压信号，经过放大后即可推动记录、显示仪表的工作。测量电路的选择视转换元件的类型而定，经常采用的有电桥电路、调制电路和有源电路等。

综上所述，传感器一般由敏感元件、转换元件、测量电路和辅助电源4部分组成，如图 5-1 所示，其中敏感元件和转换元件可能合二为一，而有的传感器不需要辅助电源。

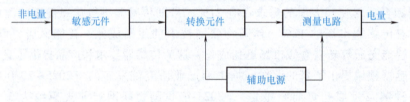

图 5-1　传感器的组成框图

5.1.2　传感器的分类

传感器种类繁多，功能各异。由于同一被测量可用不同转换原理实现探测，利用同一种物理法则、化学反应或生物效应可设计制作出检测不同被测量的传感器，而功能大同小异的同一类传感器可用于不同的技术领域，故传感器有不同的分类方法。了解传感器的分类，旨在加深对传感器的理解，便于对其应用。

（1）按外界输入的信号变换为电信号采用的效应分类　按外界输入的信号变换为电信号采用的效应分类，传感器可分为物理型传感器、化学型传感器和生物型传感器三大类，如图 5-2 所示。

利用物理效应进行信号变换的传感器称为物理型传感器。它利用某些敏感元件的物理性质或某些功能材料的特殊物理性能进行被测非电量的变换。物理型传感器很多，如利用金属材料在被测量作用下引起电阻值变化的应变效应的应变式传感器，利用半

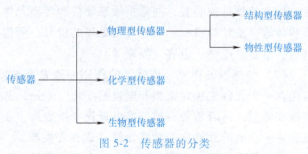

图 5-2　传感器的分类

导体材料在被测量作用下引起电阻值变化的压阻效应制成的压阻式传感器，利用电容器在被测量的作用下引起电容量变化制成的电容式传感器，利用电感量随被测量变化的电感式、差

动变压器式传感器，利用压电材料在被测量作用下产生的压电效应制成的压电式传感器等。

1）物理型传感器又可以分为结构型传感器和物性型传感器。

①结构型传感器是以结构（如形状、尺寸等）为基础，利用某些物理规律来感受（敏感）被测量，并将其转换为电信号实现测量的。例如，电容式压力传感器，是按一定可移动极板间隙参数设计制成电容式敏感元件的，当被测压力作用在电容式敏感元件的动极板上时，引起电容极板间隙的变化，导致电容值的变化，从而实现对压力的测量。又如，谐振式压力传感器，它有一个谐振敏感结构元件，当被测压力变化时，改变谐振敏感结构的等效刚度，导致谐振敏感元件的固有频率发生变化，从而实现对压力的测量。

②物性型传感器是利用某些功能材料本身所具有的内在特性及效应感受（敏感）被测量，并转换成可用电信号的传感器。例如，利用具有压电特性的石英晶体材料制成的压电式压力传感器，就是利用石英晶体材料本身具有的正压电效应实现对压力的测量的。利用半导体材料在被测压力作用下，引起其内部应力变化导致其电阻值变化制成的压阻式传感器，就是利用半导体材料的压阻效应实现对压力的测量的。一般而言，物理型传感器对物理效应和敏感结构都有一定要求，但侧重点不同。结构型传感器强调依靠精密设计制作的结构才能保证其正常工作；而物性型传感器则主要依靠材料本身的物理特性、物理效应来实现对被测量的敏感。近年来，由于材料科学技术的飞速发展与进步，物性型传感器应用越来越广泛。这与该类传感器便于批量生产、成本较低及易于小型化等特点密切相关。

2）化学型传感器是利用电化学反应原理，把无机或有机物质的成分、浓度等转换为电信号的传感器。最常用的是离子敏感传感器，即利用离子选择性电极，测量溶液的 pH 值或某些离子的活度，如 K^+，Na^+，Ca^{2+} 等。这些电极的测量对象不同，但其测量原理基本相同，主要是利用电极界面（固相）和被测溶液（液相）之间的电化学反应，即利用电极对溶液中离子的选择性响应而产生的电位差。所产生的电位差与被测离子活度对数呈线性关系，故检测出其反应过程中的电位差或由其影响的电流值，即可反映被测离子的活度。化学型传感器的核心部分是离子选择性敏感膜，该膜可以分为固体膜和液体膜。玻璃膜、单晶膜和多晶膜属于固体膜，而带正、负电荷的载体膜和中性载体膜则为液体膜。化学型传感器广泛应用于化学分析、化学工业的在线检测及环保检测中。

3）生物型传感器是近年来发展很快的一类传感器。它是一种利用生物活性物质的选择性来识别和测定化学物质的传感器。生物活性物质对某种物质具有选择性亲和力，又称功能识别能力。利用这种单一的识别能力可判定某种物质是否存在，其浓度是多少，进而利用电化学的方法进行电信号的转换。生物传感器主要由两大部分组成：其一是功能识别物质，其作用是对被测物质进行特定识别。这些功能识别物质有酶、抗原、抗体、微生物及细胞等。用特殊方法把这些识别物固化在特制的有机膜上，从而形成具有对特定的从低分子到大分子化合物进行识别功能的功能膜。其二是电、光信号转换装置，此装置的作用是把在功能膜上进行的识别被测物的化学反应转换成便于传输的电信号或光信号。其中最常应用的是电极，如氧电极和过氧化氢电极。近来也有把功能膜固定在场效应晶体管上代替原本栅、漏极的生物传感器，使得传感器体积可以做得非常小。如果采用光学方法来识别功能膜上的反应，则要靠发光强度的变化来测量被测物质，如荧光生物传感器等。变换装置直接关系着传感器的灵敏度及线性度。生物型传感器的最大特点是能在分子水平上识别被测物质，不仅在化学工业的监测上，而且在医学诊断、环保监测等方面都有着广泛的应用前景。

（2）按工作原理分类 按工作原理分类即是以传感器对信号转换的作用原理进行分类，如应变式传感器、电容式传感器、压电式传感器、热电式传感器、电感式传感器、霍尔式传感器等。这种分类方法较清楚地反映出了传感器的工作原理，有利于对传感器研究的深入分析。

（3）按被测量分类 按传感器被测量分类，能够很方便地表示传感器的功能，也便于用户选用。按这种分类方法，传感器可以分为温度、压力、流量、物位、加速度、速度、位移、转速、力矩、湿度、黏度、浓度等传感器。生产厂家和用户都习惯于这种分类方法。同时，这种分类方法还将种类繁多的物理量分为两大类，即基本物理量和派生物理量。例如，将"力"视为基本物理量，可派生出压力、重力、应力、力矩等派生物理量，当人们需要测量这些派生物理量时，只要采用基本物理量传感器就可以了。所以，了解基本物理量和派生物理量的关系，对于选用传感器是很有帮助的，表 5-1 为常用的基本物理量和派生物理量。

表 5-1 常用的基本物理量和派生物理量

基本物理量		派生物理量
位移	线位移	长度、厚度、应变、振动、磨损、不平度
	角位移	旋转角、偏转角、角振动
速度	线速度	速度、振动、流量、动量
	角速度	转速、角振动
加速度	线加速度	振动、冲击、质量
	角加速度	角振动、扭矩、转动惯量
力	压力	重力、应力、力矩
时间	频率	周期、计数、统计分布
温度		热容量、气体速度、涡流
光		光通量与密度、光谱分布

按被测量进行传感器分类的方法，可能将原理不同的传感器归为一类，不易找出每种传感器在转换机理上的共性和差异，因此，不利于掌握传感器的一些基本原理和分析方法。仅温度传感器中就包括用不同材料和方法制成的各种传感器，如热电偶温度传感器、热敏电阻温度传感器、金属热电阻温度传感器、PN 结温度传感器、红外温度传感器等。通常对传感器的命名就是将其工作原理和被测量结合在一起，先说工作机理，后说被测量，如压阻式压力传感器、电容式加速度传感器、压电式振动传感器、谐振式质量流量传感器等。

针对传感器的分类，不同的被测量可以采用相同的测量原理；同一个被测量可以采用不同的测量原理。因此，必须掌握不同的测量原理针对不同的测量对象的特点，才有助于实际应用中传感器的合理选择。

（4）按是否需要外加电源分类 传感器按是否需要外加电源的方式分类，可分为有源传感器和无源传感器。

无源传感器也称为能量转换型传感器，主要由能量变换元件构成，它不需要外部电源。无源传感器的特点是不用外加电源便可将被测量转换成电量。例如，光电式传感器能将光转换成电信号，其原理类似太阳能电池；压电式传感器能够将压力转换成电压信号；热电偶传感器能将被测温度场的能量（热能）直接转换成为电压信号的输出。

有源传感器也称为能量控制型传感器，在信息变化过程中，其能量需要由外部电源供给。例如电阻、电容、电感等电路参量的传感器和基于电阻应变效应、磁阻效应、热阻效应、光电效应、霍尔效应等的传感器均属于有源传感器。

（5）按构成传感器的功能材料分类　按构成传感器的功能材料不同，可将传感器分为半导体传感器、陶瓷传感器、光纤传感器、高分子薄膜传感器等。

（6）按用途进行分类　按用途分类的传感器包括温度传感器、气体传感器、生物传感器、光传感器、力传感器、声传感器、湿度传感器、磁传感器、流量传感器及其他传感器。

（7）按传输、转换过程是否可逆进行分类　根据传输、转换的过程是否可逆，传感器可分成双向（可逆）传感器和单向（不可逆）传感器。

传感器的分类方法大致可分为上述 7 种，但常用的分类方法还是按照原理和用途来分的。这两种分类方法的缺点是很难严格地归类，因此在许多情况下常常出现两种分类的交叉、重叠和混淆。如果根据工作原理和用途把两种方法综合使用，则比较科学、合理。

5.1.3　传感器技术发展方向

传感器技术涉及的知识非常广泛，涵盖各学科领域。但是它们的共性是利用物质的物理、化学和生物等特性，将非电量转换为电量。所以，采用新技术、新工艺、新材料，探索新理论，以达到高质量的转换效能是传感器技术总的发展途径。当前，传感器技术的主要发展动向有以下两方面：一是传感器本身的基础研究；二是与微处理器组合在一起的传感器系统的研究。前者是研究新的传感器材料和工艺，发现新现象；后者是研究如何将检测功能与信号处理技术相结合，向传感器的智能化、集成化发展。其主要的发展思路是传统技术的改进和技术创新。

1. 传统技术的改进

（1）稳定性处理　为提高传感器产品性能的稳定性，应对材料、元器件进行时效处理、冰冷处理、时间老化处理、温度老化处理、机械老化处理及交流稳磁处理。同时对电气元件必须进行电老化筛选处理。

（2）补偿和修正技术　根据传感器的特性找出误差的来源和变化规律，可采用补偿和修正技术进行补偿和修正。对于系统误差，由于补偿和修正的技术手段比较完善，因此通过补偿和修正技术，大多数情况下可以满足性能指标。

（3）屏蔽、隔离与抗干扰　因外部环境而产生的随机误差和干扰，可通过屏蔽、隔离技术予以减小。采用屏蔽、隔离、滤波等方法能有效地消除或减小电磁波干扰。采用有效的隔离技术进行分离和抑制，对温度、湿度、气压、声压、辐射和气流等干扰的减小效果都是很明显的。

（4）差动技术　差动技术对抑制共模信号干扰具有很好的效果，是目前传感器普遍采用的技术。

（5）平均技术　采用平均技术可产生平均效应，使得仪器误差减小并增加传感器的灵敏度。

2. 技术创新

（1）发现新现象　传感器的工作机制基于各种效应、反应和物理现象。重新认识诸如压电效应、热释电现象、磁阻效应等已发现的物理现象及各种化学反应和生物效应，并充分利用这些现象与效应设计制造各种用途的传感器，是传感器技术领域的重要工作。与此同时还要开展基础研究，以求发现新的物理现象、化学反应和生物效应。各种新现象、反应和效应的发现可极大地扩大传感器的检测极限和应用领域。例如，利用核磁共振吸收的磁传感器能检测 10^{-7}T 的地球磁场强度，利用约瑟夫森效应制造的磁传感器（SQUID）能检测 10-T 的极弱磁场强度；又如，利用约瑟夫森效应制造的热噪声温度计，能检测 10K 的超低温。值得一提的是，检测极微弱信号传感器技术的开发，不仅能促进传感器技术本身的发展，甚至能导致一些新的学科的诞生，意义十分重大。

传感器相当于人的五官，且在许多方面超过人体，但在检测多维复合量方面，传感器的水平则远不如人体。尤其是那些与人体生物酶反应相当的嗅觉、味觉等化学传感器，还远未达到人体感觉器官那样高的选择性。实际上，人体感觉器官由非常复杂的细胞组成并与人脑连接紧密，配合协调。工程传感器要完全替代人的五官，则应具备相应的复杂细密的结构和相应的高度智能化，这一点目前看来还是不可能的事。但是，研究人体感觉器官，开发能够模仿人体嗅觉、味觉、触觉等感觉的仿生传感器，使其功能尽量向人自身的功能靠近，已成为传感器发展的重要课题。

（2）开发新材料　随着物理学和材料科学的发展，人们已经在很大程度上能够根据对材料功能的要求来设计材料的组分，并通过对生产过程的控制，制造出各种所需材料。目前最为成熟、先进的材料技术是以硅加工为主的半导体制造技术。例如，人们利用该项技术设计制造的多功能精密陶瓷气体传感器有很高的工作温度，弥补了硅（或锗）半导体传感器温度上限低的缺点，可用于汽车发动机空燃比控制系统，这大大扩展了传统陶瓷传感器的使用范围。有机材料、光导纤维等材料在传感器上的应用，也已成为传感器材料领域的重大突破，引起了国内外学者的极大关注。

（3）采用微细加工技术　将集成电路技术加以移植并发展，可形成传感器的微细加工技术。这种技术能将电路尺寸加工到光波长数量级，并能形成低成本超小型传感器的批量生产。

微细加工技术除全面继承氧化、光刻、扩散、淀积等微电子技术外，还发展了平面电子工艺、各向异性腐蚀、固相键合工艺和机械切断技术。利用这些技术对硅材料进行三维形状的加工，能制造出各式各样的新型传感器。例如，利用光刻、扩散工艺已制造出压阻式传感器，利用薄膜工艺已制造出快速响应的气体、湿度传感器等。日本横河公司综合利用微细加工技术，在硅片上构成了孔、沟、棱锥、半球等各种形状的微型机械元件，并制作出了全谐振式压力传感器。

（4）传感器的智能化及网络化　"电五官"与"计算机"的结合，就是传感器的智能化。智能传感器不仅具有信号检测、转换功能，同时还具有记忆、存储、解析、统计处理及自诊断、自校准、自适应等功能。

网络化智能传感器是智能传感器技术和计算机通信技术相结合的产物。随着计算机技术、网络技术与通信技术的高速发展与广泛应用，出现了网络化测试系统。网络化测试系统实现了大型复杂系统的远程测试，是信息时代测试的必然趋势。传感器作为信息采集必不可少的装置，也必然会顺应网络化这一潮流，于是出现了网络化智能传感器的概念。网络化智能传感器技术致力于研究智能传感器的网络通信功能，将传感器技术、通信技术和计算机技术融合，从而实现信息的采集、传输和处理的真正统一和协同。它不仅实现了智能化，如自补偿、自校准、自诊断、数值处理、双向通信、信息存储和数字量输出等功能，而且还将敏感元件、转换电路和变送器结合为一体，并在自身内部嵌入了通信协议，直接传送满足通信协议的数字信号，从而具有强大的通信能力。

计算机、通信和传感器三大技术的迅速发展也催生了无线传感器网络。无线传感器网络自身的特点使得在该网络中提供安全的保护措施成为一种挑战。安全有效的密钥管理机制则是构建安全的无线传感器网络的核心技术之一。由于无线传感器网络中没有认证中心，且节点的计算和存储能力都非常有限，因此大多数已有的密钥管理机制无法直接应用于无线传感器网络。于是众多学者在无线传感器网络密钥管理机制方面开展了大量的研究工作，尽管如此，该领域仍存在大量有待解决的问题，值得进一步深入研究。

5.1.4　智能传感器

随着物联网、移动互联网等新兴产业的快速发展，2024年智能传感器在我国的市场份额已突破1600亿元，预计在2025年达到5000亿元。智能传感器由敏感元件、信号调理电路和控制器（或处理器）组成，具有数据采集、转换、分析甚至决策功能。智能化可提升传感器的准确度，降低功耗和体积，实现较易组网，从而扩大传感器的应用范围，使其发展更加迅速。智能传感器主要基于硅材料微细加工和CMOS电路集成技术制作。按制造技术不同，智能传感器可分为微机电系统（MEMS）、互补金属氧化物半导体（CMOS）、光谱学三大类。MEMS和CMOS技术容易实现低成本大批量生产，能在同一衬底或同一封装中集成传感器元件与偏置、调理电路，甚至超大规模电路，使传感器具有多种检测功能和数据智能化处理功能。例如，利用霍尔效应检测磁场、利用塞贝克效应检测温度、利用压阻效应检测应力并利用光电效应检测光的智能传感器。

智能化、微型化、仿生化是未来传感器的发展趋势。目前，除了霍尼韦尔、博世等老牌的传感器制造厂商外，国外一些主流模拟器件厂商也进入到智能传感器行业中，如美国的飞思卡尔半导体公司（Freescale）、模拟器件公司（ADI），德国的英飞凌科技有限公司（Infineon），意法半导体公司（ST）等。这些公司的智能传感器已被广泛应用于人们的日常生活中，如智能手机、智能家居、可穿戴装置等，在工控设施、智能建筑、医疗设备和器材、物联网、检验检测等工业领域发挥着重要作用，还在监视和瞄准等军事领域有广泛的应用。

1. 传感器的智能化趋势

（1）智能传感器的概念　智能传感器是集成了传感器、致动器与电子电路的器件，或是集成了传感元件和微处理器，并具有监测与处理功能的器件。智能传感器最主要的特征是输出数字信号，便于后续计算处理。智能传感器的功能包括信号感知、信号处理、数据验证和解释、信号传输和转换等，主要的组成元件包括A/D和D/A转换器、收发器、微处理器、放大器等。

传感器经历了三个发展阶段：1969年之前属于第一阶段，主要表现为结构型传感器；1969～1989年属于第二阶段，主要表现为固态传感器；1990年至今属于第三阶段，主要表现为智能传感器。预计传感器发展的第四阶段是向微系统传感器演进。

智能传感器的数据转换在传感器模块内完成。这样，微处理器之间的双向连接均为数字信号，可以采用可编程只读存储器（PROM）来进行数字补偿。智能传感器的主要特征是：

指令和数据双向通信、全数字传输、本地数字处理、自测试、用户定义算法和补偿算法。

（2）智能传感器的特点　智能传感器的特点是准确度高、分辨率高、可靠性高、自适应性高和性价比高。智能传感器通过数字处理获得高信噪比，保证了高准确度；通过数据融合、人工神经网络技术，保证在多参数状态下具有对特定参数的测量分辨能力；通过自动补偿来消除工作条件与环境变化引起的系统特性漂移，同时优化传输速度，让系统工作在最优的低功耗状态，以提高其可靠性；通过软件具有判断、分析和处理的功能，提高系统的自适应性；可采用能大规模生产的集成电路工艺和 MEMS 工艺，性价比高。

智能传感器已成为当今传感器技术的一个主要发展方向。虽然智能传感器目前还未有统一的科学定义，但 IEEE 将能感知被测量大小，并且集感知、信息处理和通信于一体，应用于网络环境的传感器称为智能传感器。

与传统的传感器相比，智能传感器具有如下功能：

1）自补偿与自诊断功能：传统传感器往往具有温度漂移和输出非线性的缺点，而智能传感器的微处理器可以根据给定的传统传感器的先验知识，通过软件计算自动补偿传统传感器硬件线性、非线性、温度漂移以及环境影响因素引起的信号失真，以最佳地恢复被测信号。计算方法用软件实现，达到以软件补偿硬件缺陷的目的，也大大提高了传感器的应用灵活性。此外，传统的传感器往往需要定期检验和标定以保证传感器能够保持所需的准确度。智能传感器可以通过微处理器中的诊断算法对传感器的输出进行检验，并将诊断信息直观地呈现出来，使传感器具有自诊断的功能。

2）信息存储与记忆功能：智能传感器内含一定的存储空间，能够存储信号处理、自补偿和自诊断等的相关程序，还能够进行数据存储，如历史数据、标定日期和各种必需的参数。智能传感器自带的存储空间缓解了自动控制系统控制器的存储压力，大大提高了控制器的性能。

3）自学习与自适应功能：智能传感器内嵌微处理器的结构使其具有高级的编程特性，因此可以通过编辑算法使传感器具有学习功能。智能传感器可以在工作过程中学习理想采样值，微处理器利用近似公式和迭代算法可认知新的被测量值，即有再学习能力。此外，在工作过程中，智能传感器还可以通过对被测量的学习，根据一定的行为准则自适应地重构结构和重置参数。

4）数字输出功能：数字控制系统是控制系统的主要发展方向之一。传统的传感器大多都是模拟输入、模拟输出的，在数字控制系统中，传感器输出的信号要经过 A/D 转换后才可以进行数字处理。智能传感器内部集成了模数转换电路，能够直接输出数字信号。智能传感器的数字输出功能大大缓解了控制器的信号处理压力。

（3）应用发展趋势　智能传感器代表新一代的感知和自知能力，是未来智能系统的关键元件，其发展受到未来物联网、智能城市、智能制造等强劲需求的拉动。智能传感器通过在元器件级别上的智能化系统设计，将对食品安全应用和生物危险探测、安全危险探测和报警、局域和全域环境检测、健康监视和医疗诊断、工业和军事、航空航天等领域产生深刻影响。

智能传感器的第一个主要发展方向是微型化，即微传感器。微传感器包含微型传感元件、CPU、存储器和数字接口，并具有自动补偿功能、自动校准功能，其特征尺寸已进入到毫米和微米的数量级。微传感器的优点有小体积、低成本和高可靠性等。随着集成微电子机械加工技术的日趋成熟，MEMS 传感器将半导体加工工艺引入传感器的生产制造，实现了规模化生产，并为智能传感器微型化发展提供了重要的技术支撑。它采用微制造技术，在一个公共硅片基础上整合了传感器、机械元件、执行器和电子元器件。MEMS 传感器通常会被看作是一种系统单晶片（SoC），它让智能传感器产品得以开发，并进入很多应用领域，包括汽车、保健、手机、生物技术、消费性产品等领域，被认为是 21 世纪最有前途的技术之一。

智能传感器的第二个主要发展方向是多传感器数据融合。与单传感器测量相比，多传感器融合技术具有无可比拟的优势。多传感器数据融合技术的原理与人脑处理信息的过程相似，它先利用多个传感器同时进行信息检测，然后用计算机对这些信息进行综合分析处理和判断，得到监控对象的客观数据。

智能传感器的第三个主要发展方向就是无线传感网络技术。与传统的大型传感器相比，智能微传感器的成本低，但是其覆盖范围较小，所以在实际的应用中，通常需要成千上万的微传感器协同工作。这就是智能传感器的网络化。众多微传感器之间的网络化连接采用近距离低功耗的无线技术，构建无线传感器网络。

2. 重点技术发展分析

智能传感器的发展态势可根据 MEMS 技术、CMOS 技术和光谱学技术分类研究。MEMS 技术、CMOS 技术是智能传感器制造的两种主要技术。

（1）MEMS 技术　MEMS 技术最早被应用于军事领域，可进行目标跟踪和自动识别领域中的多传感器数据融合，具有特定的高精度和识别、跟踪定位目标的能力。采用 MEMS 技术制作，集成了 A/D 转换器的流量传感器已被应用于航天领域。实现智能化，需要集成 MEMS 传感器的功能以及信号调理、控制和数字处理功能，以实现数据与指令的双向通信、全数字传输、本地数字处理、自校准和由用户定义的算法编程。军用 MEMS 智能传感器的研究主要针对长距离空中和海洋的监视、侦察（包括无人机蜂群），并且已经可以通过智能传感器网络，实现对多地区多变量的遥感监视。

（2）CMOS 技术　CMOS 技术是主流的集成电路技术，不仅可用于制作微处理器等数字集成电路，还可制作传感器、数据转换器、用于通信的高集成度收发器等，具有可集成制造和低成本的优势。CMOS 计算元件能与不同的敏感元件集成，制作成流量传感器、溶解氧传感器、浊度传感器、电导率传感器、pH 传感器、氧化还原电位（ORP）传感器、温度传感器、压力传感器、触控感应器等应用于各种场合的智能传感器。CMOS 触摸传感器和温度传感器的市场份额呈增长态势。采用 CMOS 技术制作、集成了 D/A 转换器的溶解氧传感器已被应用于汽车领域。集成了收发功能的浊度传感器已被应用于生物医药领域。组合了 CMOS 成像器和处理电路的数字低光度 CMOS 基成像器正在成为军事应用领域的主流成像器。

（3）CMOS 技术与 MEMS 技术集成新技术　关于集成智能传感器制作工艺的研究热点是与 CMOS 工艺兼容的各种传感器结构及其制造工艺流程。传感器和致动器（S&A）通常采用专用 MEMS 技术，故可以利用 MEMS 技术与 CMOS 技术的不同结合衍生出各种新的集成技术平台。德州仪器公司的微镜就是超大规模 S&A 与 CMOS 在后 CMOS 工艺段结合的一个经典案例。若将 S&A 单片集成或异构集成在 CMOS 平台之上，可以提高器件性能，减小器件与系统的尺寸，降低成本。虽然国际上一些 S&A 技术已达到很高的成熟度并且已经量产，但是 S&A 与 CMOS 平台的三维或单片集成仍然面临高量产和低成本的重大挑战，因而受到极大的关注。

（4）前沿领域中的新集成技术　基于碳纳米管（CNT）或纳米线等纳米尺度结构和纳米材料，可以实现更高性能的新集成技术和器件。美国北卡罗来纳州立大学宣布过一种多功能自旋电子智能传感器，它是将二氧化钒（VO_2）器件集成到硅晶圆之上形成的，这为下一代自旋电子器件铺平了道路。需要关注的技术还包括采用量子技术实现更高敏感性和分辨率的量子传感器，以及能够集成在手机芯片上的量子传感装置。

（5）光谱学　光谱学是一门涉及物理学和化学的重要交叉学科，它通过测量光与物质相互作用的光谱特性来分析物质的物理、化学性质。精准的多光谱测量可以用于分析固体、液体甚至气体物品，只要有光就可以实现测量。光谱成像被广泛用于物体感测和材料属性分析。高光谱成像会对图像中每个像素点进行光谱分析，可实现宽范围测量。美国 BANPIL 公司的多谱图像传感器能够对频谱范围为 $0.3 \sim 2.5 \mu m$ 的超紫外线（UV）、可见光（VIS）、近红外线（NIR）、短波长红外线（SWIR）进行成像分析，目前已制成单片器件。

5.2　传感器工作原理及应用

5.2.1　电阻应变式传感器

电阻应变式传感器是以电阻应变计为转换元件的电阻式传感器。电阻应变式传感器由弹性敏感元件、电阻应变计、补偿电阻和外壳组成，可根据具体测量要求设计成多种结构形式。弹性敏感元件受到所测量的力而产生变形，并使附着其上的电阻应变计一起变形。电阻应变计再将变形转换为电阻值的变化，从而可以测量力、压力、扭矩、位移、加速度和温度等多种物理量。

其工作原理：弹性敏感元件（弹性元件、敏感梁）在被测力作用下产生弹性变形，因此粘贴在弹性敏感元件表面上的电阻应变计（转换元件）也随之产生变形。电阻应变计变形后，其电阻值会发生变化（增加或减少），然后通过相应的测量电路将电阻值变化转换成电信号（电压或电流），从而完成将被测力转换成电信号的过程。

常用的电阻应变式传感器有应变式力传感器、应变式压力传感器、应变式扭矩传感器、应变式位移传感器、应变式加速度传感器和应变式温度计等。电阻应变式传感器的优点是精度高、测量范围广、寿命长、结构简单、频响特性好、能在恶劣条件下工作且易于实现小型化、整体化和品种多样化等。

电阻应变式传感器的应用一般是在检测受力变化的场景下的：

（1）柱（筒）式力传感器　这种传感器可用于电子秤和测力机的测力元件、发动机的推力测试和水坝载荷监测等。

（2）应变式压力传感器　这种传感器可用于感知流动介质的动态和静态压力，比如用于气流或者水流在管道内的压力监测。

（3）应变式容器内液体重力传感器　这种传感器可用于监测液体质量。

（4）应变式加速度传感器　这种传感器可用于检测加速度大小（原理是当物体以加速度 a 运动时，其质量块受到相反的惯性作用，通过传感器检测惯性即可）。

5.2.2 电感式传感器

电感式传感器是利用线圈自感或互感系数的变化来实现非电量测量的一种装置。利用电感式传感器，能对位移、压力、振动、应变、流量等参数进行测量。它具有结构简单、灵敏度高、输出功率大、输出阻抗小、抗干扰能力强及测量精度高等一系列优点，因此在机电控制系统中得到了广泛的应用。它的主要缺点是响应较慢，不适合快速动态测量，而且传感器的分辨率与测量范围有关，测量范围大则分辨率低，反之则高。

电感式传感器按照转换方式的不同，可分为自感式（包括变磁阻式与电涡流式）和互感式（差动变压器式）两种。

1. 变磁阻式传感器

当一个线圈中电流 i 变化时，该电流产生的磁通 Φ 也随之变化，因而在线圈上产生感应电动势 e，这种现象称为自感。产生的感应电动势称为自感电动势。变磁阻式传感器由线圈、铁心和衔铁三部分组成。铁心和衔铁由导磁材料如硅钢片或坡莫合金制成，在铁心和衔铁之间有气隙，气隙厚度为 δ，传感器的运动部分与衔铁相连。当衔铁移动时，气隙厚度 δ 发生改变，引起磁路中磁阻的变化，从而导致线圈的电感量变化，因此只要能测出这种电感量的变化，就能确定衔铁位移量的大小和方向。变磁阻式传感器自感 L 与气隙 δ 成反比，而与气隙导磁截面积 S_0 成正比。灵敏度 S 与气隙长度 δ 的二次方成反比，δ 越小，灵敏度 S 越高。这种传感器适用于较小位移的测量，如 $0.001 \sim 1\text{mm}$。

特点：变磁阻式传感器具有很高的灵敏度，这样对被测信号的放大倍数要求低。但是受气隙厚度 δ 的影响，该类传感器的测量范围很小。

2. 差动变压器式传感器

互感型传感器的工作原理是利用电磁感应中的互感现象，将被测位移量转换成线圈互感的变化。由于常采用两个二次线圈组成差动式结构，故又称差动变压器式传感器。

差动变压器式传感器输出的电压是交流量，如用交流电压表指示，则输出值只能反映铁心位移的大小，而不能反映移动的方向，同时交流电压输出存在一定的零点残余电压，使活动衔铁位于中间位置时，输出也不为零。因此，差动变压器式传感器的后接电路应采用既能反映铁心位移极性，又能补偿零点残余电压的差动直流输出电路。

差动变压器式传感器结构形式较多，有变气隙式、变面积式和螺线管式等。

3. 电涡流式传感器

金属导体置于变化着的磁场中，导体内就会产生感应电流，这种电流像水中旋涡一样在导体内转圈，这种现象称为电涡流效应。根据法拉第电磁感应定律，当传感器线圈通以正弦交变电流 I_1 时，线圈周围空间必然产生正弦交变磁场 H_1，使置于此磁场中的金属导体中感应电涡流 I_2，I_2 又产生新的交变磁场 H_2。

电涡流式传感器的特点如下：

1）结构简单、无活动触点，因此工作可靠、寿命长。

2）灵敏度和分辨率高，能测出 $0.01\mu\text{m}$ 的位移变化，一般每毫米的位移可对应数百毫伏的输出。

3）线性度和重复性都比较好，在一定位移（几十微米至数毫米）范围内非线性误差可做到 $0.05\% \sim 0.1\%$，且稳定性好。

但此类传感器具有频率响应较低、不宜快速动态测控等缺点。

传感器作为采集和获取信息的工具，对系统的自动化检测和质量监测起着重要作用。电感式传感器可将微小的机械量，如位移、振动、压力造成的长度、内径、外径、不平行度、不垂直度、偏心和圆度等非电量物理量的几何变化转换为电信号的微小变化，再转化为电参数进行测量，是一种灵敏度较高的传感器，具有结构简单可靠、输出功率大、抗阻抗能力强、对工作环境要求不高、稳定性好等一系列优点，因而被广泛应用于各种工程物理量检测与自动控制系统中。例如，用电感式位移传感器提高轴承制造的精度；用电感测微仪测量微小精密尺寸的变化，实现液压阀开口位置的精准测量；用电感式传感器的原理设计智能纺织品的柔性传感器；用电感式传感器的原理设计孔径锥度误差测量仪；用电感式传感器检测润滑油中的磨粒；用电感式传感器监测吊具导向轮等。

电感式传感器还可用作磁敏速度开关、齿轮齿条测速等，该类传感器广泛应用于纺织、化纤、机床、机械、冶金、机车和汽车等行业的链轮齿速度检测，链传动的速度和距离检测，齿轮齿计数转速表及汽车防护系统的控制等。另外，该类传感器还可用在给料管系统中的小物体检测、物体喷出控制、断线监测、小零件区分、厚度检测和位置控制等。

电感式位移传感器利用导线制成特定的线圈，根据其位移量的变化而使线圈的自感量或是互感量发生变化来进行位移测量。因此，根据其转换原理，电感式位移传感器可分为自感式和互感式两大类。

电感式位移传感器是一种机电转换装置，在现代工业生产科学技术上，尤其是在自动控制系统、机械加工与测量行业中应用十分广泛。

5.2.3 电容式传感器

电容式传感器是以各种类型的电容器作为传感元件，将被测物理量或机械量转换成为电容变化量的一种转换装置，其实际上就是一个具有可变参数的电容器。电容式传感器广泛用于位移、角度、振动、速度、压力、成分分析、介质特性等方面的测量。最常用的是平行板型电容器或圆筒型电容器。

最常用的电容式传感器为电容式液位计，电容式液位计的电容检测元件是根据圆筒型电容器的原理进行工作的，电容器由两个绝缘的同轴圆柱极板，即内电极板和外电极板组成，在两极板之间充以介电常数为 ε 的中间介质时，两极板间的电容量为

$$C = \frac{2\pi\varepsilon L}{\ln\dfrac{D}{d}}$$

式中 L——两极板相互重合部分的长度；

  D——外电极板的直径；

  d——内电极板的直径；

  ε——中间介质的介电常数。

在实际测量中 D、d、ε 是基本不变的，故测得 C 即可知道液位的高低，这也是电容式传感器具有使用方便、结构简单、灵敏度高和价格便宜等特点的原因之一。

电容式传感器是基于电容变化原理来检测物理量的传感器。根据其工作原理，电容式传感器可以分为以下几种类型：

1. 变面积型电容传感器

1）原理：通过改变电极之间的有效面积来改变电容值。电极之间的面积越大，电容值越大；面积越小，电容值越小。

2）结构：通常由两个平行的电极板组成，电极板之间的距离保持不变，而电极板的有效面积可以通过机械运动来改变。

3）应用：常用于测量线位移、角位移等。例如，在直线位移传感器中，电极板沿直线移动，改变重叠面积，从而检测位移变化。

4）优点：线性度好，输出与位移成正比；灵敏度高，适合高精度测量。

5）缺点：电极面积较大，结构复杂；对环境要求较高，需要良好的绝缘性能。

2. 变极距型电容传感器

1）原理：通过改变电极之间的距离来改变电容值。电极之间的距离越小，电容值越大；距离越大，电容值越小。

2）结构：通常由两个平行的电极板组成，电极板之间的面积保持不变，而电极板之间的距离可以通过机械运动来改变。

3）应用：常用于测量压力、加速度等。例如，在压力传感器中，压力作用使电极板之间的距离发生变化，从而检测压力变化。

4）优点：灵敏度高，适合高精度测量；结构简单，易于实现。

5）缺点：非线性特性明显，需要进行线性化处理；动态响应较差，容易受到寄生电容的影响。

3. 变介电常数型电容传感器

1）原理：通过改变电极之间的介质的介电常数来改变电容值。介电常数越大，电容值越大；介电常数越小，电容值越小。

2）结构：通常由两个平行的电极板组成，电极板之间的面积和距离保持不变，而电极板之间的介质可以通过物理或化学方法来改变。

3）应用：常用于测量湿度、液位、材料的介电常数等。例如，在湿度传感器中，空气中的湿度变化会导致介质的介电常数变化，从而检测湿度变化。

4）优点：对介质变化敏感，适合测量非接触式物理量；结构简单，易于实现。

5）缺点：灵敏度较低，受环境因素影响较大；需要精确控制介质变化。

4. 耦合式电容传感器

1）原理：通过改变电极之间的耦合程度来改变电容值。耦合程度越强，电容值越大；耦合程度越弱，电容值越小。

2）结构：通常由两个或多个电极组成，电极之间的耦合可以通过改变电极的形状、位置或介质来实现。

3）应用：常用于测量角度、位移等。例如，在角度传感器中，电极的形状和位置变化会导致耦合程度变化，从而检测角度变化。

4）优点：灵敏度高，适合高精度测量；结构灵活，易于设计。

5）缺点：非线性特性明显，需要进行线性化处理；对环境要求较高，容易受到干扰。

5. 差动式电容传感器

1）原理：通过两个电容的变化来实现差动测量，从而提高测量精度和线性度。一个电容增加时，另一个电容减少，通过差动输出来消除非线性误差。

2）结构：通常由两个相同的电容组成，一个作为测量电容，另一个作为参考电容。两个电容的变化方向相反。

3）应用：常用于高精度测量，如位移、压力等。例如，在高精度位移传感器中，差动式结构可以有效提高测量精度。

4）优点：线性度好，输出与位移成正比；灵敏度高，适合高精度测量；抗干扰能力强，能够有效消除非线性误差。

5）缺点：结构复杂，成本较高；需要精确的电路设计和信号处理。

每种类型都有其独特的结构和应用领域，选择合适的类型需要根据具体的测量需求和环境条件来决定。

电容式力传感器由于分辨力极高，测量绝对值达 $0.01\mu m$，可测量的电容量变化值约为 $0.01pF$，而测量相对变化量 $\Delta C/C = 100\% \sim 200\%$，因而其十分适合于微信息的监测；另外，由于电容式力传感器动极板质量小，因此响应时间短，并可实现非接触式测量及在线动态测量。其测量检测头结构简单，如不采用磁性材料，可以经受相当大的温度变化和工作在有辐射的恶劣环境中；由于电容式力传感器极板间相互吸引力十分微弱，保证了高精确度的测量；又由于电容式力传感器自身功耗很小，发热及迟滞现象极小，因此过载能力强。特别是微电子技术的发展为电容式力传感器提供了条件，使其成为当前传感技术领域一个很有潜力的发展方向，但在使用中要注意以下几个方面对测量结果的影响：

1）减小环境温度、湿度变化（这可能引起某些介质的介电常数或极板的几何尺寸、相对位置发生变化）。

2）减小边缘效应。

3）减少寄生电容。

4）使用屏蔽电极并接地（对敏感电极的电场起保护作用，与外电场隔离）。

5）注意漏电阻、激励频率和极板支架材料的绝缘性。

5.2.4　温度传感器

在人们的日常生活、生产和科研中，温度的测量都占有重要的地位。温度是表征物体冷热程度的物理量。温度传感器可用于家电产品中的电冰箱、空调、微波炉等；还可用在汽车发动机的控制中，如测定水温、吸气温度等；也广泛用于检测化工厂的溶液和气体的温度。

温度传感器有各种类型，根据敏感元件与被测介质接触与否，可分为接触式和非接触式两大类；按照温度传感器的材料及电子元器件特性，可分为热电阻和热电偶两类。在选择温度传感器时，应考虑到诸多因素，如被测对象的湿度范围、传感器的灵敏度、精度和噪声、响应速度、使用环境、价格等。

常见的温度传感器有热电阻传感器、热敏电阻传感器、集成（半导体）温度传感器，以及热电偶传感器等。

1. 热电阻传感器

热电阻传感器是利用导体的电阻值随温度变化而变化的原理进行测温的。热电阻广泛用来测量 $-200 \sim 850$℃ 范围内的温度，少数情况下，低温可测量至 -272.15℃，高温达 1000℃。热电阻传感器由热电阻、连接导线及显示仪表组成，如图5-3所示。热电阻也可以与温度变送器连接，将温度转换为标准电流信号输出。

一般热电阻丝采用双线并绕法绕制在具有一定形状的云母、石英、陶瓷或塑料支架上，支架起支撑和绝缘作用。

工业用热电阻安装的生产现场环境复杂，所以对用于制造热电阻的材料有一定的要求，用于制造热电阻的材料应具有尽可能大和稳定的电阻温度系数和电阻率，输出最好呈线性，物理化学性能应稳定，复线性要好。目前最常用的热电阻有铂热电阻和铜热电阻。

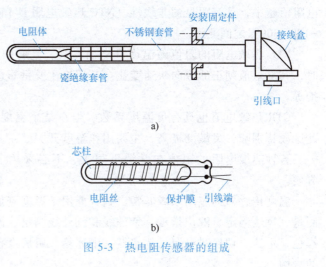

图 5-3 热电阻传感器的组成

（1）铂热电阻 铂热电阻的特点是精度高、稳定性好和性能可靠，所以在温度传感器中得到了广泛应用。按 IEC 标准，铂热电阻的使用温度范围为$-200 \sim 850℃$。

我国规定工业用铂热电阻有 $R_0 = 10\Omega$ 和 $R_0 = 100\Omega$ 两种，它们的分度号分别为 Pt10 和 Pt100，其中以 Pt100 为常用。

（2）铜热电阻 在一些测量精度要求不高且温度较低的场合，可采用铜热电阻进行测温，它的测量范围为$-50 \sim 150℃$。铜热电阻在测量范围内其电阻值与温度的关系几乎是线性的。

铜热电阻的电阻温度系数较大、线性好、价格便宜，缺点是电阻率较低、电阻体的体积较大、热惯性较大、稳定性较差、在 100℃ 以上时容易氧化，因此只能用于低温及没有侵蚀性的介质中。

用热电阻传感器进行测温时，测量电路经常采用电桥电路。热电阻与检测仪表相隔一段距离，因此热电阻的引线对测量结果有较大的影响。

2. 热敏电阻传感器

热敏电阻是利用半导体（某些金属氧化物如 NiO、MnO_2、CuO、TiO_2）的电阻值随温度显著变化这一特性制成的一种热敏器件。测量范围为$-50 \sim 300℃$。各种热敏电阻如图 5-4 所示。

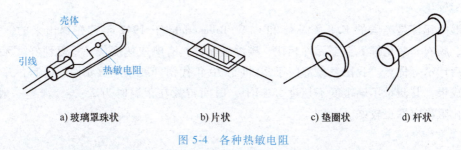

图 5-4 各种热敏电阻

大多数热敏电阻具有负温度系数。热敏电阻在不同值时的电阻-温度特性是，温度越高，电阻值越小，且有明显的非线性。NTC 热敏电阻具有很高的负电阻温度系数，特别适用于 $-100 \sim 300℃$ 之间测温。

PTC 热敏电阻的阻值随温度升高而增大，且有斜率最大的区域，当温度超过某一数值时，其电阻值朝正的方向快速变化。其用途主要是彩色电视机消磁、各种电器设备的过热保护等。

CTR 热敏电阻也具有负温度系数，但在某个温度范围内电阻值急剧下降，曲线斜率在此区段特别陡，灵敏度极高，主要用作温度开关。

各种热敏电阻的阻值在常温下很大，不必采用三线制或四线制接法，因此使用较为方便。

温度传感器的应用领域非常广阔，能用于温度测量与控制、温度补偿、流速测量、流量测量、风速测定、液位指示、紫外线和红外线测量、微波功率测量。在彩色电视机、计算机彩色显示器、切换式电源、热水器、电冰箱、厨房设备、空调、汽车等领域都有温度传感器的身影。

5.2.5 湿度传感器

湿敏元件是最简单的湿度传感器。湿敏元件主要有电阻式、电容式两大类。

湿敏电阻的特点是在基片上覆盖了一层用感湿材料制成的膜，当空气中的水蒸气吸附在感湿膜上时，其电阻率和电阻值都发生变化，利用这一特性即可测量湿度。

湿敏电容一般是用高分子薄膜电容制成的，常用的高分子材料有聚苯乙烯、聚酰亚胺、酪酸醋酸纤维等。当环境湿度发生改变时，湿敏电容的介电常数发生变化，使其电容量也发生变化，其电容变化量与相对湿度成正比。

电子式湿度传感器的准确度可达 $2\% \sim 3\%$ RH，这比干湿球测湿的准确度高。

湿敏元件的线性度及抗污染性差，在检测环境湿度时，湿敏元件要长期暴露在待测环境中，很容易被污染而影响其测量准确度及长期稳定性。下面对各种湿度传感器进行简单的介绍。

1. 氯化锂湿度传感器

原理：材料吸湿潮解或干化（能互逆），使器件的电阻率发生变化。

其溶液中的离子导电能力与浓度成正比。当溶液置于一定温湿场中，若环境相对湿度高，溶液将吸收水分，使浓度降低，其溶液电阻率升高。反之，环境相对湿度变低时，则溶液浓度升高，其电阻率下降。

2. 碳湿敏元件

碳湿敏元件是美国的 E. K. Carver 和 C. W. Breasefield 于 1942 年首先提出来的，与常用的毛发、肠衣和氯化锂等探空元件相比，碳湿敏元件具有响应速度快、重复性好、无冲蚀效应和滞后环窄等优点。我国气象部门于 20 世纪 70 年代初开展碳湿敏元件的研制，并取得了积极的成果，其测量不确定度不超过 $\pm 5\%$ RH，时间常数在正温时为 $2 \sim 3s$，滞差一般在 7% 左右，比阻稳定性也较好。

3. 氧化铝湿度传感器

氧化铝湿度传感器的突出优点是体积可以非常小（如用于探空仪的氧化铝湿度传感器仅 $90 \mu m$ 厚，质量 12mg），灵敏度高（测量下限达 $-110℃$），响应速度快（在 $0.3 \sim 3s$ 之间），测量信号直接以电参量的形式输出，大大简化了数据处理程序。另外，它还适用于测量液体中的水分。以上优点正是工业和气象领域中的某些测量所希望的，因此它被认为是进行高空大气探测可供选择的几种合乎要求的传感器之一。也正是因为这些特点，使人们对这种方法产生浓厚的兴趣。然而，遗憾的是尽管许多国家的专业人员为改进传感器的性能进行了不懈的努力，但是在探索生产质量稳定产品的工艺条件，以及提高性能稳定性等与实用有关的重要问题上始终未能取得重大的突破。因此，传感器通常只能在特定的条件和有限的范围内使用。

4. 陶瓷湿度传感器

在湿度测量领域中，低湿和高湿及其在低温和高温条件下的测量仍然是传感器技术的薄弱环节，而其中又以高温条件下的湿度测量技术最为落后。一方面，通风干湿球湿度计测量方法几乎是在高温条件下湿度测量可以使用的唯一方法，而该法在实际使用中也存在种种问题，无法令人满意。另一方面，随着科学技术的进展，要求在高温下测量湿度的场合越来越多，如水泥煅烧、金属冶炼、食品加工等许多工业过程的湿度测量与控制。因此，自20世纪60年代起，许多国家开始研制适用于高温条件下进行测量的湿度传感器。考虑到传感器的使用条件，人们很自然地把探索方向着眼于既具有吸水性又能耐高温的某些无机物上。实践已经证明，陶瓷材料不仅具有湿敏特性，而且还可以作为感温元件和气敏元件。这些特性使它极有可能成为一种有发展前途的多功能传感器。寺日、福岛、新田等人于1980年研制成称之为"湿瓷-Ⅱ型"和"湿瓷-Ⅲ型"的多功能传感器。前者可测量温度和湿度，主要用于空调，后者可用来测量湿度和诸如乙醇等多种有机蒸气，主要用于食品加工方面。

5.2.6 压电式传感器

压电式传感器的原理主要是压电效应，它是利用电气元件和其他机械把待测的压力转换成为电量，再进行相关测量工作的测量精密仪器，比如很多压力变送器和压力传感器。压电式传感器不可以应用在静态的测量当中，原因是受到外力作用后的电荷，只有当回路有无穷大的输入抗阻的时候，才可以保存下来。但是实际上的回路阻抗并不是这样的。因此压电式传感器只可以应用在动态的测量当中。它主要的压电材料是：磷酸二氢铵、酒石酸钾钠和石英晶体。石英是一种天然的二氧化硅晶体，压电效应就是在此晶体的基础上发现的。在规定的范围里，压电效应是一直存在的。但是如果温度在这个规定的范围之外，压电效应就会彻底地消失不见。

当应力发生变化的时候，电场的变化很小，其他的一些压电晶体可以替代石英。酒石酸钾钠具有很大的压电系数和压电灵敏度的，但是，它只可以使用在室内的湿度和温度都比较低的地方。磷酸二氢铵是一种人造晶体，它可以在很高的湿度和很高的温度环境中使用，所以，它的应用是非常广泛的。

以压电效应为工作原理的传感器，是机电转换式和自发电式传感器。它的敏感元件是用具有压电效应的材料制作而成的，而当压电材料受到外力作用的时候，它的表面会形成电荷，电荷通过电荷放大器和测量电路的放大以及变换阻抗以后，就会被转换成为与所受到的外力成正比的电量输出。它可用来测量力以及能转换成为力的非电物理量，如加速度和压力。它有很多优点：质量小、工作可靠、结构简单、信噪比高、灵敏度高以及信频宽等。但是它也存在着某些缺点：有部分压电材料忌潮湿，因此需要采取一系列的防潮措施，而输出电流的响应又比较差，那就要使用电荷放大器或者高输入阻抗电路来弥补这个缺点，让仪器更好地工作。

压电式传感器的应用领域很广泛：电声学、生物医学和工程力学等。它能够测量发动机里面的燃烧压力，也能够应用在军事方面，如测量在膛中的枪炮子弹在击发的那一刻，膛压的改变量以及炮口所受到的冲击波压力。压电式传感器能够测量很小的压力，也能够测量较大的压力，而且所涉及的领域远远不止这些。在对房屋建筑、桥梁、汽车和飞机等的冲击和振动的测量中，压电式传感器的应用也是非常广泛的。特别是在航空航天领域，压电式传感器的地位是很特殊的。

5.2.7　光电式传感器

光电式传感器是一种小型电子设备，它可以检测出其接收到的发光强度的变化。早期的用来检测物体有无的光电式传感器是一种小的金属圆柱形设备，其发射器带一个校准镜头，将光聚焦射向接收器，接收器用电缆将这套装置接到一个真空管放大器上，在金属圆筒内有一个小的白炽灯作为光源，这些传感器就是光电式传感器的雏形。

光电式传感器工作原理：光电式传感器是通过把发光强度的变化转换成电信号的变化实现控制的。一般情况下，它由发送器、接收器和检测电路部分构成。发送器对准目标发射光束，发射光束一般来源于半导体光源，如 LED、激光 LED 及红外 LED。接收器有光电二极管、光电晶体管和光电池。在接收器的前面装有光学元件，如透镜和光圈等，在其后面是检测电路，它能滤出有效信号并应用该信号。

光电式传感器可用于检测直接引起光量变化的非电量，如发光强度、照度、辐射测温、气体成分分析等，也可用来检测能转换成光量变化的其他非电量，如零件直径、表面粗糙度、应变、位移、振动、速度、加速度，以及物体的形状、工作状态的识别等。

光电式传感器的实际应用有如下几种：

1. 条码扫描笔

当扫描笔头在条码上移动时，若遇到黑色线条，LED 的光线将被黑线吸收，光电晶体管接收不到反射光，呈高阻抗，处于截止状态。若遇到白色间隔，LED 所发出的光线，被反射到光电晶体管的基极，光电晶体管产生光电流而导通。整个条码被扫描过之后，光电晶体管将条码变形一个个电脉冲信号，该信号经放大、整形后便形成脉冲列，再经计算机处理，完成对条码信息的识别。

2. 简易感光报警器

当无光照时，硅光电池无电压产生，此时硅光电池相当于一个电阻，串联在放大器的基极电路上。当有光照时，硅光电池产生电压，其触点被吸合，蜂鸣器发出报警声响。

3. 产品计数

产品在带式输送机上运行时，不断地遮挡光源到光敏器件间的光路，使光电脉冲电路随产品的有无产生一个个电脉冲信号。产品每遮光一次，光电脉冲电路便产生一个脉冲信号，因此，输出的脉冲数即代表产品的数目。该脉冲经计数电路计数并由显示电路显示出来。

4. 光电式烟雾报警器

没有烟雾时，LED 发出的光线直线传播，光电晶体管没有接收信号，没有输出；有烟雾时，LED 发出的光线被烟雾颗粒折射，使光电晶体管接收到光线，有信号输出，发出报警信号。

5. 防盗报警电路

将光电断路器安装于抽屉的背后，并设一电源开关置于隐蔽的地方，当需要防盗时，将开关合上。平时由于挡板插入槽口，光电晶体管仅有暗电流，继电器不吸合。当抽屉被撬开时，挡板离开槽口，光电晶体管的光电流使继电器吸合，发出报警信号。

6. 公共汽车关门安全指示器

当车门关好时，挡板插入光电断路器槽口，光电晶体管无工作电流，其输出为高电平；当3个车门全关好时，则相应地输出3个高电平信号。则与门的输出为高电平，绿灯亮。若其中有一个车门没关好（或没关严），则与门输出为低电平，使红灯亮。

5.2.8　超声波传感器

超声波传感器是利用超声波的特性研制而成的传感器。超声波是一种振动频率高于声波的机械波，由换能晶片在电压的激励下发生振动产生，它具有频率高、波长短、绕射现象小、方向性好、能够成为射线而定向传播等特点。超声波对液体、固体的穿透本领很大，尤其是在不透明的固体中，它可穿透几十米的深度。超声波碰到杂质或分界面会产生显著反射，形成反射回波，碰到活动物体能产生多普勒效应。因此，超声波检测广泛应用在工业、国防、生物医学等方面。

以超声波作为检测手段，必须能产生超声波和接收超声波。完成这种功能的装置就是超声波传感器，习惯上称为超声换能器或超声探头。

超声波传感器的工作原理如下：超声波传感器是利用超声波的特性研制而成的传感器。声波是物体机械振动状态的传播形式。超声波传感器可用来测量物体的距离，首先，超声波传感器会发射一组超声波，频率为40~45kHz，当超声波遇到物体后，就会被反弹回来，并被接收。通过计算超声波从发射到返回的时间，再乘以超声波在媒介中的传播速度（340m/s，空气中），就可以获得物体相对于超声波传感器的距离值了。

超声波传感器按其工作原理可分为压电式、磁致伸缩式、电磁式等，其中以压电式为最常见。超声波传感器的应用案例有如下几种：

（1）焊接的应用　压电陶瓷或磁致伸缩材料在高电压窄脉冲作用下，可得到较大功率的超声波，这些超声波可以被聚焦，能用于集成电路及塑料的焊接。

（2）多普勒效应的应用　交警可用超声波多普勒车速测量仪根据超声波的多普勒效应，测量出汽车的行驶速度。

（3）倒车雷达的应用　倒车雷达全称叫"倒车防撞雷达"，也叫"泊车辅助装置"，是汽车泊车或者倒车时的安全辅助装置，由超声波传感器（俗称探头）、控制器和显示器（或蜂鸣器）等部分组成。倒车雷达能以声音或者更为直观的图像显示告知驾驶人周围障碍物的情况，解除了驾驶人泊车、倒车和起动车辆时前后左右探视所引起的困扰，并帮助驾驶人扫除了视野死角和视线模糊的缺陷，提高驾驶的安全性。

5.3　无线传感器网络

随机分布的集成传感器、数据处理单元和通信模块的微小节点通过自组织的方式构成的网络，称为无线传感器网络（Wireless Sensor Network，WSN）。借助节点中内置的形式多样的传感器测量所在周边环境中的热、红外线、声呐、雷达和地震波信号，从而探测包括温度、湿度、噪声、发光强度、压力、土壤成分及移动物体的大小、速度和方向等众多人们感兴趣的物质现象。在通信方式上，虽然可以采用有线、无线、红外线和光等多种形式，但一般认为短距离的无线低功率通信技术最适合传感器网络使用。

5.3.1　无线传感器网络的基本概念

无线传感器网络和基于无线传感器网络的自主智能系统是涉及微机电系统、计算机、通信、自动控制、人工智能等多学科的综合性技术。

目前大多数研究者普遍接受的既成事实的 WSN 的定义是：由部署在监测区域内大量的廉价微型传感器节点组成，通过无线通信方式形成的一个多跳的自组织的网络系统，其目的是协作地感知、采集和处理网络覆盖区域中感知对象的信息，并发送给观察者。传感器、感知对象和观察者构成了无线传感器网络的三要素。因特网构成了逻辑上的信息世界，改变了人与人之间的沟通方式，无线传感器网络将逻辑上的信息世界与客观上的物理世界融合在一起，改变了人类与自然界的交互方式。人们可以通过无线传感器网络直接感知客观世界，从而极大地扩展了现有网络的功能和人类认识世界的能力。另外，无线传感器网络可以在独立的环境下运行，也可以通过网关连接到现有的网络基础设施上，如因特网等。

5.3.2　无线传感器网络的特征

从人工操作的无线电报网络到使用扩频技术的自动化无线个（局）域网络，无线网络的应用领域随着技术的进步而不断地扩展。但迄今为止，主流的无线网络技术，如 IEEE 802.11、蓝牙，都是为了数据传输而设的，称为无线数据网络。目前，无线数据网络研究的热点问题是无线自组织网络技术。无线自组织网络（Mobile Ad-Hoc Network）是一个由几十到上百个节点组成的，采用无线通信方式的，动态组网的，多跳的，移动性对等网络。其目的是通过动态路由和移动管理技术传输具有服务质量要求的多媒体信息流。通常节点具有持续的能量供给。作为因特网在无线和移动范畴的扩展和延伸，无线自组织网络可以实现不依赖于任何基础设施的移动节点在短时间内的互联。

无线传感器网络虽然与无线自组织网络有相似之处，但同时也存在很大的差别。无线传感器网络是集成了监测、控制及无线通信的网络系统，其节点数目更为庞大（上千甚至上万），节点分布更为密集，但节点易受环境影响或能量耗尽而出现故障或失效。环境干扰和节点故障易造成网络拓扑结构的变化，这是由于大多数传感器节点是固定不动的。另外，传感器节点具有的能量、处理能力、存储能力和通信能力等都十分有限。传统无线网络的首要设计目标是提供高质量服务和高效带宽利用，其次才考虑节约能源；而无线传感器网络的首要设计目标是能源的高效使用，这也是无线传感器网络和传统无线网络最重要的区别之一。

传感器节点在实现各种网络协议和应用系统时，存在以下一些现实约束。

（1）电源能量有限　传感器节点体积微小，通常携带能量十分有限的电池。由于传感器节点个数多、成本要求低廉、分布区域广，而且部署区域环境复杂，有些区域甚至人员不能到达，因此传感器节点通过更换电池的方式来补充能源是不现实的。如何高效使用能量来最大化网络生命周期是无线传感器网络面临的首要挑战。

（2）通信能力有限　考虑到传感器节点的能量限制和网络覆盖区域大，无线传感器网络采用多跳路由的传输机制。传感器节点的无线通信带宽有限，通常仅有几百 KB/s 的速率。由于节点能量的变化，受高山、建筑物、障碍物等地势地貌及风雨雷电等自然环境的影响，无线通信性能可能经常变化，频繁出现通信中断。在这样的通信环境和节点有限通信能力的情况下，如何设计网络通信机制以满足无线传感器网络的通信需求是无线传感器网络面临的挑战之一。

（3）计算和存储能力有限　传感器节点是一种微型嵌入式设备，要求它价格低、功耗小，这些限制必然导致其携带的处理器能力比较弱、存储器容量比较小。为了完成各种任务，传感器节点需要完成监测数据的采集和转换、数据的管理和处理、应答汇聚节点的任务请求和节点控制等多种工作。如何利用有限的计算和存储资源完成诸多协同任务成为无线传感器网络设计的挑战。

由于上述原因，无线传感器网络具有以下特点。

（1）大规模网络　为了获取精确信息，在监测区域通常部署大量传感器节点，传感器节点数量可能达到成千上万，甚至更多。无线传感器网络的大规模性包括两方面的含义：一方面是传感器节点分布在很大的地理区域内，如在原始森林采用无线传感器网络进行森林防火和环境监测，这需要部署大量的传感器节点；另一方面，传感器节点部署很密集，在一个面积不是很大的空间内，密集部署了大量的传感器节点。无线传感器网络的大规模性具有以下优点：

1）通过不同空间视角获得的信息具有更大的信噪比。

2）通过分布式处理大量的采集信息能够提高监测的精确度，降低对单个节点传感器的精度要求。

3）大量冗余节点的存在，使得系统具有很强的容错性能。

4）大量节点能够增大覆盖的监测区域，减少洞穴或盲区。

（2）自组织网络　在无线传感器网络应用中，一般情况下，传感器节点被放置在没有基础结构的地方。传感器节点的位置不能预先精确设定，节点之间的相互关系预先也不知道。例如，通过飞机播撒大量传感器节点到面积广阔的原始森林中，或者随意放置到人不可到达或危险的区域，这样就要求传感器节点具有自组织的能力，能够自动进行配置和管理，通过拓扑控制机制和网络协议自动形成转发监测数据的多跳无线网络系统。在无线传感器网络使用过程中，部分传感器节点会由于电能耗尽或环境因素造成失效，也有一些节点会为了弥补失效节点、增加监测准确度而补充到网络中，这样在无线传感器网络中的节点个数就动态地增加或减少，从而使网络的拓扑结构随之动态地变化。无线传感器网络的自组织性要能够适应这种网络拓扑结构的动态变化。

（3）动态性网络　无线传感器网络的拓扑结构可能因为下列因素而改变：

1）环境因素或电能耗尽造成的传感器节点出现故障或失效。

2）环境条件变化可能造成无线通信链路带宽变化或时断时通。

3）无线传感器网络的传感器、感知对象和观察者这三要素都可能具有移动性。

4）新节点的加入。这就要求无线传感器网络系统要能够适应这种变化，具有动态的系统可重构性。

（4）可靠的网络　无线传感器网络特别适合部署在恶劣环境或人类不宜到达的区域，

传感器节点可能工作在露天环境中，遭受太阳的暴晒或风吹雨淋，甚至遭到无关人员或动物的破坏。传感器节点往往采用随机部署，如通过飞机撒播或发射炮弹到指定区域进行部署。这些都要求传感器节点非常坚固，不易损坏，适应各种恶劣环境条件。由于监测区域环境的限制及传感器节点数目巨大，不可能人工"照顾"每个传感器节点，网络的维护也十分困难甚至不可维护。无线传感器网络的通信保密性和安全性也十分重要，要防止监测数据被盗取和获取伪造的监测信息。因此，无线传感器网络的软硬件必须具有鲁棒性和容错性。

（5）应用相关的网络　无线传感器网络用来感知客观世界，获取客观世界的信息。客观世界的信息多种多样，不可穷尽。不同的无线传感器网络应用于不同的信息，因此对传感器也有多种多样的要求。不同的应用背景对无线传感器网络的要求不同，其硬件平台、软件系统和网络协议必然会有很大差别。所以无线传感器网络不能像因特网一样，有统一的通信协议平台。对于不同的无线传感器网络应用，虽然存在一些共性问题，但在开发无线传感器网络应用中，人们更关心无线传感器网络的差异。只有让系统更贴近应用，才能做出最高效的目标系统。针对每一个具体应用来研究无线传感器网络技术，这是无线传感器网络设计不同于传统网络的显著特征。

（6）以数据为中心的网络　目前的互联网是先有计算机终端系统，然后再互联成为网络，终端系统可以脱离网络独立存在。在互联网中，网络设备使用网络中唯一的 IP 地址标识，资源定位和信息传输依赖于终端、路由器、服务器等网络设备的 IP 地址。如果想访问互联网中的资源，首先要知道存放资源的服务器 IP 地址。可以说目前的互联网是一个以地址为中心的网络。

无线传感器网络是任务型的网络，脱离无线传感器网络谈论传感器节点没有任何意义。无线传感器网络中的传感器节点采用节点编号标识，节点编号是否需要全网唯一取决于网络通信协议的设计。由于传感器节点随机部署，构成的无线传感器网络与节点编号之间的关系是完全动态的，表现为节点编号与传感器节点位置没有必然联系。用户使用无线传感器网络查询事件时，直接将所关心的事件通告给网络，而不是通告给某个确定编号的传感器节点。网络在获得指定事件的信息后汇报给用户。这种以数据本身作为查询或传输线索的思想更接近于自然语言交流的习惯。所以通常说无线传感器网络是一个以数据为中心的网络。例如，在应用于目标跟踪的无线传感器网络中，跟踪目标可能出现在任何地方，对目标感兴趣的用户只关心目标出现的位置和时间，并不关心是哪个节点监测到目标的，而且在目标移动的过程中，必然是由不同的节点提供目标的位置消息。

5.3.3　无线传感器网络的发展

无线传感器网络的研究起源于 20 世纪 70 年代。最早应用于军事领域，如冷战时期的声音监测系统（Sound Surveillance System，SOSUS）及空中预警与控制系统（Airborne Warning and Control System，AWACS）。这种原始的传感器网络通常只能捕获单一信号，且传感器节点之间进行简单的点对点通信，网络一般采用分级处理结构。1980 年，美国国防部高级研究计划局（Defense Advanced Research Projects Agency，DARPA）提出的分布式传感器网络项目（Distributed Sensor Network，DSN）开启了现代传感器网络研究的先河。20 世纪 80～90 年代，传感器网络的研究依旧主要在军事领域中进行，并成为网络中心战思想中的关键技术，由此正式拉开了无线传感器网络研究的序幕，其中比较著名的系统包括美国海军研制的协同交战能力系统（Cooperative Engagement Capability，CEC）、用于反潜的确定性分布系统（Fixed Distributed System，FDS）和高级配置系统（Advanced Deployment System，ADS）、远程战场传感器网络系统（Remote Battlefield Sensor System，REMBASS）和战术远程传感器系统（Tactical Remote Sensor System，TRSS）等无人看管地面传感器网络系统。20世纪90年代中后期，无线传感器网络引起了学术界、军事界和工业界的广泛关注，并发展了现代意义的无线传感器网络技术。

2003年，美国商业周刊和MIT技术评论在预测未来技术发展的报告中，分别将无线传感器网络列为21世纪最有影响的21项技术和改变世界的十大技术之一。无线传感器网络、塑料电子学和仿生人体器官又被称为全球未来的三大高科技产业。美国《今日防务》杂志认为：无线传感器网络的应用和发展，将引起一场划时代的军事技术革命和未来战争的变革。2004年，*IEEE Spectrum*杂志发表了一期专题——传感器国度，专门论述无线传感器网络的发展与可能的广泛应用。具体而言，无线传感器网络的地位可从以下3方面进行分析。

（1）第四代传感器网络　传感器网络的发展可划分为4个阶段。一般将简单的点到点信号传输功能的传统传感器所组成的测控系统称为第一代传感器网络；第二代传感器网络为由智能传感器和现场控制站组成的测控网络；第三代传感器网络为基于现场总线的智能传感器网络；无线传感器网络为第四代传感器网络，其应用领域发生了很大的变化。

（2）新一代计算设备　依计算科学领域的贝尔定律，每10年会有一类新的计算设备诞生，如从巨型机、小型机、工作站、个人计算机、平板计算机到无线传感器网络节点、生物芯片，无线传感器网络被认为是新一代的计算设备。

（3）普适计算的一个重要途径　普适计算是与信息空间发展相适应的一种计算模式。1991年，MarkWeiser提出了普适计算的思想，即把计算机嵌入到环境或日常生活中去，让计算机从人们生活中消失，但同时使人们能够随时随地和透明地获得数字化的服务。无线传感器网络是普适计算的一个重要途径，是普适计算发展的趋势。在无线传感器网络环境中，在任何时间、任何地点都能够与外界信息更方便地交流，让人们可以自由地穿行于物理世界和信息空间中，实现物理世界与信息世界的融合。

5.3.4　无线传感器网络的应用

无线传感器网络的应用前景非常广阔，能够广泛应用于军事、环境监测和预报、医疗健康、智能家居及其他商用、工业领域。随着无线传感器网络的深入研究和广泛应用，无线传感器网络将逐渐深入到人们生活的各个领域。

1. 军事应用

无线传感器网络的相关研究最早起源于军事领域，其具有可快速部署、自组织、隐蔽性强和高容错性的特点，能够实现对敌方地形和兵力布防及装备的侦察、战场的实时监视、定位攻击目标、战场评估、核攻击和生物化学攻击的监测和搜索等功能。

在战场中，指挥员往往需要及时、准确地了解敌我人员、武器装备、通信和军用物资供给的情况。通过随机撒播、特种炮弹发射等手段，可以将大量传感器节点密集地散布在预定区域，收集该区域内有价值的信息，并通过汇聚节点将数据传送至指挥所，也可经由卫星信道转发到指挥部，最后融合来自各战场的数据形成完备的战区态势图。在战争中，对冲突区和军事要地的监视也是至关重要的。通过布设无线传感器网络，可以方便地监控布防的阵地是否有敌方入侵，或者是以更为隐蔽的方式近距离地观察敌方的布防。当然，也可以直接将传感器节点撒向敌方阵地，在敌方还未来得及反应时迅速收集有关作战信息。无线传感器网络可以为火控和制导系统提供准确的目标定位信息，在生物和化学战争中，利用无线传感器网络可及时、准确地探测爆炸中心，这将会为作战部队提供宝贵的反应时间，从而最大可能地减小伤亡。作为军事 C4ISRT 系统的一个不可或缺的组成部分，无线传感器网络以其低成本、密集、随机分布、自组织性和强容错能力的特点，可及时、准确地为战场指挥系统提供高可靠的军事信息。即使在部分传感器节点失效时，无线传感器网络作为整体仍能完成观测任务。

2. 环境观测和预报系统

随着人们对于环境的日益关注，环境科学所涉及的范围越来越广泛。无线传感器网络在环境研究方面可用于监视农作物灌溉情况、土壤空气情况、牲畜与家禽的环境状况和大面积的地表监测等，也可用于行星探测、气象研究、地理研究和洪水监测等，还可以通过跟踪鸟类和昆虫进行种群复杂度的研究等。

基于无线传感器网络的 ALERT 系统中就有数种传感器用来监测降雨量、河水水位和土壤水分，并依此预测暴发山洪的可能性。无线传感器网络还可实现对森林环境的监测和火灾报告，传感器节点被随机密布在森林之中，平常状态下定期报告森林环境数据。当火灾发生时，这些传感器节点通过协同合作会在很短的时间内将火源的具体地点、火势的大小等信息传送给相关部门。

为更好地了解地球气候的变化，挪威科学家利用无线传感器网络监测冰河的变化情况，目的在于通过分析冰川环境的变化来推断地球气候的变化。为了在没有基础设施支持的冰川中进行观测和试验，无线传感器网络成了最佳选择。传感器节点被埋在冰床下面，深浅各不相同，节点除了可以测量压力和温度等基本参数外，还装备了特殊的传感器用来测量方向，冰面上作为簇头的节点安装有 GPS 来定位，各簇头通过 GSM 链路将监测数据传回基站。

3. 医疗健康

无线传感器网络所具备的自组织、微型化和对周围区域的感知能力等特点，决定了它在检测人体生理数据、健康状况，以及管理医院药品及远程医疗等方面可以发挥出色的作用，因而在医疗领域有着广阔的应用前景。

如果在住院病人身上安装特殊用途的传感器节点，如心率和血压监测设备，医生利用无线传感器网络就可以随时了解被监护病人的病情，发现异常能够迅速抢救。将传感器节点按药品种类分别放置，计算机系统既可帮助辨认所开的药品，从而减少病人用错药的可能性，还可以利用无线传感器网络长时间收集人体的生理数据，这些数据对了解人体活动机制和研制新药品都是非常有用的。

哈佛大学的一个研究小组利用无线传感器网络构建了一个医疗监测平台。在传统模式下，住院病人躺在病床上，身上安装了若干监测传感器，通过线缆被连接到病床边的监测仪器上。在这种模式下，病人必须待在床上，很不自由。利用无线传感器网络技术，病人便可摆脱线缆的束缚，自由活动，医生手持平板计算机就可以随时接收报警消息或查询病人状况。

4. 智能家居

嵌入家具和家电中的传感器与执行单元组成的无线网络与因特网连接在一起，能够为人们提供更加舒适、方便和具有人性化的智能家居环境，用户可以方便地对家电进行远程遥控。例如，在下班前遥控家里的电饭锅、微波炉、电话机、录像机、计算机等家电，按照自己的意愿完成相应的煮饭、烧菜、查收电话留言、选择电视节目及下载网络资料等工作，也可以通过图像传感设备随时监控家庭安全情况。

另外，在家居环境控制方面，将传感器节点放在家中不同的房间，可以对各个房间的环境温度进行局部控制。

5. 其他商务、工业领域

在商务应用中，无线传感器网络可用于物流和供应链的管理，在仓库中的每件存货中安置传感器节点，管理员可以方便地查询到存货的位置和数量。在增加存货时，管理员只需在存货中安置相应的传感器节点即可；在日常的管理中，管理员可以在控制室实时监测每件存货的状态。

在工业应用中，自组织、微型化和对外部世界的感知能力，决定了无线传感器网络在工业领域大有作为。它包括车辆跟踪、机械故障诊断、建筑物状态监测等。将无线传感器网络和 RFID 技术融合是实现智能交通系统的绝好途径。通过传感器节点的探测可以得到实时的交通信息，如车辆数量、道路拥塞程度等；通过车载主动式 RFID 标签可以得到每辆车的精确信息，如车辆编号、车型及车主的相关信息等。将这两个信息融合，就可以全面掌握交通信息，并根据需要来追踪车辆。另外，在一些危险的工作环境，如煤矿、石油钻井、核电厂等，利用无线传感器网络可以探测工作现场有哪些员工、他们在做什么以及他们的安全保障等重要信息。

5.3.5　无线传感器网络的体系结构

尽管传统通信网络技术中的一些解决方案可以借鉴到无线传感器网络技术中，但由于无线传感器网络是能量受限的自组织网络，并且其工作环境和条件与传统通信网络有所不同，因此无线传感器网络的体系结构有其特殊性，深入地探讨无线传感器网络的体系结构有着重要的研究意义。

1. 无线传感器网络的结构

无线传感器网络的结构如图 5-5 所示。无线传感器网络系统通常包括传感器节点（Sensor node）、汇聚节点（Sink node）和管理节点。大量传感器节点随机部署在监测区域（Sen-

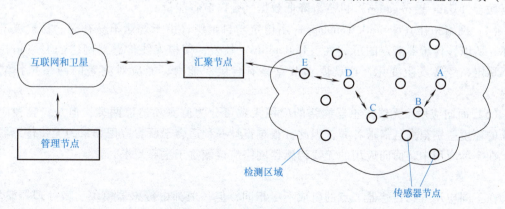

图 5-5　无线传感器网络的结构

sor field）内部或附近，能够通过自组织方式构成网络。传感器节点监测的数据沿着其他传感器节点逐跳（Hop by Hop）地进行传输，在传输过程中监测数据可能被多个节点处理，经过多跳后到达汇聚节点，最后通过互联网和卫星到达管理节点。用户通过管理节点对无线传感器网络进行配置和管理、发布监测任务及收集监测数据。

传感器节点通常是一个微型的嵌入式系统，它的处理能力、存储能力和通信能力相对较弱，通过携带能量有限的电池供电。从网络功能上看，每个传感器节点兼顾传统网络节点的终端和路由器双重功能，除了进行本地信息收集和数据处理外，还要对其他节点转发来的数据进行存储、管理和融合等处理，同时与其他节点协作完成一些特定任务。目前传感器节点的软硬件技术是无线传感器网络研究的重点。汇聚节点的处理能力、存储能力和通信能力相对比较强，它连接无线传感器网络与因特网等外部网络，实现两种协议栈之间的通信协议转换，同时发布管理节点的监测任务，并把收集的数据转发到外部网络上。汇聚节点既可以是一个具有增强功能的传感器节点，有足够的能量供给和更多的内存与计算资源，也可以是没有监测功能仅带有无线通信接口的特殊网关设备。

传感器节点集成了传感器、微处理器和无线通信模块等微型器件，能够从监测区域中感知各种环境数据，并通过无线传输技术，以逐跳通信的方式将数据传输给汇聚节点，再由汇聚节点借助通信网络传输给终端用户。由于传感器节点的成本较低，便于实现大规模的监测和追踪，使无线传感器网络被广泛地应用于各行业。与传统网络如蜂窝网、自组网络等相比，无线传感器网络具有如下特点：

（1）传感器节点的计算资源和存储资源有限　为降低无线传感器网络的部署成本，传感器节点采用的是成本低、资源受限的计算模块和存储模块等。

（2）传感器节点的能量受限　由于采用电池供电且监测区域的不可控，所以不利于实现传感器节点的能量补给或电池更换。为保证无线传感器网络持续工作，减少能量消耗的管理机制设计是无线传感器网络研究的最重要任务。

（3）传感器节点密度高及数据冗余（Data Redundancy）　由于无线通信的距离很短，在多数无线传感器网络应用场景中，传感器节点间以协同工作的方式将所感知到的数据传输给汇聚节点。同时，监测区域内的传感器节点密度很高（通常是自组织网络的若干倍），传感器节点间的空间距离很小，因此，地理位置相邻的传感器节点的感知数据呈现出较高的空间相关性，这会导致处理和传输冗余数据产生不必要的能量消耗，所以，需要设计合理有效的数据融合（Data Aggregation）机制来降低数据冗余以节省能量。

（4）网络拓扑（Network Topology）不稳定与自组织　由于能量不易补充、易被攻击或破坏，所以，传感器节点的可靠性（Reliability）较差，使得无线传感器网络的网络拓扑结构不稳定，经常发生变化，这就要求节点具有自组织能力，能应对频繁的网络拓扑结构变化。

（5）面向应用　无线传感器网络的应用大致可分为监测和追踪两类，但是，各种应用场景的环境差别很大且需求各异，因此，很难设计一种适合于所有应用场景的无线传感器网络。在实际应用中，面向应用的无线传感器网络应该侧重于主要需求。

2. 传感器节点的结构

在不同应用中，传感器节点的组成不尽相同，但一般都由传感器模块、微处理器模块、无线通信模块和能量供应模块这4部分组成，如图5-6所示。传感器模块（传感器和A/D

转换器）负责监测区域内信息的采集和数据转换；微处理器模块（如 CPU、存储器、嵌入式操作系统等）负责控制整个传感器节点的操作，并存储和处理本身采集的数据及其他节点发来的数据；无线通信模块（如网络、MAC、收发器）负责与其他传感器节点进行无线通信；能量供应模块为传感器节点提供运行所需的能量，通常为微型电池。

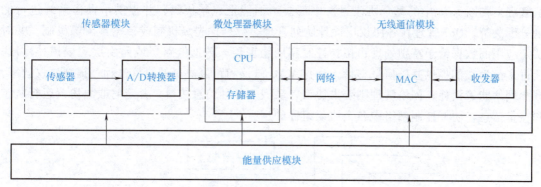

图 5-6　传感器节点的结构

此外，传感器节点还可以包括其他辅助单元，如移动系统、定位系统和自供电系统等。由于需要进行比较复杂的任务调度与管理，微处理模块还需要包含一个功能较为完善的微型嵌入式操作系统，如美国加利福尼亚大学伯克利分校开发的 Tiny OS。目前已有多种成型的传感器节点设计，如 Motes、BUDS 和 iMote 等。它们在实现原理上是相似的，只是采用了不同的微处理器、不同的协议和通信方式。此外，还必须有一些应用相关部分，如某些传感器节点有可能在深海或海底，也有可能出现在化学污染或生物污染的地方，这就需要在传感器节点的设计上采用一些特殊的防护措施。

由于传感器节点采用电池供电，一旦电能耗尽，节点就失去了工作能力。为了最大限度地节约电能，在硬件设计方面，要尽量采用低功耗器件，在没有通信任务的时候，切断射频部分电源；在软件设计方面，各层通信协议都应该以节能为中心，必要时可以牺牲其他的一些网络性能指标，以获得更高的电源效率。

3. 无线传感器网络协议栈

随着无线传感器网络的深入研究，研究人员提出了多个传感器节点上的协议栈。图 5-7a 所示为早期提出的一个协议栈，这个协议栈包括物理层、数据链路层、网络层、传输层和应用层，与互联网协议栈的 5 层协议相对应。另外，协议栈还包括能量管理平台、移动管理平台和任务管理平台。这些管理平台使得传感器节点能够按照高效利用能源的方式协同工作，在节点移动的无线传感器网络中转发数据，并支持多任务和资源共享。各层协议和平台的功能为：物理层提供简单但健壮的信号调制和无线收发技术；数据链路层负责数据成帧、帧检测、媒体访问和差错控制；网络层主要负责路由生成与路由选择；传输层负责数据流的传输控制，是保证通信服务质量的重要部分；应用层包括一系列基于监测任务的应用层软件；能量管理平台管理传感器节点如何使用能源，在各个协议层都需要考虑节省能量；移动管理平台检测并注册传感器节点的移动，维护到汇聚节点的路由，使得传感器节点能够动态跟踪其邻居的位置；任务管理平台在一个给定的区域内平衡和调度监测任务。

图 5-7b 所示的协议栈细化并改进了原始模型。定位和时间同步子层在协议栈中的位置比较特殊。它们既要依赖于数据传输通道进行协作定位和时间同步协商，同时又要为网络协

议各层提供信息支持，如基于时分复用的 MAC 协议、基于地理位置的路由协议等很多传感器网络协议都需要定位和同步信息。所以在图 5-7b 中用倒 L 型描述这两个功能子层。图 5-7b 中右边的诸多机制一部分融入图 5-7a 所示的各层协议中，用以优化和管理协议流程；另一部分独立在协议外层，通过各种收集和配置接口对相应机制进行配置和监控，如能量管理。在图 5-7a 中的每个协议层次中都要增加能量控制代码，并提供给操作系统进行能量分配决策；QoS 管理在各协议层设计队列管理、数据优先级机制或带宽预留等机制，并对特定应用的数据给予特别处理；拓扑控制利用物理层、数据链路层或路由层完成拓扑生成，反过来又为它们提供基础信息支持，优化 MAC 协议和路由协议的协议过程，提高协议效率，减少网络能量消耗；网络管理则要求协议各层嵌入各种信息接口，并定时收集协议运行状态和流量信息，协调控制网络中各个协议组件的运行。

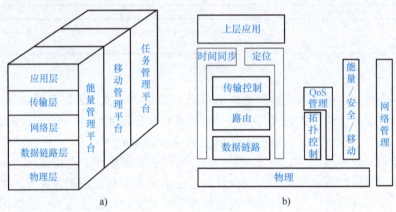

图 5-7 无线传感器网络协议栈

5.3.6 无线传感器网络的技术特征

无线传感器网络的实现需要一些传统的自组织网络（Ad-hoc）技术。自组织网络技术所标称的是一种无线特定的网络结构，强调的是多跳、自组织、无中心的概念。在任意时刻，自组织网络由一些带有无线收发装置的移动节点通过无线信道连接形成一个任意网状的拓扑结构。

自组织网络具有自组织性、动态拓扑结构、有限传输带宽、有限移动性、安全性差、分布式、可扩展性不强、寿命短等基本特点。

无线传感器网络的主要特性包括：

1. 无中心和自组织性

实际应用中传感器节点往往被放置在没有基础结构的地方，传感器节点的位置不能预先精确设定，传感器节点之间的邻居关系预先也不知道，这样就要求传感器节点具有自组织的能力，能够自动进行配置和管理，通过拓扑控制机制和网络协议自动形成转发检测数据的多跳无线网络系统。当网络中增加或减少节点时网络的拓扑结构随之动态变化，无线传感器网络也能够适应这种动态变化。

2. 动态变化的网络拓扑

无线传感器网络拓扑随着其所在的物理环境变化而不断变化，主要受到下列因素的影响：

1）由环境因素或电能耗尽造成的传感器节点故障或失效。

2）环境条件变化可能造成无线通信链路变化，甚至时断时通。

3）无线传感器网络的传感器和感知对象都可能具有移动性。

4）新的传感器节点的加入，这些都要求无线传感器网络系统要具有对动态环境的适应性。

5）传感器节点休眠会造成拓扑的变化。

3. 能量有限性

传感器节点体积微小，通常携带能量十分有限的电池，由于传感器节点个数多、成本低廉、分布区域广、部署环境复杂（可能任何人员不可达），所以在使用过程中不能给电池充电或更换电池，一旦电池能量用完，这个传感器节点也就失去了作用。如果某区域有大量传感器节点失效则造成网络功能的大大削减。因此在无线传感器网络的关键技术的设计过程中，考虑任何协议和算法都要以节能为前提，尽可能地延长传感器节点和网络的寿命。

4. 多跳路由

由于传感器节点发射功率的限制，传感器节点的覆盖范围有限。当它要与其覆盖范围之外的传感器节点进行通信时，需要中间节点（也是传感器节点）的转发。

5. 空间位置寻址

无线传感器网络一般不需要支持任意两个传感器节点之间的点对点通信，传感器节点不必具有全球唯一的标识，不必采用因特网的 IP 寻址。用户可以不关心数据采集于哪一个传感器节点，而关心数据所属的空间位置，因此可采取空间位置寻址方式。

6. 安全性差

无线传感器网络采用无线信道进行通信，无线网络的广播性和无线信道的暴露性使得网络通信容易遭到窃听、入侵、拒绝服务等网络攻击。又由于无线传感器网络一般部署在无人监控的区域内或在开放性区域内，所以容易受到无关人员的干扰或敌方人员的恶意破坏和攻击。此外，无线传感器网络由于资源限制，需要设计低开销的通信协议，但这使得入侵者可以比较容易地进行拒绝服务攻击。又由于低成本的限制，一些无线传感器网络系统只能采用单频率通信机制，因此入侵者通过频率扫描的手段很容易捕获无线传感器网络的工作频率。因此，保障无线传感器网络的安全是很困难的，目前人们也迫切需要提供符合无线传感器网络特点的简捷有效的安全机制。

7. 大规模性

无线传感器网络由大量的传感器节点组成（数量可能达到成千上万，甚至更多），传感器节点分布非常密集（在一个面积不大的区域内，密集部署了大量的传感器节点）。通过分布式处理大量传感器节点的采集信息能够提高监测的精确度，降低对单个传感器节点的准确度要求，也使得系统具有很强的容错性能，减少监测盲区。

8. 可靠性和健壮性

传感器节点常常部署在无人值守的地区，而且由于规模大，不可能人工"照料"传感器节点，因此传感器节点往往设计成坚固且不易损坏的样式，适应于各种恶劣环境条件。无线传感器网络的自组织性使得网络应对传感器节点失效、链路中断等问题具有足够的健壮性。由于传感器节点是大规模密集分布的，网络中存在数据冗余，当某些传感器节点遭到无意或恶意的破坏时，或者个别传感器节点发生意外故障造成感知数据的较大误差时，仍然可以通过分布式分析处理获得正确的数据，甚至可以发现和剔出有问题的传感器节点。因此，无线传感器网络的健壮性高。

9. 以数据为中心性

无线传感器网络是任务型的网络，脱离网络谈论传感器节点没有意义。传感器节点的编号与位置没有必然联系，用户使用无线传感器网络查询事件时，直接将关心的事件通告给无线传感器网络，而不是某个确定编号的传感器节点。无线传感器网络在获得指定事件的信息后将结果汇报给用户。这种以数据本身作为查询或传输线索的思想更接近于自然语言交流的习惯，所以说无线传感器网络是一个以数据为中心的网络。

10. 高冗余

为了保证可用性和生存能力，无线传感器网络通常具有较高的传感器节点和网络链路冗余，以及采集的数据冗余。

5.3.7 无线传感器网络体系结构的设计要求

无线传感器网络的体系结构是无线传感器网络研究中的重要方面，近年来国内外的学者广泛展开了相应的研究工作。结合无线传感器网络的自身特点，在设计无线传感器网络的体系结构中需要考虑的要素归纳如下。

1. 节点资源的有效利用

无线传感器网络由大量低成本的传感器节点组成，能量、带宽、计算、存储等资源非常有限。有效管理和使用这些资源，最大限度地延长网络寿命是无线传感器网络研究所面临的一个关键技术挑战，需要在体系结构的层面上给予系统性的考虑。能耗管理涉及无线传感器网络研究的方方面面，选择低功耗的硬件设备、设计低功耗的 MAC 协议和路由协议等一直是研究的热点。无线传感器网络系统的各个层次和各个功能模块之间是彼此关联的，为了优化功耗，需要各功能模块间保持必要的同步，即同步休眠与唤醒，如 MAC 协议和物理层的无线收发器、路由协议和流量控制协议等。但一味片面地优化某个协议来追求低功耗是不科学的。如果体系结构也能给予必要的支持，如便于跨层设计等，往往也会有意想不到的结果。典型的例子是过去片面强调低功耗路由协议的设计，结果出现个别关键传感器节点能量耗尽而失效，造成网络分割，使连通性无法保持而影响正常工作，但此时无线传感器网络中大量的传感器节点却有充足的剩余能量，因此从系统的角度设计能耗均衡的路由协议比单纯追求低功耗的路由协议更为重要，当然设计能量均衡的路由协议需要传输层和物理层的支持，这就要求体系结构提供跨层设计的便利。还有传感器节点上的计算资源和存储资源有限，不适合进行复杂的计算和大量数据的缓存，这是体系结构设计中需要考虑的。从这个角度分析，空间复杂度和时间复杂度较高的协议和算法，如一些时间同步和定位算法，显然不适合无线传感器网络应用。目前，有限的带宽资源（IEEE 802.15.4 支持的最高带宽仅为250KB/s，是造成无线传感器网络应用仅局限于简单信息的获取和传输，一直不能被扩展到音视频领域的主要技术障碍。但随着无线通信技术的进步，带宽不断增加是极有可能的。目前超宽带（UWB）技术就支持近百兆的带宽，无线传感器网络在不远的将来胜任音视频传输完全有可能，体系结构的设计需要考虑这一发展趋势，不能仅仅停留在简单的数据应用上。

2. 支持网内数据处理

在无线传感器网络的研究初期，人们曾经一度认为成熟的因特网技术加上自组织网络路由机制对无线传感器网络的设计是充分的，但深入的研究表明：无线传感器网络有着与传统网络明显不同的技术要求。前者以数据为中心，后者以传输数据为目的。为了适应广泛的应用程序，有利于网络规模的扩展，传统网络的设计遵循着"端到端"的边缘论思想，强调将一切与功能相关的处理都放在网络的端系统上，网络中间节点不实现任何与分组内容相关的功能，只是简单地采用存储/转发的模式为用户传送分组，也就意味着网络仅是一个"比特搬运工"。对于无线传感器网络而言，在多数应用中，网络仅仅实现分组传输功能是不够的，有时特别需要"网内数据处理"的支持。例如，多个传感器节点可能同时观测到了外部同一事件的发生，它们分别产生数据分组并向汇聚节点发送。汇聚节点只需收到它们中的一个分组即可，其余分组的传输完全是多余的。如果能在中间节点（如聚类的簇头等）上进行一定的聚合、过滤或压缩，会有效减小频繁传送分组造成的能量开销。另外，减少分组传输还可以协助处理拥塞控制和流量控制，例如，当检测到网络拥塞时，可以进行高强度的数据融合来缓解拥塞。因为过滤是要基于分组内容进行的，自然需要网络中间节点具备一定的数据处理能力。无线传感器网络中类似的功能需求还有很多，如数据融合、节点协同探测等。虽然这违背了传统网络遵从的边缘论的核心思想，但却是无线传感器网络所需要的，体系结构的设计应该予以考虑。

3. 支持协议跨层设计

在无线传感器网络系统的开发过程中，各个层次的研究人员为了同一性能优化目标（如节省能耗、提高传输效率、降低误码率等）而进行的协作将非常普遍。这种优化工作使网络体系结构中各个层次之间的耦合变得更加紧密，上层协议需要了解下层协议（不仅仅限于相邻的下层）所提供服务的质量，下层协议的运行需要上层协议（不仅仅限于相邻的上层）的建议和指导，这违背了传统分层网络体系结构中只有相邻层才可以进行消息交互的约定。这种协议的跨层设计无疑会增加体系结构设计的复杂度，但实践证明它是提高系统整体性能的有效方法，对于无线网络尤为如此，无线传感器网络的网络体系结构有必要对此提供一定的支持。

4. 增强安全性

传统互联网体系结构在设计时没有考虑到安全方面的问题，这使得安全成为目前互联网所面临的最棘手的难题之一。由于无线传感器网络采用无线通信方式，信道缺少必要的屏蔽和保护，更容易受到攻击和窃听。因此，无线传感器网络体系结构的设计过程中应该吸取互联网的经验教训，将安全方面的考虑提升到一个重要的位置上，设计一定的安全机制，确保所提供服务的安全性和可靠性。这些机制必须自下而上地贯穿于体系结构的各个层次，为安全服务提供全面的保障，即除了类似于IPSec这种网络层的安全隧道之外，还需对节点身份标识、物理地址、控制信息（路由表等）提供必要的认证和审计机制来加强对使用网络资源的管理。此外，还需要考虑如何对付可能出现的新的攻击，如耗能攻击和堵塞攻击等。

5. 支持多协议

互联网依赖统一的IP协议实现端到端的通信。对于无线传感器网络而言，它的形式和应用需求具有多样性，网络节点除了负责转发分组外，更重要的是负责"以任务为中心"的数据处理，简单的端到端的通信方式较难应对，需要多协议来支持。当然另一方面，无线

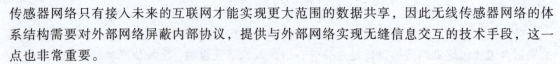

传感器网络只有接入未来的互联网才能实现更大范围的数据共享,因此无线传感器网络的体系结构需要对外部网络屏蔽内部协议,提供与外部网络实现无缝信息交互的技术手段,这一点也非常重要。

6. 支持有效的资源发现机制

借助搜索引擎,人们在互联网中能够快速地定位各种网络资源,为用户提供可访问的链接。人们自然也希望未来能方便地定位无线传感器网络监测信息的类型、覆盖地域的范围,并获得具体的监测信息。这就需要在设计无线传感器网络体系结构时考虑提供类似的访问接口,使将来的搜索引擎可以方便地通过查询、检索的方式来定位广泛存在的无线传感器网络中的信息资源。传感器资源发现包括网络自组织、网络编址和路由等。拓扑结构自动生成是无线传感器网络的一个特点。部署大规模无线传感器网络不可能预先确定网络拓扑,至多能控制传感器节点的密度等宏观参数。传感器节点分布的随机性是必然的,依据单一符号(如 IP 地址或节点 ID)来编址,效率不高,有研究者已经提出根据传感器节点采集数据的多种属性来进行编址,这种编址方案本身就应该属于无线传感器网络的体系结构研究的内容之一。当然,在新的编址方案下,体系结构还需对相应的资源发现机制给予必要的支持。

7. 支持可靠的低延时通信

对于执行实时监测的无线传感器网络而言,网络体系结构支持低延时的可靠传输是必需的。各种类型的传感器节点工作在监测区域内,物理环境的各种参数动态变化,有些很可能是快变过程,如果网络协议不能支持实时传输,监测数据很可能过期无效。

8. 支持容忍延时的非面向连接通信

无线传感器网络的形式多样,应用需求也各不相同,除了实时性监测任务以外,有些任务对实时性要求不太高,如海洋勘测、生态环境监测等。此外,虽然目前一般认为无线传感器网络拓扑结构是静态的或准静态的。但随着研究和应用的深入,很有可能出现拓扑动态变化的应用场景,如海洋中漂浮节点组成的水声传感器网络、用于医疗监护的无线传感器网络等,它们类似于目前的移动自组织网络(Mobile Ad-hoc Network,MANET),移动性使节点间保持长期稳定的连通性较为困难,倒是偶发的连通性却较为普遍。在缺乏物理连通的条件下实现实时信息交互具有很大的技术挑战。此外,有些无线传感器网络很可能部署在人迹罕至的偏僻环境中,如森林火灾监测等。一般通过无人机的周期性游弋来收集汇聚节点上的数据,这意味着在类似的应用中持久的连通性同样无法保持。综合以上几种情形,无线传感器网络需要提供容忍延时的非面向连接通信模式,体系结构的设计不能忽略这一点。

9. 开放性

在网络技术的研究和发展中,人们总结出了一些宝贵的经验。国际标准化组织采用 Hubert Zimmerman 提出的开放系统互连(OSI)的概念来描述网络的分层结构,虽然目前已有的大多数网络并没有完全遵从 OSI 的 7 层模型来设计,但丝毫不影响开放系统互联原则成为人们过去网络研究过程中得到的最有价值的经验。开放性是任何系统保持旺盛生命力和能够持续发展的重要属性。无线传感器网络体系结构的设计必须符合开放系统互联的原则。

5.3.8 无线传感器网络的关键技术

无线传感器网络作为当今信息领域新的研究热点,涉及微机电系统、计算机、通信、自动控制、人工智能等多学科交叉的研究领域,有非常多的关键技术有待发现和研究,下面仅列出部分关键技术。

1. 网络协议

由于传感器节点的计算能力、存储能力、通信能量及携带的能量都十分有限，每个节点只能获取局部网络的拓扑信息，其上运行的网络协议也不能太复杂。同时，由于传感器节点拓扑结构动态变化，网络资源也在不断变化，这些都对网络协议提出了更高的要求。网络协议负责使各个独立的传感器节点形成一个多跳的数据传输网络。目前研究的重点是网络层协议和数据链路层协议。网络层协议决定监测信息的传输路径，数据链路层协议用来构建底层的基础结构，控制传感器节点的通信过程和工作模式。

2. 路由协议

路由协议解决的是数据传输的问题，是无线传感器网络的核心技术之一。在无线传感器网络中，路由协议不仅关心单个传感器节点的能量消耗，更关心整个网络能量的均衡消耗，这样才能延长整个网络的生存期。同时，无线传感器网络是以数据为中心的，这在路由协议中表现得最为突出，每个传感器节点没有必要采用全网统一的编址，选择路径可以不用根据传感器节点的编址，更多的是根据感兴趣的数据建立数据源到汇聚节点之间的转发路径。无线传感器网络的路由协议具有应用相关性，不同应用中的路由协议可能差别很大，没有一个通用的路由协议。

传感器网络路由协议类型多样，如多个能量感知的路由协议、定向扩散和遥传路由协议等是基于查询的路由协议，GEAR 和 GEM 是基于地理位置的路由协议，SPEED 和 ReInforM 是支持 QoS 的路由协议。能量感知路由协议从传感器节点的能量利用效率及网络生存期的角度考虑路由选择，基本思想是根据传感器节点剩余能量定义节点的优先级，控制整个网络能量的均衡消耗；基于查询的路由协议将路由建立与路由协议数据查询过程相结合，充分考虑了数据查询类应用的特点；基于地理位置的路由协议利用传感器节点的地理位置建立数据源到汇聚节点或负责节点的优化传输路径；支持 QoS 的路由协议主要从传输可靠性和实时性方面讨论了无线传感器网络的路由机制。由于无线传感器网络中路由协议具有应用相关性，同一个无线传感器网络需要在不同应用条件下使用不同的路由协议。路由协议的自主切换技术可以使传感器节点动态地适应不同的应用和网络环境。

3. MAC 协议

在无线传感器网络中，介质访问控制（Medium Access Control，MAC）协议决定无线信道的使用方式，在传感器节点之间分配有限的无线通信资源，用来构建无线传感器网络系统的底层基础结构。MAC 协议处于无线传感器网络协议的底层部分，对无线传感器网络的性能有较大影响，是保证无线传感器网络高效通信的关键网络协议之一。

无线传感器网络的 MAC 协议首先要考虑节省能源和可扩展性，其次才考虑公平性、利用率和实时性等。在 MAC 层的能量浪费主要表现在空闲侦听、接收不必要数据和碰撞重传等。为了减少能量的消耗，MAC 协议通常采用"侦听/睡眠"交替的无线信道侦听机制，传感器节点在需要收发数据时才侦听无线信道，没有数据需要收发时就尽量进入睡眠状态。后来又有学者提出了 S-MAC、T-MAC 和 Sift 等基于竞争的 MAC 协议，DEANA、TRAMA、DMAC 和周期性调度等时分复用的 MAC 协议，以及 CSMA/CA 与 CDMA 相结合、TDMA 与 FDMA 相结合的 MAC 协议。由于无线传感器网络是应用相关的网络，应用需求不同时，网络协议往往需要根据应用类型或应用目标环境特征定制，因此没有任何一个协议能够高效适

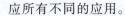

应所有不同的应用。

4. 网络拓扑控制

在无线传感器网络中，传感器节点是体积微小的嵌入式设备，采用能量有限的电池供电，它的计算能力和通信能力十分有限，所以除了要设计高效使用能量的 MAC 协议、路由协议及应用层协议，还要设计优化的网络拓扑控制机制。

对于无线传感器网络而言，网络拓扑控制具有特别重要的意义。通过拓扑控制自动生成的良好的网络拓扑结构，能够提高路由协议和 MAC 协议的效率，可为数据融合、时间同步和目标定位等很多方面奠定基础，有利于节省传感器节点的能量来延长网络的生存期。所以，拓扑控制是无线传感器网络研究的核心技术之一。

无线传感器网络拓扑控制主要的研究问题是在满足网络覆盖度和连通度的前提下，通过功率控制和骨干节点选择，剔除传感器节点之间不必要的无线通信链路，生成一个高效的数据转发的网络拓扑结构。拓扑控制可以分为传感器节点功率控制和层次型拓扑控制两个方面。传感器节点功率控制机制调节无线传感器网络中每个传感器节点的发射功率，在满足网络连通度的前提下，减少传感器节点的发送功率，均衡传感器节点单跳可达的邻居数目，提出了 COMPOW 等统一功率分配算法，LINT/LHJT 和 LMN/LMA 等基于节点度数的算法，CBTC、LMST、RNG、DRNG 和 DLSS 等基于邻近图的近似算法。层次型拓扑控制利用分簇机制，让一些传感器节点作为簇头节点，由簇头节点形成一个处理并转发数据的骨干网，其他非骨干网的传感器节点可以暂时关闭通信模块，进入休眠状态以节省能量，提出了 Top-Disc 成簇算法、改进的 GAF 虚拟地理网格分簇算法，以及 LEACH 和 HEED 等自组织成簇算法。

5. 定位技术

位置信息是传感器节点采集数据中不可缺少的部分，没有位置信息的监测消息通常毫无意义。确定事件发生的位置或采集数据的节点位置是无线传感器网络最基本的功能之一。为了提供有效的位置信息，随机部署的传感器节点必须能够在布置后确定自身位置。由于传感器节点存在资源有限、随机部署、通信易受环境干扰甚至失效等特点，定位机制必须满足自组织性、健壮性、高效使用能量、分布式计算等要求。

根据位置是否确定，传感器节点分为信标节点和位置未知节点。信标节点在传感器节点中所占的比例很小，可以通过携带 GPS 定位设备等手段获得自身的精确位置。信标节点是位置未知节点定位的参考点。位置未知节点需要根据少数信标节点，按照某种定位机制确定自身的位置。在无线传感器网络定位过程中，通常会使用三边测量法、三角测量法或极大似然估计法确定传感器节点位置。根据定位过程中是否实际测量传感器节点间的距离或角度，把无线传感器网络中的定位分类为基于距离的定位和距离无关的定位。

基于距离的定位机制就是通过测量相邻传感器节点间的实际距离或方位来确定未知传感器节点的位置，通常采用测距、定位和修正等步骤实现。基于距离的定位分为基于 TOA 的定位、基于 TDOA 的定位、基于 AOA 的定位和基于 RSSI 的定位等。由于要实际测量传感器节点间的距离或角度，基于距离的定位机制通常定位准确度相对较高，因此对传感器节点的硬件也提出了很高的要求。距离无关的定位机制不用实际测量传感器节点间的绝对距离或方位就能够确定未知传感器节点的位置，目前提出的定位机制主要有质心算法、Dv-Hop 算法、Amorphous 算法、APIT 算法等。由于不用测量传感器节点间的绝对距离或方位，因此降低了对传感器节点硬件的要求，使得传感器节点成本适合于大规模无线传感器网络。距离无关的定位机制的定位性能受环境因素的影响小，虽然定位误差相应有所增加，但定位准确度能够满足多数无线传感器网络应用的要求，是目前大家重点关注的定位机制。

6. 网络安全

无线传感器网络是一种应用相关网络，作为连接真实物理环境和信息系统的接口，通常被部署在复杂的现实环境中。低成本可灵活部署的无线传感器网络已经成为下一代高性能信息系统信息摄取前端的最佳候选解决方案，其应用前景非常广阔。在无线传感器网络的许多潜在应用中，如战场目标跟踪和监视、司法取证、汽车遥控、建筑物安全监控、输油管线温度和压力监测、森林火险监测等，网络自身的安全问题都显得尤为重要。

无线传感器网络作为任务型的网络，不仅要进行数据的传输，而且要进行数据采集、数据融合和任务的协同控制等。如何保证任务执行的机密性、数据产生的可靠性、数据融合的高效性及数据传输的安全性，就成为无线传感器网络安全问题需要全面考虑的内容。为了保证任务的机密布置和任务执行结果的安全传递和融合，无线传感器网络需要实现一些最基本的安全机制：机密性、点到点的消息认证、完整性鉴别、新鲜性、认证广播和安全管理。除此之外，为了确保数据融合后数据源信息的保留，水印技术也成为无线传感器网络安全的研究内容。

虽然在安全研究方面，无线传感器网络没有引入太多的内容，但无线传感器网络的特点决定了它的安全与传统网络安全在研究方法和计算手段上有很大的不同。首先，无线传感器网络传感器节点的各方面能力都不能与目前因特网的任何一种网络终端相比，所以必然存在算法计算强度和安全强度之间的权衡问题。如何通过更简单的算法实现尽量坚固的安全外壳是无线传感器网络安全的主要挑战。其次，有限的计算资源和能量资源往往需要系统的各种技术综合考虑，以减少系统代码的数量，如安全路由技术等。最后，无线传感器网络任务的协作特性和路由的局部特性使传感器节点之间存在安全耦合，单个传感器节点的安全泄漏必然威胁整个网络的安全，所以在考虑安全算法的时候要尽量减小这种耦合性。无线传感器网络 SPINS 安全框架在机密性、点到点的消息认证、完整性鉴别、新鲜性、认证广播方面定义了完整有效的机制和算法。安全管理方面，以密钥预分布模型作为安全初始化和维护的主要机制，其中随机密钥对模型、基于多项式的密钥对模型等是最有代表性的算法。

7. 时间同步

作为无线传感器网络的基础构件之一，时间同步服务不仅是无线传感器网络各种应用正常运行的必要条件，并且同步准确度直接决定了其他服务的质量。

在分布式系统中，不同的节点都有自己的本地时钟。由于不同节点的晶体振荡器频率存在偏差，以及温度变化和电磁波干扰等，即使在某个时刻所有节点都达到时间同步，它们的时间也会逐渐出现偏差，而分布式系统的协同工作需要节点间的时间同步，因此时间同步机制是分布式系统基础框架的一个关键机制。分布式时间同步涉及物理时间和逻辑时间两个不同的概念。物理时间用来表示人类社会使用的绝对时间；逻辑时间表达事件发生的顺序关系，是一个相对概念。分布式系统通常需要一个表示整个系统时间的全局时间，全局时间根据需要可以是物理时间或逻辑时间。

时间同步机制在传统网络中已经得到广泛应用，如网络时间协议 NTP（Network Time Protocol）是因特网采用的时间同步协议，GPS、无线测距等技术也用来提供网络的全局时间同步。在无线传感器网络应用中同样需要时间同步机制，如时间同步能够用于形成分布式波束系统、构成 TDMA 调度机制和多传感器节点的数据融合，在传感器节点间时间同步的基础上，用时间序列的目标位置检测可以估计目标的运行速度和方向，通过测量声音的传播时间能够确定传感器节点到声源的距离或声源的位置。但 NTP 只适用于结构相对稳定、链路很少失败的有线网络系统；GPS 能够以纳秒级准确度与世界标准时间 UTC 保持同步，但需要配置固定的高成本接收机，同时在室内、森林或水下等有掩体的环境中无法使用 GPS。因此，它们都不适合应用在无线传感器网络中。Jeremy Elson 和 Kay Romer 在 2002 年 8 月的 HotNetS-1 国际会议上首次提出并阐述了无线传感器网络中的时间同步机制的研究课题，在无线传感器网络研究领域引起了关注。

在设计无线传感器网络的时间同步机制时，需要从以下几个方面进行考虑：

（1）扩展性　在无线传感器网络应用中，部署的地理范围大小不同，传感器节点密度不同，时间同步机制要能够适应这种范围或密度的变化。

（2）稳定性　无线传感器网络在保持连通性的同时，因环境影响及传感器节点本身的变化，网络拓扑结构将动态变化，时间同步机制要能够在网络拓扑结构的动态变化中保持时间同步的连续性和精度的稳定。

（3）鲁棒性　由于各种原因可能造成传感器节点失效，另外现场环境随时可能影响无线链路的通信质量，因此要求时间同步机制具有良好的鲁棒性。

（4）收敛性　无线传感器网络具有网络拓扑结构动态变化的特点，同时传感器节点又存在能量约束，这些都要求建立时间同步的时间很短，使传感器节点能够及时知道它们的时间是否达到同步。

（5）能量感知　为了减少能量消耗，保持网络时间同步的交换消息数尽量少，必需的网络通信和计算负载应该可以预知，时间同步机制应该根据传感器节点的能量分布，均匀使用各个传感器节点的能量来达到能量的高效使用。

RBS、TINY/MINI-SYNC 和 TPSN 被认为是 3 个基本的时间同步机制。

（1）RBS 机制　这是基于接收者-接收者的时间同步机制：一个传感器节点广播时钟参考分组，广播域内的两个传感器节点分别采用本地时钟记录参考分组的到达时间，通过交换记录时间来实现它们之间的时钟同步。

（2）TINY/MINI-SYNC 机制　这是简单的轻量级的同步机制，假设传感器节点的时钟漂移遵循线性变化，那么两个传感器节点之间的时间偏移也是线性的，可通过交换时标分组来估计两个传感器节点间的最优匹配偏移量。

（3）TPSN 机制　它采用层次结构实现整个网络传感器节点的时间同步，所有传感器节点按照层次结构进行逻辑分级，通过基于发送者-接收者的传感器节点对方式，每个传感器节点能够与上一级的某个传感器节点进行同步，从而实现所有传感器节点都与根节点的时间同步。

除此之外，作为两种新型同步机制，萤火虫同步和协作同步也越来越受研究人员的青睐。

8. 数据融合

无线传感器网络的基本功能是收集并返回其传感器节点所在监测区域的信息。无线传感器网络的传感器节点的资源十分有限，主要体现在电池能量、处理能力、存储容量及通信带宽等几个方面。在收集信息的过程中采用各个传感器节点单独传送数据到汇聚节点的方法是不合适的,主要有两个原因:浪费通信带宽和能量及降低信息收集的效率。为避免这些问题,无线传感器网络在收集数据的过程中需要使用数据融合技术。

数据融合是将多份数据或信息进行处理,组合出更有效、更符合用户需求的数据的过程。数据融合的方法普遍应用于日常生活中。例如,在辨别一个事物的时候通常会综合各种感官信息,包括视觉、触觉、嗅觉和听觉等。单独依赖一种感官获得的信息往往不足以对事物做出准确判断,而综合多种感官数据,对事物的描述会更准确。在传统的传感器应用中,许多时候只关心监测结果,并不需要接收到大量原始数据,数据融合是实现此目的的重要手段。

在无线传感器网络中,数据融合起着十分重要的作用,主要表现以下3个方面。

(1) 节省整个网络的能量　无线传感器网络是由大量的传感器节点覆盖到监测区域而组成的。鉴于单个传感器节点的监测范围和可靠性是有限的,在部署网络时,需要使传感器节点达到一定的密度以增强整个网络的鲁棒性和监测信息的准确性,有时甚至需要使多个传感器节点的监测范围互相交叠。这种监测区域的相互重叠导致邻近传感器节点报告的信息存在一定程度的冗余。数据融合就是要针对上述情况对冗余数据进行网内处理,即中间节点在转发传感器数据之前,首先对数据进行综合,去掉冗余信息,再在满足应用需求的前提下将需要传输的数据量最小化,从而减小能量的开销。

(2) 增强所收集数据的准确性　无线传感器网络由大量低廉的传感器节点组成,部署在各种各样的环境中,从传感器节点获得的信息存在着较高的不可靠性。因此,仅收集少数几个分散的传感器节点的数据较难确保得到信息的正确性,需要通过对监测同一对象的多个传感器所采集的数据进行综合,来有效地提高所获得信息的准确度和可信度。另外,由于邻近的传感器节点监测同一区域,其获得的信息之间差异性很小,如果个别传感器节点报告了错误的或误差较大的信息,很容易在本地处理中通过简单的比较算法进行排除。需要指出的是,虽然可以在数据全部单独传送到汇聚节点后进行集中融合,但这种方法得到的结果往往不如在网内进行融合处理的结果准确,有时甚至会产生融合错误。数据融合一般需要数据源局部信息的参与,如数据产生的地点、产生数据的节点归属的簇等。相同地点的数据,如果属于不同的组,可能代表完全不同的数据含义。例如,对于树下和树上的传感器节点分别测量不同高度情况下目标区域的温度,虽然从二维环境下看它们在同一个地点,但这两个传感器节点的温度数据是不能够融合的。正是这些局部信息的参与使得局部信息融合比集中数据融合有更多的优势。

(3) 提高收集数据的效率　在网内进行数据融合,可以在一定程度上提高无线传感器网络收集数据的整体效率。数据融合减少了需要传输的数据量,可以减轻网络的传输拥塞,降低数据的传输延迟。即使有效数据量并未减少,但通过对多个数据分组进行合并减少了数据分组个数,可以减少传输中的冲突碰撞现象,也能提高无线信道的利用率。

另外,数据融合技术可以与无线传感器网络的多个协议层次进行结合。在应用层设计中,可以利用分布式数据库技术,对采集到的数据进行逐步筛选,达到融合的效果;在网络层中,很多路由协议均结合了数据融合机制,以期减少数据传输量。此外,还有研究者提出了独立于其他协议层的数据融合协议层,通过减少MAC层的发送冲突和头部开销达到节省能量的目的,同时又不损失时间性能和信息的完整性。数据融合技术已经在目标跟踪、目标自动识别等领域得到了广泛的应用。在无线传感器网络的设计中,只有面向应用需求设计针对性强的数据融合方法，才能最大限度地获益。

数据融合技术在节省能量、提高信息准确度的同时，要以牺牲其他方面的性能为代价。首先是延迟的代价，在数据传送过程中寻找易于进行数据融合的理由、进行数据融合操作、为数据融合而等待其他数据的到来，这4方面都可能增加网络的平均延迟。其次是鲁棒性的代价，无线传感器网络相对于传统网络有更高的传感器节点失效率及数据丢失率，数据融合可以大幅度降低数据的冗余性，但丢失相同的数据量可能会损失更多的信息，因此相对而言也降低了网络的鲁棒性。

9. 数据管理

从数据存储的角度来看，无线传感器网络可被视为一种分布式数据库。因此可以用数据库的方法在无线传感器网络中进行数据管理，可以将存储在无线传感器网络中的数据的逻辑视图与网络中的实现进行分离，使得无线传感器网络的用户只需要关心数据查询的逻辑结构，无须关心实现细节。虽然这样对网络所存储的数据进行抽象会在一定程度上影响执行效率，但可以显著增强无线传感器网络的易用性。

然而，无线传感器网络的数据管理与传统的分布式数据库有很大的差别。由于传感器节点能量受限且容易失效，数据管理系统必须在尽量减少能量消耗的同时提供有效的数据服务。同时，无线传感器网络中传感器节点数量庞大，且传感器节点产生的是无限的数据流，无法通过传统的分布式数据库的数据管理技术进行分析处理。此外，对无线传感器网络数据的查询经常是连续的查询或随机抽样的查询，这也使得传统分布式数据库的数据管理技术不适用于无线传感器网络。

用于无线传感器网络数据管理系统的结构主要有集中式结构、半分布式结构、分布式结构和层次式结构4种。

（1）集中式结构　在集中式结构中，感知数据的查询和无线传感器网络的访问是相对独立的。整个处理过程分为以下两步：首先，将感知数据按照事先指定的方式从无线传感器网络传输到中心服务器；然后，在中心服务器上进行查询处理。这种方法很简单，但是中心服务器会成为系统性能的瓶颈，而且容错性很差。另外，由于所有传感器节点的数据都要求传送到中心服务器，通信开销很大。

（2）半分布式结构　传感器节点具有一定的计算和存储能力，可以对原始数据进行一定的处理。所以，大多数研究工作都集中在半分布式结构方面，其中 Fjord 系统的结构和 Cougar 系统的结构是两种代表性的半分布式结构。

Fjord 系统主要由自适应的查询处理引擎和传感器代理两部分构成。Fjord 系统基于流数据计算模型处理查询，与传统数据库系统不同，在 Fjord 系统中，感知数据流是流向查询处理引擎的（Push 技术），而不是在被查询的时候才提取出来的（Pull 技术）。Fjord 系统对于非感知数据采取 Pull 技术。因此，Fjord 系统是同时采用 Push 技术和 Pull 技术的查询处理引擎。另外，Fjord 系统根据计算环境的变化动态调整查询执行计划。

Cougar 系统的基本思想是尽可能地将查询处理在无线传感器网络内部进行，减少通信开销。在查询处理过程中，只有与查询相关的数据才能从无线传感器网络中提取出来，这种方法灵活而有效。与 Fjord 系统不同，在 Cougar 系统中，传感器节点不仅需要处理本地的数据，同时还要与邻近的传感器节点进行通信，协作完成查询处理的某些任务。

（3）分布式结构　分布式结构假设每个传感器节点都有很高的存储、计算和通信能力。

首先，每个传感器节点采样、感知和监测事件，然后使用一个 Hall 函数，按照每个事件的关键字，将其存储到离这个 Hall 函数值最近的传感器节点，这种方法称为分布式 Hall 方法。处理查询的时候，使用同样的 Hall 函数，将查询发到离 Hall 值最近的传感器节点上面，这种结构将计算和通信全都放到传感器节点上。分布式结构的问题是假设传感器节点有着和普通计算机相同的计算和存储能力。分布式结构只适合基于事件关键字的查询，系统的通信开销较大。

（4）层次式结构　层次式结构包含了传感器网络层和代理网络层两个层次，并集成了网内数据处理、自适应查询处理和基于内容的查询处理等多项技术。在传感器网络层，每个传感器节点具有一定的计算和存储能力，每个传感器节点完成 3 项任务：从代理接收命令、进行本地计算和将数据传送到代理。代理层的节点具有更高的存储、计算和通信能力。每个代理完成从用户接受查询、向传感器节点发送控制命令或其他信息、从传感器节点接收数据、处理查询、将查询结果返回给用户 5 项任务。

无线传感器网络中数据的存储采用网络外部存储、本地存储和以数据为中心的存储 3 种方式。相对于其他两种方式，以数据为中心的存储方式可以在通信效率和能量消耗两个方面获得很好的平衡。基于地理散列表的方式便是一种常用的以数据为中心的数据存储方式。在无线传感器网络中，既可以为数据建立一维索引，也可以建立多维索引。DIFS 系统中采用的是一维索引的方法，DIM 是一种适用于无线传感器网络的多维索引方法。无线传感器网络的数据查询语言多采用类 SQL 的语言。查询操作可以按照集中式、分布式或流水线式查询进行设计。集中式查询由于传送了冗余数据而消耗额外的能量；分布式查询利用聚集技术可以显著降低通信开销；流水线式聚集技术可以提高分布式查询的聚集正确性。在无线传感器网络中，对连续查询的处理也是需要考虑的方面，CACQ 技术可以处理无线传感器网络的传感器节点上的单连续查询和多连续查询请求。

10. 无线通信技术

无线传感器网络需要低功耗短距离的无线通信技术。IEEE 802.15.4 标准是针对低速无线个人域网络的无线通信标准，它以低功耗、低成本作为设计的主要目标，旨在为个人或家庭范围内不同设备之间低速联网提供统一标准。由于 IEEE 802.15.4 标准的网络特征与无线传感器网络存在很多相似之处，因此很多研究机构把它作为无线传感器网络的无线通信平台。

超宽带技术（UWB）是一种极具潜力的无线通信技术。超宽带技术具有对信道衰落不敏感、发射信号功率谱密度低、截获能力低、系统复杂度低、能提供数厘米的定位精度等优点，非常适合应用在无线传感器网络中。迄今为止关于 UWB 有两种技术方案：一种是以 Freescale 公司为代表的 DS-CDMA 单频带方式；另一种是由英特尔、德州仪器等公司共同提出的多频带 OFDM 方案，但目前还没有一种方案成为正式的国际标准。

11. 嵌入式操作系统

从某种程度上可以把无线传感器网络看作是一种由大量微型、廉价、能量有限的多功能传感器节点组成的、可协同工作的、面向分布式自组织网络的计算机系统。由于无线传感器网络的特殊性，导致它对操作系统的需求相对于传统操作系统有较大的差异。因此，需要针对无线传感器网络应用的多样性、硬件功能有限、资源受限、传感器节点微型化和分布式任务协作等特点，研究和设计新的基于无线传感器网络的操作系统和相关软件。

传感器节点是一个微型的嵌入式系统，携带非常有限的硬件资源，需要操作系统能够节能高效地使用其有限的内存、处理器和通信模块，且能够对各种特定应用提供最大的支持。在面向无线传感器网络的操作系统的支持下，多个应用可以并发地使用系统的有限资源。

传感器节点有两个突出的特点：一个特点是并发性密集，即可能存在多个需要同时执行的逻辑控制，这需要操作系统能够有效地满足这种发生频繁、并发程度高、执行过程比较短的逻辑控制流程；另一个特点是传感器节点模块化程度很高，要求操作系统能够让应用程序方便地对硬件进行控制，且保证在不影响整体开销的情况下，应用程序中的各个部分能够比较方便地进行重新组合。上述这些特点对设计面向无线传感器网络的操作系统提出了新的挑战。美国加利福尼亚大学伯克利分校针对无线传感器网络研发了 TinyOS 操作系统，在科研机构的研究中得到比较广泛的使用，但仍然存在不足之处。

12. 应用层技术

无线传感器网络应用层由各种面向应用的软件系统构成，部署的无线传感器网络往往执行多种任务。应用层的研究主要是各种无线传感器网络应用系统的开发和多任务之间的协调，如作战环境侦察与监控系统、军事侦察系统、情报获取系统、战场监测与指挥系统、环境监测系统、交通管理系统、灾难预防系统、危险区域监测系统、有灭绝危险的动物或珍贵动物的跟踪监护系统、民用和工程设施的安全性监测系统、生物医学监测与治疗系统和智能维护等。无线传感器网络应用开发环境的研究旨在为应用系统的开发提供有效的软件开发环境和软件工具，需要解决的问题包括无线传感器网络程序设计语言、无线传感器网络程序设计方法学、无线传感器网络软件开发环境和工具、无线传感器网络软件测试工具的研究、无线面向应用的系统服务（如位置管理和服务发现等），以及基于感知数据的理解、决策和举动的理论与技术（如感知数据的决策理论、反馈理论、新的统计算法、模式识别和状态估计技术等）。

5.4 物联网应用场景之建筑结构健康监测

建筑的"健康"状况直接关系到人们的居住、生活和工作的安全，是事关民生的大事。随着使用年限的增加，任何建筑在内外部因素的共同影响下都会发生倒塌。如果不能提前发现建筑倒塌前的征兆并及时处置，发生的建筑倒塌事故很可能会造成严重的经济损失甚至人员伤亡。

建筑结构健康监测（SHM）系统是一种以物联网技术为核心并应用于建筑安全评估方面的远程监测系统，可以实时监测与建筑安全相关的建筑结构参量并在建筑发生倒塌前给出预警通知，从而在最大程度上减少倒塌造成的危害。其主要方法就是利用智能传感系统对工程结构进行实时监测、动态管理和趋势研判（见图 5-8）。通过在被监测对象内部或表面预埋或附加各类传感器组成监测网络，实时感知建筑结构对自身服役状态、外部环境侵蚀、极端载荷作用和周边扰动入侵等行为响应的重要信息，以便对其损伤破坏、性能退化和运营效率等健康状况做出智能评估和决策，为工程结构的安全使用、维护管养和寿命预测提供科学依据。

建筑结构健康监测是利用现场传感系统和相关分析技术来监测建筑结构的行动和性能（结构可操作性、安全性和耐久性）。建筑结构健康监测可实时感知、监测、识别、评定和

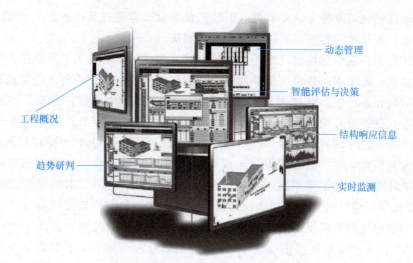

图 5-8 建筑结构健康监测系统示意图

预警结构载荷与环境作用、结构响应、结构性能、结构状态与安全水平，是保障结构全寿命服役安全的有效方法和技术，是实现智能土木工程的必经之路，其作为现场试验技术，与理论分析、模型试验和数值计算共同构成了土木工程学科发展的四个驱动之轮。

建筑结构健康监测的研究和应用大体上分为传感器技术、数据科学和系统集成技术 3 个分支。建筑结构健康监测是物理、化学、应用数学、信息科学与技术、计算机科学与技术、通信科学与技术和人工智能等诸多学科与土木工程学科的交叉融合，是极具挑战性的科学研究领域，蕴涵着无限的创新空间。

监测是人类科学地认知世界的直接手段，也是人类科学地控制物质及其发展的基础和前提。建筑结构健康监测是在建筑结构上布设大规模、多种类、分布式传感器网络以及数据采集、数据传输、数据管理和数据分析与预警系统而成的，可以实时感知、识别、诊断、评估结构的损伤与安全状态及其演化规律，揭示真实结构在真实载荷与环境耦合作用下的全寿命行为机制，仿生人类的自感知与自诊断智能功能。建筑结构健康监测是数学、物理、化学、生物与生命科学、信息科学、计算机科学、通信科学和材料科学等与土木工程学科深度融合和高度集成的一门独立学科分支。它会在所有操作条件下，利用先进的数据分析技术，如基于人工智能的智能数据分析确定建筑结构特征参数和损坏状况，在超出监测标准时发出适当的警报，进行结构性能评估和损坏预后，进行结构健康等级和结构寿命预测，对维修改造和更换等结构干预措施提供决策支持。建筑结构健康监测包括两类科学问题，即"传感"和"数据"：传感包括各种传感器及其传感原理，用于监测结构载荷、环境、整体结构响应和局部响应；数据包括数据收集和传输的理论、方法、硬件和软件、数据管理、数据挖掘和分析、结构识别、损伤检测以及结构维护决策。建筑结构健康监测一般包括：

1）传感器和仪器系统。

2）数据采集、管理、传输、处理和控制系统。

3）建筑结构状态和建筑结构诊断的识别。

4）建筑结构性能评估和预后。

建筑结构健康监测的方法成了国内外研究的热点，我国的学者及工程技术人员也在各种建筑结构健康监测领域取得了许多成果。但建筑结构健康监测在其构成的 4 个方面均存在许多挑战，还有许多科学问题与工程技术问题有待解决。

在现代社会中，建筑结构呈现出了不同的形式，按照建筑物的主要承重结构材料可将其分为木结构建筑、砖混结构建筑、钢筋混凝土结构建筑和钢结构建筑等。随着使用时间的延长，建筑结构会在各种内外环境因素（比如自身材料老化、电气线路故障、地基变化和恶劣气候影响等）的综合影响下发生变化，当建筑结构变化到一定程度时，就会造成建筑倒塌等事故并严重威胁使用者的生命和财产安全。全国每年因不能及时预警建筑倒塌而造成的经济损失和人员伤亡非常严重。据不完全统计，超过 60% 的人每天在室内的时间占比达到 85%，这意味着房屋建筑如同手机、衣物一样，是人们每天生活、工作和休息的必备"硬件"，只有确保房屋建筑的安全、健康，才能避免人们的生命财产遭受严重损失。

建筑结构健康监测系统就是为了解各类建筑结构的健康状况而开设的一种特殊的"工程体检中心"。作为"工程体检中心"，房屋建筑健康监测系统首先需要甄别不同结构病害的易发生建筑，这主要包含三大类建筑。第一类是现存的大量老旧危房，尤以民宅居多，与民生息息相关，"年老"的房屋不免"体弱多病"，自然成为重点关注对象。第二类，很多本处于健康状态的房屋往往因邻近深基坑施工现场，或周边有工业或工程振动，或位于地形、地质条件较差的场地，导致此类本应"健康"的建筑产生不均匀沉降、倾斜、裂缝甚至倒塌等"疾病"。因此，做好防护、实时监测是防止"病情"严重，甚至出现"交叉感染"等"症状"的重要方法。第三类，随着城市发展，超高层建筑、巨型场馆和很多造型新颖的建筑成为城市地标，为了防止这些建筑变得弱不禁风，高精尖的智能监测手段也必须得安排上。此外，大型水利设施、核电设施、军事设施和危化仓库等重要建筑因为用途特殊，也必须建设专门的建筑结构健康监测系统。

由建筑的结构特性可知，大部分建筑结构变化不是瞬间发生的，而是在各种因素的综合影响下缓慢发展的。因此如果事先能够探知到建筑的结构变化信息，根据该类信息分析出建筑结构的健康状况，并按照分析出的结果对建筑采取一定的措施（针对可以修复的建筑结构变化进行抢救式修复以延长其使用寿命，针对没有修复价值的建筑及时安排人员撤离及财产和设施保护），就可以避免因未及时探知建筑结构变化而带来的严重后果。对建筑结构变化信息进行检测的方法按照其发展历程可分为以下几个阶段：

第一阶段：基于非电子式传感器的传统人工检测方法。在检测方法发展之初，现实生活中主要采取人工检测的方式（依靠人眼观察和简单的机械测量工具，如采用钢尺检测古城墙裂缝的变化、采用圆锥形铅垂线检测墙体的倾斜状况等）定时到建筑物现场对其中一些建筑结构信息指标进行记录、评估和分析，综合判定建筑是否已成为危险建筑。

第二阶段：基于电子式传感器的现场检测方法。随着现代科技的发展，出现了各种电子式传感器，其工作方式都是利用不同原理的传感结构将建筑结构的自然量转变为电信号，继而对电信号进行加工处理，然后通过数码管、液晶显示器等多种方式显示出来。这一阶段人们同样采用定时到建筑物现场对其参数指标进行检测的方法，综合判断建筑物健康状况。

第三阶段：基于电子式传感器和监控平台的远程监测方法。基于非电子传感器的传统人工检测方法存在着较大的测量误差，且大多数情况下没有恒定的判断指标，更多的是建筑行业专家按照经验进行判定，存在着很大的不确定性。基于电子式传感器的现场检测方法虽然可以提高测量的准确度，但因为人工成本等因素的限制，与传统人工检测方法相比，存在着测量不连续的问题，检测的时间间隔不可能很短，所以很有可能会遗漏一些关键数据信息。随着物联网的发展，万物互联的时代即将来临，可以将建筑结构健康参数指标通过物联网传输到云平台，利用云平台对这些参数指标进行分析判断，从而实现对建筑物的远程实时监控和紧急预警。因此，基于电子式传感器和监控平台的远程监测方法很可能是未来房屋监测的发展方向。

建立一套完整的远程建筑结构健康监测系统将会大大增加建筑物的安全使用系数。通过该系统实时探知建筑物结构变化的动态信息，提前采取应对措施，从而降低因建筑坍塌事故造成的严重后果。

建筑结构健康监测系统由若干子模块构成，包括传感器模块、数据采集与传输模块、分析处理模块以及数据存储管理模块等（见图5-9）。

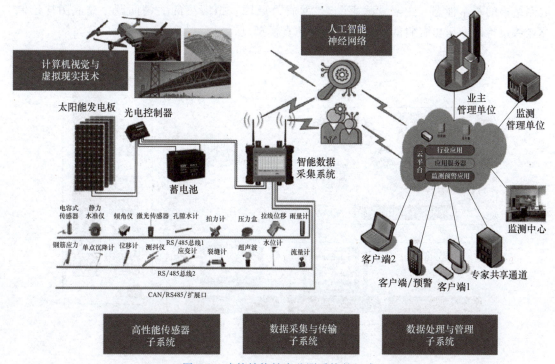

图 5-9　建筑结构健康监测系统的组成

其中，传感器模块是伸向并感知各类建筑的"触角"。常用的高性能智能传感器是结构工程师的"听诊器"，包含光纤、压电、形状记忆合金、半导体等智能材料和元器件。现行的无线传感器已经摆脱了传输电缆等有线连接的限制，直接植入结构内部或敷贴在表面，可实现建筑的自适应、自感知、自诊断甚至自修复。随着计算机视觉与虚拟现实技术的兴起，航拍无人机、高速摄影机甚至智能手机也加入了传感大家族，不仅能够重构建筑三维模型，还可识别结构的动力响应和表面微损伤，实现监测现场的高清可视化再还原。

数据采集与传输模块好比整个系统的"神经网"，不仅可实现多节点数据无线同步传输，极大减少设备体量和施工投入，还可智能调整数据汇总、筛选和预处理的策略，提炼更有参考价值的信息，使分析中心能够做到有的放矢。5G时代变革性地提高了无线通信容量，海量原始数据可以迅速发送至云上服务器，供多部门多维度调用，为结构设计验算、灾害作用规律研究、建筑规划选址提供最真实、最快速的一手资料。

分析处理模块相当于系统的"大脑"。信息时代的大数据与云计算技术为机器学习提供了得天独厚的条件，人工智能已经开始承担监测结果分析处理的重任。多类型的人工神经网络可以从云端的监测数据中分析出建筑的损伤位置和程度，评估建筑剩余寿命，甚至给出科学的决策处理建议。

在万物互联互通的时代，建筑结构健康监测系统是物联网的延伸与拓展，建筑的健康信息也能与手机、智能家电家居和智能穿戴设备等联动，让智慧建筑的功能性与可靠性日趋完善。

作为工程"体检医生"的结构工程师们也应履行"望闻问切"的"问诊"流程（见图 5-10）。先闻"病人主诉"，即同业主方沟通后收集相关基础资料，而后实地踏勘，明确被测结构的基本性态、主要"病害"、"发病"原因、拟解决的关键问题，完成图样绘制、重点部位检测、历史资料的收集，并建立仿真模型。

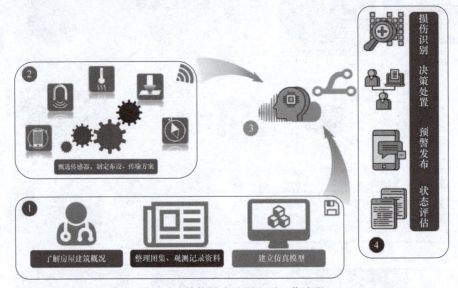

图 5-10　结构健康监测主要工作流程

"选择哪些专业设备，做哪些指标检查"是建筑结构健康监测的核心，甄选各类高性能智能传感器，给出采集传输策略并制定合理的"诊疗和康复"方案，是后续修缮加固等工程有的放矢、对症下药的必备前提。建筑结构健康监测既有针对建筑的梁、柱、节点和承重墙等关键部位的承载力、耐久性定期检测，也有针对结构整体的应力应变、环境温度和位移变形等指标，以及非结构构件的损伤等进行的长期实时监测，既包含裂缝、腐蚀和变形等局部损伤的识别，也包含沉降、倾斜和动力响应等整体安全状态的评估。

通过智能感知网络可以实时掌握建筑结构各类"体检指标"的动态信息，监测所得的物理量会自动输入到分析研判模块，进行智能解析比对，进一步弄清建筑健康状态、评估安全等级、研判风险水平，对危险结构或构件还能进行预警，并给出处置建议或意见，为应急避险、运维管养和加固修缮提供翔实可靠的决策依据，这个过程就像"专家会诊"。"健康体检"和"专家会诊"全程可以做到无人参与、无人值守，完全由计算机系统自主完成，这是建筑结构健康监测系统区别于人工测量和传统监测手段的重要标志。建筑结构健康监测系统在很大程度上可以减少人工检测的烦琐，还能比较准确地评判建筑结构的损伤程度，同时也能对建筑结构的剩余寿命和对建筑结构的加固改造做出更好的评价。由此可见，一个完备的建筑结构健康监测系统在未来具有广阔的发展前景和现实意义。

建筑结构健康监测系统是工程理论与实际需求结合发展的产物，是高新技术高度集成化的重要标志，是现代建筑结构检测技术的创新体现。一方面，建筑结构健康监测系统能让智能感知网络真正覆盖到城市建筑的每一个角落，可防事故于未然，在守护人民生命财产安全、灾害预警、应急处置以及节约建筑运营维护成本、优化结构设计方法理论、推动灾害及环境作用机制研究等方面，带来极大的社会经济效益。另一方面，建筑结构健康监测系统可贯穿整个建筑结构全寿命周期，在建设、运维和管养过程中扮演着侦察兵、指向标的角色，它虽不直接解决和处置建筑结构的病害险情，但可以为后续修缮加固、拆废、重建工程以及类似建筑建设和安全评价标准的建立、健全工作提供详尽的数据资料和指导方案。建筑结构健康监测系统监测感知的对象不仅是房屋建筑，还可以广泛运用于大型水利工程、轨道交通、大跨桥梁和核电站等各类工程的病害监测。防灾减灾工作者们前赴后继，不断推动建筑结构智能感知系统朝着实用化、人性化、轻量便携化和可以穿戴方向发展，为建筑结构进行"健康体检""把脉会诊"，为人民生命财产安全保驾护航。

第6章

物联网通信

6.1　ZigBee

6.1.1　ZigBee 简介

ZigBee，中文译为"紫蜂"，来源于大自然中蜂群使用的一种赖以生存和发展的通信方式。蜜蜂（Bee）主要依靠其在飞翔过程中"嗡嗡"（Zig）抖动翅膀的"舞蹈"来与同伴传递花粉所在的位置、距离和方位等信息，即蜜蜂依靠这样的方式构建了群体中的通信网络。2002 年，Invensys 公司、三菱公司、摩托罗拉公司和飞利浦公司等联合发起成立了 Zig-Bee 联盟，旨在建立一种低成本、低功耗、低数据传输速率和短距离的无线网络技术标准，由于蜂群中蜜蜂的数量众多，所需的食物很少，以及它们所建立的这种"无线"信息交互通信方式，与设计初衷十分吻合，故将该技术命名为 ZigBee。

ZigBee 规定了一系列短距离无线网络的数据传输速率通信协议的标准，主要应用于近距离无线连接。基于这一系列标准的设备工作在 868MHz、915MHz 和 2.4GHz 频带上，最大数据传输率为 250kbit/s。ZigBee 的设计目标是在保证低耗电性的前提下，开发一种易部署、低复杂度、低成本、短距离、低速率、自组织的无线网络，在工业控制、家庭智能化、无线传感器网络等领域有广泛的应用前景。在很多 ZigBee 应用中，无线设备的活动时间有限，大多数时间均工作在省电模式（睡眠模式）下。因此，ZigBee 设备可以在不更换电池的情况下连续工作数年。

ZigBee 是一种具备低功耗、低成本、低速率、近距离、短时延、网络容量大、可靠安全的无线组网技术。

（1）低功耗　处于工作模式时，ZigBee 技术的传输速率很低，可传输数据量小，信号的收发时间很短，通信距离近，发射功率仅为 1mW。处于非工作模式时，启用休眠模式，此时功耗一般只有正常工作状态下的千分之一。ZigBee 节点的电池工作时间一般可以长达 6 个月~2 年，对于某些占空比（工作时间/工作时间与休眠时间之和）小于 1% 的应用，电池的寿命甚至可以超过 10 年。相比较而言，蓝牙设备仅能工作数周，WiFi 设备仅可工作数小时。由于工作时间较短，收发信息功耗较低且采用了休眠模式，使得 ZigBee 节点非常省电。

（2）低成本　ZigBee 协议结构简单，对控制的要求不高，通过大幅简化协议，降低了对 ZigBee 节点存储和计算能力的要求。同时 ZigBee 协议免专利费。

（3）低速率　ZigBee 通常以 20~250kbit/s 的较低速率工作，在 2.4GHz、915MHz 和

868MHz 的工作频率下，分别提供 250kbit/s、40kbit/s 和 20kbit/s 的原始数据吞吐率，能够满足低速率传输数据的应用需求。其中，2.4GHz 频段在全世界范围内是通用的，而 868/915MHz 频段分别适用欧洲和北美。我国使用的 ZigBee 设备工作在 2.4GHz 频段。免注册的频段和较多的信道使 ZigBee 的使用更加方便、灵活，特别是选用 2.4GHz 频段的设备，可以在全世界的任何地方使用。较多的信道提高了 ZigBee 的可用性和灵活性，在同一区域内可以有多个不同的 ZigBee 网络共存而互不干涉，因为它们可以选择不同的信道。

（4）近距离　ZigBee 设备点对点传输范围为 10~100m。在增加射频发射功率后，传输范围可为 1~3km。利用路由和节点间通信的接力可使传输距离变得更远。

（5）短时延　相比于蓝牙需要 3~10s、WiFi 需要 3s 的时延，ZigBee 的通信时延和从休眠中激活的时延都非常短暂，设备搜索的时延一般为 30ms，一般从睡眠转入工作状态的时延只需 15ms，活动设备信道接入时延为 15ms，这进一步节省了电能。

（6）网络容量大　ZigBee 低速率、低功耗、短距离传输的特点使它非常适宜支持简单设备。ZigBee 定义了两种设备：全功能设备和简化功能设备。全功能设备要求支持所有的 49 个基本参数，它可以实现与简化功能设备和其他全功能设备通话，可按照 3 种不同的方式进行工作，即个域网协调器、协调器或终端设备。简化功能设备在最小配置时只要求支持 38 个基本参数，该设备只能与全功能设备通话，也只可应用于极其简单的应用。对于一个 ZigBee 网络，其最多可包括 255 个 ZigBee 节点，其中一个是主控（Master）设备，其余是从属（Slave）设备。如果同时利用网络协调器（Network Coordinator），整个网络最多可以支持超过 64000 个 ZigBee 节点，再加上各个网络协调器可互相连接，整个 ZigBee 网络将具有极其庞大的节点数目。

（7）可靠性　ZigBee 在物理层和媒体访问控制层采用 IEEE 802.15.4 协议，使用带时隙或不带时隙的载波检测多址访问与冲突避免（CSMA-CA）的数据传输方法，并与确认和数据检验等措施结合，可保证数据的可靠传输。

（8）高安全性　为了提高灵活性和支持在资源匮乏的 MCU 上运行，ZigBee 支持 3 种安全模式。其最低的安全模式实际上无任何安全措施，而最高级的 3 级安全模式采用属于高级加密标准（AES）的对称密码和公开密钥，AES 可以用来保护数据净荷和防止攻击者冒充合法用户。

6.1.2　ZigBee 网络拓扑结构

ZigBee 网络中的设备根据能力大小可分为全功能设备（Full-Function Device，FFD）和精简功能设备（Reduced-Function Device，RFD）两种。在网络中，全功能设备通常有 3 种状态：主协调器、协调器和终端设备。一个全功能设备可以同时和多个精简功能设备或多个其他的全功能设备通信，而精简功能设备只能和一个全功能设备进行通信。精简功能设备的应用非常简单，容易实现，就好像一个电灯的开关或者一个红外传感器，由于精简功能设备不需要发送大量的数据，并且一次只能同一个全功能设备通信，因此，精简功能设备仅需要使用较小的资源和存储空间。为了组建低功耗和低成本的无线通信网，精简功能设备被广泛应用于网络中。

ZigBee 网络中的所有设备均有一个全球唯一的 64bit 的 IEEE 地址，子网内部的协调器可为设备分配一个 16bit 的地址，作为网内通信地址，以此减小数据报的大小。

ZigBee 网络有星形拓扑结构、网形拓扑结构和簇树形拓扑结构 3 种不同的拓扑结构，如图 6-1 所示。星形拓扑结构由一个协调器作为中央控制器和多个从设备构成，协调器必须是全功能设备，主要负责发起和维护网络。从设备既可以是全功能设备，也可以是精简功能设备。在网形和簇树形拓扑结构中，协调器负责启动网络以及选择关键的网络参数。可以根据实际应用需要来选择合适的网络结构，星形网络是一种较为常用同时适用于长期运行使用操作的网络；网形网络是一种高可靠性监测网络，它通过无线网络连接可提供多个数据通信通道，一旦设备数据通信发生故障，则存在另一个路径可提供数据通信；簇树形网络是星形和网形的混合型拓扑网络，结合了上述两种拓扑结构的优点。对于整个系统来说，全功能设备可以支持任意

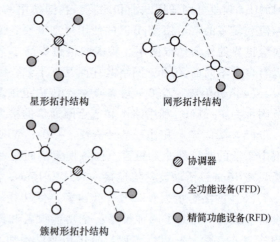

图 6-1　ZigBee 技术的 3 种网络拓扑结构

一种拓扑结构，既可以作为主协调器，也可以作为普通协调器，同时还可以和任何一种设备进行通信；精简功能设备仅可支持星形拓扑结构，无法成为任何协调器，但可以与协调器进行通信联系。

1. 星形拓扑结构

星形拓扑结构的网络由一个协调器作为中央控制器和多个从设备构成，协调器作为中心节点，终端设备和路由器都可以直接与协调器相连。协调器负责网络的建立和维护，它必须是 FFD，而且一般来说应该有稳定的电能供给，不需要考虑耗能问题。从设备可以是 FFD，但在大多数情况下是采用电池供电的 RFD，它只能直接与协调器进行数据通信，而与其他从设备之间的通信必须经过协调器转发。在一个网络中哪一个设备作为协调器一般来说是由上层规定的，不在 ZigBee 协议规定的范围之内。比较简单的方法是让首先启动的 FFD 成为协调器。在这种情况下，当一个 FFD 上电开始工作时，它就会检测周围的环境，选择合适的信道，把自己设为协调器，并选择一个 PAN 标识符，然后建立起自己的网络。PAN 标识符用来唯一地确定本网络，以此与其他的 PAN 相区分，网络内的从设备也是根据这个 PAN 标识符来确定自己和协调器的从属关系的。网络建立后，协调器就可以允许其他的设备与自己建立连接，从而加入到该网络中。至此，一个星形的 ZigBee 网络就建立起来了。

当然这里还有一些更为复杂的问题，如一个 PAN 中的协调器因故不能正常工作时，是否应有其他的 FFD 自动成为协调器接替它的工作；如果一个 PAN 中出现了两个或两个以上的协调器而产生竞争时如何解决；还有，如果两个 PAN 有相同的 PAN 标识符又如何解决等。

星形拓扑结构构造简单、易于管理和网络成本低，但中心节点负担过重、节点之间的灵活性差、网络过于简单和覆盖范围有限。星形拓扑结构适用于小型网络，广泛应用于家庭自动化、个人计算机外部设备、玩具和个人健康监控等方面。

2. 簇树形拓扑结构

如图 6-1 所示，簇树形拓扑结构是由协调器、若干个路由器及终端设备组成的，应用于

分布范围相对较大的场合。处于网络最末端的称为"叶"节点，它们是网络中的终端设备。若干个叶节点设备连接在一个全功能设备上形成一个"簇"，若干个"簇"再连接形成"树"，故称为簇树形拓扑结构。簇树形拓扑结构中的大部分设备是全功能设备，精简功能设备只能作为叶节点处于树枝的末端。在这种网络中有一个主协调器，作为主协调器的设备应该具有更多的资源、稳定可靠的供电等。在建立这样一个 PAN 时，主协调器启动建立 PAN 后，首先选择 PAN 标识符，将自身短地址设置为 0，然后开始向与它邻近的设备发送信标，接受其他设备的连接，形成树的第一级。主协调器与这些设备之间形成父子关系。与主协调器建立了连接的设备都会被分配一个 16 位的网络地址，称为短地址。如果设备以终端设备的身份接入网络，则主协调器会为它分配一个唯一的 16 位网络地址；如果设备以路由器的身份与网络建立连接，则主协调器会为它分配一个包含有若干个 16 位短地址的地址块。路由器根据它接收到的主协调器信标的信息，配置并发送它自己的信标，允许其他的设备与自己建立连接，成为其子设备。这些子设备中又可以有路由器，它们也可以有自己的子设备，如此下去形成多级簇树形结构的网络。显然，簇树形网络是利用路由器对星形网络的扩充。

在簇树形网络中所有的信息沿父子层次关系"向上"或"向下"传输，从一个节点向与其相邻的另一个节点的传输称为"一跳"，簇树形网络的深度是信息从最末端的叶节点传输到主协调器的最大跳数。簇树形拓扑结构支持"多跳"信息服务网络，可以实现网络范围扩展。簇树形拓扑结构利用路由器对星形网络进行了扩充，保持了星形拓扑结构的简单性。然而，簇树形拓扑结构路径往往不是最优的，不能很好地适应外部的动态环境。由于信息源与目的地之间只有一条通信链路，任何一个节点发生故障或者中断时，将使部分节点脱离网络。

ZigBee 是一种高可靠的无线数据传输网络，类似于 CDMA 和 GSM 网络。ZigBee 数据传输模块类似于移动网络基站。通信距离从标准的 75m 到几百米、几千米不等，并且支持扩展。

簇树形拓扑结构成本较低、所需资源较少、网络结构简单和网络覆盖范围较大，但网络稳定性较差，如果其中的某节点断开，会导致与其相关联的节点脱离网络。所以，这种结构的网络不适合动态变化的环境。

3. 网形拓扑结构

网形拓扑结构采用多跳式路由通信，以增大网络的覆盖范围。网络中各节点的地位是平等的，没有父子节点之分。对于没有直接相连的节点可以通过多跳转发的方式进行通信，适合距离较远比较分散的结构。

网形拓扑结构具有如下优点：

1）网络灵活性很强。节点可以通过多条路径传输数据，网络还具备自组织、自愈功能。

2）网络的可靠性高。如果网络中出现节点失效的问题，与其相关联的节点可以通过寻找其他路径与目的节点进行通信，对网络的正常运行不会造成较大影响。

3）覆盖面积大。由于采用多跳的传输方式，网络覆盖范围有所扩大。

网形拓扑结构存在的缺点：

1）网络结构复杂。相比于前两种拓扑结构，网形拓扑结构的网络结构更为复杂，分析过程较为烦琐。

2）节点数据处理和存储能力要求高。由于网络需要进行灵活的路由选择，其节点的数据处理能力和存储能力显然要求比前两种网络要更高。

与星形拓扑结构、簇树形拓扑结构相比，网形拓扑结构更加复杂，而簇树形网络是由星形和网形混合的拓扑网络，综合了两种网络的优点，因此得到了更广泛的应用。

6.1.3 ZigBee 协议栈

ZigBee 协议栈架构是在 IEEE 802.15.4 标准基础上，按照 OSI（Open System Interconnection，开放系统互连）参考模型来建立的，由称为层的一组协议组成，如图 6-2 所示。每一层为上层提供一系列特殊的服务，数据实体提供数据传输服务，管理实体则提供其他所有的服务。所有的服务实体通过服务接入点（Service Access Point，SAP）为上层提供一个接口，每个 SAP 都支持一定数量的服务原语来实现所需要的功能。IEEE 802.15.4 标准定义了物理层（PHY）和媒体接入层（MAC）。ZigBee 联盟在此基础上建立了网络层（NWK）和应用框架。应用框架由应用支持子层（APS）、ZigBee 设备对象（ZDO）和制造商定义的应用对象组成。

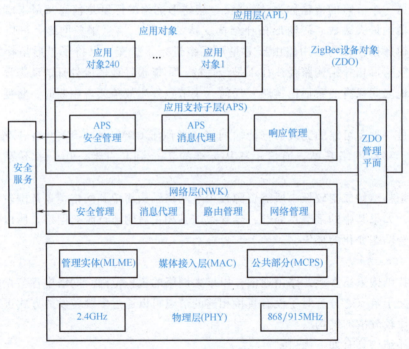

图 6-2　ZigBee 协议栈

6.1.4 ZigBee 物理层

1. 工作频率与信道分配

物理层需要通过无线信道进行安全、有效的数据通信，同时为媒体接入层提供服务。在不同国家和地区，ZigBee 采用的工作频段范围不同。根据标准要求，ZigBee 的物理层采用 ISM（Industrial，Scientific and Medical）频段，使用的频率有 868/915MHz 和 2.4GHz 等。具体频段的频率范围和使用地区见表6-1所示。表6-2所列为标准对不同频段规定的调制方式和数据率。

表6-1　ZigBee频段的频率范围和使用地区

频段的频率范围/MHz	频段类型	使用地区
868~868.6	ISM	欧洲
902~928	ISM	北美
2400~2483.5	ISM	全球

表6-2　频段的调制方式和数据率

频段频率范围/MHz	扩展参数		数据参数		
	码片速率 /(kchip/s)	调制	比特速率 /(kbit/s)	符号速率 /(Baud/s)	符号
868~868.6	300	BPSK	20	20	二进制
902~928	600	BPSK	40	40	二进制
2400~2483.5	2000	O-QPSK 16-QAM	250	62.5	偏移四相移键控 十六进制准正交

　　根据IEEE 802.15.4标准规定，ZigBee物理层3个载波频率段共定义27个物理信道，对应编号分别为0~26。不同的频段所对应的宽度有所不同，每个频段分配的信道个数同样具有差异，导致信道的宽度也不相同。其中868~868.6MHz频段有1个信道（0号信道）；902~928MHz频段包含10个信道（1~10号信道）；2400~2483.5MHz频段包含16个信道（11~26号信道）。每个具体的信道对应一个中心频率，这些中心频率可计算为

$$\begin{cases} f_C = 868.3\text{MHz}, k = 0 \\ f_C = [906 + 2(k-1)]\text{MHz}, k = 1,2,\cdots,10 \\ f_C = [2405 + 5(k-11)]\text{MHz}, k = 11,12,\cdots,26 \end{cases}$$

式中　k——信道编号；

　　　　f_C——信道对应的中心频率。

　　频率和信道分布如图6-3所示。在我国使用的ZigBee设备选用2.4GHz频段。

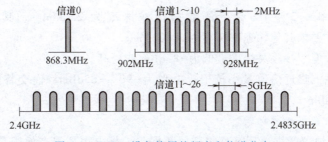

图6-3　ZigBee设备使用的频率和信道分布

2. 发射功率

　　ZigBee设备的最大发射功率必须满足当地的规定。通常，设备的发射功率为0~10dBm，通信范围为10m，最大可达300m。

3. 物理层的主要功能

1）完成无线发射机的激活与开启。

2）对当前信道进行能量检测。

3）接收分组的链路质量指示。

4）基于 CSMA-CA 的空闲信道评估。

5）选择信道频率。

6）传输和接收数据。

4. 2.4GHz 频段无线通信规范

一种 2.4GHz 频段主要调制方式是采用十六进制准正交调制技术（16-QAM）。数据单元（PPDU）发送的信息先进行二进制转换；然后把二进制数据进行比特符号映射，每字节的低 4 位和高 4 位分别映射成一个符号数据，先映射低 4 位，再映射高 4 位；最后将输出符号进行"符号-序列"映射，即将每个符号映射成一个 32 位伪随机码片序列（共有 16 个不同的 32 位伪随机码片序列）。在每个符号周期内，4 个信号位映射为一个 32 位的传输的准正交伪随机码片序列，所有符号的伪随机码片序列级联后得到的码片再用 O-QPSK 调制到载波上。

另一种 2.4GHz 频段的主要调制方式是采用半正弦脉冲波形的 O-QPSK 调制，即偏移正交相移键控调制。将奇位数的码片调制到正交载波 Q 上，偶位数的码片调制到同相载波 I 上，这样，奇位数和偶位数的码片在时间上错开了一个码片周期 T。按 ZigBee 协议，2.4GHz 频段的数据传输速率为 250kbit/s，经扩频变换后每个码片的宽度为 $T_c = 0.5\mu s$，再分为偶数位的码片和奇数位的码片后，每个码片的宽度为 $2T_c = 1\mu s$。Q 相位的码片相当于 I 相位的码片延迟 T_c 发送。

按照 IEEE 802.15.4，2.4GHz 频段物理层使用的无线收发设备还应满足如下无线通信方面的一般要求。

（1）发射信号的谱密度（PSD）发射信号的谱密度应低于表 6-3 所列出的限度值。

表 6-3　发射信号的谱密度的限度值（2.4GHz）

频率	相对限度	绝对限度
$\lvert f-f_c \rvert > 3.5MHz$	−20dB	−30dBm

注：dBm（分贝毫瓦），表示实际功率与参考功率（1mW）之间的对数比值，是一种相对单位。

（2）符号速率　2.4GHz 频带的数据传输速率为 250kbit/s，其符号传输速率为 62.5kSymbol/s，并要求其传输速率精度为 ±0.004%。

（3）接收灵敏度　接收灵敏度最低为−85dBm 或更高。

（4）抗干扰性　临近信道最小抗干扰电平为−90～−85dBm，而交替信道的最小抗干扰电平为−100～−95dBm。

5. 物理层协议数据单元结构

ZigBee 物理层协议数据单元又称物理层数据包，是由物理层有效载荷（PSDU）前面的同步包头和物理层包头组成的。物理层帧结构如图 6-4 所示。

数据单元各字段功能如下：

（1）前同步码　接收设备根据接收的前同步码获得同步信息，识别每一位，从而进一步区分出"字符"。前同步码由 32 个 0 组成。

4 字节	1 字节	1 字节		可变
前同步码	帧定界符	帧长度(7位)	保留位 1 位	PSDU
同步包头		物理层包头		物理层有效载荷

图 6-4 物理层帧结构

（2）帧定界符 帧定界符（SFD）用来指示前同步码结束和数据包的开始，由 8 位组成，其值用二进制表示为 11100101。

（3）物理层包头 物理层包头由 1 字节组成，帧长度占 7 位，指示有效载荷中的字节数，介于 0～aMaxPHYPackerSize（物理层能够处理的最大数据包大小）。表 6-4 为不同帧长度对应的有效载荷类型。

表 6-4 不同帧长度对应的有效载荷类型

帧长度/字节	有效载荷类型	帧长度/字节	有效载荷类型
0～4	保留	6～7	保留
5	MPDU（确认帧）	8～aMaxPHYPackerSize	MPFD（数据帧）

（4）物理层有效载荷 当有效载荷长度值等于 5 字节或者大于 7 字节时，其携带的就是媒体接入层的帧信息，以及媒体接入层 PDU。

6.1.5 ZigBee 媒体接入层

在 ZigBee 协议栈体系结构中，媒体接入（MAC）层位于物理层和网络层之间，包括媒体接入层公共部分子层（MCPS）和媒体接入层管理实体（MLME），它向网络层提供相应服务。

1. 媒体接入层参考模型

媒体接入层参考模型如图 6-5 所示，包括媒体接入层公共部分子层（MCPS）和媒体接入层管理实体（MLME）。

图 6-5 媒体接入层参考模型

媒体接入层公共部分子层服务接入点（MCPS-SAP）的主要功能是接收网络层传输来的数据，并在对等实体之间进行数据传输。媒体接入层管理实体（MAC Layer Management Entity，MLME）主要负责媒体接入层的管理工作，并且维护该层管理对象数据库（PAN Information Base，PIB）。物理层管理实体服务接入点（PLME-SAP）主要负责接收来自物理层的管理信息，物理层数据服务接入点（PD-SAP）负责接收来自物理层的数据信息。

2. 媒体接入层的主要功能

ZigBee 的媒体接入层的主要功能是为两个 ZigBee 设备的媒体接入层实体之间提供可靠的数据链路，媒体接入层提供了两种服务：媒体接入层数据服务，提供了 MCPS（MAC Common Part Sublayer）、数据服务访问点（MCPS-SAP）；媒体接入层管理实体（MAC Sublayer Management Entity，MLME），提供了 MLME-SAP 管理服务访问点。媒体接入层在 SSCS 层和物理层之间提供了接口。MCPS-SAP 支持在两个 SSCS 实体之间的数据传输。媒体接入层的管理服务主要体现在 PAN 的建立与维护、关联请求与取消、与协调器的同步、数据的间接传输、GTS 的分配与管理等。

其主要功能包括如下一些方面：

1）通过 CSMA-CA 机制解决信道访问时的冲突。

2）发送信标或者检测、跟踪信标。

3）处理和维护保护时隙（GTS）。

4）连接的建立和断开。

5）安全机制。

IEEE 802 系列标准把数据链路层分成逻辑链路控制（Logical Link Control，LLC）层和媒体接入层两个子层。逻辑链路层的主要功能是进行数据包的分段与重组以及确保数据包按顺序传输。

IEEE 802.15.4 指出，媒体接入层实现包括设备间无线链路的建立、维护和断开，确认模式的帧传送与接收，信道接入与控制，帧校验与快速自动请求重发（ARQ），预留时隙管理以及广播信息管理等。媒体接入层处理所有物理层无线信道的接入，主要功能有：

1）使网络协调器产生网络信标。

2）与信标同步。

3）支持个域网（PAN）链路的建立和断开。

4）为设备的安全提供支持。

5）信道接入方式采用免冲突载波检测多址接入（CSMA-CA）机制。

6）处理和维护保护时隙（GTS）机制。

7）在两个对等的媒体接入实体之间提供一个可靠的通信链路。

媒体接入层与逻辑链路控制层的接口中用于管理目的的原语仅有 26 条，相对于蓝牙技术的 131 条原语和 32 个事件而言，媒体接入层的复杂度很低，不需要高速处理器，因此降低了功耗和成本。

3. 媒体接入层的帧结构

媒体接入层帧（MAC 帧）结构由 MAC 帧头（MHR）、MAC 载荷（MSDU）和 MAC 帧尾（MFR）3 部分组成。MHR 包括地址和安全信息，其字段顺序是固定的，无须在所有的 MAC 帧中包含地址子域。MAC 载荷长度可变，且可以为 0，包含来自网络层的数据和命令信息。MAC 帧尾包括一个 16 位的帧校验序列（FCS）。MAC 帧的格式见表 6-5。

（1）帧控制 该部分由 2 字节（16 位）组成，共分 9 个子域。帧控制各字段的具体含义见表 6-6。

1）帧类型：3 位。帧类型编码的含义见表 6-7。

2）安全使能：1 位。安全使能位数据的含义见表 6-8。

表 6-5 MAC 帧的格式

2 字节	1 字节	0/2 字节	0/2/8 字节	0/2 字节	0/2/8 字节	可变	2 字节
帧控制	序列号	目的 PAN 标识符	目的地址	源 PAN 标识符	源地址	帧载荷	FCS
MHR						MSDU	MFR

表 6-6 帧控制各字段的具体含义

位	0~2	3	4	5	6	7~9	10~11	12~13	14~15
含义	帧类型	安全使能	数据待传	确认请求	网内/网标	预留	目的地址模式	预留	源地址模式

表 6-7 帧类型编码的含义

帧类型编码	含义
000	信标帧
001	数据帧
010	确认帧
011	MAC 命令帧
其他	预留

表 6-8 安全使能位数据的含义

安全使能位数据	含义
0	媒体接入层密钥对该帧加密处理
1	使用了 MACPIB 中的密钥加密

3）数据待传：1 位。数据待传位数据的含义见表 6-9。

表 6-9 数据待传位数据的含义

数据待传位数据	含义
0	发送数据帧的设备没有更多的数据要传送给接收设备
1	发送数据帧的设备还有后续数据发送给接收设备,接收设备需要再次发送数据请求命令来获得后续的数据

4）确认请求：指示帧的接收设备是否需要发出确认，1 位。确认请求位数据的含义见表 6-10。

表 6-10 确认请求位数据的含义

确认请求位数据	含义
0	接收设备不需要反馈确认帧
1	接收设备在接收到数据帧或命令帧并通过了 CRC 校验后,立即反馈一个确认帧

5）网内/网标：1 位。网内/网标位数据的含义见表 6-11。

表 6-11 网内/网标位数据的含义

网内/网标位数据	含义
0	MAC 帧中需要包含源 PAN 标识码和目的 PAN 标识码
1	目标地址与源地址在同一网络中,则 MAC 帧不含源 PAN 标识符

6）目的地址模式：2 位。目的地址模式位数据的含义见表 6-12。

表 6-12　目的地址模式位数据的含义

目的地址模式位数据	含义
00	没有目的 PAN 标识码和目的地址
01	预留
10	目的地址是 16 位短地址
11	目的地址是 64 位扩展地址

7）源地址模式：2 位。源地址模式位数据的含义见表 6-13。

表 6-13　源地址模式位数据的含义

源地址模式位数据	含义
00	没有源 PAN 标识码和源地址
01	预留
10	源地址是 16 位短地址
11	源地址是 64 位扩展地址

（2）序列号　这是媒体接入层为帧指定的唯一序列标识码，仅当确认帧的序列号与上一次数据传输帧的序列号一致时，才能判断数据业务成功。

（3）目的/源 PAN 标识码　这两个标识码占 16 位，分别指定了帧接收设备和帧发送设备的唯一的 PAN 标识符，如果目的 PAN 标识码的值为 0xFFFF，则代表广播 PAN 标识符，它是所有当前侦听信道的设备的有效标识符。

（4）目的/源地址　这两个地址占 16 位或者 64 位，具体值由帧控制域中的目的/源地址模式子域值所决定。目的地址和源地址分别指定了帧接收设备和发送设备的地址，如果目的地址的值为 0xFFFF，表示广播短地址，它是所有当前侦听信道的设备的有效短地址。

（5）帧载荷　帧载荷长度可变，它根据帧类型的不同而不同。

（6）FCS　这是对 MAC 帧头和有效载荷计算得到的 16 位的 ITU-TCRC。

6.1.6　ZigBee 网络层

1. 网络层（NWK）概况

网络层可保证媒体接入层的正确操作，并为应用层提供一个合适的服务接口。网络层的概念包括数据服务和管理服务两个服务实体。网络层数据实体（NLDE）通过其相关的 SAP 和 NLDE-SAP 提供了数据服务，而 NLME-SAP 提供了管理服务。NIME 使用 NLDE 来获得它的一些管理任务，并且它还会维护一个管理对象的数据库，叫作网络信息库（NIB）。

2. 网络层数据实体（NLDE）

网络层数据实体为数据提供服务，在两个或者更多的设备之间传送数据时，将按照应用协议数据单元（APDU）的格式进行传送，而且这些设备必须在同一个网络中，即在同一个内部个域网中。

网络层数据实体提供如下服务：

（1）生成网络层协议数据单元（NPDU）　网络层数据实体通过增加一个适当的协议头，

从应用层协议数据单元中生成网络层协议数据单元。

（2）指定拓扑传输路由　网络层数据实体能够发送一个网络层的协议数据单元到一个合适的设备，该设备可能是最终目的通信设备，也可能是通信链路中的一个中间通信设备。

（3）安全　确保通信的真实性和机密性。

3. 网络层管理实体（NLME）

网络层管理实体提供网络管理服务，允许应用与堆栈相互作用。网络层管理实体应该提供如下服务：

（1）配置一个新的设备　为保证设备正常工作，设备应具有足够的堆栈，以满足配置的需要。配置选项包括对一个 ZigBee 协调器或者连接一个现有网络设备的初始化的操作。

（2）初始化一个网络　使实体具有建立一个新网络的能力。

（3）连接和断开网络　具有连接或者断开一个网络的能力，以及为建立一个 ZigBee 协调器或者路由器，具有要求设备与网络断开的能力。

（4）寻址　ZigBee 协调器和路由器应具有为新加入网络的设备分配地址的能力。

（5）邻居设备发现　具有发现、记录和汇报有关一跳邻居设备信息的能力。

（6）路由发现　具有发现和记录可有效地传送信息的网络路由的能力。

（7）接收控制　具有控制设备接收状态的能力，即控制接收机什么时间接收及接收时间的长短，以保证媒体接入层的同步或正常接收等。

网络层通过两种服务接入点提供响应的服务，分别是网络层数据服务和网络层管理服务。网络层数据服务通过网络层数据实体服务接入点接入，网络层管理服务通过网络层管理实体服务接入点接入。这两种服务通过 MCPS-SAP 和 MLME-SPA 接口为媒体接入层提供接口。除此之外，在 NLME 和 NLDE 间还有一个接口，使得 NLME 可以使用网络层数据服务。

4. 网络层帧结构

网络层的帧结构见表6-14。

网络协议数据单元（NPDU）结构（帧结构）的基本组成部分为网络层帧报头（包含帧控制、地址和序列信息）和网络层帧的可变长有效载荷（包含帧类型所指定的信息）。不是所有的帧都包含地址和序列域，但网络层的帧的报头域还是会按照固定的顺序出现。然而，仅仅只有多播标志值是1时才存在多播（多点传送）控制域。

表 6-14　网络层帧结构

2 字节	2 字节	2 字节	1 字节	1 字节	0/8 字节	0/8 字节	0/1 字节	变长字节	变长字节
帧控制	目的地址	源地址	广播半径域	广播序列号	IEEE目的地址	IEEE源地址	多点传送控制	源路由帧	帧的有效载荷
网络层帧报头									网络层帧的有效载荷

在 ZigBee 网络协议中，定义了两种类型的网络层帧，它们分别是数据帧和网络层命令帧。

5. 网络层的功能

网络层的功能包括网络维护、网络层数据的发送与接收、路由的选择以及广播通信。

6.1.7 ZigBee 应用层

1. 应用层概述

ZigBee 栈体系包含一系列的层元件，包含 IEEE 802.15.4 标准媒体接入层和物理层，当然也包括 ZigBee 的网络层。每个层的元件提供相关的服务功能。

应用支持子层（APS）提供了这样的接口：在网络层和应用层之间，从 ZDO 到供应商的应用对象的通用服务集。这项服务由两个实体实现：APS 数据实体（APSDE）和 APS 管理实体（APSME）。

1）APSDE 使用 APSDE 服务接入点（APSDE-SAP）。APSDE 提供在同一个网络中的两个或者更多的应用实体之间的数据通信。

2）APSME 使用 APSME 服务接入点（APSME-SAP）。APSME 提供多种服务给应用对象，这些服务包含安全服务和绑定设备，并维护管理对象的数据库，也就是人们常说的 AIB。

2. 应用层的主要功能

应用支持子层提供网络层和应用层之间的接口，它具有以下功能：维护绑定表；在设备间转发消息；管理小组地址；把 64 位 IEEE 地址映射为 16 位网络地址；支持可靠数据传输。

ZDO 具有以下功能：定义设备角色；发现网络中的设备及其应用，初始化或响应绑定请求；完成安全相关任务。

6.1.8 ZigBee 在物联网中的前景及应用

ZigBee 技术因其低成本、低功耗、低速率等特性，有着广阔的应用前景，主要应用在数据传输速率不高的短距离设备之间，非常适合物联网中的传感器网络设备之间的信息传输。典型的应用如工业控制、智能建筑、家庭自动化、无线传感器网络、能源管理、智能交通系统、医疗与健康监护、汽车和现代工业等。利用传感器的 ZigBee 网络，可更方便地收集数据，分析和处理也变得更简单。

ZigBee 技术有如下应用：

1）家庭自动化应用和楼宇网络。在居家方面，ZigBee 技术可实现空调系统的温度控制、照明的自动控制与遥控、燃气计量控制与泄漏检测、家用电器的远程控制、安防自动报警和空气环境监测与节能控制等。

2）工业自动化。现代工业中，各种监控器、传感器的自动化控制，均利用到 ZigBee 技术，以取代有线控制方式，降低维护和检修成本，如在矿井生产中，安装具有 ZigBee 功能的传感器节点可及时反馈给控制中心每个矿工的准确位置，避免事故的发生。

3）环境控制。利用 ZigBee 网络与其他通信技术的结合，可对某特定区域中的温度、气压、降雨、噪声、大气成分等数据进行采集。

4）精细农业。传统农业主要使用孤立的、没有通信能力的机械设备，主要依靠人力来监测作物的生长状况。采用了传感器和 ZigBee 网络后，农业将可以逐渐地转向以信息和软件为中心的生产模式，使用更多的自动化、网络化、智能化和远程控制的设备来耕种。传感器可能收集包括土壤湿度、氮浓度、pH 值、降水量、温度、空气湿度和气压等信息。这些信息和采集信息的地理位置经由 ZigBee 网络传递到中央控制设备供农民决策和参考，这样农民能够及早而准确地发现问题，从而有助于保持并提高农作物的产量。

5）医疗卫生。借助于医学传感器和 ZigBee 网络，医生能够准确、实时地监测每个病人的血氧、血压、体温及心率等信息，从而减轻医生查房的工作负担，使医护人员做出快速、准确的反应。

ZigBee 技术在生产生活中的各个领域都有广泛的应用前景，随着技术的进步，也会有越来越多具有 ZigBee 功能的设备丰富和改变人民的生活。

6.2 蓝牙

6.2.1 蓝牙技术简介

1. 蓝牙的起源

爱立信、IBM、Intel、Nokia 和东芝 5 家公司在 1998 年 5 月联合成立了蓝牙（Bluetooth）特别兴趣小组（Bluetooth Special Interest Group，BSIG），并制订了短距离无线通信技术标准——蓝牙技术，其目的是实现最高数据传输速率 1Mbit/s（有效传输速率为 721kbit/s）、最大传输距离为 10m 的无线通信。它的命名借用了 10 世纪一位丹麦国王 Harald Blatand 的绰号 Bluetooth，这位国王统一了四分五裂的丹麦和挪威，建成了当时欧洲北部一个有影响力的统一王国。用蓝牙给该项技术命名，含有统一起来的意思。

1999 年 7 月，BSIG 推出了蓝牙技术标准的第一个版本。所谓蓝牙技术，实际上是一种短距离无线电技术，利用蓝牙技术，能够有效地简化便携式计算机和移动电话等移动通信终端设备之间的通信，也能够成功地简化以上这些设备与因特网之间的通信，从而使这些现代通信设备与因特网之间的数据传输变得更加迅速高效，为无线通信拓宽了道路。

2. 蓝牙系统的技术特点

（1）射频特性 蓝牙设备工作在 2.4GHz 的 ISM（Industrial，Science and Medicine）频段，即 2.402~2.480GHz，共分为 79 个频道，频道间隔均为 1MHz，采用时分全双工（Time Devision Duplex，TDD）方式，调制方式为参数 BT-0.5 的高斯移频键控（GFSK），调制指数为 0.28~0.35，最大发射功率分为 3 个等级，分别是 100mW（20dBm）、2.5mW（4dBm）和 1mW（0dBm）。由于美国 FCC 要求低于 0dBm（1mW），所以美国的蓝牙设备采用 1mW（0dBm）发射功率，规定在 4~20dBm 范围内要求采用发射功率控制，所以蓝牙设备间的有效通信距离为 10~100m，蓝牙设备无线部分十分小巧，质量也小，属于微带无线。

（2）TDMA 结构 在蓝牙 1.0 版本的标准中，采用时分全双工方式，基带数据速率为 1Mbit/s，以数据包的形式按时隙传送，每个时隙 0.625ms，以后有可能采用更高的数据速率。蓝牙系统支持实时的同步面向连接和非实时的异步无连接，即 SCO 链路（Synchronous Connection Oriented Link）和 ACL 链路（Asynchronous Connection-Less Link），SCO 链路主要传送语音等实时性强的信息，在规定的时隙传输，ACL 链路主要是数据传输，可在任意时隙传输，但当 ACL 传输占用 SCO 传输的预留时隙且系统此时需要 SCO 传输，则 ACL 传输自动让出这些时隙以保证 SCO 传输的实时性。数据包分为链路控制数据包、SCO 数据包和 ACL 数据包 3 大类。大多数数据包只占用 1 个时隙，但也有些数据包占用 3 个或 5 个时隙。蓝牙支持 64KB/s 的实时语音传输和各种速率的数据传输，语音编码采用对数 PCM 或连续可变斜率增量 CVSD 调制。语音和数据可单独或同时传输。当仅传输语音时，蓝牙设备最多可同时支持 3 路全双工语音通信；当同时传输语音和数据或仅传输数据时，ACL 支持 433.9kbit/s 的对称全双工通信，或是 723.2kbit/s 及 57.6kbit/s 的非对称双工通信；后者特别适合无线访问因特网。

（3）差错控制　为了提高通信的可靠性，抑制长距离链路的随机噪声，蓝牙技术采用了 3 种纠错方案，即 1/3 比例前向纠错（FEC）码、2/3 比例 FEC 码和数据的自动请求重发方案（ARQ）。采用哪种纠错方式可根据需要确定，但数据包报头始终采用 1/3 比例 FEC 码进行保护。采用 FEC 码的目的在于减少数据重发次数，但在无差错环境下，FEC 码会降低数据吞吐量。1/3 比例 FEC 码仅用 3 位重复编码，大部分在接收端判决，既可用于数据包报头，也可用于 SCO 链路的包负载。2/3 比例 FEC 码使用一种缩短的汉明码，它既可用于 SCO 链路的同步包负载，也可用于 ACL 链路的异步包负载。在 ACL 链路中，可用 ARQ 结构。在这种结构中，若接收方没有响应，则发送端将包重发。每一个包负载含有 CRC，用来检测误码。

（4）跳频技术　跳频技术是蓝牙使用的关键技术之一，对应于单时隙包，蓝牙的跳频速率为每秒 1600 跳，对应多时隙包，跳频速率相应降低，但在建链时（包括寻呼和查询）跳频速率可提高到每秒 3200 跳。采用这样高的跳频速率和扩频技术展宽频带，使蓝牙系统有足够的抗干扰能力。

跳频序列受控于蓝牙 48 位设备地址码（BD-ADDR）中的 28 位和 27 位的时钟，以多级蝶形运算为核心映射方案，该方案具有硬件设备简单、性能优越、便于 79/23 两种频段的兼容以及各种状态的跳频序列使用统一的电路来实现等特点。

蓝牙系统的设备有两个主要工作状态，即守候状态和连接状态；7 个中间临时状态，即寻呼、寻呼扫描、查询、查询扫描、主设备回应、从设备回应和查询回应。不同的状态会产生不同的跳频序列。

（5）安全控制　蓝牙通过鉴权与加密服务为业务数据提供安全保障。鉴权采用查询-应答（Challenge-Response）方式，在连接过程中可能需要一次鉴权或两次鉴权，还可能不用鉴权，鉴权可以防止盗用和误用。

蓝牙采用序列密码（Stream Cipher）加密技术增加系统安全性。密钥长度可以是 0、40 或 64 位，密钥由高层软件管理，如果用户需要更高级别的保密要求，则可在传输层和应用层使用特别的安全机制。

（6）软件的层次结构　蓝牙的通信协议采用层次结构，其程序写在一个 9mm×9mm 的微芯片中。底层为各类应用所通用，高层则视具体应用而有所不同，大体分为计算机背景和非计算机背景两种方式，前者通过主机控制接口（Host Control Interface，HCI）实现高、低层的连接，后者则不需要 HCI。层次结构使蓝牙设备具有最大的通用性和灵活性。根据通信协议，各种蓝牙设备无论在任何地方，都可以通过人工或自动查询来发现其他蓝牙设备，从而构成主从网和散射网，实现系统提供的各种功能，使用起来十分方便。

（7）编码安全　在全球范围内，蓝牙可应用于任意的小范围通信，每一个蓝牙设备，都可根据 IEEE 802 标准得到一个唯一的 48 位的 BD-ADDR。它是一个公开的地址码，可以人工或自动查询。在 BD-ADDR 基础上，使用一些性能良好的算法可获得各种保密和安全码，从而保证了设备识别码（ID）在全球的唯一性，以及通信过程中设备的鉴权和通信的安全保密。另外，蓝牙技术在物理层、数据链路层、应用层3个层次上提供安全措施，充分保证了通信的保密性。

蓝牙的主要技术指标和系统参数见表6-15。

表 6-15　蓝牙的主要技术指标和系统参数

指标类型	系统参数
工作频段	ISM 频段, 2.402~2.480GHz
双工方式	全双工, TDD 时分全双工
业务类型	支持电路交换和分组交换业务
数据速率	1Mbit/s
异步信道速率	非对称连接为 721kbit/s、57.6kbit/s, 对称连接为 432.6kbit/s, 2.0+EDR
同步信道速率	规范支持更高的速率
功率	美国 FCC 要求小于 0dBm(1mW), 其他国家和地区可扩展为 100mW
跳频频率数	79 个频点/MHz
跳频速率	1600 跳/s
工作模式	PARK/HOLD/SNIFF
数据连接方式	面向链接业务(SCO), 无链接业务(ACL)
纠错方式	1/3 比例 FEC 码、2/3 比例 FEC 码、ARQ 等
信道加密	采用 0 位、40 位和 60 位密钥
发射距离	一般可达 10cm~10m, 增加功率的情况下可达 100m

3. 蓝牙的网络拓扑结构

蓝牙的网络拓扑结构如图6-6所示。蓝牙系统能支持两种连接，即点对点连接和点对多点连接，这样形成了两种网络拓扑结构：微微网（Piconet）和散射网（Scatternet）。在一个微微网中，只有一个主单元（Master），利用 TDMA（时分多址），一个主单元最多支持七个从单元（Slave）与主单元建立通信。主单元靠不同的跳频序列来识别每一个从单元，并与之通信。若干个微微网形成了一个散射网络，如果一个蓝牙设备单元在一个微微网中是一个主单元，在另一个微微网中可能就是一个从单元。

几个微微网可以被连接在一起，靠跳频顺序识别每个微微网。同一微微网的所有用户都与这个跳频顺序同步。其拓扑结构可以被描述为"多微微网"结构。在一个"多微微网"结构中，在带有 10 个全负载的独立的微微网的情况下，全双工数据速率超计 6Mbit/s。

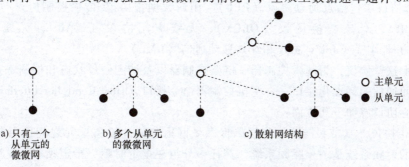

a) 只有一个
从单元的
微微网

b) 多个从单元
的微微网

c) 散射网结构

○ 主单元
● 从单元

图 6-6　蓝牙的网络拓扑结构

一个主单元和一个以上的从单元构成的网络称为主从网络（或称微微网），若两个以上的微微网之间存在着设备间的通信则构成了散射网。基于时分多址原理和设备的平等性，任一蓝牙设备在微微网和散射网中，既可作主单元又可作从单元，还可同时既是主单元又是从单元，其中所有设备均可移动。每个微微网都有自己的跳频序列，它们之间并不跳频同步，这样就避免了同频干扰。

4. 蓝牙系统的基本构成

蓝牙系统一般由天线单元、链路控制（硬件）、链路管理（软件）和蓝牙软件（协议）等 4 个功能模块组成。

天线单元模块体积小巧，属于微带天线，空中接口遵循 FCC 对 ISM 频段的规定，天线电平设计为 0dBm，需要时可通过功率控制达到 20dBm。链路控制（LC）模块包括 3 个集成芯片：连接控制器、基带处理器以及射频传输/接收器，此外，还使用了单独调谐元件。链路控制模块负责处理基带协议和其他一些低层常规协议。链路管理（LM）模块实现链路的建立、认证及链路硬件配置等。链路管理模块可发现其他的链路管理模块，并通过链路管理协议（LMP）建立通信联系。链路管理模块提供的服务有：发送和接收数据、请求名称、链路地址查询、建立连接、鉴权、链路模式协商和建立、决定帧的类型等。

5. 蓝牙协议体系结构

蓝牙协议规范的目标是允许遵循规范的应用能够进行互操作。为了实现互操作，在远程设备上的对应应用程序必须以同一协议栈运行。这里有一个支持业务卡片交换应用的协议栈（自顶向下）实例：vCard→OBEX→RFCOMM→L2CAP→基带。该协议栈包括一个内部对象表示规则、vCard、无线传输协议和其他部分。不同应用可运行于不同协议栈。但是每一协议栈都使用同一公共蓝牙数据链路和物理层。

SIG 在制定蓝牙的协议栈时，一个重要的原则就是，高层尽量利用已有的协议，而不是对于不同的应用去定义新的协议，所以蓝牙协议栈中的许多协议并不是蓝牙规范所特有的，而是已经应用成熟的协议。还有一些协议是 SIG 基于其他协议修改而成的，如串口仿真协议（RFCOMM）和电话控制协议（Telephone Control Protocol Specification，TCPS）。

具体说来，蓝牙的协议体系分为核心协议层、替代电缆协议层、电话控制协议层和可选协议层 4 层。核心协议层包括基带（Baseband）、链路管理协议（Link Manager Protocol，LMP）、逻辑链路控制和适配协议（Logical Link Control and Adaptation Protocol，L2CAP）、服务发现协议（Service Discovery Protocol，SDP）；替代电缆协议层包括串口仿真协议（RF-COMM）；电话控制协议层包括二进制电话控制规范（TCS Binary）和 AT 指令（AT command）；可选协议层包括点到点协议（PPP）、用户数据报协议/传输控制协议/互联网协议（UDP/TCP/IP）、对象交换协议（OBEX）、无线应用协议（WAP）、无线应用环境（WAE）、电子名片（vCard/vCal）和红外移动通信（IrMC）。

除了以上这些协议，为基带控制器、链路控制器以及访问硬件状态和控制寄存器等提供有与主机之间通信的标准化接口——主机控制器命令接口（Host Controller Interface，HCI）。

蓝牙核心协议有如下几方面：

（1）基带协议　基带和链路控制层确保微微网内各蓝牙设备单元之间由射频构成物理连接。蓝牙的射频系统是一个跳频系统，其任一分组在指定时隙、指定频率上发送，它使用查询和寻呼进程来使不同设备间的发送频率和时钟同步。基带数据分组提供面向连接

（SCO）和无连接（ACL）两种物理连接方式，而且在同一射频上可实现多路数据传送。ACL 适用于数据分组，SCO 适用于语音及数据/语音的组合，所有语音与数据分组都附有不同级别的前向纠错（FEC）或循环冗余校验（CRC），而且可进行加密。此外，对不同数据类型（包括连接管理信息和控制信息）都分配一个特殊通道。

可使用各种用户模式在蓝牙设备间传送语音，面向连接的语音分组只需经过基带传输，而不到达 L2CAP。语音模式在蓝牙系统内相对简单，只需开通语音连接，就可传送语音。

（2）链路管理协议（LMP） 链路管理协议（LMP）负责各蓝牙设备间连接的建立和设置。它通过连接的发起、交换、核实，进行身份验证和加密，通过协商确定基带数据分组大小，它还控制无线设备的节能模式和工作周期，以及微微网内设备单元的连接状态。

（3）逻辑链路控制和适配协议（L2CAP） 逻辑链路控制和适配协议是基带的上层协议，可以认为它与 LMP 并行工作。它们的区别在于，当业务数据不经过 LMP，L2CAP 为上层提供面向连接的和无连接的数据服务时，采用了多路复用技术、分段和重组技术及组概念。L2CAP 允许高层协议以 64KB 收发数据分组。虽然基带协议提供了 SCO 和 ACL 两种连接类型，但 L2CAP 只支持 ACL。

（4）服务搜索协议（SDP） 服务在蓝牙技术框架中起到至关重要的作用，它是所有用户模式的基础。使用 SDP 可以查询到设备信息和服务类型，从而在蓝牙设备间建立相应的连接。

蓝牙的其他协议如下：

（1）电缆替代协议 电缆替代协议（RFCOMM）是基于 ETSI07.10 规范的串行仿真协议。电缆替代协议在蓝牙基带协议上仿真 RS-232 控制和数据信号，为使用串行线传送机制的上层协议（如 OBEX）提供服务。

（2）电话控制协议 电话控制协议（TCS 二进制或 TCS BIN）是面向比特的协议。它定义了蓝牙设备间建立语音和数据呼叫的控制信令，定义了处理蓝牙 TCS 设备群的移动管理进程。基于 ITU-TQ.931 建议的 TCS BIN 被指定为蓝牙的二元电话控制协议规范。

另外，SIG 还根据 ITU-TV.250 建议和 GSM07.07 定义了控制多用户模式下移动电话、调制解调器和可用于传真业务的 AT 命令集。

（3）选用协议

1）点对点协议（PPP）。在蓝牙技术中，PPP 位于 RFCOMM 上层，完成点对点的连接。

2）UDP/IP/TCP。UDP/IP/TCP 由因特网工程任务组（IETF）制定，广泛应用于互联网通信，在蓝牙设备中使用这些协议是为了与互联网相连接的设备进行通信。

3）对象交换协议（Ir OBEX）。IrOBEX（简写为 OBEX）是由红外数据协会（IrDA）制定的会话层协议，它采用简单和自发的方式交换对象。OBEX 是一种类似于 HTTP 的协议，这里假设传输层是可靠的，采用客户机/服务器模式，独立于传输机制和传输应用程序接口（API）。

4）电子名片交换格式（vCard）、电子日历及日程交换格式（vCal）都是开放性规范，它们都没有定义传输机制，而只是定义了数据传输模式。SIG 采用 vCard/vCal 规范，是为了进一步促进个人信息交换。

5）无线应用协议（WAP）。无线应用协议由无线应用协议论坛制定，它融合了各种广域无线网络技术，其目的是将互联网内容和电话债券的业务传送到数字蜂窝电话和其他无线终端上。选用 WAP 可以充分利用为无线应用环境（WAE）开发的高层应用软件。

6.2.2 基带层协议

1. 概述

蓝牙系统提供点对点连接方式或一对多连接方式，对主单元和从单元进行连接。在一对多连接方式中，多个蓝牙单元之间共享一条信道。共享同一信道的两个或两个以上的单元形成一个微微网。其中，一个蓝牙单元作为微微网的主单元，其余则为从单元。在一个微微网中最多可有 7 个活动从单元。另外，更多的从单元可被锁定于某一主单元，该状态称为休眠状态。在该信道中，不能激活这些处于休眠状态的从单元，但仍可使之与主单元之间保持同步。对处于激活或休眠状态的从单元而言，信道访问都是由主单元进行控制。

具有重叠覆盖区域的多个微微网构成一个散射网结构。每一个微微网只能有一个主单元，从单元可基于时分复用参加不同的微微网。另外，在一个微微网中的主单元仍可作为另一个微微网的从单元，各微微网间不必以时间或频率同步。各微微网各有自己的跳频信道。

2. 物理信道

蓝牙技术工作在 2.4GHz 的 ISM 频段。虽然该频段为全球通用，但实际上准确的频率和带宽在全球各处有一些差异。在美国和欧洲，使用的带宽为 83.5MHz，在该频段里，以 1MHz 的带宽为间隔设立了 79 个射频跳频点。日本、西班牙和法国则缩减了带宽，在该频段里设立了 23 个射频跳频点，其带宽仍以 1MHz 为间隔，见表 6-16。

表 6-16　可用射频信道

国家和地区	频率范围	射频信道
欧洲及美国	2400~2485MHz	$f=(2402+k)\,\mathrm{MHz}, k=0,1,\cdots,78$
日本	2471~2497MHz	$f=(2473+k)\,\mathrm{MHz}, k=0,1,\cdots,22$
西班牙	2445~2475MHz	$f=(2449+k)\,\mathrm{MHz}, k=0,1,\cdots,22$
法国	2446.5~2483.5MHz	$f=(2454+k)\,\mathrm{MHz}, k=0,1,\cdots,22$

信道被分成长度为 $625\mu s$ 的时隙。时隙依据微微网主单元蓝牙时钟来编号。时隙编号区域为 $0~2^{27}-1$ 且循环周期是 2^{27}。在各时隙中，主单元和从单元都能够传输分组。

3. 物理链路

在主单元和从单元之间，可以建立不同类型的链路，如 SCO 链路、ACL 链路。

SCO 链路的目的是在微微网中的主单元和从单元之间实现点到点链接，主单元通过在规则间隔上使用保留时隙保持 SCO 链路。而 ACL 链路是主单元与共存于微微网中的所有从单元之间实现一对多链接的方式。在非 SCO 链路保留时隙上，主单元可以以时隙为单位建立到任何其他从单元的 ACL 链路，且链接的从单元包括已处于 SCO 链路中的从单元。

4. 有效载荷格式

在有效载荷里，有两个数据段应做区分：（同步）语音段和（异步）数据段。ACL 分组只有数据段，SCO 分组只有语音段，而 DV 分组则兼有两种数据段。

（1）语音段　语音段是一个定长数据段。对于 HV 分组，语音段长度是 240 位；对于 DV 分组，语音段长度是 80 位。不需带有效载荷头。

（2）数据段 数据段由 3 个部分组成：有效载荷头、有效载荷主体和 CRC 码（仅 AUX1 分组不具有 CRC 码）。

5. 逻辑信道

在蓝牙系统中，定义了链路控制器（LC）控制信道、链路管理器（LM）控制信道、UA 用户信道、UI 用户信道和 US 用户信道 5 种逻辑信道。

LC 和 LM 控制信道分别用于链路控制层和链路管理层。UA、UI 和 US 用户信道分别用于传输异步、等时和同步用户信息。LC 信道在分组头携带，而其他信道则在分组有效载荷中携带。LM、UA 和 UI 信道在有效载荷头里的 L_CH 段给出指示。US 信道只能由 SCO 链路传输，UA 和 UI 信道一般由 ACL 链路传输。然而，它们也可在 SCO 链路上以 DV 分组的数据传输，LM 信道既可以用 SCO 链路传输也可用 ACL 链路传输。

6.2.3 链路管理器协议

1. 概述

链路管理器是运行于蓝牙设备的处理器中的软件，其作用是通过交换信息，对蓝牙设备之间的链路进行设置和控制，以实现对链路的管理。链路管理器全局视图如图 6-7 所示。

链路管理器之间的通信协议称为链路管理器协议（LMP）。链路管理器之间交换的消息称为链路管理器协议数据单元（LMP_PDU）。LMP 用于链路的建立、加密和控制。协议规定可以直接发送有效载荷而不用 L2CAP 方式来发送，同时可以通过有效载荷头的 L_CH 字段保留值来区别不同的发送方式。接收设备的链路管理器对接收到的 LMP_PDU 进行过滤和解释，不再将收到的信号发到更高的协议层。

图 6-7 链路管理器
全局视图

链路管理器消息的优先级要比用户数据的优先级更高。这意味着虽然链路管理器消息可能会被一些基带数据分组延迟，但是不会被 L2CAP 的通信延迟。

应特别注意的是，链路管理器的处理方式与基带的实时处理方式不同，链路管理器的处理方式不是实时的。协议规定，从接收设备收到一个带有 LMP_PDU 的基带数据分组到发送一个带有合法的应答 PDU 的基带数据分组之间的时间间隔不能超过 LMP 的最大应答延迟时间，协议规定该最大延迟时间为 30s。

2. 链路管理器协议格式

LMP_PDU 总是以单时隙分组的方式发送，因此有效载荷头只占一个字节。有效载荷头的两个最低位用来确定逻辑信道。对于 LMP_PDU，这些位设置见表 6-17。

表 6-17 逻辑信道 L_CH 域内容

L_CH 代码	逻辑信道	信息
00	NA	未定义
01	UA/1	继续发送 L2CAP 消息
10	UA/1	开始发送 L2CAP 消息
11	LM	LMP 消息

一般情况下有效载荷头中的 FLOW 只有 1 位，并且该 FLOW 位可以被接收方忽略。每个 PDU 都分配了一个 7 位操作码，它用来标识不同类型的 PDU。操作码和只占有 1 位数据的事件 ID 共同设置成有效载荷的首字节，如图 6-8 所示。事件 ID 位于该字节的最低位。如果 PDU 属于由主单元发起的事件，则事件 ID 为 0；如果 PDU 属于由从单元发起的事件，则事件 ID

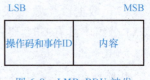

图 6-8　LMP_PDU 被发送时的有效载荷

为 1。如果在 PDU 分组中含一个或多个参数，则这些参数都位于有效载荷的第二个字节中。字节数根据参数的长短来确定。假设有一条使用 HV1 数据分组的 SCO 链路，且数据内容长度不足 9 个字节，那么 PDU 可以用 DV 数据分组的格式来发送，否则必须使用 AM1 分组格式发送。所有的参数都使用小端格式，即最低位字节先发送。

协议数据单元的源地址和目的地址由有效载荷头的 AM_ADDR 决定。

每个 PDU 可以被设置成必选或可选的，这要视使用情况而定。在发送过程中，LM 不能发送可选 PDU。如果发送过程需要应答，则按规定发送一个有效应答。LM 必须能识别所有收到的可选 PDU。如果不需要应答收到的可选 PDU，则不发送应答消息。

6.2.4　逻辑链路控制和适配协议

1. 概述

L2CAP 基于基带协议，位于数据链路层中。L2CAP 通过协议多路复用、分段重组操作和组概念，向高层提供面向连接的和无连接的数据服务。L2CAP 允许高层协议和应用传输接收长达 64KB 的 L2CAP 数据分组。

在蓝牙基带协议中定义了同步面向连接（SCO）链路和异步无连接（ACL）链路两种链路类型。L2CAP 只支持 ACL 链路一种类型，不支持 SCO 链路。L2CAP 依靠在基带层上的完整性检查来保护传输的信息。由于 AUX1 分组不支持数据完整性检查（无 CRC 码），因此在 ACL 链路上禁用 AUX1 分组。

L2CAP 具有与其他通信协议的接口，这些协议包括服务搜索协议（SDP）、电缆替代协议（RFCOMM）和电话控制协议（TCS）等。用于电话和音频传输的语音质量的信道一般建立在 SCO 链路上，而在 ACL 链路上也可以通过 L2CAP 协议传输分组音频数据，如 IP 电话，这种情况下音频传输被当作一种数据业务来处理。

对蓝牙 L2CAP 的基本要求包括简单性和低消耗。蓝牙协议支持的一些设备，如个人计算机、PDA、数字蜂窝电话、无线耳机等，其本身的计算能力、存储能力有限，因此 L2CAP 所要求的计算资源和存储资源以及复杂性应该与这些设备相适应。由于蓝牙的射频部分会消耗一定的能量，因此 L2CAP 不应再消耗过多的能量。另外，协议应该能够达到较高的频谱利用率。下面对 L2CAP 包括的功能做一些简单介绍。

（1）协议复用　L2CAP 必须支持协议复用。因为蓝牙的基带协议并不支持通过类型字段区分复用的高层协议的功能，因此 L2CAP 必须能将这些高层协议，如（SDP、RFCOMM、TCS 等）区分开。

（2）分段与重组　蓝牙基带协议中定义的数据分组长度是很有限的，而蓝牙的高层协议则需要更大的分组长度来发送。基带分组有效载荷最大为 341 字节（DH5 分组），如果用这种最大传输单位（MTU）来传输高层协议，将会限制带宽的利用率。因此，L2CAP 分组必须能够在无线传输前分成许多小的基带分组；在接收端，经过简单的完整检查后，这些小的分组能够重新组合成一个较大的 L2CAP 分组。

（3）服务质量　在 L2CAP 连接建立的过程中允许两台蓝牙设备之间交换各自所期望的服务质量消息。执行 L2CAP 的设备必须对协议所使用的资源进行监视，以保证能够达到所期望的服务质量。

（4）组　许多协议中都包含有地址组的概念。蓝牙基带协议支持微微网的概念，在 1 个微微网中最多可以有 8 个蓝牙设备，这些设备组成一个组，在同一个时钟下同步地工作。L2CAP 中组的概念可以把协议中的组有效地映射到微微网中。如果没有这项功能，高层协议将直接面对基带协议和链路管理器，才能达到对地址组的有效管理。

L2CAP 不能提高信道的可靠性以及不保证数据分组的完整性，即 L2CAP 不负责执行重传和校验和◯的计算，也不支持可靠的组播信道和全球通用组名体制。

2. 主要操作

L2CAP 通过基带层定义的一些机制，为数据传输提供了一条可靠的信道。基带协议中规定信道的可靠性通过以下一些机制来保证：如果接收到请求，可以对数据进行完整性检查；可以对数据分组进行重发，直到接收到确认分组或者重发超过了一定的时限。由于有时候确认分组也可能会丢失，因此设置重发与超时是有必要的。如果需要提供可靠的传输，广播分组在 L2CAP 中是禁用的，因为基带协议中使用 1 位的序列码（SEQN）来滤除重复的分组，而所有包含 L2CAP 分组第一段的广播分组中该序列比特都是相同的。

6.2.5　服务搜索协议（SDP）

1. 概述

在服务搜索协议中，服务发现机制为客户应用提供方法，使客户可以发现服务器应用所提供的服务，以及这些设备的属性。设备的属性包括提供的服务类型、机制或使用服务所需要的协议信息。

图 6-9 所示给出了简化的客户服务器交互框图。

服务提供者需要维护一项描述所提供的服务记录，这项记录称为服务注册表。一条服务记录仅是对某种特定服务按照规范所指定的标准格式的说明。一条服务记录由一组服务属性组成，这些服务属性包含了服务类型信息（如打印、传真、音频服务和信息服务等）、需要与服务相互作用的协议栈层次的信息，以及其他与服务相关的信息。

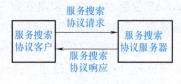

图 6-9　简化的客户服务器交互框图

如果用户或与用户相关的应用决定使用某种服务，必须与服务提供方建立连接，从而利用其服务。服务搜索协议提供发现服务及其属性（包括相关的服务访问协议）的机制，但是不提供利用这些服务（如传送服务访问协议）的机制。

每个蓝牙设备最多有一个服务搜索协议服务器，如果一个蓝牙设备充当客户机，则不需要服务搜索协议服务器。单个蓝牙设备可以表现为这两种角色中的任一种：既可以充当服务搜索协议服务的客户，也可以充当服务搜索协议服务的提供者（即服务器）。如果在一个设

◯　校验和是一种验证数据完整性的方法。

备上有多个应用提供服务，服务搜索协议服务器可以代表这些服务提供者处理有关服务的请求信息。同样，多个客户应用也可以利用服务搜索协议客户机代表客户应用查询服务。

服务搜索协议客户可以获得的服务搜索协议服务器能够动态地改变，并基于与服务器到客户邻近的无线电实现。当有关服务器可用时，必须通过除了服务搜索协议以外的方式通知潜在的客户，以便客户可以使用服务搜索协议来查询服务器的服务。当一个服务器由于某种原因离开或不可用时，服务发现协议将没有明确的方式来通知此事，然而客户可以使用服务搜索协议轮询服务器，如果服务器不再对请求做出响应，则可以推断出此服务器不可用。关于与服务搜索协议的应用交互作用的附加信息包含在蓝牙服务发现协议文件中。

2. 数据表示

属性值可以包含任意复杂度的不同类型的信息，从而使属性列表可以在不同的服务类和环境中使用。

服务搜索协议定义了简单的机制来描述属性值中所包含的数据，其使用的基本结构是数据元。

（1）数据元　数据元是类型数据的表现，它包含两个域：报文头段（报头）和数据段。报头由类型描述符和长度描述符两部分组成；数据是字节序列，长度在长度描述符中指定，含义部分在类型描述符中指定。

（2）数据元类型描述　数据元类型由一个 5 位类型描述符表示。类型描述符包含在数据元报头的第一个字节最重要的 5 位中。

（3）数据元长度描述符　数据元长度描述符用一个紧跟 0、8、16 或 32 位的 3 位长度的索引字表示。长度索引包含在数据元报头第一个字节的低 3 位中。

3. 协议说明

服务搜索协议使用请求/响应的模式。在这种模式中，每个传输由一个请求 PDU 和一个响应 PDU 组成。请求可以按顺序传输，响应可以不按顺序传输。

在特殊的情况下，服务搜索协议利用蓝牙 L2CAP 传输协议，多个 SDP_PDU 可以在单个 L2CAP 分组中传输，但是在每一个连接中只能发送一个 L2CAP 分组到指定的服务搜索协议服务器。限制服务搜索协议发送一个未应答分组成为一种简单的流控制形式。

服务发现协议传输多字节域时，是以标准网络字节顺序传输的，即从比较重要的高位字节到比较不重要的低位字节传输。

每个 SDP_PDU 由一个 PDU 头和特殊 PDU 参数组成。头包含 3 部分：PDU 的 ID、事务的 ID（Transaction ID）和参数长度（Parameter Length）。

6.2.6　基于 TS07.10 的 RFCOMM 协议

SIG 在协议栈中定义了类似典型的串口层：RFCOMM 层。在个人计算机领域，串行口通常被称作 COMM 口。RFCOMM 就是一个虚拟 COMM 口的射频（RF）实例。

RFCOMM 主要是致力于为已有的应用寻求替代电缆方案。此协议提供基于 L2CAP 协议的串口仿真，以 ETSITS07.10 标准 ETSI99 为制定蓝牙串行通信协议的基础。

RFCOMM 是一个简单的传输协议，针对 RS-232 串口仿真附加了部分条款。RFCOMM 协议可以支持在两个蓝牙设备之间同时保持高达 60 路的通信连接。

RFCOMM 的目的是在两个不同设备（通信端点）上的应用之间保证一条完整的通信路

径，并保持一个通信段。图 6-10 所示为一条完整的通信连接，图中的"应用"可以表示终端用户应用以外的事件，例如高层协议或代表终端用户应用的其他服务。

图 6-10　利用 COMM 口的 RFCOMM

总的来说，蓝牙技术适用于以下 3 个方面的短距离无线连接：数据和语音接入点，替代电线和电缆，包含硬件、软件和互操作需求的一种无固定中心站的网络。目前，蓝牙技术不仅在智能手机、便携式计算机、音频设备、娱乐设备、汽车、可穿戴设备和医疗设备等传统市场有了更广泛的应用，在智能楼宇、智能工业、智慧城市和智能家居等新兴市场上也有所应用。

6.3　超宽带（UWB）

6.3.1　UWB 的发展历程

马可尼试验越洋无线电通信获得的成功可看作早期的、粗糙的冲激无线电通信。1942 年，De Rosa 提交了随机脉冲系统的专利，但因为第二次世界大战的影响直到 20 世纪 50 年代才予以发表。1960 年以后，学术界才逐渐认识到用作无线传输和雷达的信号并不一定必须具有近似正弦函数的时间变化规律。超宽带（UWB）信号在科学研究、仪器和检测领域的应用于 20 世纪 60 年代开始，并在 20 世纪 70 年代受到雷达信号处理领域的研究人员的关注。20 世纪 80 年代通信领域的研究人员开始研制 UWB 冲激无线电通信系统，但由于受到当时技术条件的限制，未能得到快速的发展和广泛应用。1993 年，R. A. Scholtz 在国际军事通信会议发表的论文论证了采用冲激脉冲进行跳时调制的多址技术，从而开辟了将 UWB 脉冲作为无线电通信信息载体的新途径，它具有的优越性使其日益受到重视。

宽带信号优异的传输特性决定了其在军事与安全领域的地位，所以 1994 年以前 UWB 领域的早期研究，特别是冲激无线电通信领域的研究，是美国政府的机密计划。1977 ~ 1989 年，美国空军实施了 UWB 系统开发计划；1988 年美国国防部成立了一个 UWB 开发专家工作组，主要致力于 UWB 雷达和 UWB 通信两个应用领域的技术研究和产品开发。到了 20 世纪 90 年代，因设备制造技术的进步，出现了第一个 UWB 商用系统，截至当年，人们所做的工作都是对这一系统的具体实现，使得 UWB 的基本构成、具体细节及实现方法等都取得了一定的进展，进一步促进了 UWB 的实用化进程。1994 年以后，许多 UWB 研究计划取消了保密限制并且向民用领域推广，UWB 技术从而得到快速发展。1998 年，美国联邦通信委员会（FCC）开始征集 UWB 通信技术在民用通信中应用的意见，并于 2002 年 2 月通过了超宽带在民用领域应用的初步规范，批准原本限用于军用雷达的 UWB 技术运用于民用产品上，以提高频谱效率。2002 年 4 月，FCC 批准了把 3.1GHz 和 10.6GHz 之间免授权的频段分配给 UWB 使用。此外，欧洲部分地区也出现了放宽 UWB 使用限制的动向。日本也设立了 UWB 工作小组讨论其产业化问题，该项技术开始引起业界的广泛关注。2003 年 2 月，FCC

又对该规范进行了确认，并局部放宽了对成像系统频带的限制，这是 UWB 走向商业化的一个重要里程碑。而且，FCC 也在此之后的一年至一年半内继续探讨 UWB 的完善，并进一步放宽 UWB 应用标准值方面的限制。

2019 年 9 月 11 日，在 iPhone 11 发布会上，苹果公司宣布该手机搭载了一颗 U1 芯片（UWB 芯片），使其能够进行 UWB 频谱范围传输，实现厘米级的精确定位，标志着 UWB 技术正式在手机上得到应用。此后，国内手机厂商也逐步开始在 MIX 4 一类的手机上采用"一指连" UWB 技术，并发布了相应的支持 UWB 技术的音响和电视等产品。2021 年 10 月 9 日上午，由中国城市轨道交通协会主办的 2021 北京国际轨道交通展览会暨高峰论坛上，vivo 公开展示了 UWB 技术在乘坐地铁无感支付上的应用，这也是国内手机厂商首次展示 UWB 技术在该场景的应用。

6.3.2 UWB 简介

UWB 无线传输技术是一种与常规无线传输技术（包括窄带通信、常规扩频通信和 OFDM 技术）相比具有显著差异的新兴无线通信技术。

UWB 的定义最早由 FCC 给出，规定 −10dB 相对带宽超过 25%，或 −10dB 绝对带宽超过 1.5GHz 的就称为超宽带，后来 FCC 又将此带宽值修改为 500MHz。

FCC 提出的 UWB 的定义可归纳为

$$\frac{(f_H - f_L)}{f_C} > 20\% \text{（或者总带宽为 500MHz）}$$

式中　f_H，f_L——功率较峰值功率下降 10dB 时所对应的高端频率和低端频率；

f_C——载波频率或中心频率，如图 6-11 所示。

可见，UWB 信号的带宽不同于通常所定义的 3dB 带宽。

2002 年 2 月，FCC 准许 UWB 技术进入民用领域，但制定了非常保守的规则：在发送功率低于美国辐射噪声规定值 −41.3dBm/MHz 的条件下，可将 3.1 ~ 10.6GHz 的频带用于对地下和隔墙物体进行扫描的成像系统、汽车防撞雷达及在家电终端和便携式终端间进行测距和无线数据通信。具体约束见表 6-18。

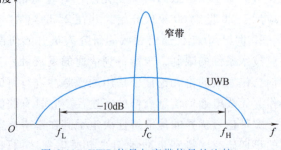

图 6-11　UWB 信号与窄带信号的比较

表 6-18　FCC 关于室内和室外 UWB 应用的辐射限制

频率/MHz	室内	室外
	EIRP/dBm	EIRP/dBm
960 ~ 1610	−75.3	−75.3
1610 ~ 1990	−53.3	−63.3
1990 ~ 3100	−51.3	−61.3
3100 ~ 10600	−41.3	−41.3
10600 以上	−51.3	−61.3

传统的 UWB 信号采用冲激无线电（Impulse Radio，IR）形式，它作为一种无载波通信技术，利用皮秒至纳秒级的非正弦波窄脉冲传输数据，从而具有极宽的带宽和很低的功率谱密度。使用冲激脉冲发射时，脉冲不需要载波调制，基带信号直接通过宽频带天线辐射出去。天线的共振频率决定冲激脉冲辐射部分的中心频率，天线作为带通滤波器可影响辐射信号的频谱形状。

由 FCC 对 UWB 的定义可知，UWB 信号可以通过多种方式产生。目前比较受关注的是冲激无线电方式和多频带正交频分复用超宽带（MB-OFDM UWB）方式。

（1）冲激无线电　冲激无线电是指采用冲激脉冲（超短脉冲）作为信息载体的无线电。脉冲传输是通过对非常窄（往往小于 1ns）的脉冲信号进行调制，以获得非常宽的带宽来传输数据。脉冲频谱范围从直流至 GHz，不需常规窄带调制所需的 RF 频率变换，脉冲成型后可直接送至天线发射。频谱形状可通过甚窄持续单脉冲形状和天线负载特征来调整。作为一种微功率设备，冲激无线电对功率的有效性具有较高要求。一般采用跳时与脉冲位置结合（TH-PPM）方案或直扩与二进制相移键控调制结合（DS-BPSK）方案。在数据高速传输的情况下，DS-BPSK 方案更具优势，所以现今多用 DS-BPSK 方案。它采用单/双频带方式或窄脉冲方式，多个传输任务可共享整个频带的频率。冲激无线电是 UWB 最早的实现方式，发展相对成熟。

（2）MB-OFDM UWB　MB-OFDM UWB 是把分配给 UWB 系统的 7.5GHz 频带划分成多个子频带，子频带可以是几个较大的频带，也可以是多个较小的频带。在 UWB 频谱范围内选择多个频点作为中心频率设定子频带，可以有效提高频带利用率。中心频率的选择可以通过一个伪载波振荡器来实现，振荡波的轮廓限定了脉冲波形。

这种多频带调制方式一方面可以有效地利用 FCC 定义的 7.5GHz 带宽，因为恰当地选择多频带带宽可以确保完全利用整个频带；另一方面对于各个子频带可以分别处理，增加了 UWB 系统的灵活性。

多带调制的一个优势就是具有很强的灵活性，低比特率的系统可以采用很少的子带，而高比特率的系统可以采用很多的子带。它还可以灵活地适应不同的无线频谱使用规则，而不必像蓝牙一样要协调世界各地的频谱分配。

为了简化收发信机，子带信号也可以顺序发送。这样就可以采用传统的无线设备结构。另外，多带传输系统还可以提高与其他系统的共存级别。例如，多带传输系统可剔除已受近距离其他设备影响的频带。如果 UWB 系统与 IEEE 802.11a 系统共存，则可以不使用图 6-12 中 5.1~5.6GHz 的子带来减小或回避两者的干扰。

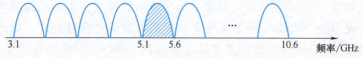

图 6-12　多子带频率划分

UWB 系统的基本模型主要由发射部分、无线信道和接收部分构成。与传统的无线发射、接收机结构相比，UWB 的发射、接收机结构相对简单，易于实现。因为脉冲产生器只需产生大约 100mV 的电压就能满足发射要求，所以发射端不需要功率放大器，只需产生满足带宽要求的极窄脉冲。在接收端，天线收集的信号先通过低噪声放大器，再通过一个匹配滤波器和相关接收机便可恢复出期望信号。

6.3.3 UWB 系统的主要性能特点及技术优势

（1）UWB 带来了全新的通信方式及频谱管理模式 传统的无线通信技术大都是基于正弦载波的，而消耗大量发射功率的载波本身并不传送信息，真正用来传送信息的是调制信号，即用某种调制方式对载频进行调制。UWB 系统可以采用无载波方式，即不使用正弦载波信号，直接调制超短窄脉冲，从而产生一个数吉赫兹（GHz）的大带宽。这种传输方式上的革命性变化将带来一种崭新的无线通信方式。同时，作为一种与其他现存传统无线技术共享频带的无线通信技术，对于日益紧张的、有限的频谐资源，超宽带技术有其独特的优势，全球频谐规划组织也对其表示高度关注和支持。所以，UWB 不仅只是一项革命性的技术，它更是一段免许可证的频谱资源。

（2）抗多径能力强 UWB 发射的是持续时间极短的单周期脉冲，且占空比极低，多径信号在时间上是可分离的，具有很强的抗多径能力。多径衰落一直是传统无线通信难以解决的问题，而 UWB 信号由于带宽达数吉赫兹（GHz），具有高分辨率，能分辨出时延达纳秒级的多径信号，而室内等多径场合的多径时延一般也恰好是纳秒级的。这样，UWB 系统在接收端可以实现多径信号的分集接收。UWB 信号的抗多径衰落的固有鲁棒性特别适合于室内等多径、密集场合的无线通信应用。但 UWB 信号极高的多径分辨率也导致信号能量产生严重的时间弥散（频率选择性衰落），接收机必须通过牺牲复杂度（增加分集阶数）以便捕获足够的信号能量。这将对接收机设计提出严峻挑战。在实际的 UWB 系统设计中，必须综合考虑信号带宽和接收机复杂度，得到理想的性价比。

（3）定位精 冲激脉冲具有很高的定位精度和穿透能力，采用 UWB 无线电通信，很容易将定位与通信合一，在室内和地下进行精确定位。信号的距离分辨力与信号的带宽成正比。由于信号的超宽带特性，UWB 系统的距离分辨准确度是其他系统的成百上千倍。UWB 信号脉冲宽度在纳秒级，其对应的距离分辨能力可高达厘米级，这是其他窄带系统所无法比拟的。这使得 UWB 系统在完成通信的同时还能实现准确定位跟踪和定位与通信功能的融合，极大地扩展了系统的应用范围。

（4）保密性强 UWB 信号一般把信号能量弥散在极宽的频带范围内，功率谱密度低于自然的电子噪声，采用编码对脉冲参数进行伪随机化后，脉冲的检测将更加困难。由于 UWB 信号本身巨大的带宽及 FCC 对 UWB 系统的功率限制，使 UWB 系统相对于传统窄带系统的功率谱密度非常低。低功率谱密度使信号不易被截获，具有一定保密性，同时对其他窄带系统的干扰可以很小。

（5）传输速率高 UWB 系统使用超宽的频带，所以即使把发送信号功率谱密度控制得很低，也可以实现 100~500bit/s 的信息速率。根据香农信道容量公式，如使用 7GHz 带宽，那么即使信噪比低至 -10dB，理论信道容量也能达到 1GB/s，因此实际中实现 100Mbit/s 以上的速率是完全可能的。

（6）系统结构简单、成本低、易数字化 UWB 通过发送纳秒级脉冲来传输数据信号，其发射机直接用小型脉冲激励天线，不需要功放与混频器，同时在接收端也不需要中频处理。UWB 系统发射和接收的是超短窄脉冲，无须采用正弦载波而直接进行调制，接收机利用相关器能直接完成信号检测。这样，收发信机不需要复杂的载频调制解调电路和滤波器等，它只需要一种数字方式来产生超短窄脉冲。因此，这可以大大降低系统复杂度，减小收发信机的体积和功耗，易于数字化和采用软件无线电技术。实际上随着半导体技术的发展和新型脉冲产生技术的不断涌现，已经有公司将这种系统集成到单芯片上。

（7）系统容量大 UWB 无线电系统发送占空比极低的冲激脉冲，采用跳时（TH）地址码调制，便于组成类似于 CDMA 系统的移动网络，且处理增益高，多径分辨能力强，使其用户数量可大大高于 CDMA 移动网络。这里空间容量定义为单位区域上传输的数据速率，单位是比特/秒/平方米（$bit/s/m^2$）。该项指标越高，则单位区域提供的数据比特率越大，单位面积的传输效率越高。这个指标特别适合于评价拥挤空间的无线通信系统。而 UWB 系统在这方面具有很强的潜力。

（8）低功耗 利用扩频多址技术，系统具有较大的扩频处理增益，UWB 设备可以使用小于 1mW 的发射功率。这样就大大延长了系统电源工作时间，满足移动通信设备的电源需求，而且低辐射功率可以减少电磁波对人体的辐射。UWB 技术的系统功耗也相当低，50 ~ 70mW 就足以满足它的工作要求，功耗还不到目前各种无线传输技术的 1%。UWB 设备由于只在需要时发送脉冲电波，且传输时的耗电量仅有几十毫瓦（现有系统一般情况下的耗电量就达到几百毫瓦至几瓦），所以 UWB 技术就很容易应用在各种移动设备中，如便携式计算机，所增加的功耗几乎可以忽略不计。

6.3.4 UWB 与其他通信方式的比较

1. 与常规无线电比较

与常规无线电的系统构成（包括 FH、DSSS、TDM、CDMA）相比，UWB 无线电系统的特点可概括如下：

1）不需要产生正弦信号，直接发射受跳时 PN 码和信息比特控制的冲激脉冲序列，因而具有很宽的频谱和很低的平均功率。

2）UWB 无线电信号的频谱和中心频率由脉冲波形决定。

3）系统结构简单、体积小、成本低。由于直接发射冲激脉冲序列，不需要上下变频，系统结构更为集成和简化。UWB 无线电衰落失真小，信号处理也较常规无线电简化。研究表明：脉冲发射机和接收机前端可集成在一个芯片上，再加上时间基准信号和一个微控制器，就可构成一部 UWB 通信设备。

4）与同样具有 GHz 级带宽的无线电技术相比，UWB 无线电比红外通信更具穿透力，比毫米波通信更加便宜。

2. 与其他有关无线网络技术的比较

UWB 无线电技术可用于组成移动无线网络，与其他有关无线网络技术的比较见表 6-19。

表 6-19 UWB 无线电技术与其他有关无线网络技术的比较

技术	提供的业务	成本	主要应用范围
IEEE 802.11	IP	高	室内
Home RF	IP/语音	中	室内
蓝牙	IP/语音	低	室内
HiperLAN/2	IP/多媒体	高	室内
UWB 网络	IP/多媒体	低	室内/中短程/军用

尤其值得注意的是，UWB 无线电技术与蓝牙技术有下列不同之处：

1）蓝牙技术采用基于传统正弦载波的高速跳频传输方式，高速跳频的目的主要是为了以很短的频率驻留时间避开时延多径信号；UWB 无线电发射的是由信息和用户地址码共同控制脉冲起点的冲激脉冲串，与传统正弦载波通信有本质的不同，每秒可达数百万个脉冲，由于其波形的特殊性、低占空比和超短脉冲宽度，使得多径信号的影响大大降低，比蓝牙技术更加适合于多径环境复杂的城区和室内无线通信场合。

2）蓝牙技术的标准传输距离为 10m 和 100m，UWB 无线电的通信距离根据不同用途而定，目前开发出的产品的通信距离有 10m、1km 和 10km 以上等，可用于室内通信、组成大范围蜂窝网和无线 Ad-hoc 网络。

3）蓝牙技术的传输速度较低；而 UWB 无线电能提供更高的传输速率，更适应未来的无线多媒体业务的需要。

4）在相同的平均发射功率的情况下，蓝牙技术抗干扰能力较弱，而 UWB 无线电具有极强的抗干扰能力，更适合于军事用途。

随着无线通信的不断发展，无线通信已由原来提供远距离通信向短距离传输发展，通过频率的空间复用，使得无线通信在有限的频率资源条件下也可满足通信业务发展的需求。无线通信的发展趋势使得对系统容量的评价不仅仅是考虑单位时间的点对点传输速率，"空间容量"（即每平方米每秒的传输速率）也成为重要的衡量指标。可见，在空间容量方面，UWB 无线电比现有类似系统具有更大的优势。

6.3.5　UWB 与物联网结合的关键技术

UWB 技术具有巨大的吸引力，同时又向人们提出了很多的挑战。虽然 FCC 对 UWB 的发射功率、通信距离做了严格的限制，但它毕竟与现存的大多数通信系统工作在同一频段，相互之间的干扰问题将不得不考虑。要实现该技术用途的广泛性，许多关键技术有待于解决。

1. 规则与标准

UWB 是一项革命性的新技术，需要制定各种规则与标准来保证 UWB 系统与目前运行系统之间的兼容性和不同厂商 UWB 产品之间的兼容性。UWB 要获得成功，首先要有一套广为接受的物理层（PHY）和媒体接入控制（MAC）协议标准。UWB 技术与 Ad-Hoc 网的结合使得 UWB 系统容量变得很大，因此在 Ad-Hoc 网的管理层上也要制定相应的标准来保证各个移动节点接入的灵活性和各个产品之间的兼容性。

基于 UWB 技术的无线 Ad-Hoc 网在网络构成和路由寻找过程中，利用 UWB 技术的精确定位能力能准确地测量出节点之间的距离，再通过节点间的信息交互可以逐步算出网络的地理拓扑结构图。但该地理拓扑结构图并不能作为路由选择的唯一依据。UWB 在距离、速率和功率上的互换性，给路由的选择带来了极大的灵活性。采用 UWB 技术后，需要研究一种具有无线资源管理功能的路由算法，综合考虑跳数、传输速率和发送功率等因素，使整个网络的无线资源的利用率达到最优，网络的全局运行成本最低。其中 Ad-Hoc 网络的动态路由协议是设计 Ad-Hoc 网络的关键，它要求有一个高度自适应的路由机制来处理网络拓扑结构的变化，以实现 Ad-Hoc 网络与主干网络的多跳接入和无缝接入。而现有的路由技术不适用于 Ad-Hoc 网络。如何把多个无线 Ad-Hoc 网络连成一个大网络以及如何与因特网相结合，是当今热点问题之一。

2. 信号的选择

UWB 的信号形式主要有跳时（TH）信号和直获序列（DS）信号两种。TH-UWB 采用瞬时开关技术来产生短脉冲或只有很少几个过零点的波形，直接将能量扩展到很宽的频带内。脉冲由专用宽带天线，以每秒几十至几百兆赫兹的高速率发射，这些脉冲在时间上以随机或伪随机间隔分布。对这些脉冲进行时间编码就可以实现多址通信。DS-UWB 采用 Gbit/s 的速率发射的高占空比宽带脉冲，该脉冲序列以每数百 Mbit/s 的速率对数据进行编码，多个编码脉冲表示 1bit，编码增益能提供抗多径干扰能力，在短距离范围内，DS-UWB 能提供极高的数据传输率。这两种信号在各种环境中的优缺点还有待于进一步研究与实验。

UWB 虽然具有抗多径衰落的能力，但它还是受到多径衰落的影响。例如，当传播距离和天线高度之比过大时，视距信号和反射信号到达的时差可能小于发射脉冲的持续时间，这时多径干扰将不可避免。因此要对 UWB 系统的最大传输速率做出严格限制，使得信号的周期尽可能长一点，确保在下一个脉冲发射之前，目前正在传输的脉冲所引起的多径分量基本消失，以减少传输脉冲之间的干扰。同时 UWB 信号的周期又不能太短，否则在一个脉冲传输过程中信道的时变效应就不能忽略。

3. 抗干扰技术

UWB 采用的是频谱重叠技术，容易对其他同频系统产生干扰。UWB 的发射功率虽然很小，但它的瞬时峰值功率比较大，因此有必要采取一定的优化措施，如自适应功率控制、占空比优化等，以减少对其他通信系统的干扰。另外，由于 UWB 系统传输功率很低，且大部分工作在工业区、商业区或者住宅区等场合，容易受到噪声和其他同频无线电的干扰。如何解决 UWB 和其他无线电系统的兼容问题是目前 UWB 的一个重要课题。

4. 调制和接收技术

UWB 原先用在军事上，大容量、多用户不是它的主要目的。但在商业通信中大容量、多用户恰恰是它的主要问题，而且 UWB 信道的时域特殊性需要一个合适的调制技术和编码方案来提高系统的用户容量。

理想的 UWB 接收机是 RAKE 接收机，但它的复杂性随着多径数的增加呈指数上升，因此一般采用的是次最佳 RAKE 接收机。根据 Q. Li 和 L. Rusch 的研究，自适应多用户检测接收机能集聚多径能量，在克服符号间干扰和码间干扰等方面要比 4 个和 8 个支路的 RAKE 接收机好得多，特别是在抗宽带干扰方面，这种接收机具有更多的优越性。

UWB 信号覆盖范围宽，频率弥散效应明显。在频段的低端和高端，信号有着不同的失真、频散及损耗。另外，高速器件的成本要比低速器件高得多。采用信道分割技术可以有效地克服这些问题。通过信道的分割技术还能避免与无线 LAN 使用的 5GHz 频带的干扰，不同区域可分配不同的波段，确保信号的轻松传输。

在 UWB 产品的天线设计方面，要求是微型且在各种条件下能正常工作（如靠近物体或放在身边），具有超宽频带和一定增益。而 UWB 信号的带宽很宽，根据自由空间传播定理，频段的高端和低端增益相差大约 11dB。所以实现高效的 UWB 天线，尤其在尺寸很小时，困难重重。

5. 信道特性

不同于窄带无线通信，UWB 在调制、编码、功率控制和天线设计等方面有着许多特殊

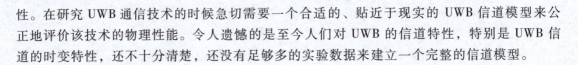

性。在研究 UWB 通信技术的时候急切需要一个合适的、贴近于现实的 UWB 信道模型来公正地评价该技术的物理性能。令人遗憾的是至今人们对 UWB 的信道特性，特别是 UWB 信道的时变特性，还不十分清楚，还没有足够多的实验数据来建立一个完整的信道模型。

6.3.6　UWB 信道模型

1. UWB 信道建模方法

研究电磁波传播的一个主要目的是建立信道模型，以描述通信设备工作环境中的大尺度路径特征和小尺度路径特征。信道模型对信道链路的估算、传播范围的规划和物理层方案的评估都是必需的。通常通信系统的研究以室内和室外电磁波传播的特性为基础，依靠电磁波传播的特性来建立信道模型，一般采用两种方法。

（1）统计分析方法　信道模型是通过统计分析和实验方法相结合得到的，实验方法依赖于基于测试数据的曲线和解析式拟合。目前这方面的工作主要集中在测量手段和数据处理上。

（2）理论分析和数值计算方法　这种方法利用射线追踪法、均匀衍射论和几何衍射论来获得确定性的信道模型，理论分析的主要缺点是过于复杂。

2. UWB 信道统计分析方法

一般对信道的统计分析分为以下两部分：

（1）路径衰落的统计分析　这种分析建立在 Kolmogorov-Smirnov 检验的基础上，先设定一定的检验水平，然后通过不同分布（分布参数通过最大似然估计获得）进行拟合，数据拟合的好坏以检验通过率的大小来区分（这里可以使用两种 MATLAB 函数：分布拟合函数和 K-S 检验函数来确定）。

（2）设定模型的仿真　假定一定的信道模型，通过一定条件下的信道仿真获得信道的表征参数，如对于多径信道，其信道参数为平均时延、RMS 时延扩展及平均路径数量（峰值功率的某 dB 范围内）。然后将它们与实测值比较，若符合，则表明此模型具有代表性，可以在实际中使用。

已提出的 UWB 的室内信道模型，包括 Intel 的 S-V 模型、Δ-K 模型、POCA-NAZA 模型和 Dajana Cassioli 模型等。其中，S-V 模型进行修正后，被推荐为 IEEE 802.15.3a 的室内信道模型。

6.3.7　UWB 的具体应用和发展趋势

随着用户在地下停车场、商场、高铁站和机场等卫星定位不再精准的弱信号环境下定位需求的增长，基于蓝牙、UWB 技术的室内定位等技术纷纷进入市场，为不同行业的室内定位需求贡献了诸多行之有效的位置服务方案。其中，UWB 定位主要应用于室内高精度定位，用于在一定空间范围内获取人或物的位置信息。

基于高精度定位的服务将是推动 UWB 技术发展的主要动力。UWB 早期主要是在 B 端做高精度定位，例如煤矿、隧道等领域确保工人安全生产，之后逐渐在消费端兴起。UWB 在工业领域中的应用，主要是依托 UWB 基站，再加上定位标签的支持，如做成胸卡、手环戴在工人身上。但是要打开消费端 UWB 的市场应用，必须要手机厂商起引领作用，将 UWB 集成到手机中。苹果公司从 iPhone 11 开始就将 UWB 引入其中，Airtag 更是为 UWB 再添一把火。在两个设备中都装了 UWB 且不需要基站的模式称为 D2D（Device to Device）互联。三星公司的高端手机机型也支持 UWB，其中 Galaxy Note20 Ultra 是首款支持 UWB 的安卓系统手机。国内手机方面，小米公司的 MIX4 也已引入 UWB 技术，其创新的"一指连"可以轻松遥控多个设备，但前提也是手机与智能设备均需要装备有 UWB 芯片模组。此外，华为、OPPO、vivo 等公司也都积极布局。在电动汽车领域，UWB 的安全性使其更符合车载设备对安全的要求。蔚来公司在 2021 年发布的 ET7 上配备了 UWB 数字钥匙，宝马、奥迪、福特、大众、本田等公司也陆续宣告将与手机厂商合作推出基于 UWB 技术的新一代数字化车钥匙。UWB 在汽车上的另一个应用是车载雷达，可以用于活体检测，给用户带来更多的应用场景和更好的体验。相比手机，汽车上的应用场景落地较快，国内的汽车 UWB 数字钥匙需求已经明确。汽车的总量虽然不如手机，但是单台汽车所采用 UWB 设备的数量却比手机多，一辆汽车大约需要用 5 个 UWB 芯片模组。在室内定位和导航上的应用方面，当下大部分的 5G 垂直行业场景都发生在室内，因此 UWB+5G 室内定位服务的需求也日益强烈。除了精准定位之外，UWB 还具有低延迟交互的优点，这将使其在游戏控制器和 AR/VR 等交互中能有很好的应用。在这方面，SPARK Microsystems 开始利用其 UWB 技术提供超低延迟的音频和视频链接，可以实现在 $10\mu W$ 以下传输 $1kbit/s$ 的数据，从而使不需要电池供电的传感器成为可能。此外，在反恐、应急救援、疫情防控等诸多领域，室内定位都是一个关注的热点，且都需要凭借 UWB 准确的定位优势。UWB 的相关标准及产业化工作也在进一步推进之中，预计未来将能够被大规模使用。

6.4 无线局域网

6.4.1 无线局域网发展机遇

随着无线通信技术的不断发展，全球范围内无线通信的数据量增长迅速，各种基于无线网络的应用也不断涌现，开始悄悄改变人们的生活方式。无线局域网（Wireless Local Area Network，WLAN）作为一种无线宽带网络的接入方式，以其传输速率高、成本低廉、技术成熟、普及率高的优点迅速占领无线宽带接入市场，并与移动通信网络形成互补，受到各大运营商的青睐，成为最受欢迎的无线宽带接入方式之一。实际上，无线局域网之所以能够得到如此迅猛的发展，其主要原因归功于以下方面。

1. 移动数据量的飞速增长

由于移动互联网的兴起，全球移动数据量飞速增长。而在全球各个主要地域中，亚洲的移动数据量增长尤为突出，尤其是我国。我国移动数据量的增长远高于全球平均水平。

面对增长如此迅速的移动数据量，各大运营商开始纷纷寻找高带宽的无线接入方式，作为典型的无线宽带技术，无线局域网因其高带宽的优势得到了运营商青睐。

2. WiFi 终端的高普及率

无线局域网最终能够从各种无线宽带接入方式中被运营商和设备商选择的一个根本原因在于 WiFi 终端的成熟度和其高普及率。最早在便携式计算机市场，以 IEEE 802.11a/b/g 为代表的无线局域网接入设备几乎就已成为大部分便携式计算机的必配项，经过多年发展早已形成成熟产业链，而随着近年来智能手机的发展，其亦将 WiFi 作为标配，据 WBA 在 2012

年的统计结果，无线局域网智能手机的数量已超过了无线局域网便携式计算机数量。

面对 WiFi 终端如此高的普及率，拥有广泛终端支持的无线局域网已成为全球移动运营商发展其移动数据业务不得不关注的技术。

3. 与蜂窝网络的互补

在移动数据量飞速增长的同时，运营商所依赖的蜂窝网络的空中接口数据速率增长却相对缓慢，无法满足移动数据量的增长速度。运营商急需新的无线接入方式为蜂窝网络分流。而无线局域网高容量、高带宽和近域覆盖的特点恰好和蜂窝网络低速率、广域覆盖的特点形成互补，对于一些频率资源相对较少的运营商，这样的互补需求更为迫切。运营商希望能够建设 WLAN 作为蜂窝网络补充，国际标准化组织 3GPP 也正在将蜂窝网络和无线局域网融合作为重要研究方向。目前主流运营商选择无线局域网进行业务分流，以提升网络容量和用户体验。

6.4.2 无线局域网的含义

无线局域网（WLAN）就是在局部区域内以无线（No Wire 或 Wireless）媒体或介质（Medium）进行通信的无线网络。这是广义的概念，实际上，无线局域网有着丰富的内涵。

1. 无线局域网的传输媒质

无线局域网采用的传输媒体或介质分为射频（Radio Frequency，RF）无线电波（Radio Wave）和光波两类。射频无线电波主要使用无线电波和微波（Microwave），光波主要使用红外线（Infrared）。因此，无线局域网可分为基于无线电的无线局域网（RLAN）和基于红外线的无线局域网两大类。

电磁波中微波波段可分为 L、S、C、X、Ku、K、Ka 和 V 等波段，分别对应于频率 1~2 GHz、2~4 GHz、4~8 GHz、8~12 GHz、12~18GHz、18~27GHz、27~40GHz 和 40~75GHz。无线局域网使用的无线电波和微波频率由各个国家的无线电管理部门规定。不同的国家有不同的法规，但一般分为两种，即专用频段和自由使用频段。专用频段是需要经过批准（发执照或许可证）并需要交纳相关费用（有偿使用）的独自使用频段，也称为需要执照频段（Licensed Band）。而自由使用频段主要是指工业、科研和医疗所用的 ISM 频段或其他不需执照（或许可证）频段（Unlicensed Band）。ISM 频段虽然不需要执照，也不需要交纳使用费，但需要严格执行有关的法规，特别是在发射功率和频谱框架（如带外辐射等）方面。各个国家规定用于无线局域网的专用频段和自由频段是不同的。

FCC 批准的专用频段主要有 17GHz 和 61GHz，而不需要执照的频段主要有 902~928MHz 和 2.400~2.4835GHz 的 ISM 频段，1.890~1.930GHz 的个人通信系统（Personal Communication System，PCS）频段，以及 5.15~5.25GHz 的 U-NII（Unlicensed National Information Infrastructure）低频段、5.25~5.35GHz 的 U-NII 中频段和 5.725~5.825GHz 的 U-NII 高频段。

欧洲无线电委员会（ERC）和欧洲电信标准协会（ETSI）规定可用于无线局域网的不需要执照频段有：用于 DECT 的 1.880~1.900GHz 频段，用于无线局域网的 2.445~2.475GHz 频段（ISM 频段）以及用于高速无线局域网（HiperLAN）的 5.15~5.35GHz 和 5.470~5.725GHz 频段。需要执照的频段有 17.1~17.3GHz、19GHz、24GHz 和 60.1GHz。

日本邮政省颁布的 ISM 频段为 2.471~2.497GHz，专用频段有用于高速无线接入（HSWA）的 5.15~5.25GHz 和 19.495~19.555GHz 频段。

我国可用于无线局域网的频段主要是 2.400～2.4835GHz 和 5.725～5.850GHz，也可以用 336～344MHz 等频段。

2. 无线局域网的覆盖范围

局部区域就是距离受限的区域，它是一个相对的概念，是相对于广域（Wide Area）而言的。两者的区别主要在于数据传输的范围不同（但覆盖范围界限的区别并不十分明显），由此引起网络设计和实现方面的一些区别。介于广域网（WAN）和局域网（LAN）之间还有一种局部网络，称为城域网（Metropolitan Area Network，MAN），而局域网覆盖范围更小的局部网络称为个（人区）域网（Personal Area Network，PAN）。因此，广义的无线局域网还包含无线城域网（WMAN）和无线个域网（WPAN）。换句话说，无线网络可以粗略地分为无线广域网和无线局域网两种。

广域网是指全国范围内或全球范围内的网络，通常信息速率不高。典型的无线广域网的例子就是 GSM 移动通信系统和卫星通信系统。城域网就是局限在一个城市范围内的网络，覆盖半径在几千米到几十千米，如本地多点分配系统（Local Multipoint Distribution Services，LMDS）、多信道多点分配系统（Multi-channel Multipoint Distribution System，MMDS）和 IEEE 802.16 无线城域网系统。WMAN 可以提供较高速的传输速率。无线广域网和无线城域网通常采用大蜂窝（Megacell）或宏蜂窝（Macrocell）结构。无线广域网大都可以分成许多无线城域网子网。

无线局域网是一种能在几十米到几千米范围内支持较高数据速率（如 2Mbit/s 以上）的无线网络，可以采用微蜂窝（Microcell）、微微蜂窝（Picocell）结构，也可以采用非蜂窝（如 Ad-Hoc）结构。目前无线局域网领域的两个典型标准是 IEEE 802.11 系列标准和 HiperLAN 系列标准。IEEE 802.11 系列标准是指由 IEEE 802.11 标准任务组提出的协议族，它们是 IEEE 802.11、IEEE 802.11a、IEEE 802.11b 和 IEEE 802.11g 等。IEEE 802.11 和 IEEE 802.11b 用于无线以太网（Wireless Ethernet），其工作频率大多在 2.4GHz 上，传输速率对 IEEE 802.11 而言是 1～2Mbit/s；对 IEEE 802.11b 而言为 5.5～11Mbit/s，并兼容 IEEE 802.11 速率。IEEE 802.11a 的工作频率在 5～6GHz，它使用正交频分复用（Orthogonal Frequency Division Multiplex，OFDM）技术，使传输速率可以达到 54Mbit/s。IEEE 802.11g 工作在 2.4GHz 频率上，采用 CCK、OFDM 或 PBCC（分组二进制卷积码，即 Packet Binary Convolutional Code）调制，可提供 54Mbit/s 的速率并兼容 IEEE 802.11b 标准。

HiperLAN 是 ETSI 开发的标准，包括 HiperLAN 1，HiperLAN 2，设计用于户内无线骨干网的 HiperLink，以及设计用于固定户外应用访问有线基础设施的 HiperAccess 等 4 种标准。HiperLAN 1 提供了一条实现高速无线局域网连接，减少无线技术复杂性的快捷途径，并采用了在 GSM 蜂窝网络和蜂窝数字分组数据网（CDPD）中广泛使用的高斯最小移频键控（GMSK）调制技术。HiperLAN 2 具有与 IEEE802.11a 几乎完全相同的物理层和无线 ATM 的媒体接入层。

WPAN 是一种个人区域无线网，可以认为是无线局域网的一个特例，其覆盖半径只有几米。其主要应用范围包括语音通信网关、数据通信网关、信息电气互联与信息自动交换等。WPAN 通常采用微微蜂窝（Picocell）或毫微微蜂窝（Femtocell）结构。目前，实现 WPAN 的技术主要有蓝牙、红外数据、家庭射频和超宽带（UWB）以及 ZigBee 等多种。

6.4.3 无线局域网的特点

无线局域网利用电磁波在空气中发送和接收数据，不需要线缆介质。无线局域网的数据传输速率已经能够达到 300MB/s，并可使传输距离达到 20km 以上。无线网络是对有线网络的一种补充和扩展，使网上的计算机具有可移动性，能快速方便地解决使用有线方式不易实现的网络连通问题。

与有线网络相比，无线局域网具有以下优点。

（1）安装便捷　一般在网络建设中，施工周期最长、对周边环境影响最大的，就是网络布线施工工程。相比有线网络在施工过程中往往要破墙掘地、穿线架管，无线局域网最大的优势就是免去或减少了网络布线的工作量，一般只要安装一个或多个接入点 AP 设备，就可建立覆盖整个建筑或地区的局域网络。

（2）使用灵活　由于有线网络缺少灵活性，要求在网络规划时尽可能地考虑未来发展的需要，这就往往导致预设大量利用率较低的信息点。而一旦网络的发展超出了设计规划，又要花费较多费用进行网络改造，而无线局域网可以避免或减少以上情况的发生。对于无线局域网而言，只要在无线网的信号覆盖区域内，任何一个位置都可以接入网络。

（3）易于扩展　无线局域网有多种配置方式，能够根据需要灵活选择。这样，无线局域网就能胜任从只有几个用户的小型局域网到有上千个用户的大型网络，并且能够提供像"漫游"这样的有线网络无法提供的特性。

（4）降低成本　由于用户设备和服务器之间没有连线，所以无线网络可以极大地降低组网成本。下面分析无线网络的这一好处，以及由此带来的相关的成本降低。

1）可用于物理布线困难的地方：在物理布线困难的地方选择无线网络会节省大量费用。一些机构仅仅为了用物理连线将近距离内的设施连接起来，已耗费了大量资金。但是在这种环境中无线联网的使用可以节省一大笔可观的费用。

实际上，如果河流、高速公路或其他的障碍物阻断了需要互联的建筑物，无线解决方案将比铺设线缆或租借 T1（1.544Mbit/s）服务或 56kbit/s 专线更为经济。

2）增加了可靠性：线缆故障导致网络瘫痪是有线网络一个不可克服的弊端。实际上，线缆故障常常是网络瘫痪的主要原因。暴雨或液体渗漏、溢出都有可能腐蚀连接器，用户在断开网络连接，将个人计算机转移到别的地方的时候，偶尔也会意外地损坏连接器；不正确的线缆连接会引起信号反射，发生错误；误操作甚至有时正常操作都会造成线缆和连接器的不正常工作。以上的问题常常会干扰用户对网络数据的访问，给网络维护带来极大的困难。相反，无线联网技术由于"无线"，就彻底避免了由于线缆故障造成的网络瘫痪问题，同时也节省了线缆成本和铺设开支。

3）缩短布线时间：布线经常是一项非常耗时的工作。拿局域网来说，安装人员必须将双绞线拉到天花板上面，然后再沿墙壁而下，引到网络墙座上。根据工程的大小，大约需要几天至几周的时间。如果要在处于同一地理范围的建筑物之间铺设光纤，就需先挖掘铺设光纤的线缆沟，同时需要耗费大量时间申请在地下、公路下挖沟的许可证。

选择无线网络会省去布线工序，使网络更快地投入应用。因此，在许多网络基础设施薄弱的国家，网络建设已转向无须在安装物理传输介质方面耗费金钱和时间的无线网络。在美国，无线网络也常用于临时的办公机构和需要经常进行网络更新的地方。

4）长期费用节省：公司重组会带来人事的变动、楼层的重新布置、办公区域的重新划分以及其他相应的变革。以前的网络也需重新布线，从而造成重复劳动和资源浪费。有时，由于公司重组而导致重新布线的费用是很高的，尤其是一些大型的企业局域网。在这种场合，无线联网技术又一次体现出其无线的优势，只需移动职员的个人计算机，就轻松完成了网络的重新"布线"。

由于无线局域网具有多方面的优点，所以发展十分迅速。如今，无线局域网已经在医院、商店、工厂和学校等不适合网络布线的场合得到了广泛应用。

但与有线网络相比，无线网络也具有一定的局限性，正是因为如此，目前无线网络只能作为有线网络的补充，而不能完全替代有线网络。

具体内容如下：

（1）设备价格昂贵 相对而言，无线网络设备（尤其是专业级设备）的价格往往较高。当然，这里所谓的昂贵，只是相对于有线网络设备而言价格要昂贵。无线网络设备费用投入的增加，无形中增加了组建网络总成本的投入。

（2）覆盖范围小 一个无线接入点的覆盖半径往往只有几米或几十米，安装专用无线天线的无线网络则可以达到几百米。然而，借助于传统的以太网，将多个无线接入点连接在一起，仍然可以实现覆盖整个部门和单位的目标。

（3）网络速度慢 与当前桌面接入达到 100~1000Mbit/s 相比，无线网络的 54~300Mbit/s 显然要慢得多。同时，无线网络的带宽是共享机制，也就是说，是由若干无线接入用户共享这个连接带宽。当然，这样的传输速率用于普通办公和日常应用也绰绰有余了。

6.4.4 无线局域网的技术要求

无线局域网与以往的基于蜂窝电话网、专用分组交换网及其他技术的无线计算机通信相比，有许多本质上的区别。无线局域网必须支持高速突发数据业务，在室内使用时要解决多径衰落和相邻子网间串扰等问题。下面介绍无线局域网必须克服的技术难点。

（1）可靠性 无线局域网的信道误比特率应尽可能低，否则当误比特率过高而不能被纠错码纠正时，该错误分组将被安排重发。这样大量的重发分组会使网络的实际吞吐性能大打折扣。实验数据表明，如系统分组丢失率≤105，或信道误比特率≤10，可以保证较满意的网络性能。

（2）兼容性 无线局域网应尽可能与现有有线局域网兼容，这样一来，现有的网络操作系统和网络软件能在无线局域网上不加修改地正常运行。

（3）数据速率 为了满足局域网的业务环境，无线局域网至少应具备 1MB/s 以上的数据速率。

（4）通信保密 由于无线局域网的数据经无线媒体发往空中，因此要求其有较高的通信保密能力。无线局域网可在不同层次采取措施来保证通信的安全性。首先，采取适当的传输措施，如采用扩展频谱技术，可使窃听者难以从空中捕获到有用信号。其次，为防止不同局域网间互相干扰与数据泄露，需采取网络隔离或设置网络认证措施。最后，在同一网络中，应设置严密的用户口令及认证措施，防止非法用户入网。还应设置用户可选的数据加密方案，即使信号被窃听也难以理解其中的数据内容。人们把无线局域网中的站分为全移动站与半移动站两类。全移动站是指在网络覆盖范围内该站可在移动状态下保持与网络的通信，如蜂窝电话网中的移动站（手机）即是一种全移动站。半移动站是指在网络覆盖范围内网中的站可自由移动，但仅在静止状态下才能与网络通信。支持全移动站的网络称为全移动网络，而支持半移动站的网络称为半移动网络。按以上分类，目前的无线局域网大都属于覆盖范围极小的（几米到几百米）的全移动网络。为了扩大覆盖范围和提高频带利用率，必须引入蜂窝或微蜂窝网络结构。

（5）节能管理　由于无线局域网要面向便携机使用，为节省便携机内电池的消耗，网络应具有节能管理功能，即当某站不处于数据收发状态时，应使机内收发信机处于休眠状态，当要收发数据时，再激活收发信机。

（6）小型化、低价格　这是无线局域网能够实用并普及的关键所在。这取决于大规模集成电路，尤其是高性能高集成度砷化镓技术的进展。砷化镓 MMIC（微波单片集成电路）的技术已趋于成熟，已具备了生产小型、低价格无线局域网射频单元的技术能力。

（7）电磁环境、无线电频段的使用范围　在室内使用的无线局域网，应考虑电磁波对人体健康的损害及其他电磁环境的影响。无线电管理部门应规定无线局域网的使用频段、发射功率及带外辐射等各项技术指标。

6.4.5　无线局域网的组成结构

无线局域网一般由站（Station，STA）、无线介质（Wireless Medium，WM）、基站（Base Station，BS）或无线接入点（Access Point，AP）和分布式系统（Distribution System，DS）组成。

（1）站　站也称主机（Host）或终端（Terminal），是无线局域网的最基本组成单元。网络就是进行站间数据传输的，人们把连接在无线局域网中的设备称为站。站在无线局域网中通常用作客户端（Client），是具有无线网络接口的计算设备，包括以下几部分：

1）终端用户设备：终端用户设备是站与用户的交互设备。这些终端用户设备可以是台式计算机、便携式计算机和掌上计算机等，也可以是其他智能终端设备，如 PDA 等。

2）无线网络接口：无线网络接口是站的重要组成部分，它负责处理从终端用户设备到无线介质间的数字通信，一般是采用调制技术和通信协议的无线网络适配器（无线网卡）或调制解调器（Modem）。无线网络接口与终端用户设备之间通过计算机总线（如 PCHPC-MCIA）或接口（如 RS-232、USB）等相连，并由相应的软件驱动程序提供客户应用设备或网络操作系统与无线网络接口之间的联系。常用的驱动程序标准有 NDIS（网络驱动程序接口标准）和 ODI（开放数据链路接口）等。

3）网络软件：网络操作系统（NOS）、网络通信协议等网络软件运行于无线网络的不同设备上。客户端的网络软件运行在终端用户设备上，负责完成用户向本地设备软件发出命令，并将用户接入无线网络。当然，对无线局域网的网络软件有其特殊的要求。

无线局域网中的站是可以移动的，因此通常也称为移动主机（Mobile Host，MH）或移动终端（Mobile Terminal，MT）。如果从站的移动性来分，无线局域网中的站可分为：固定站、半移动站和移动站三类。

固定站是指位置固定不动的站，半移动站是指经常改变其地理位置的站，但它在移动状态下并不要求保持与网络的通信，而移动站则要求能够在移动状态下也可保持与网络的通信，其典型的移动速率限定在 2~10m/s 之间。它们的分类见表 6-20。

表 6-20　无线局域网中站的分类

移动站的分类	固定站	半移动站	移动站
开机使用的移动站	固定	固定	固定/移动
关机时的移动站	固定	固定/移动	固定/移动
举例	台式机	便携机	掌上机、车载台

　　无线局域网中的站之间可以直接相互通信，也可以通过基站或接入点进行通信。在无线局域网中，站之间的通信距离由于天线的辐射能力有限和应用环境的不同而受到限制。人们把无线局域网所能覆盖的区域范围称为服务区域（Service Area，SA），而把由无线局域网中移动站的无线收发信机及地理环境所确定的通信覆盖区域（服务区域）称为基本服务区（Basic Service Area，BSA），也常称为小区（Cell），它是构成无线局域网的最小单元。在一个 BSA 内彼此之间相互联系、相互通信的一组主机组成了一个基本业务组（Basic ServiceSet，BSS）。由于考虑到无线资源的利用率和通信技术等因素，BSA 不可能太大，通常在100m 以内，也就是说同一 BSA 中的移动站之间的距离应小于 100m。

　　无线局域网中的站或终端可以是各种类型的，如 IP 型的和无线 ATM 型。无线 ATM 型的站包括无线 ATM 终端和无线 ATM 终端适配器，空中接口为无线用户网络接口（WUNI）。

　　（2）无线介质　无线介质是无线局域网中站与站之间、站与接入点之间通信的传输介质，在这里指的是空气，它是无线电波和红外线传播的良好介质。

　　无线局域网中的无线介质由无线局域网物理层标准定义。

　　（3）无线接入点　无线接入点（简称接入点）类似蜂窝结构中的基站，是无线局域网的重要组成单元。无线接入点是一种特殊的站，它通常处于 BSA 的中心，固定不动。其基本功能有：

　　1）作为接入点，完成其他非 AP 的站对分布式系统的接入访问和同一 BSS 中的不同站间的通信连接。

　　2）作为无线网络和分布式系统的桥接点完成无线局域网与分布式系统间的桥接功能。

　　3）作为 BSS 的控制中心完成对其他非 AP 站的控制和管理。

　　无线接入点是具有无线网络接口的网络设备，至少要包括以下几部分：

　　1）与分布式系统的接口（至少一个）。

　　2）无线网络接口（至少一个）和相关软件。

　　3）桥接软件、接入控制软件和管理软件等 AP 软件和网络软件。

　　无线接入点也可以作为普通站使用，称为 AP Client。无线局域网中的接入点也可以是各种类型的，如 IP 型的和无线 ATM 型的。无线 ATM 型的接入点与 ATM 交换机的接口为移动网络与网络接口（MNNI）。

　　（4）分布式系统　一个 BSA 所能覆盖的区域受到环境和主机收发信机特性的限制。为了覆盖更大的区域，需要把多个 BSA 通过分布式系统连接起来，形成一个扩展业务区（Extended Service Area，ESA），而通过 DS 互相连接起来的属于同一个 ESA 的所有主机组成一个扩展业务组（Extended Service Set，ESS）。

　　分布式系统是用来连接不同 BSA 的通信信道，称为分布式系统信道（Distribution System Medium，DSM）。DSM 可以是有线信道，也可以是频段多变的无线信道。这样在组织无线局域网时就有了足够的灵活性。在多数情况下，有线 DS 系统与骨干网都采用有线局域网（如 IEEE 802.3）。而无线分布式系统（Wireless Distribution System，WDS）可通过 AP 间的无线通信（通常为无线网桥）取代有线电缆来实现不同 BSS 的连接。

分布式系统通过入口（Portal）与骨干网相连。从无线局域网发往骨干网（通常是有线局域网，如 IEEE 802.3）的数据都必须经过 Portal；反之亦然。这样就通过 Portal 把无线局域网和骨干网连接起来了。像现有的能连接不同拓扑结构有线局域网的有线网桥一样，Portal 必须能够识别无线局域网的帧、DS 上的帧和骨干网的帧，并且能相互转换。Portal 是一个逻辑的接入点，它既可以是一个单一的设备（如网桥、路由器或网关等），也可以和 AP 共存于同一设备中。在目前的设计中，Portal 和 AP 大都集成在一起，而 DS 与骨干网一般是同一个有线局域网。

6.4.6　无线局域网的应用

无线局域网技术可以实现移动上网、省去文书工作、降低错误、降低处理费用和提高工作效率，它适合于所有需要可移动数据处理或无法进行物理传输介质布线的领域，特别是那些需要在客户面前当场通过电子交互式系统进行数据处理的工作人员。

无线局域网的应用范围非常广泛，可以将其应用划分为室内和室外。在室内应用环境下，无线网络作为有线网络的补充，与有线网络共存，在需要移动和临时性的场合可以发挥其特长，如大型办公室、车间、智能仓库、临时办公室、会议室和证券市场；在难于布线的室外环境下，无线网络可充分发挥其高速率、组网灵活的优点，并且价格也低于有线网络，尤其在公共通信网络不发达的状态下，如城市建筑群间通信、学校校园网络、工矿企业厂区自动化控制与管理网络、银行金融证券城区网、矿山、水利工程、油田、港口、码头、江河湖坝区、野外勘测实验、军事流动网和公安流动网等。

无线局域网的一般应用在以下几个方面：

1）点对点无线数据传输。

2）室内无线局域网络。

3）无线网络与普通网络对接。

4）建筑物网络连接、远距离无线桥接。

5）灾后恢复及临时性连接。

1. 企业应用

网络要在企业中得到深入广泛的应用，那么必须从企业管理的角度进入企业的各个领域，包括复杂繁忙的生产现场和多样化的各种企业环境。计算机网络确实推进了企业管理方式的进步和生产能力的提升，但是网络布线成为网络在企业中发展的问题。企业网络化的改造受到网络布线的限制，甚至在一些生产场合，网络布线的代价很高，甚至可能性很小。企业的网络必须从烦琐的网络布线中解脱，而无线局域网技术和产品可以满足这种要求。当企业内的员工使用无线局域网产品时，不管他们在办公室的哪个角落，只要有无线局域网产品，就能随意地发电子邮件、分享档案及上网浏览。无线局域网产品在企业环境中的典型应用包括：

1）生产环境及安全的远程监控。

2）远程数据采集及传送、生产数据查询。

3）自动化生产过程远程控制。

4）数控设备远程控制、机器人/机械手控制。

5）库存管理，仓库盘点。

6）大中型企业内部建筑物网络连接。

7）故障处理以及各种临时性连接。

2. 交通运输

交通运输行业的重要特征之一就是流动性，包括行业中的承运管理方、承运的工具、流动的货物、流动的旅客等。而迅速流动的特征及对象正是无线局域网产品的主要针对市场，因为无线局域网解决方案具有组网迅速、使用自由的重要特征。这些特征是有线网络产品无法比拟的，如在空旷的码头、机场和货物集散中心这些场合，利用无线局域网产品可以在不依赖环境的情况下构建局域网络。无线局域网不仅可以用于交通运输行业的生产和管理，而且还可以为网络时代的交通运输环境提供信息增值服务。在交通运输行业中，无线局域网产品至少可以在以下的应用中体现出其吸引力：

1）计算机辅助调度。

2）实时远程交通报告系统。

3）车队指挥及控制：城市公交、学校班车、租车服务和机场车辆服务。

4）无线安全监控，包括码头、航道、道路和机场。

5）具有空间自由的停车管理系统。

6）航空行李及货物控制。

7）实时旅客信息发布（信息咨询站、车站和路牌等）。

8）移动售票服务。

9）机场旅客通过无线接入因特网服务。

3. 零售行业

零售行业要进行订货、定价、销售和库存商品管理，大型化、集团化的趋势产生了对计算机管理系统的依赖性，计算机网络担任了重要的业务数据处理角色。如果使用无线网络，将会带来极大的方便，增加企业效益，因为经营场地的扩建对计算机网络设计和建设提出了相当高的要求，而随着场地的扩充和信息点的迅速增长，网络系统的建设费用已经相当可观，况且还存在着无法预见的应用需求。无线局域网产品空间自由的特征正是解决零售行业这一问题的轻松方案。如果大型商场的仓储管理、POS 结算受到网络线缆的约束，不仅会给经营者带来不便，对消费者同样也会有很大的影响。利用无线局域网产品，商场的经营自由度将会得到前所未有的发展。在无线局域网的支持下，店员持有通过无线方式连接到商店数据库的笔式计算机或具有输入输出功能的微计算机设备，可以在商店的任何地方完成定价、订货和查看库存清单等任务。在零售行业，无线局域网产品可以方便地用于以下的应用之中：

1）仓储管理及盘点工作。

2）货品价格管理及检验。

3）实时销售记录访问。

4）利用商品数据库提供灵活多样的顾客服务。

5）货物归还处理。

6）迅速建立自由的收费点（POS）。

4. 医疗行业

无线局域网产品的自由和便捷是对医疗行业最具有吸引力的特点。任何密集的网络线缆都无法满足医疗行业环境及业务特征的需求，突发、移动、清洁和便利等特性是用于医疗行业的计算机网络必须具有的性能。但是直到无线局域网产品的出现之前，并没有一种性价比优秀的组网方案能够满足医疗卫生行业的需求。摆脱了网络线缆束缚的无线局域网产品为医疗卫生行业的应用提供了无可挑剔的行业解决方案。

为了有效地为患者服务，医疗中心必须保存患者的准确病历记录，这是一项非常耗时耗力的工作。同时由于工作的性质，医生和护士在工作时不可能总坐在办公桌前。在医疗中心建立电子病历系统，给每位医护人员配备一个通过无线方式连接到医院病历数据库的笔式计算机，使他们可以在医院的任何地方进行病历的添加、查看和更新等，会大大地提高处理速度和准确性。在医疗行业无线局域网的主要应用如下：

1）病房看护监控。

2）生理支持系统及监控。

3）支持系统供给及资源管理。

4）急救系统监控。

5）灾情救援支持。

5. 教育行业

教育行业是多媒体网络技术展现优势的大舞台，从幼儿园到高等院校，计算机网络建设正在迅速地开展之中。当前我国正在实行"校校通"工程，即要对全国所有的学校实行网络连接。无论是对于一个已经拥有校园网络的教育单位，或是一个还未建设校园网络的教育单位，无线局域网技术仍然是一个可以发挥巨大优势的新事物。利用无线局域网技术和产品，可以迅速建立一个校园网络，以满足学生和教师的任意联网需要。对于较为完善的校园信息系统，通过无线局域网可以使得访问网上教育资源变得自由和轻松，无论是在教室、宿舍、学术交流中心，还是在充满绿意的校园草坪，无线局域网将覆盖校园的任何地方。在教育行业，有以下这些典型的应用：

1）迅速建立小型或中型的校区网络，投资甚少。

2）为已建成的校园网络增加网络覆盖面，使网络覆盖整个校区。

3）学生宿舍网络接入系统。

4）校园活动需要的临时性网络，如招生活动、学术交流活动；在任意地点访问教育网络资源，包括教室、会议中心，以及户外。

6. 房地产

房地产推销员的大多数工作是在办公室以外进行的，他们常和客户在意向销售或出租的房屋内洽谈。一般来讲，房地产推销员会为客户准备几处房产，分别打印出能够描述各个房产的多重清单服务（Multiple Listing Service，MLS）资料，然后领着客户一处处挑选。如果客户不满意他所推荐的几处房产，推销员就得马上赶回办公室，再重新进行准备。即使客户决定购买房产，他们也必须一起回到房地产公司，才能完成购房所必要的书面材料。

无线局域网技术会大幅提高房地产交易的效率。房地产推销员可以在办公室外利用随身携带的计算机访问无线 MLS 记录。举一个例子，美国 IBM 公司的移动网络组和交互式软件使 MLS 信息有效，即可以让房地产推销员无线访问房产信息，其中包括房产的详细介绍、使用说明、未付清的贷款和价格等。同时，推销员也可以当场利用便携式计算机和打印机生成购房合同和贷款申请。

7. 服务行业

酒店负责顾客入住登记和付账离开，并按照顾客需求提供服务，如客房服务和衣物清洗等。餐馆则需要登记等待用餐客人的名字和人数、所点的饮料和食物等。服务行业的性质决定其工作人员必须迅速而准确地完成这些工作，避免引起顾客的不满。无线局域网技术是这种应用场合最好的选择。

无线局域网非常适合人员杂多、流动量大的地方。举一个例子，迎宾员在餐馆门口迎接客人，同时利用无线设备记录他们的名字、随行客人数等到公用数据库中。接待员通过数据库查询，为客人安排合适的桌位。还有职员专门查看餐桌是否有人用餐、是否已布置好或者是否可用等，他们同样也持有一个无线设备，数据库中餐桌的情况就是利用无线设备来及时更新的。客人得到桌位后，服务员便通过无线设备将客人的要求传到厨房，从而变传统的菜单为"电子菜单"。

8. 公共事业

公共事业公司负责高度分布式电力系统或天然气系统的正常运行，保证工厂生产和居民生活的要求。公司必须昼夜不停地监控电力供应系统和煤气输送管道，同时每月还要到用户家中抄表结算费用。以前，完成这些工作要求工作人员不停地从一地赶往另一地，进入居民家中和公司来记录数据，最后将数据输入服务器或计算中心。而现在，公共事业公司广泛采用无线局域网实现自动抄表和系统监控，结果既节约了时间，又减少了公司的日常管理费用。Kansas City Power & Light 公司的无线读表系统是世界上最大的无线读表系统之一，为美国堪萨斯州东部和密苏里州西部 15 万以上的用户提供服务。该系统为每一个用户安装一个监控设备，这个设备定期读表，并将数据送回到费用结算数据库。有了无线读表系统，公司就再也不必雇用抄表员了，节省了一大笔开支。

9. 现场工作

现场工作人员的大部分时间都花在安装和维护系统或检查地下设备上。为了完成工作，他们需要查阅产品说明书和操作规范，所以他们必须扛着几大包文件到自己的工作地点，这种地方常常连电话和电灯都没有。

有时，工作人员到达工作地点后才发现遗漏了必要的文件。这样会严重地延误工作。而且在漫长的行程中，所带的文件可能已经过期了，而新文件送到这里可能又要用好几天的时间。对文件系统的无线访问无疑会提高现场工作的效率。例如，现场工作人员可以带上通过无线局域网连接到办公网络的便携式计算机，在任何地方都可以访问保存在办公网络中的最新文件系统。

6.5　5G

6.5.1　移动网络通信的发展进程

1. 第一代移动通信系统

第一代移动通信系统（First Generation，1G）主要用于提供模拟语音业务。20 世纪 80

年代中期，许多国家都开始建设基于频分复用技术（Frequency Division Multiple Access，FD-MA）和模拟调制技术的 1G 系统。1982 年，美国贝尔实验室发明了高级移动电话系统（Advanced Mobile Phone System，AMPS）。相比于传统的移动通信系统，AMPS 最大的改进就是提出了"蜂窝单元"的概念，即主张将地理区域分成许多蜂窝单元，每一个蜂窝单元只能使用一组设定好的频率，且保证相邻的单元使用不同的频率，相距较远的单元则可以使用相同的频率。这样既有效地避免了频率冲突，又可让同一频率多次使用，充分利用了有限的无线资源。在 100km 范围内，AMPS 系统可以允许有 100 个 10km 的蜂窝单元，从而可以保证每个频率上同时有 10~15 个电话呼叫。蜂窝单元的设计为移动通信系统的容量带来了一个数量级的增长，而且蜂窝单元越小，容量增加越多，发射器和手持机所需要的功率要求也越低。美国贝尔实验室提出的小区制、蜂窝组网的理论在移动通信发展史上具有里程碑意义，它为移动通信技术的发展和新一代多功能通信设备的产生奠定了基础。

1G 系统也有很多不足之处，如容量有限、保密性差、抗干扰性差、无数据业务和无自动漫游等。从中国电信 1987 年底开始运营模拟移动电话业务到 2001 年底中国移动关闭此业务，1G 系统在中国的应用长达 14 年，用户数最高曾达到 660 万。

2. 第二代移动通信系统

数字移动通信的发展始于 20 世纪 80 年代中期，通信技术进入到第二代（2G）移动通信系统时代。2G 采用的是数字传输技术，这极大地提高了通信传输的保密性。2G 主要采用的是时分多址（Time Division Multiple Aces，TDMA）技术和码分多址（Code Division Multiple Access，CDMA）技术，与之对应的是 GSM 和 CDMA 两种体制。2G 主要是以数字语音传输技术为核心，无法直接传送如电子邮件、软件等信息，只具有通话和一些如时间日期等传送的手机通信技术规格。不过手机短消息服务（Short Message Service，SMS）在 2G 的某些规格中能够被执行。随着 2G 技术的发展，手机逐渐在人们的生活中变得流行，虽然此时价格仍然较贵，但并不再是奢侈品。诺基亚 3110、摩托罗拉 StarTAC 等就是 2G 时代的经典机型。

2G 到 3G 的发展并不像 1G 到 2G 那样平滑顺畅，由于 3G 是个相当浩大的工程，从 2G 不可能直接迈向 3G，因此出现了介于 2G 和 3G 之间的衔接技术——2.5G。HSCSD、WAP、EDGE、蓝牙和 EPOC 等技术都是 2.5G 技术，2.5G 技术通常与 GPRS 技术有关，GPRS 技术是在 GSM 基础上的一种过渡技术。GPRS 的推出标志着人们在 GSM 的发展史上迈出了意义重大的一步，GPRS 给移动用户提供高速无线 IP 和 X.25 网络之间提供服务。相较于 2G 服务，2.5G 无线技术可以提供更分组数据接入服的功能。

3. 第三代移动通信系统

第三代移动通信系统（Third Generation，3G）也被称为 IMT-2000。它是一种真正意义上的宽带移动多媒体通信系统，能提供高质量的宽带多媒体综合业务，并且实现了全球无缝覆盖及全球漫游。它的数据传输速率高达 2MB/s，其容量是 2G 系统的 2~5 倍。国际上最具代表性的 3G 技术标准有 3 种，分别是 TD-SCDMA、WCDMA 和 CDMA 2000。其中 TD-SCDMA 属于时分双工（TDD）模式，是由中国提出的 3G 技术标准。WCDMA 和 CDMA 2000 属于频分双工（FDD）模式，WCDMA 技术标准由欧洲和日本提出，CDMA 2000 技术标准由美国提出。TD-SCDMA、WCDMA 和 CDMA 2000 互不兼容。

（1）CDMA 2000 CDMA 2000 由 IS-95 系统演进而来并向下兼容 IS-95 系统。CDMA

2000 系统继承了 IS-95 系统在组网、系统优化方面的经验，并进一步对业务速率进行了扩展，同时通过引入一些先进的无线技术，进一步提升了系统容量。在核心网络方面，它继续使用 IS-95 系统的核心网络作为其电路交换（Circuit Switch，CS）域来处理电路型业务，如语音业务和电路型数据业务，同时在系统中增加分组交换（Packet Switched，PS）设备分组数据支持节点（Packet Data Support Node，PDSN）和分组控制功能（Packet Control Function，PCF）来处理分组数据业务。因此在建设 CDMA 2000 系统时，原有的 IS-95 的网络设备可以继续使用，只要新增加分组交换设备即可。原来的基站，由于 IS-95 与 CDMA 1X（CDMA 1X 是指 CDMA 2000 的第一阶段，速率高于 IS-95，低于 2MB/s）的兼容性，可以做到仅更新信道板并将系统升级为 CDMA 2000-1X 基站。在我国，中国联通公司在其最初的 CDMA 网络建设中就采用了这种升级方案，而后在 2008 年中国电信行业重组时，由中国电信公司收购了中国联通公司的整个 CDMA 2000 网络。

（2）WCDMA 宽带码分多址（Wideband Code Division Multiple Access，WCDMA）是基于 GSM 网络技术发展而来的 3G 技术规范，WCDMA 是世界上采用的国家及地区最广泛的，终端种类最丰富的一种 3G 标准。WCDMA 有扩频增益较高、速率较高、全球漫游能力强和技术成熟性较高的优势。在我国，中国联通公司在 2008 年电信行业重组之后，开始建设其 WCDMA 网络。WCDMA 在射频和基带方面应用了较多的关键技术，具体包括射频、中频数字化处理、RAKE（CDMA 系统下一种分集合并技术）接收机、信道编解码和功率控制等关键技术及多用户检测、智能天线等增强技术。

（3）TD-SCDMA 时分同步码分多址（Time Division-Synchronous Code Division Multiple Access，TD-SCDMA）是中国提出的第三代移动通信标准，也是 ITU 批准的三个 3G 标准中的一个，是以我国知识产权为主的、被国际上广泛认可和接受的无线通信国际标准，也是我国电信史上重要的里程碑。

TD-SCDMA 的发展过程始于 1998 年初，在当时的邮电部科技司的直接领导下，由原电信科学技术研究院组织队伍在 SCDMA 技术的基础上，研究和起草符合国际移动通信（International Mobile Telecommunication，IMT)-2000 要求的我国的 TD-SCDMA 建议草案。该标准草案以智能天线、同步码分多址、接力切换和时分双工为主要特点，于国际电信联盟（International Telecommunication Union，ITU）征集 IMT-2000 第三代移动通信无线传输技术候选方案的截止日（1998 年 6 月 30 日）提交到 ITU，从而成为 IMT-2000 的 15 个候选方案之一。ITU 综合了各评估组的评估结果，在 1999 年 11 月，TD-SCDMA 被正式接纳为 CDMA-TDD 制式的方案之一。

4. 第四代移动通信系统

2008 年 3 月，国际电信联盟无线电通信部门（ITU-R）指定了一组用于 4G 标准的要求，命名为 IMT-Advanced 规范，用以设置 4G 服务的峰值速率要求在高速移动的通信场合（如在火车和汽车上使用）达到 100Mbit/s，固定或低速移动的通信场合（如行人和定点上网的用户）达到 1Gbit/s，在通往 4G 技术的路上主要有第三代合作伙伴计划（3rd Generation Partnership Project，3GPP）主导的长期演进（Long Term Evolution，LTE）技术和 IEEE 提出的 WiMAX 技术，尽管 WiMAX 可以给其客户提供市场上传输速率最快的网络，但仍然不是 LTE 技术的竞争对手。LTE 项目是 3G 的演进，它改进并增强了 3G 的空中接入技术，采用 OFDM 和 MIMO 作为其无线网络演进的唯一标准，主要特点是在 20MHz 频谱带宽下能够提供下行 100Mbit/s 与上行 50Mbit/s 的峰值速率，相对于 3G 网络大大地提高了小区的容量，同时将网络延迟大大降低：内部单向传输时延低于 5ms，控制平面从睡眠状态到启动状态迁移时间低于 50ms，从驻留状态到启动状态的迁移时间小于 100ms。该技术包括 TD-LTE 和 FDD-LTE 两种制式，严格意义上来讲，LTE 只是 3.9G，尽管被宣传为 4G 无线标准，但它其实并未被 3GPP 认可为国际电信联盟所描述的下一代无线通信标准 IMT-Advanced，因此在严格意义上其还未达到 4G 的标准。

4G 是集 3G 与无线局域网于一体的，并能够传输高质量视频图像，它的图像传输质量与高清晰度电视不相上下。4G 系统能够以 100Mbit/s 的速率下载，比目前的拨号上网快 2000 倍，上传的速率也能达到 20Mbit/s，并能够满足几乎所有用户对于无线服务的要求。而在用户最为关注的价格方面，4G 与固定宽带网络在价格方面不相上下，而且计费方式更加灵活机动，用户完全可以根据自身的需求确定所需的服务。此外，4G 可以在 DSL 和有线电视调制解调器没有覆盖的地方部署，然后再扩展到整个地区。很明显，4G 有着不可比拟的优越性。

6.5.2　5G 的概念及发展

第五代移动通信系统（The Fifth-Generation，5G）是最新一代蜂窝移动通信系统，也是新一代信息基础设施的重要组成部分。在 2013 年 2 月由工业和信息化部、国家发展和改革委员会及科学技术部联合推动成立 IMT-2020（5G）推进组，其组织框架基于原中国 IMT-Advanced 推进组，成员包括中国主要的运营商、制造商、高校和研究机构，目标是成为聚合中国产学研用力量，推动中国第五代移动通信技术研究和开展国际交流与合作的主要平台。IMT-2020（5G）推进组定期发布关于 5G 的研究进展报告，提出"信息随心至，万物触手及"的 5G 愿景、关键能力指标以及 5G 典型场景。2015 年 2 月发布《5G 概念白皮书》，认为从移动互联网和物联网主要应用场景、业务需求及挑战出发，可归纳出连续广域覆盖、高热点容量、低功耗大连接、低时延高可靠 4 个 5G 主要技术场景。2015 年 5 月发布了《5G 网络技术架构白皮书》和《5G 无线技术架构白皮书》，认为 5G 技术的创新主要来源于无线技术和网络技术两方面，在无线技术领域中大规模天线阵列、超密集组网、新型多址和全频谱接入等技术已成为业界关注的焦点；在网络技术领域中基于软件定义网络（SDN）和网络功能虚拟化（NFV）的新型网络架构已取得广泛共识。

2019 年 10 月 31 日，我国三大运营商公布 5G 商用套餐，并于 11 月 1 日正式上线 5G 商用套餐，标志着我国正式开启 5G 网络商用，正式跨入 5G 时代。与 4G 相比，5G 具有"超高速率、超低时延、超大连接"的技术特点，不仅进一步提升了用户的网络体验，为移动终端带来更快的传输速度，同时还将满足未来万物互联的应用需求，赋予万物在线连接的能力。

6.5.3　5G 的核心关键技术

1. 现有无线接入技术的演进

5G 不会仅仅是一项特定的无线接入技术，它更可能是现有无线接入技术的演进辅以新型的设计。因此，首选且最经济的解决千倍容量挑战的方案应是优化现有无线接入技术的频谱效率、能效和时延，并支持不同制造商设备的无线接入网灵活共享。特别是 LTE 需演进至支持大规模 3D MIMO，以便通过增强的多用户波束赋形技术扩展空间自由度，并进一步在高密度小小区的部署场景中增强干扰消除和干扰协调的能力。WiFi 也应演进，以更好地使用非授权频谱资源。WiFi 技术演进的最新版本 IEEE 802.11ac 可提供数 GB/s 的数据速率，它在占用度较低的 5GHz ISM 频段支持高达 160MHz 的带宽，支持 256QAM 调制技术，并可通过多用户 MIMO 技术最多支持 4 流同时传输。与它的前身 IEEE 802.11n 相比，增强的波束赋形技术可以使覆盖范围增加几个数量级。此外，包括高通公司在内的主流通信企业也正在研究将 LTE 用于非授权频段的技术，并将 3G/4G/WiFi 的收发器整合至一个多模基站单元。因此，预计未来的终端将足够智能，可基于所运行应用程序的服务质量需求选择如何接入至无线接入网。

2. 高密度小小区的部署

高密度小小区的部署是另一个解决千倍容量挑战的可行方案，同时也提高了系统的能量效率。这一创新的方案与异构网络相关，有助于显著提升区域频谱效率。通常来讲，有两种方式实现异构网络：使用同属蜂窝技术的小小区进行重叠覆盖，如微蜂窝、微微蜂窝、家庭基站等；使用不限于蜂窝技术的小小区进行重叠覆盖（如 HSPA、LTE、WiFi 等）。第一种方式称为多层异构网，第二种方式称为多接入异构网。

高通公司正在研究通过高密度小小区部署解决千倍容量挑战，目前已经证明了增加小小区的数量可呈线性地提升网络的容量。每次将小小区数量提升一倍，则网络容量也提升一倍。然而，小区变小将增加小区间的干扰和所需的控制信令。为解决这一问题，需要在系统级采用增强的小区间干扰管理技术，并在终端辅以干扰消除技术。小小区增强是 LTE R-12 版本的焦点议题，并且引入了新载波类型（也称为瘦载波）进行辅助。可通过宏小区提供更高效的控制面功能，以及小小区提供高容量、高频谱效率的数据面功能，可实现网络性能的优化。此外，减小小区尺寸可使网络更靠近终端，从而提升网络能效并进一步缩小无线链路的功耗。

3. 自组织网络

自组织网络能力是 5G 的另一个重要部分，得益于小小区数量的增加。目前接近 80% 的无线流量产生于室内，需要在家里部署高密度的小小区，这意味着其安装和维护主要由用户而不是运营商完成。这些室内的小小区必须可自行配置，从而实现即插即用的安装。此外，需要通过自组织网络的能力使小小区可自适应地最小化与邻区的小区间干扰。例如，小小区可自治地与网络同步并智能调整其无线覆盖范围。

4. 机器类通信

不通过人类而使移动的机器被连接是 5G 的另一项基础要素。机器类通信是一类新出现的应用，其一端或双端的用户均为机器。机器类通信带给网络两项主要挑战。首先，需要连接的设备数量极其巨大。根据爱立信的预测，在未来网络社会中将有 500 亿台的连接设备，所有通过连接能获得益处的物体都将被连接。其次是需要通过网络对移动设备进行实时和远程的控制，其要求低于 1ms 的极低时延，也称为触觉互联网，这将使 5G 相对 4G 在时延方面优化 20 倍。

5. 发展毫米波的无线接入技术

传统的 3GHz 以下的频谱资源已逐渐被占用，且现有的无线接入技术已逐渐接近了香农容量极限。因此，业界已开展了关于厘米波和毫米波频段用于移动通信的研究。虽然研究尚处于初期，但结果是乐观的。

毫米波移动通信的应用主要有三个障碍。第一，这些频段的路径损耗高于传统的 3GHz 以下频段。第二，电磁波趋向于在视距（LOS）方向上传播，使得无线链路易被移动物体或行人等遮挡物影响。第三，这些频段上由建筑物引起的穿透损耗很高，不利于服务室内用户。尽管有这些限制因素，但毫米波通信仍有大量的优势。在毫米波频段，有大量的可用频谱，如在 60GHz 频段就有 9GHz 的非授权频谱。考虑到全球分配于蜂窝技术的频谱仅仅为 780MHz，毫米波频谱资源是极其丰富的。这一数量的频谱资源可提供超大带宽的无线管道，从而无缝黏合有线和无线网络，并全面革新移动通信技术。毫米波通信的另一个优势是使用较小的天线尺寸（波长的一半）和天线间隔（同样是波长的一半），使得数十根天线可被放置在 $1cm^2$ 的区域内，从而使基站和终端侧均可在相对较小的空间里获得较大的波束赋形增益。结合智能相控阵天线，可充分利用无线信道的空间自由度（通过空分多址），从而提升系统容量。此外，当移动至基站附近时，可自适应地调整波束赋形的权重使得天线波束总是指向基站。

6. 重新设计回传链路

重新设计回传链路是 5G 的另一个重要问题。除了优化无线接入网外，回传链路也需要重新设计以应对不断增长的用户流量。否则，回传链路将很快变成整个网络运营的瓶颈，且这一问题随着小小区数量的增多将越发凸显。可以考虑不同的通信媒介，包括光纤、微波和毫米波等。尤其是使用了窄波束天线阵的毫米波链路，由于没有其他小区或介入链路的干扰，可被用作可靠的自回传链路。

7. 能量效率

能量效率依然是 5G 研发中应考虑的重点问题。目前，信息和通信技术消耗了全球 5% 的电能，并排放了全球将近 2% 的温室气体，几乎与航空业的排放量相当。因此，无线接入网和回传链路均需要考虑提升能量效率的方法。

8. 为 5G 分配新的频谱资源

为无线通信分配新的频谱资源是 5G 发展的另一个重要问题。千倍的流量增长很难仅通过频谱效率的提升或高密度的部署完全解决。事实上，主流通信企业（如高通和诺基亚等）均认为除技术革新外，需提供 10 倍的新增频谱。

9. 频谱共享

新频谱分配通常需要较漫长的协调过程，因此现有可用频谱的有效使用也是一个重要课题。可采用创新性的频谱分配模式（不同于传统的授权或非授权分配）克服现有规则的限制。传统上，大量的频谱资源被分配给军用雷达，这些频谱并非总是被充分利用（7 天 24 小时）或在全部地域范围内使用。此外，频谱很难被清理，通常只能在某一时期内清理或只能在某一部分区域内清理。因此，高通公司提出了授权共享接入模式，可在小范围内不与特定的用户（如军用雷达）间产生干扰，这种频谱分配模式可弥补频谱清理流程较缓慢的问题。另外一种需要重视的方法是频谱重耕，即通过清空已分配频谱使其用于 5G。此外，认知无线电概念可被运用于授权和非授权频段营模式。

10. 无线接入网虚拟化

无线接入网虚拟化是 5G 的重要课题之一，可使多个运营商共享无线网络设施。网络虚拟化需从有线连接的核心网（交换机和路由器）向无线接入网推动。对于网络虚拟化，应在网络各层通过软件集中控制接入网硬件设备。网络虚拟化将为无线领域带来众多益处，包括支持网络共享设备以降低资本性支出和运维支出、提升能效、按需求分配资源、为创新型业务减少上市时间（从 90 天减少至 90min）以提升网络敏捷度、增加网络透明度便于简化维护流程和快速纠错。网络虚拟化还可通过中心编排单元联合管理整个网络，利于聚合有线和无线网络，进一步提升网络效率。此外，支持 3G、4G 和 WiFi 等多种模式的无线接入网可通过中心软件控制单元自适应地开关不同的无线接口，提升能效和终端用户的使用质量。

6.5.4　5G 的应用场景和关键性能

从信息交互对象不同的角度出发，目前 5G 应用分为三大类场景：eMBB、mMTC 和 uRLLC。

1. eMBB 场景和关键性能

增强移动宽带（Enhanced Mobile Broadband，eMBB）是指在现有移动宽带业务场景的基础上，对于用户体验等性能的进一步提升。

eMBB 的典型应用包括超高清视频、虚拟现实、增强现实等。这类场景首先对带宽要求极高，关键的性能指标包括 100MB/s 用户体验速率（热点场景可达 1GB/s）、数十 GB/s 峰值速率、每平方千米数十 TB/s 的流量密度、每小时 500 km 数量级上的移动性等。其次，涉及交互类操作的应用还对时延敏感，如虚拟现实沉浸体验对时延要求在 10ms 量级。

eMBB 可以将蜂窝覆盖扩展到范围更广的建筑物中，如办公楼、工业园区等，同时，它可以提升容量，满足多终端、大量数据的传输需求。在 5G 时代，每一比特的数据传输成本都将大幅下降。5G 时代下增强移动宽带具有更大的吞吐量、低延时以及更一致的体验等优点，将应用到 3D 超高清视频远程呈现、可感知的互联网、超高清视频流传输、高要求的赛场环境、宽带光纤用户以及虚拟现实领域。以前，这些业务大多只能通过固定宽带网络才能实现，5G 将让它们移动起来。

eMBB 场景的关键性能是需要尽可能大的带宽，实现极致的流量吞吐，并尽可能降低时延。例如，即使是最先进的 LTE 调制解调器，最快速率也只能达到 GB/s 级，但往往一个小区的用户就已经有 GB/s 级的带宽消耗，eMBB 在网络速率上的提升为用户带来了更好的应用体验，满足了人们对超大流量、高速传输的极致需求。

2. mMTC 场景和关键性能

海量机器类通信（massive Machine Type Communications，mMTC）典型应用包括智慧城市、智能家居等。这类应用对连接密度要求较高，同时呈现行业多样性和差异化。智慧城市中的抄表应用要求终端低成本、低功耗，网络支持海量连接的小数据包；视频监控不仅部署密度高，还要求终端和网络支持高速率；智能家居业务对时延要求相对不敏感，但终端可能需要适应高温、低温、振动、高速旋转等不同家具和电器工作环境的变化。为了应对 5G 机器型通信的各种可能应用情境，mMTC 技术的设计要求：

（1）覆盖范围　mMTC 技术对于覆盖范围的要求需要达到 164 dB 的最大耦合损失（Maximum Coupling Loss，MCL），即从传送端到接收端信号衰减的大小为 164dB 时也要能使接收端成功解出封包。此覆盖范围要求与 3GPP Release 13 NB-IoT（Narrow Band Internet of Things，窄频物联网）技术的要求相同。然而，由于使用重复性传送来提升覆盖范围会大幅度减小信息传输速率，因此，5G mMTC 的覆盖范围要求有一个附加条件，即信息传输速率在 160B/s 的情况下也能被正确解码。

（2）电池寿命　在 5G 机器型通信应用中，包含了智慧电能表、水表等需要有长久电池寿命的应用装置。此种装置可能被布建在不易更换电池的环境或是更换电池成本太高。因此 mMTC 技术对于电池寿命的要求是需要达到 10 年以上的电池寿命。这个电池寿命要求也与 NB-IoT 相同。然而，mMTC 技术的这一要求要在保持一定数据流量且在 164dB MCL 的情况下达成。要求标准更高，实现难度更大。

（3）连接密度　由于物联网应用需求的逐日增加，在 5G 通信系统中可以预期有各种不同应用的物联网装置，其数量可能达到每平方千米一百万个装置。因此，5G mMTC 还是制定了适当的延迟以确保一定的服务质量。mMTC 对于延迟的要求定义为：装置传送一个大小为 20B 的应用层封包，在 164dB MCL 的通道状况下，延迟时间要在 10s 以内。

3. uRLLC 场景和关键性能

超可靠低时延通信（ultra Reliable & Low Latency Communication，uRLLC）作为 5G 系统的三大应用场景之一，广泛存在于多种行业中。例如，娱乐产业中的 AR/VR、工业控制系统、交通和运输、智能电网管理、智能家居管理和交互式的远程医疗诊断等。

这类场景聚焦于对时延极其敏感的业务，高可靠性也是其基本要求。自动驾驶实时监测等要求毫秒级的时延，汽车生产、工业机器设备加工制造的时延要求为 10 ms 级，可用性要求接近 100%。

在时延和可靠性方面，相比之前的蜂窝移动通信技术，5G uRLLC 有了极大程度的提升。5G uRLLC 技术实现了基站与终端间上下行均为 0.5ms 的用户时延。该时延是指成功传送应用层 IP 数据包/消息所花费的时间，具体是从发送方 5G 无线协议层入口点，经由 5G 无线传输，到接收方 5G 无线协议层出口点的时间。其中，时延来自于上行链路和下行链路两个方向。5G uRLLC 实现低时延的主要技术包括：

1）引入更小的时间资源单位，如 Mini-slot（迷你时隙）。

2）上行接入采用免调度许可的机制，终端可直接接入信道。

3）支持异步过程，以节省上行时间同步开销。

4）采用快速自动请求重传（Hybrid Automatic Repeat Quest，HARQ）和快速动态调度等。

5G uRLLC 的可靠性指标为：用户面时延 1ms 内，一次传送 32 字节包的可靠性 99.999%。此外，如果时延允许，5G uRLLC 还可以采用重传机制，进一步提高成功率。在提升系统的可靠性能方面，5G uRLLC 采用的技术包括：

1）采用更鲁棒的多天线发射分集机制。

2）采用鲁棒性强的编码和调制阶数，以降低误码率。

3）采用超级鲁棒性信道状态估计。

6.5.5　5G 关键技术

1. 关键技术与网络性能

为了满足 5G 时代对无线网络的功能和性能需求，人们将重点考虑无线网络关键技术，包括网络频谱共享、多制式协作融合、融合资源协同管理、邻近服务、无线 Mesh、灵活移动性、无线网络资源虚拟化、无线控制与承载分离、以用户为中心服务、增强 C-RAN 及软件定义网络拓扑和协议栈。

2. 5G 无线网络关键技术

（1）网络频谱共享　这项技术以提高频谱共享的灵活性和提升频谱效率为目的，在某一地域范围或者时间范围内，动态利用频谱资源，进而导致频谱资源的动态变化和多优先级网络共存。例如不同 RAT 系统之间进行灵活的频谱共享、不同运营商之间进行灵活的频谱共享、不同的运营商之间实现非授权频谱共享以及移动通信系统与其他技术（如 WiFi）实现非授权频谱共享等。

针对频谱共享技术，要求基站具备频谱感知技术，并能够与上层静态分析系统互通频谱感知信息，同时系统要求具备频谱管理、干扰管理和业务 QoS 保障等功能。

3GPP 正在进行网络频谱共享相关技术研究工作，即 RAN2 的 Licensed-Assisted Access to Unlicensed Spectrum（LTE-U）研究项目。在 LTE-U 项目研究中，结合小基站室内外部署场景，针对 5GHz 非授权频段资源，进行 LTE 系统使用非授权频段的技术方案研究与设计，具体关键技术包括 LBT（Listen Before Talk）、载波不连续发送、动态频率选择等。

（2）多制式协作与融合　多制式网络共存需要重点考虑如下关键性问题：

1）多种制式网络架构和协议差别大，需要独立维护，因此给运营商带来了很大的部署和运营维护成本。

2）多种制式网络之间的互操作流程复杂，时延较大，用户在多个网络之间切换将会对业务应用性能产生较大的影响。

3）多种制式网络的负载不均衡，网络资源没有得到更加充分优化的使用，网络整体资源利用率和能源消耗较大。

4）多种制式网络对业务应用分流汇聚效果不明显，基于用户盲选操作的网络选择与网络实时状态匹配度较差，用户体验有待提升。

5）在多种制式复杂网络环境下，用户能动性不高，操作不便捷，需要用户手动参与，如手动打开 WiFi 等。

随着视频交互、上传下载和增强现实等新型业务普及，5G 用户可通过极高的接入速率接入无线网络，同时可获得更短的接入时延和传输时间。用户在不同的现实场景中都能得到同质、优质的用户体验，比如高速移动的交通工具、商业中心或者比赛场馆的人群密集区。

借鉴 NFV 和 SDN 技术思想，5G 网络将考虑基于虚拟化和集中控制的思路，设计适应多种网络的统一多 RAT 融合架构，并以多 RAT 融合架构为基础，根据组网场景的不同和已有网络的继承性，设计多种可能的 RAT 间传输接口，完成以用户和业务为中心的多制式网络灵活互通与融合，实现用户的无缝业务体验。

MRM（Multi-RAT Management）是一种 Multi-RAT 集中控制的具体解决方案。MRM 集成了 RNC（Radio Network Controller）、BSC（Basestation Controller）、WiFi AC（Access Controller）等功能，统一管理多制式网络无线资源，并统一业务管理。其中，eCo 是多制式网元间以及同制式内各网元间的协同功能节点，与 RNC、BSC 等控制器深入融合，成为一个大控制器，负责管理协调多制式基站的所有无线资源，统一向 Single Core 提供无线承载功能，CoLTE 承载 LTE eNB 间调度和协调功能。

6.5.6　5G 的应用案例及未来愿景

1. 玉溪新兴钢铁 5G 数字孪生透明工厂

在钢铁业务实践当中，玉溪新兴钢铁 5G 数字孪生透明工厂将 5G 无人行车远程操控作为首个应用场景，实现厂区内 8 台行车远程可看、可控、可管，避免事故，实现安全零损伤，生产效率提升 62.5%，每年节省约 320 万元。

2. 基于 5G 的"上车即入院"服务

传统的急救模式存在院前院内急救环节脱节的问题，随车医生缺少应急预案，难以解决突发事件。然而，5G 救护车的应用改变了这种传统的院前急救模式。5G 救护车就是一个微型的抢救室，里面配备有除颤功能的监护仪、呼吸机和彩超机。当病人被转移至 5G 救护车后，随车医生可以立即利用 5G 医疗设备为病人完成验血、心电图和 B 超等一系列检查，并通过 5G 网络将医学影像、病人体征和病情记录等大量生命信息以毫秒级速度实时回传至医院，实现院前、院内无缝联动，快速制订抢救方案，提前进行术前准备，免去急诊等待时间。

5G 在急救上的应用，为病人争取了宝贵的"黄金时间"。目前，5G 城市医疗应急救援系统已经在多个省份医院正式上线。5G 带来的毫秒级速度将助推急救实现无缝对接，成为保障群众生命健康的重要一环。

3. 三一重工北京桩机工厂 5G 智能制造

北京桩机工厂 5G 智能制造项目是三一重工携手中国电信、华为联合打造的面向"互联网+"协同制造的 5G 虚拟专网建设标杆样板点。

整个 5G 全连接工厂已经上线了多种场景下的多种 5G+融合创新应用，通过 5G+云+AI 能力，构建可灵活部署、泛在接入和智能分析的全云化、数字化工厂，5G 技术为智能制造带来巨大动能。其中以 5G+智能网联 AGV、5G+高清视频+云端 AI 识别、5G+机器视觉+工艺联动，以及 5G+设备互联及数据采集等 4 大类业务最具代表性。

三一重工通过建设 5G 全连接工厂来实现智能制造，具有"剪辫子"、去机房化和数据驱动智能应用等特色，实现了以复杂作业过程智能分析、自动物流、少人化/无人化作业等应用场景为特色的 5G+工业互联网制造新模式，制造全过程可追溯，极大地改善了工作环境，提高了生产效率，降低了废品率，降低了人工使用量，实现了能源集中管理。

4. 广州地铁 5G+智慧地铁项目（线上）

广州地铁 5G+智慧地铁项目部署了基于 5G 的 AR+人脸识别能力，在安检机、安检门上安装 4K 超高清摄像头，对乘客和工作人员进行人脸捕捉、联网自动识图和远程研判，提高危险因素排查准确率，增强乘客出行安全。

该项目使用了全球首个地铁 5G 切片网络，并率先实现全球首个基于 SA 网络的无线 PRB 硬隔离切片方案。该项目还首次应用基于 5G 技术的室内高精准定位技术，定位准确度达米级，可为乘客提供室内导航，帮助乘客选择人流量少的室内路径，合理避开高峰，优化出行安排。同时，该技术也能为地铁管理方提供实时的客流分布数据，帮助现场工作人员开展调度指挥、保障应急等。

广州地铁 5G+智慧地铁项目，广州塔站成功部署了 5G 智能客服、5G 智慧安检等应用，节省站厅现场客服岗位人力 30% 以上。

6.6 物联网应用场景之智能社区

未来，智能社区和智慧城市是城市发展的趋势，每个社区是智慧城市中的单元，而智能家居又是智能社区的基础单元，可以说，智能家居就是智能社区建设的核心。智能社区与智能家居相辅相成，智能家居的实现为加速建设智能社区提供了有利条件，智能社区为智能家居的实现提供了一个大背景。

智能家居与人们的生活息息相关，已经深入人们生活的方方面面，有一个优异完整的智能家居设计系统，才能从公共服务、城市建设、政务管理、文化体教、业务服务、医疗保健和交通安全等方面给用户打造一个智能、高效、舒适、便利的生活生态圈。

智能社区起源于"智慧地球"，是智慧城市的组成部分和具体实施。智能社区是在智慧城市建设的理念上提出来的，我国上百个城市在建设智慧城市的过程中提出了建设智能社区的理念并付诸实践。智慧城市是现代城市发展的必然趋势，智能社区建设将智慧城市的理念引入社区，以社区群众的幸福感为出发点，通过打造智能社区为社区百姓提供便利的服务。智能社区属于社区的高级发展阶段，能够平衡社会、商业和环境需求，同时优化可用资源。通过应用信息技术规划、设计、建造和运营社区基础设施，提高居民生活质量和社会福利，从而促进社区和谐，推动区域社会进步。

智能社区管理即利用信息技术改变社区管理模式，提高社区管理效率和效益。智能社区管理是将大数据驱动下的信息技术应用于社区的服务和管理，充分利用软硬件资源，使管理服务更加互联化、智能化，如智慧物业、智慧电子商务、智慧养老、智能家居、智慧医疗、智慧办公服务等。智能社区的智能化程度是一个城市智慧化水平的具体体现。智能社区是社会管理的一种新模式，是在"互联网+"形势下社会管理与服务的一种更为高级的形态。

6.6.1 智能社区的认知

（1）智能社区的定义 智能社区是指充分借助信息技术，将社区家居、社区物业、社区医疗、社区服务、电子商务和网络通信等整合在一个高效的信息系统中，为社区居民提供安全、高效、舒适和便利的居住环境，实现生活服务计算机化、网络化和智能化的一种基于大规模信息智能处理的新型管理形态社区。智能社区是社区管理的一种新理念，是新形势下社会管理创新的一种新模式。

（2）智能社区的特点 智能社区建设将智慧城市的理念引入社区，以社会群众的幸福感为出发点，通过打造智能社区为社区百姓提供福利，从而加快和谐社区建设，推动区域社会进步。基于物联网、云计算等高新技术的智能社区是智慧城市的一个"细胞"，它将是一个以人为本的智能管理系统，有望使人们的工作和生活更加便捷、舒适和高效。智能社区主要有智能感知性、可持续性、协同共享性、定制服务性和建设人性化5个特点。

1）智能感知性。智能社区通过建立智能社区的泛在信息源全面感知社区运转方面的信息，这是智能化的基础。智能社区通过遍布的传感器与智能设备组成物联网，对社区运行的核心系统进行全面测量、监控与分析，做到变被动为主动地全面感知创造社区"智"和"能"协同模式。

2）可持续性。智能社区是一种全新的社会治理与服务模式，与传统社区相比，智能社区具有持续创新发展的内生驱动力，可实现社区各元素的自我适应、调节、优化和完善。

3）协同共享性。智能社区协同共享的目的是形成具有统一性的社区资源体系，避免出现"资源孤岛"和"应用孤岛"。在协同共享的智能社区中，各部分应用环节可以在授权后启动关联应用并进行操作。各类资源根据系统需求发挥最大价值，按照共同目标统一合理调配。

4）定制服务性。智能社区的定制服务是智能的体现，即具有主动服务的能力，针对社区的特定需求和社区特点，主动推送所需服务内容及服务信息，为社区居民提供个性化服务。

5）建设人性化。智能社区建设的目的是最大限度地满足居民对生产生活的需求，让居民生活更加舒适、幸福。通过智能社区的建设，可围绕社区管理与公众服务需求提供便捷、低成本且高品质的公共服务。

（3）智能社区的功能定位　智能社区从功能上讲是以社区居民为服务核心的，可为居民提供安全、高效、便捷的智慧化服务，全面满足居民的生存和发展需要。智能社区由高度发达的"邻里中心"服务、高级别的安防保障以及智能的社区控制构成。

智能社区的功能定位在于对社区治理和公共服务的智能化支撑，主要包括治理、文化、教育、卫生、社会保障、养老助残、家居家政、安全和商务等方面，具体功能见表6-21。

表6-21　智能社区的功能定位

序号	功能	智能平台	实施定位
1	治理	智能治理系统	支持治理业务开展，如组织社区治理机构选举、召开自治工作会议和社区公益事业听证会、组织社区志愿者服务、调解邻里纠纷及缓和社区矛盾
2	文化	社区文化综合服务平台	支持社区文化活动的开展，如举办社区文化、艺术及体育活动，培育社区居民的信仰价值观和行为规范等
3	教育	终身学习平台	开展社区文明素质和文化修养教育，传承社区优良传统和社区良好风尚等
4	卫生	社区医疗卫生智能服务系统	实时感知、获取居民健康和社区卫生状况，整合社区内外优质医疗卫生资源，支持社区医疗咨询、医疗救助、保健和疗养等
5	社会保障	智能保障服务系统	动态掌握居民的生活状况和保险需求，落实政府保障政策，为社区弱势群体提供保障服务
6	养老助残	智能养老助残监护系统	利用传感器技术和互联网技术实时感知社区老年人和残障人士的生活护理和救助需求，为老年人和残障人士的生活起居提供护理和救助服务
7	家居家政	智能家居家政平台	整合建筑、网络通信、信息家电设备自动化和家政服务等家居家政资源，为居民生活起居提供家居家政服务
8	安全	安防监视和应急处理平台	利用新一代感知感应和监测技术，实时获取社区安全信息，支持停车场管理、闭路监控管理、门禁系统与智能消防电梯管理、保安巡逻、远程抄表、自动喷淋和环境安全等社区环境与物业管理的集中运营
9	商务	电子商务系统	提供可靠、便捷且性价比优化的商务支持，实现消费者网上购物、商户之间网上交易和在线支付等不用出门即可无障碍完成的功能

（4）智能社区的建设意义　智能社区属于社区的高级发展阶段，能够平衡社会、商业和环境之间的关系，同时优化可用资源。通过运用信息技术规划、设计、建造和运营社区基础设施，提高居民生活质量和社会福利，从而促进社区和谐，推动区域社会进步。

1）推动城市转型升级，促进城市可持续发展。智能社区是发展智慧城市的关键内容之一。借助数字化、智能化建设，以点带面地逐渐实现整个城市的智慧化有利于提高经济社会发展的效率和城市管理水平，也有利于促进城市节能减排和绿色增长，进而促进城市可持续发展。

2）加快和谐社会建设，提升政府执政形象。以社区作为政府传递新政策新思想的新型单位，借助数字化、信息化的手段迅速传递政策，加快电子政务向社区延伸，提高政府的办事效率和能力，提升政府执政形象。

3）完善社区服务功能，提高居民生活质量。智能社区以技术服务人为核心，通过技术使人们的生活更加便利化、人性化和智慧化，为居民提供一个涵盖生活、工作学习和医疗娱乐等服务功能的应用方式。

4）提高物管服务水平，提高经济效益。通过智能社区的建设能够提高小区的物管水平，构筑人性化、规范化的管理服务体系，形成以人为本的小区环境，向居民提供多样化、个性化的服务方式和内容，不断提高小区人文素质水平。在提高物管服务水平的同时，也向业主提供了更多的服务，改善业主的生活环境，为了更好地提供服务可适当增加物管费。利用"一卡通"平台、安防体系和 LED 广告等，不但可提高管理效率，也可向需要进驻小区的广告商收取一定的广告费用。

（5）智能社区的建成概况与基本构成

1）智能社区的建设和运营模式。目前，根据无线城市和智慧城市等的建设与运营方式，已提出以政府为主导，政府供应商与城市管理第三方在资金投入、后期运营和资源利用等方面主要有 7 种智能社区的建设和运营模式，具体内容见表 6-22。

表 6-22　7 种智能社区的建设和运营模式

序号	典型模式	特征描述	典型代表
1	政府独自投资建设与运营	政府负责基础设施和平台的投资、建设、维护与运营	美国得克萨斯州科珀斯克里斯蒂的"无线城市"
2	政府和运营商共同投资，运营商进行建设并运营	由政府和运营商共同出资、共同拥有，日常建设及运营管理由运营商进行	美国宾夕法尼亚州费城的"无线费城"
3	政府投资，委托运营商或第三方建设和运营	政府进行投资，并通过招标等方式委托一家或多家运营商来建设和运营	新加坡的"智慧国家 2015"
4	省政府牵头，BOT（建设-经营-转移）	市场化方式引入企业资金，投资基础设施建设，许诺投资方在建成后的一段时期内拥有经营权，到期后再由政府收回管理经营	中国台湾省台北市的"无线台北"
5	运营商或第三方独立投资建设与运营	综合实力较强的电信运营商或第三方独立负责运营子项任务（如基础设施、平台和应用的建设）的投资建设和运营	中国上海市的"智慧虹桥"商务区
6	联合建设运营	产业链上的电信运营商、应用开发商、系统集成商和终端设备提供商中两家或多家联合开发智慧平台或应用并共同推广	中国台湾省台北市的智慧园区
7	联合公司化运营	由产业链中成员（如电信运营商、应用开发商和系统集成商等）共同成立一个管理公司及系列子公司，进行智慧城市的投资、建设和运营	中国浙江省杭州市的一卡通项目

2）智能社区的系统基本构成。智能社区不是单一系统组成的，而是由多个子系统相互集成的，包括云交换平台、基础数据库群、基础层、应用及其服务层、运营服务系统和智能

家居系统 6 个方面。

① 云交换平台。云交换平台主要致力于实现各种异构网络之间的数据交换与计算功能。它既可作为软件接口平台，为不同系统提供无缝对接与交互的桥梁；也能提供强大的计算服务，满足复杂数据的处理需求；甚至还可以充当高效稳定的服务器角色，确保数据存储与传输的顺畅。

② 基础数据库群。基础数据库群包括业务数据库、日志数据库、传感信息数据库和交换数据库四大数据库。

③ 基础层。基础层主要包括物理硬件设施如 GPS 定位传感器、高速通信网络、摄像头和计算机等。

④ 应用及其服务层。应用及其服务层包括日志管理、门禁、居民信息管理、急救、安防监控、远程服务和广播等系统，为社区人员直接服务。

⑤ 运营服务系统。运营服务系统是在社区内的商业交易活动中，消费者足不出户便可从网上购买商品和消费，并完成在线支付的一种新型交易模式。

⑥ 智能家居系统。智能家居系统利用自动控制技术、物联网技术和网络通信技术依照一定的规则和程序原理，根据用户需求，将家庭的各种家用设备如电灯、燃气阀门、家用计算机、防盗系统和窗帘控制系统等集成到一起并入互联网，使之相互协同工作并被远程控制和管理，实现智慧生活。

（6）智能社区管理的含义和特点

1）智能社区管理的含义。智能社区管理即利用信息技术创新社区管理模式，以提高社区管理效率和效益。智能社区管理就是将大数据驱动下的信息技术应用于社区的服务和管理，充分利用软硬件资源，使管理服务更加互联化、物联网化和智能化，如智慧物业、智慧电子商务、智慧养老、智能家居、智慧医疗、智慧办公服务等。智能社区的智能化程度是一个城市智慧化水平的具体体现。智能社区是社会管理创新的一种模式，是在"互联网+"背景下社会管理与服务的一种更为高级的形态。

2）智能社区管理的特点。智能社区管理主要有数字化、智能化、网络化、互联化、物联网化和协同化共六大特点。

① 数字化管理。智能社区的数字化管理主要利用计算机通信和网络等技术，通过统计知识，量化管理社区居民并使管理行为以人为本，实现服务创新。

② 智能化管理。智能社区的智能化管理以人类智能结构为基础，通过智能社区建立的系统，研究社区居民与政府、居民委员会和医院等方面的管理规律和方法，具有很强的实践性和扩展性。

③ 网络化管理。智能社区的网络化管理包括对社区内硬件、软件和人力的使用、综合与协调，目的是对网络资源进行监视、测试、配置、分析、评价和控制，满足居民对网络的需求，如实时运行性能、服务质量等。

④ 互联化管理。智能社区中物业服务企业可利用互联网（包含移动互联网）平台和技术从事内外部商务活动，实现资源整合与互动。

⑤ 物联网化管理。智能社区管理通过互联网和通信网连接在一起，形成居民与社区相联系的一个巨大网络。物联网化管理是借助各种信息传感技术与信息传输和处理技术，使管理的对象（人或物）的状态能被感知、识别，从而形成的局部应用网络管理。

⑥ 协同化管理

智能社区协同化管理就是通过对该智能社区系统中的各个子系统进行时间、空间和功能结构的重组，产生一种"竞争-合作-协调"的能力，其效应远远大于各个子系统之和产生的新的时间、空间和功能结构。

（7）智能社区管理发展史

1）智能社区的起源

2008 年 11 月，IBM 总裁兼首席执行官彭明盛首次提出"智慧地球"的概念。2009 年 8 月，IBM 为实施产业转型和开拓中国市场，发布《智慧地球赢在中国》计划书，正式将"智慧地球"引入中国。IBM 和十多个省市自治区签署了智慧城市共建协议，使得智慧地球、智慧城市引起全世界的广泛关注和热捧。智慧城市是现代城市发展的必然趋势，智能社区的建设将智慧城市的理念引入社区，以社区群众的幸福感为出发点，通过打造智能社区为社区百姓提供便利的服务。

2）智能社区的国内外发展情况。2006 年，新加坡启动了"智慧国家 2015"计划，通过计算机及物联网等信息技术，在电子政务、智慧城市互联互通等方面取得骄人的成绩。其中智能交通系统（ITMS）能为使用者提供实时的动态信息，及时对道路通行及交通状况予以通报，并且能够做出正确的反应。

2009 年 7 月，日本推出"I-Japan 智能战略 2015"，融合互联网和物联网，着力建设电子政务、医疗健康信息服务和教育与人才培养三大公共事业系统。

2009 年 9 月，美国利用 IBM 的一系列新技术，对美国中西部的迪比克市进行全数字化建设。整合水、电、油、气、交通和公共服务等各种资源智能响应和服务大众需求，建设全美第一个智慧城市。瑞典在 IBM 的助力下利用 RFID 和激光技术建成自由车流路边系统，能自动识别进出车辆，对高峰期通行车辆收取"道路堵塞税"，大大缓解了斯德哥尔摩的交通拥堵状况，有效减少了尾气排放，保护了环境。

在智能社区的发展过程中，中国、新加坡和日本在管理主体、主要服务系统和系统实现职能方式上存在着明显的差异，见表 6-23。

表 6-23　中国、新加坡和日本智能社区的发展差异

内容	新加坡	日本	中国
管理主体	政府主导,社区、公民为辅	政府引导,由区域自治组织、社会部和民间组织共同管理	居委会和物业服务企业
主要服务系统	电子商务系统、电子政务、社区医疗和社区文娱	电子商务系统电子政务信息系统、物流信息系统、家政服务信息系统、医疗卫生信息系统	基础信息管理系统、交流服务系统、电子商务系统、物流服务系统、智能家居系统、医疗卫生系统和家政服务系统等
系统实现职能方式	政府开办的政务类网站及民间组织开办的互助类网站、论坛和社区信息查询网站	政府开办的政务类网站、物流与物业企业及医院等服务机构的官方网站和自治团体或志愿者创建的服务网站	政府开办的政务类网站物业服务企业的智能家居、医疗卫生、家政服务等方面集成的一体化服务网站等

3）智能社区管理的发展趋势。未来的智能社区发展主要以居民的真实需求为导向，旨在解决民生问题并为其之后的发展需要不断地创新。智能社区管理在技术方面主要有网络全

面化、系统集成化、设备智能化和设计生态化的发展特点。

① 网络全面化管理。随着物联网技术和我国新一代互联网技术的发展，未来社区内网络将无处不在，并提供更高的带宽，加速社区网络的功能发展。通过完备的社区局域网和物联网实现社区机电设备和家庭住宅的自动化与智能化，实现网络数字远程智能化监控。

② 系统集成化管理。社区内的信息孤岛将通过平台建设走向集成，大大提高社区系统的集成程度，使信息和资源得到更充分的共享，提高系统的服务能力。

③ 设备智能化管理。通过各种信息化技术，特别是自动化技术、物联网技术和云计算技术的应用，不仅使居民信息得到集中的数字化管理，基础设施与家用电器自身的各种基础及状态信息也可通过互联网获取。通过互联网对这些设备进行控制，设备之间可通过一定的规则协同工作。通过对各种人、事和物信息的综合处理，实现智能化、主动化和个性化服务。

④ 设计生态化管理。近几年随着环保生态学、生物工程学、生物电子学、仿生学、生物气候学和新材料学等的飞速发展，生态化理念与技术深入渗透到建筑智能化领域中，以实现人类居住环境的舒适和可持续发展目标。

智能社区是低成本、易部署、专享管家式的全新社区形态，以信息化为手段，智能化为依托，人性化服务为纽带，建立物业与业主之间的信任关系，并进行多方合作，共同创造价值、分享价值。

(8) 智能社区管理的主要内容　社区是基层社会组织，它的目标就是给社区中的每一位成员创造一个安全、舒适的生活环境，为社区居民提供现代政务、商务教育、家庭医护、文化娱乐和生活便利等多种服务，推动社区全面发展，提高居民的生活水平和质量。社区的管理应与建设目的保持一致。智能社区的建设与管理可以更好地完成上述目标。打造与实体社区相对应的虚拟社区，以及以数字化、感知化、互联化和智能化为特征的智慧城市已经成为各地近年来的一个突出亮点。智能社区管理内容包括社区文化管理、政府职能的智慧化管理、社区医疗和社会保障管理及社区安全管理4个方面。

1) 社区文化管理。文化与社区不能相互分离。文化是在一定的空间范围和时间向度上生成的，社区是文化的土壤，社区结构的形成有赖于文化的制约，文化的孕育和传承又存在于社区的社会活动和工作生活之中。社区文化对于社区来说十分重要，其建设成果对城市竞争力的有效提升有着十分重要的意义。社区文化建设主要从生态型文化、科技型文化、学习型文化和娱乐型文化展开。社区成员利用智能社区平台体验学习人与自然应如何和谐相处，通过体验未来科技为社区成员普及科学知识并提高社区成员对未来生活的向往感。智能社区文化建设中要充分利用信息化手段，做到老与少、大与小、雅与俗、远与近、教与乐、虚与实、内与外的结合。

2) 政府职能的智慧化管理。智能社区建设与管理的目的在于促进社区全面发展，更好地为社区居民服务，从而使居民得到全面发展。街道社区作为政府行政机构的派出机构，是政府延伸到基层社区服务居民的重要载体。基层社区居委会充分利用信息化资源鼓励社区成员参与和监督社区政务的开展。通过智慧电子政务平台增强社区成员政治参与的主动性、渠道的灵活性和信息的多元化。

智能社区的建设为社区成员参与公共事务讨论和决策提供了多元的渠道。通过社区的各种传播平台使社区成员在第一时间就能了解到社区的发展和动态。政府职能的智慧化，应依托于"互联网+"大数据和物联网等技术，提升政府办事效率，重塑政府职能，更好地服务于社区居民。

3）社区医疗和社会保障管理。基于大数据驱动下的健康社区平台应用，让智能社区在医疗管理中更加有针对性，为居民提供个性化的医疗监测与治疗方案满足，社区居民的医疗需要。智能社区的医疗管理要融入社区医院信息，门户平台整合 HIS、PACS、LIS 和 RIS 等业务应用及协同办公，提供医务人员和居民之间有效的信息互联，通过内容发布管理系统实现内外网的一体化信息发布，构建健康档案信息管理系统、日常健康检查系统和远程医疗服务系统，与社区医院信息门户平台进行整合，充分利用平台的便捷性，满足社区居民的就医需求，让就医可以省时、省力。社会保障是现代工业文明的产物，是经济发展的"推进器"，智能社区的社会保障管理要利用信息技术和云计算技术建立社会保障，社区应用平台要为社区成员提供便捷的一站式服务。

4）社区安全管理。通过建立智能社区的安全平台，严抓网络信息系统，加强网络化管理，防止各类事故的发生，确保社区平安。要利用社区网络平台推送防火、防盗和网络安全等安全教育活动，并在线下组织一些以"以人为本，安全第一"为主题的社区活动。通过信息化手段建设社区治安，依托全视角监控系统、门禁系统、应急预警系统和无线定位系统等提升社区安全防范标准，使人人参与安全建设，营造安全社区建设的良好氛围，有效地推动社区安全宣传工作开展，保障社区居民安全。

6.6.2 智能社区的体系构架

（1）智能社区体系概述 智能社区是智慧城市面向民生的最基层的单元，它采用新一代信息技术，实现对社区内建筑物、市政基础设施、各类人员和企业等的事务管理和行政管理，为社区广大居民提供政务服务、商务服务和社区公共服务。

（2）智能社区硬件架构 智能社区的硬件架构主要通过综合集成的方式实现智能物业及设施设备、智能社区的智能化设备、智能建筑设备和智能家居设备系统等。常见智能社区硬件设备示例见表 6-24。

表 6-24 常见智能社区硬件设备

产品名称		彩色可视智能家居主机（10 英寸液晶显示器显示，1 英寸 = 2.54cm）
产品型号		BLHC-ZJ-SE170/100
功能描述		集智能家居控制、可视对讲、门禁、娱乐、O2O 商城、物业管理、信息论坛和智慧健康等功能于一体
技术参数	工作电压	DC 12V
	额定功率	7W
	待机功率	2.5W
	显示屏幕	10 寸电容式触摸屏
	分辨力	1024×600 像素
	摄像头	648×488 像素 CMOS 前置摄像头（选配）
	屏分辨率	自适应，具有 OSD 功能
	电源需求	DC 5V，2A 电源配适器
	工作温度	−10~55℃

（续）

技术参数	存储温度	-10~40℃
	相对湿度	20%~80%
	安装说明	预埋标准86底盒嵌墙安装(配支架)
	产品尺寸	270mm×168mm×15mm
	系统参数	CPU主频:四核15GHz;内存:1GB,支持最大TF:卡容量:32GB
产品名称	彩色可视单元门口机(10英寸液晶显示器)	
产品型号	BLHC-EO-C3-CO-SC2	
功能描述	智能门禁系统是家庭的第一道保险,它具有视频门禁户户通和远程视频等功能,其智能室内机还是智能家居的中控主机 1)采用全数字系统(主干及单体均采用TCP/IP) 2)实现住户与管理中心之间、住户与住户之间的信息传递 3)具有远程开锁、密码开锁和感应卡开锁3种开锁模式	
技术参数	显示尺寸	10英寸液晶显示器
	摄像头	1/3寸,彩色CMOS,100万像素
	最低照度	0.05lx
	主芯片	工作频率为4核15GHz
	内存	512MB
	闪存	4GB
	视频编码	H.264编解码
	音频编码	G711/G.729编解码
	通信方式	10M/100MLAN标准RJ-45接口
	操作系统	Android 4.4
	音频信噪比	≥25dB
	通话时间	120~1800s
	工作电压	DC 12V
	待机功耗	3W
	工作功耗	7W
	工作温度	-40~70℃
	成品尺寸	269mm×338mm×51mm
	开孔尺寸	260mm×334mm×72mm

（3）智能社区服务平台建设目标　智能社区服务平台整合应用信息和网络技术，集居民管理、社区网格、便民服务及互动交流于一体，为政府的政务管理和民生服务提供信息化手段，并通过对社区信息资源的共享和利用为居民提供更优质的信息化服务，同时为小区物业管理提供科学高效的管理手段。

1）便民服务平台。通过社区服务平台可以为社区业主发布商品、服务、打折、促销、优惠和活动信息，社区业主可在线查看便民信息，方便业主居家生活，从而实现社区服务的配套化。

2）政务服务平台。社区服务平台可以为街道办事处提供电子政务系统，街道办事处可以发布办事机构、办事电话、办事指南和政务公开信息供社区业主查询，同时受理社区业主的咨询投诉和办事预约，从而实现社区政务的在线化。

3）社区娱乐平台。社区服务平台可以为社区业主建立图书、音乐、电影和游戏等媒体资源库。社区业主可以通过计算机、电视和手机等工具享受在线的社区文化和娱乐服务，丰富社区业主的业余文化生活。

4）社区交流平台。通过社区服务平台可以为社区业主提供在线交流系统，社区业主之间可以通过计算机和手机等工具进行在线交流和适时互动，参与社区共建、社区聚落、社区交易和邻里互助。

（4）智能社区软件的架构　智能社区以云服务中心为依托，与物业公司合作，确定业主身份，使得智能社区能作为一个平台，把传统社区服务提供商和网络应用服务提供商有机地整合在一起，为社区业主提供各类服务，形成相互依赖、相互促进和相互补充的各个环节。智能社区软件的架构一般需解决 3 个特殊问题：

1）需考虑软件平台内部多个子系统的集成以及与外部的协调。

2）平台的业务应用需调用若干基础构件而基础构件存在交集。

3）需求的变化和技术革新。基于先进性、灵活性和可扩展性等原则对复杂的软件体系进行分层设计。

（5）智能社区软件系统常见的业务功能

1）智能社区信息服务。智能社区系统不仅能为社区用户提供信息资讯、小区物业信息，还能将社区周边商圈、社区医疗、邮政快递、餐饮酒店与家庭数字智能终端真正互联互通，进一步将社区打造成智能社区进而融入智慧城市。

2）智能社区家居数据分析。智能社区是基于物联网及云服务技术综合应用的开发平台。本着节能环保和智能的理念，通过智能开关和智能插座对照明设备和各类家用电器用电量进行采集，让用户时刻了解家中各设备的情况，提醒用户节约能源，逐步引导用户养成良好的习惯。对业主报修和投诉，以及服务人员的考核等数据实时传送至社区云服务平台中心，为业主和物业公司架起沟通的桥梁，并对数据进行汇总分析提高物业管理的工作效率，提升物业公司整体的口碑。

3）智能社区 APP。智能社区 APP 指针对"智能社区"概念，以移动互联网的技术为基础，以满足业主衣食住的需求为目标，专门为生活社区定制功能强大的智能手机应用。通过智能社区系统平台，实现了从社区安防、物业管理、家居环境控制、家居环境监测和家居水电气量分析等多功能无缝衔接，并以云服务运用平台为核心构建起智能社区的核心云生态体系。

4）智能社区远程控制。智能社区系统室内控制部分采用无线网络通信协议，通过建立WPAN 将用户家中的电器和电子设备如电灯、电视机、电冰箱、家庭影院、空调、新风系统、匪警、火警、燃气泄漏、温湿度监测和室内有毒有害气体监测等有效地联系起来，组成一个网络，实现数字智能终端对它们的控制、反馈和有效的数据采集。

5）智慧物业服务。智慧物业服务是社区服务平台与物业服务系统相结合的产物。客户可通过社区服务平台让客户与物业有效、简单地快速互动。物业管理人员可通过该平台第一时间解决客户的问题。

① 业主报修。报修是指业主在户内 24h 都可通过信息显示终端申请电力、暖气、装修、通信、门窗、门锁、燃气和其他维修。物业中心收到申请后会指派维修值班人员及时到位。

② 业主投诉。投诉是指业主在户内可通过显示终端对物业存在的问题进行投诉。业主投诉包括燃气、水电、设备维修、周边环境、卫生环境和人员安全隐患等。物业中心收到投诉后会及时安排客服人员给业主解决问题。

③ 业主查询。查询是指业主在户内可接收到物业中心提供的信息反馈。信息反馈是指业主与物业中心之间各种信息通过处理后所返回的状态，主要包括申请维修、网上预订和业主投诉等信息处理的状态。

④ 业主评价。评价是指业主针对物业服务人员的服务给出评分，以利于物业管理者统计绩效等。

⑤ 物业通知。物业发布的通知公告可通过平台快速准确地送达业主处。

6）社区商城。智能社区平台的商业服务是一种全新的"O2O+社区"电子商务模式，可线上预订、线下消费，为社区周边商家提供一种网络销售渠道，扩大商家的销售面、订单机会和人气，同时也让社区居民享受在线购物、服务预订和上门服务带来的生活便利。

7）餐饮美食。社区服务平台可为业主提供便捷的餐饮美食查询，由商家上传信息，物业维护。业主可以浏览周围商家提供的餐饮美食，通过网络预订，以提高生活品质。

8）便民服务。社区服务平台还可为业主提供便捷的生活查询服务，由平台运营商运维。业主通过服务平台可以查询列车时刻、手机归属、邮编和交通出行线路等信息，同时也可作为各类公共服务资源在社区内的服务窗口，提供各类缴费充值、事务代办和生活事务咨询服务。居民足不出社区即可快捷办理民生事务。

9）政务之窗。在社区内建立政务之窗平台，方便居民了解最新政务消息，关注城市发展动态，促进社区和谐。其主要功能有政策通知、民生管理和政民交流。

10）通知公告。物业管理部门可通过通知公告系统发布小区公告，如天气预报、社区活动、社区公告、水电费收缴、寻物启事和失物认领等信息，方便物业管理部门与业主之间的沟通，促进社区和谐发展。

11）社区论坛。在社区区域内建立社区论坛服务平台，方便业主发布租房和二手设备的买卖信息，同时也可以让业主对于社区建设提供改善性意见。社区论坛既是物业的宣传领地，也能更好地促进物业与业主的信息交流，为业主更好地服务。

12）广告精准投放。智能社区可为广告主提供多种广告投放形式，并利用专业数据处理算法实现成本可控、效益可观且精准定位的广告投放系统来实现广告投放。

13）家政服务。家政服务系统发布各商家提供的房屋装修、家电维修、送水服务和家庭清洁等业务，由专业家政人员进行室内外清洁、外墙清洗、地毯清洗、石材翻新、石材养护和钟点服务等家政服务业务，将部分家庭事务社会化、职业化，以此来帮助家庭与社会互动，提高家庭生活质量，以此促进整个社会的发展。

14）休闲健身。随着社会的快速发展，人们的生活节奏加快，健康问题也越来越突出，因此需要强健体魄。休闲健身系统提供社区周围的健身会所和散步公园等健身娱乐场地，让业主在城市的快节奏生活中享受另一片净土。

15）快递服务。业主可以把当天要寄的快递放到服务点，然后放心地去上班或者去休闲度假，完全不用等待；业主也可以下班回家或休闲度假归来，一次性领取当天的包裹，完全不必改期；无须再给陌生人开门，保证了自身的安全；家中有老人的还能提供上门服务。智能社区可让快递收发自如，不用专门等待快递人员或是让包裹改期再送。

16）洗衣服务。洗衣服务全面满足高中低档服饰对经济性和养护的不同需求。提供上门取送衣物服务、代收代送服务、全程录像留证以及先洗后付，保证衣物卫生、洁净，让业主足不出户即可享受洗衣服务。

第 7 章

低功耗技术

7.1 低功耗蓝牙技术

7.1.1 低功耗蓝牙技术概述

低功耗蓝牙（Bluetooth Low Energy，BLE）是一种新型的超低功耗无线传输技术，主要针对低成本、低复杂度的无线体域网和无线个域网设计，它最主要的特点之一就是可以用纽扣电池为低功耗蓝牙芯片供电，结合微型传感器构建出各种嵌入式或者可穿戴式传感器与传感器网络应用。

低功耗蓝牙的出现并非偶然。早在 2004 年，诺基亚就推出了蓝牙低端扩展（Bluetooth Low End Extension，LEE）技术，成为低功耗蓝牙技术的前身。随后为推进行业应用，围绕该技术成立了 Wibree 技术联盟。2007 年，蓝牙技术联盟宣布将 Wibree 技术纳入蓝牙技术的大旗，致力于创造超低功耗的蓝牙无线传输技术。低功耗蓝牙最终成为 2010 年发布的蓝牙核心规范 4.0 版本的一个重要组成部分。为了更好地区分单模与双模蓝牙设备，蓝牙技术联盟还发布了 Bluetooth Smart 商标，用于标识支持单模低功耗蓝牙技术的各类传感器和附件，而同时支持传统蓝牙与低功耗蓝牙的双模芯片，则被印上了 Bluetooth Smart Ready 商标。

为了提高软硬件设计时的重用率，低功耗蓝牙在协议设计时尽可能继承了传统蓝牙的组件，但对协议栈进行了简化设计。此外，低功耗蓝牙还在物理层和数据链路层引入了以下重要变化。

1）两种蓝牙都工作在 2.4GHz ISM 频段，但低功耗蓝牙将频段重新划分为带宽为 2MHz 的 40 个信道（传统蓝牙为 79 个信道），其中 3 个为广播信道，其余为数据信道。广播信道的引入加快了设备查找和接入操作，主设备（Master）和从设备（Slave）在广播信道上分别执行"发起"（Initiating）和"广播"（Advertising），便能够实现快速连接（传统蓝牙要在所有信道上跳频执行 Inquiry 或 Page 操作），连接后也不用执行强制的角色转换，低功耗蓝牙得以在最快 3ms 内完成连接，而传统蓝牙的连接建立过程通常需要数秒。

2）低功耗蓝牙虽然继承了传统蓝牙的跳频机制，但其在每个信道停留的时间更长，对定时器要求相对宽松，因此可以采用成本更低廉的元器件。

3）两类蓝牙技术均支持星形拓扑，但是传统蓝牙最多允许一个主设备连接 7 个从设备，而低功耗蓝牙则没有该限制，理论上支持无限个从设备进行连接。

4）低功耗蓝牙的状态机更为精简，只有 Standby、Advertising、Initiating、Scanning、

Connection 共 5 种状态，一方面简化了协议栈设计，提升了效率；另一方面设备在进入 Connection 状态后即刻进入周期性睡眠模式，而非传统蓝牙需进入 Park 状态才执行休眠，从而大大降低了功耗。

与 ZigBee 等低功耗无线技术相比，低功耗蓝牙具有价格低廉、连接快速、抗干扰强等优点。低功耗蓝牙的物理层采用归一化带宽 BT = 0.5 的 GFSK（高斯频移键控）调制技术，调制指数为 0.5。最大发射功率 0~4dBm，室内传输距离可达 10~50m，降低的发射电流和峰值功率使相关设备仅凭纽扣电池供电即可工作；另外，与其他低功耗技术相比，由于低功耗蓝牙的频带更宽，数据发送速率更快（物理层数据速率为 1MB/s），分组长度更短（物理层最大分组长度 41 字节，仅需 328μs 即可发送完成），因此低功耗蓝牙更加适用于突发性强、数据包长度短的传感器类应用。在不发送数据时，低功耗蓝牙设备可以进入极低功耗的待机状态，待机电流降至 μA 级别，因此即使使用纽扣电池供电，设备的使用寿命也可以达到数月甚至数年。

低功耗蓝牙支持有双模和单模两种部署方式。在双模应用中，低功耗蓝牙的功能会整合至现有的传统蓝牙控制器中，或在现有经典蓝牙技术（2.1+EDR/3.0+HS）的芯片上增加低功耗堆栈，整体架构基本不变，共享传统蓝牙技术既有的射频和功能，相对于传统的蓝牙技术，增加的成本更小。低功耗的单模芯片组则是一个高度整合的装置，具备更加简洁的数据链路层，能在最低成本的前提下，支持低功耗的待机模式、简易的装置发现、可靠的点对多点的数据传输和安全的加密连接等，并确保蓝牙低功耗传输。通常单模产品应用于手表、遥控器、键盘等产品，双模产品则用于手机，可同时支持传统蓝牙及 ULP 蓝牙。除了小型设备之间可以点对点传输外，也可与手机连接，并将信息透过蓝牙、WiFi 或移动网络转传到网关器上，与网络服务进行整合。

单模芯片的集成度很高，是很紧凑的器件。简化的低功耗蓝牙无线技术的协议栈采用轻便的数据链路层，在闲置模式下运作时的功耗超低，寻找设备的过程更加简单，点对多点的数据传输更加可靠，具有省电功能和加密功能。单模芯片配置的文件支持人机接口装置、传感器和运动手表。

双模芯片主要是针对移动电话、多媒体计算机和个人计算机而设计的。它设想当芯片工作在蓝牙低功耗无线技术模式时，它的功率消耗大约为传统蓝牙芯片的 75%~80%，而成本增加很少。这些新一代双模蓝牙芯片具有蓝牙技术现有的许多功能和无线电通信的功能，这些功能是做在一块裸片上的。然而，由于双模设备将使用部分的蓝牙技术硬件，耗电量最终取决于蓝牙的具体实施。因此，双模设备不具备蓝牙低功耗无线技术规范列出的一些好处。

低功耗蓝牙无线技术是种超低功耗的无线解决办法，它还存在如下的关键技术及特点：

1）最大功耗、平均功耗和闲置时的超低功耗。

2）采用低待机消耗、快速建立连接及数据包低开销等手段达到降低功耗的目的。

3）使用 2.4GHz 工业、科学与医疗（ISM）频段，它的物理层比特率为 1Mbit/s，使用跳频技术，作用范围达 5~15m。

4）采用 128bit AES 加密算法，保密性强，为数据封包提供高度加密性及认证度。

5）成本超低，而且配件和人机接口装置（HID）的尺寸小。

6）移动电话和个人计算机使用它时，增加的成本和尺寸最小。

7）具备全球观、安全多厂商的互操作性。

8）主机控制为低功耗蓝牙技术设计的高智能控制器，让主机长时间处于休眠状态，并只在主机需要运作时由控制器来启动，这样的设计也节省了最多的能源。

9）蓝牙低功耗技术的联机建立仅需 3ms 即可完成，同时能以应用程序迅速启动连接器，并以数毫秒级的传输速率完成经认可的数据传递后立即关闭连接。

10）低功耗蓝牙技术通过调制指数的增大可使低功耗无线技术的覆盖范围加大，可超过 100m。

11）蓝牙低功耗技术使用 24bit 的 CRC 校验，能确保所有封包在受干扰时的最大稳定度。

低功耗蓝牙进一步延伸了传统蓝牙的功能和适用范围，除了为传感器、手表等现有设备拓展广阔的市场，还能用于各种可穿戴设备或家用电器与手机的连接，创造全新应用。例如，在居家环境中让手机或平板计算机连接并控制电视、空调、温度计、体重计等不同家用电器和医疗与健身设备。随着蓝牙 4.0 版本的体温计、心率计、血压计、听诊器和运动手表等产品的相继问世，低功耗蓝牙已在医疗和健身领域开启了无线感知与监测设备的新纪元。

7.1.2 低功耗蓝牙协议栈

低功耗蓝牙协议栈包含主机（Host）和控制器（Controller）两部分。主机部分包括：L2CAP 逻辑链路控制及自适应协议层（Logical Link Control and Adaptation Protocol）、SMP 安全管理协议层（Security Manager）、ATT 属性协议层（Attribute Protocol）、GAP 通用访问配置文件层（Generic Access Profile）和 GATT 通用属性配置文件层（Generic Attribute Profile）。

控制器部分包括物理层（Physical Layer）、数据链路层（Link Layer）和主机控制器接口层（Host Controller Interface）。从应用层到物理层总计包含 8 层，如图 7-1 所示。

对低功耗蓝牙协议栈而言，控制器部分运行底层协议所必需的功能，如处理物理层的数据包和所有相关的定时操作，该部分通常是以系统级芯片（System on Chip，SoC）的形式实现并集成了蓝牙无线电。主机部分包含协议栈的上层协议、配置文件和应用程序 API。主机部分来自于硬件抽象，通常比控制器的时序要求更加宽松，该部分与用户应用程序同在应用处理器上执行。控制器和主机之间的标准化的硬件控制器接口 HCD 基于 UART、USB 或 SDIO 物理层接口构建，方便控制器和主机分离，并允许采用不同供应商的控制器和主机进行匹配。另外，出于成本或设计方面的考虑，控制器和主机部分

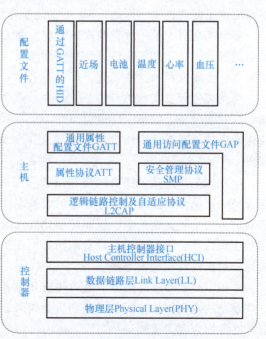

图 7-1 低功耗蓝牙协议栈

也可以相互结合，不需要 HCI 层。这种实现方法常常还会在蓝牙 SoC 上运行一些客户应用程序，或者在芯片内提供所需的外围设备接口支持。

在低功耗蓝牙协议栈中，数据链路层（LL）控制器位于物理层接口之上，为底层通信服务。它负责管理接收或发送帧的排序和计时，并通过数据链路层协议与其他节点协商连接参数，执行流控操作。同时，当设备处于广播后的扫描状态时，数据链路层控制器应处理收到的数据帧。此外，LL 控制器还充当了"门禁"功能，限制与其他设备的数据交换，降低了对外界暴露自己的风险。如果配置了过滤功能，数据链路层控制器将维护一个"白名单（White List）"，只有该名单中的设备的数据包允许通过，而来自其他设备的交换数据或广播信息将被拦截下来。这既是出于安全方面的考虑，也是为了有效地减少不必要的信息处理时间，从而降低功耗。数据链路层控制器使用主机控制器接口 HCI 与上层协议栈进行通信。

数据链路控制和逻辑链路控制及自适应协议（L2CAP）组件向上层协议（如安全管理协议和属性协议等）提供数据服务。它负责协议复用和数据拆装工作，即将数据分割成较小的数据包以利于数据链路层控制器处理，而在另一端将来自数据链路层的已分割数据进行重新组装。L2CAP 也是通用访问配置文件（GAP）的一个底端接口，后者定义了设备发现和数据链路连接管理等通用过程。GAP 为应用程序提供了一个配置接口，用于设置不同的操作模式，如广播、扫描、发起连接、建立连接以及管理连接等。

安全管理器（SM）是负责设备配对和密钥分配的模块。安全管理器协议（SMP）定义了本端设备的 SM 模块与对端设备上的 SM 模块进行通信的相应规范。SM 提供的加密功能也可以供协议栈的其他模块使用。

低功耗蓝牙采用的 SM 架构是为最小化从设备的资源要求而设计的，将主要的计算工作放在了拥有较强计算能力的主设备上。低功耗蓝牙采用了标准的 AES-128 位加密引擎，密钥分配使用配对机制。因此，SM 不仅能够对数据进行加密，也提供了数据身份的验证功能。

蓝牙 4.0 引入了一种新的通信机制，称为属性协议（ATT），它专为低功耗蓝牙的小数据包进行了优化。ATT 允许属性服务器向属性客户端公开一组属性及其关联值，并让对方能够发现、读取或写入这些属性。

通用属性配置文件（GATT）描述了一个服务框架，利用属性协议实现了设备发现或读、写对端设备上的某个特征值（Characteristic）。它通过应用规范（Application Profile）与应用程序建立联系。应用规范本身定义了属性的集合和在通信中使用这些属性所需的相应权限。

应用规范是连接无线协议栈和设备应用（或功能）的桥梁。蓝牙技术的主要优势之一是设备的互操作性。印有蓝牙标志的设备即使来自不同供应商也应支持统一的规范，并能互相通信。为了确保这一点，仅靠标准化的无线协议传输字节信息是不够的，还必须在数据表示层实现共享。换句话说，设备之间必须按照相同的格式发送或接收数据，不同功能的设备对同一数据应有相同的理解。

基于 GATT 的规范减小了低功耗蓝牙设备的数据传输量，有效降低了平均功率。同时，这些规范的定义均非常简单，使用少量代码就可以完成开发。这对于资源受限的单模低功耗蓝牙芯片而言尤为重要。

7.1.3　低功耗蓝牙的控制器规范

1. 物理层

低功耗蓝牙系统的物理层工作于 2.4GHz 全球通用的免许可频段，即 2400~2483.5MHz，并分为 40 个频道。其频道间隔为 2MHz，频道的中心频率为（$2402 + 2k$）MHz，其中 k 为 0~39。

低功耗蓝牙有两种频道类型：广播频道 3 个，数据频道 37 个。其中，广播频道为 2402MHz（37）、2426 MHz（38）和 2480MHz（39）。

发射机的参数一般通过天线连接器测得。如果设备没有天线连接器，则参考天线使用 0dBi 增益的全向天线。因精确的辐射功率难以测定，故在进行射频质量测试时，采用集成天线的设备需要提供一个临时的天线连接器。发射机的输出功率应在 -20dBm（0.01mW）~ 10dBm（10mW）之间。报文发射过程中，中心频率的偏差不应超过 ±150kHz，包括初始频率偏移以及频率漂移。任一报文的发射过程中，频率漂移不应超过 50kHz，漂移率不应超过 400Hz/μs。

通信距离受发射功率和接收灵敏度的影响。当发射功率为 0dBm，接收灵敏度为 -70dBm，通信距离约为 30m；当发射功率为 10dBm，接收灵敏度为 -90dBm，通信距离约为 100m；此外，通信距离往往还与天线、方向以及周围环境等诸多因素有关，在实际使用中的效果应考虑到这些因素的综合影响。

2. 数据链路层

数据链路层控制协议（LLCP）用来控制和协商两个数据链路层之间的连接操作，包括连接的控制过程、加密的开始与暂停以及其他数据链路过程。

数据链路层包含 5 种可能的工作状态：待机、广播、扫描、启动和连接。当扫描者监听广播者时，广播者发送数据而不需要建立连接。如果一个设备以一个连接请求来响应一个广播者，该设备则称为发起者。如果广播者接受该请求，则广播者和发起者将进入连接状态。当一个设备处于连接状态时，它将连接到两个角色之一：主设备或者从设备。发起连接的设备称为主设备，接受连接请求的设备称为从设备。

每个设备的每个连接在同一时刻只能发起一个数据链路层控制过程；只有之前一个数据链路层控制过程完成后，才可以启动下一个新的数据链路层控制过程。数据链路层控制过程可以随时结束，即使存在其他处于活跃状态的过程。

7.1.4 低功耗蓝牙的主机规范

1. 属性协议

属性协议（ATT）允许被称为服务器的设备向被称为客户端的设备公布一组属性及与之关联的数值。服务器公布的这些属性可以被客户端发现、读取和写入，并可由服务器指示和通知。

一个属性有以下 3 个关联属性的离散值：属性类型、属性句柄和一组上层规范定义的使用该属性的权限，这些权限不能通过属性协议改变。

通过固定的 L2CAP 信道，ATT 客户端可以与远端设备上的 ATT 服务器进行通信，该协议定义了以下多种形式的消息类型：

1）客户端向服务器发送的请求。

2）客户端发送至服务器的回复请求的响应。

3）客户端发送至服务器的无须响应的命令。

4）服务器发送至客户端的无须确认的通知。

5）服务器发送至客户端的命令指示。

6）客户端发送至服务器的响应指示的确认。

通过这些消息，实现了设备间信息的交互。

属性句柄唯一地标识服务器上的属性，允许客户端通过读或写的请求引用该属性，允许客户端识别被通知或指示的属性。客户端可以发现服务器的属性句柄，可以通过权限来阻止应用获得或改变一个属性的值。一个属性可以被上层规范定义为可读、可写或可读写，也可以有额外的安全要求。

客户端可以向服务器发送属性协议请求，服务器应响应所有收到的请求。一个设备可以实现客户端与服务器两个角色，两个角色可同时在同一个设备或在两个相同设备间正常工作。在每个蓝牙设备上只能有一个服务器实例，这意味着属性句柄对于所有支持的承载（Bearers）是完全相同的。对指定的客户端，服务器应具有一组属性。服务器可支持多个客户端。注意：单个服务器可通过为每个服务分配不同范围的句柄来公开多个服务。这些句柄范围的获取被上层规范定义。

2. 通用属性规范

通用属性规范（GATT）位于属性协议上，该规范定义了基于属性协议的服务框架，其中定义了发现与使用服务、特性和描述符的方法。还规定了 GATT 服务器上的数据格式，该规范提供了接口，用于交换配置信息、发现设备的服务和特征、读取特征值、写入特征值、通知特征值、指示特征值以及广播的配置。

通用属性规范使用的对等协议栈模型如图 7-2 所示。

GATT 定义了服务器（Server）和客户端（Client）两类角色。GATT 服务器通过属性协议来保存数据，并可以接收来自 GATT 客户端的 ATT 请求、命令和确

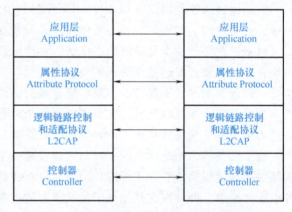

图 7-2　通用属性规范使用的对等协议栈模型

认。根据请求发送相应的响应或者在触发某个事件时，GATT 服务器会自动向 GATT 客户端发送通知和指示。

7.1.5　低功耗蓝牙技术的应用

1. 运动安全

低功耗蓝牙技术通常应用于运动安全监测。通过位于运动者身上佩戴的相关传感器装置，可以收集运动者的心率、距离、速度、加速度等数据信息，并将数据发送到手机或个人存储设备上。

运动手表是低功耗蓝牙技术在运动、健身和保健方面的典型应用。运动手表可以显示和存储运动中人体的各种信息，如心率、行进速度和步伐频率等，使用者便可实时监测自己的运动状态，根据自己的身体条件加上医生的建议随时调整运动强度，以达到最佳的锻炼效果。

2. 无线办公和移动附件

由于低功耗蓝牙技术具有尺寸小和电池寿命长等优点，使得它在无线办公和移动附件领域有着广泛的应用，如无线键盘、无线鼠标等。

除了为便携式计算机等配备无线耳机/耳麦外，低功耗蓝牙技术最大的应用就是蓝牙技术所没有覆盖的市场缝隙。其中，最有吸引力的应用场合是呼叫中心。在呼叫中心，因为话务人员时常需要走动，所以戴无线耳机会更方便。另外，因为话务员要长时间通话，所以耳机电池的使用寿命要长，以避免频繁更换电池。

3. 射频遥控器

遥控器既可以归于计算机外围设备，也可以归于家庭娱乐。传统遥控器几乎都采用红外技术，具有价格低廉、使用可靠等优点，但其主要缺点是功能受到限制，跟不上系统端的快速发展。与红外遥控器相比，射频遥控器的优势在于可实现双向高速数据传输，可以做到在遥控器上实现反馈显示。另外，射频遥控器不怕遮挡，工作距离也更远。

射频遥控器的典型应用是对媒体中心的遥控，经典案例是在歌厅中用遥控器点歌。由于遥控器上有节目显示，这样就不必跑到主机那里看主机屏幕上的菜单。由于射频信号可以穿过来往的人群，各种操作就不会因为受到干扰而中断。这样的功能是普通红外遥控器无法实现的。

伴随着基于计算机的媒体中心进入家庭，射频遥控器的应用也将更加广泛。微软公司已经提出了支持 Windows Vista Side Show 技术的双向遥控概念，这个概念需要射频技术来提供双向通信。低功耗蓝牙技术能够满足这些要求，且在成本和功耗方面都是最佳选择。

4. 医疗保健

目前，世界各地的医院和医疗保健机构使用各种各样的系统，在医院和家里跟踪、监测和记录病人的病情。虽然围绕这些问题，已经出现了各种管理手段和方法。然而，在病人不同的治疗阶段，如在住院阶段和门诊治疗阶段（包括在家）之间，医疗机构对病人的监控和跟踪是脱节的。通过专门的低功耗蓝牙设备和佩戴在病人身上的传感器，从病人与医疗保健人员接触开始，就可以一直对病人进行无线自动跟踪和监测，这些系统能够把每一个治疗阶段对病人的跟踪和监测情况完整地记录下来。同时，医护人员能够迅速地查阅这些信息，了解病人之前的病情与治疗情况。

跟踪和监测技术不一定限于住院病人和门诊病人，它完全可以扩大到病人家中。通过无线技术进行的跟踪和监测，在本质上是悄无声息的，不会引起病人的注意，因而能够更好地配合医疗保健领域的发展趋势，切实地保证当病人必须在医院和保健机构治疗时，能够得到精心的治疗。利用低功耗蓝牙技术可以实现无线监控，因此对于迅速成为人类几大健康杀手的疾病，例如高血压、心脏病和糖尿病等慢性病，可以使用该技术进行远距离管理。

5. Beacon

Beacon 技术是一种基于低功耗蓝牙协议的近距离通信技术，单个 Beacon 设备可理解为一个小型的信息基站，多个 Beacon 设备便能构成信息服务网络。Beacon 技术可应用于室内导航、移动支付、店内导购和人流分析，给人们的生活带来了极大的便利。

Beacon 技术以廉价硬件通过低功耗蓝牙技术向网络内的移动设备捕捉和推送信息。在零售店铺、大型会场和学校等所有的室内场所都具有较高的应用价值。

6. 智能手环

智能手环可以记录用户的锻炼力度和效果、睡眠质量、饮食习惯等一系列相关的数据，同时将这些数据同步到用户的移动终端设备和云端，可通过相应手机程序分析用户的相关数据并提出合理建议，起到利用数据指导健康生活的作用。

7.2 低功耗广域网（LPWAN）

7.2.1 LPWAN 技术简介

物联网的发展催生了各行各业中不同种类的应用需求。

不同的网络技术对应到了不同的应用场景。传统的 WiFi 网络注重提高网络的带宽，而其通信距离相对较小，通信能耗也相对较高。ZigBee 协议的优势在于协议灵活、低功耗，但标准带宽较小，通信距离也相对较短。蓝牙协议折中了上述两者，带宽和能耗均介于 WiFi 与 ZigBee 之间。移动蜂窝网络的承载能力不足以支撑物与物的连接，物联网中的很多终端若采用现有运营商的蜂窝网络联网，则会出现信号强度不足、经济性低和传输速率不高等问题。上述物联网技术的弊端，具体原因可归结为以下几种：

1）现阶段的物联网都是按照已有的网络设施进行搭建的，因此，现在所谓的物联网应用都是一些迎合低成本概念的、没有大效力的普通应用，物联网相应的网络还无法摆脱有线电源的控制，对电力线和宽带线的依赖性太强。

2）网络覆盖的深度和广度不够，无法满足可任意接入所有节点的需求。有无线接入源的区域才会有相关应用，没有无线接入源的区域，应用无法接入。

3）总体网络成本过高。虽然传感网络中的部分网络发展年限较长，已经相对成熟，在模组出货量上也突破了 10 亿级标准，但是模组的价格却居高不下。例如，一个 LTE 模组的制造成本需要 200~300 元。

4）只有先搭建整体网络，才能搭建并使用 Mesh 网络，而要实现规模化的经济可行性，则需要在建立本地射频方案时，由企业自身管理、维护相关的无线基础设施。

低功耗广域网（Low Power Wide Area Network，LPWAN）是一种公共性网络，其优良的特性和功能可以有效解决构建传统网络时所遇到的多个问题。LPWAN 的传输距离在复杂的城市环境中达到 3km 以上，空旷地域高达 15km 以上，其穿透性较强，在很多恶劣环境下也能有信号，并支持窄带数据传输，网络通信成本极低。由于它的低数据传输速率，基于 LP-WAN 设备功耗极低，一个普通电池便可支撑数年甚至十多年。

LPWAN 最大的特点就是无线覆盖面积广、能源消耗低，可以促进终端成本向低端化发展，从而为节约整体网络构建成本做出积极贡献。一般来说，LPWAN 采用的是窄带网络，但是这并不影响该网络的正常使用。有关研究显示，每月产生 3MB 流量的物联网设备只占总物联网设备的 14%，而剩下 86% 的物联网设备每月产生的数据流量不足 3MB。所以说，传统蜂窝宽带网络虽然能提供较大的数据吞吐量，但大多数物联网设备并不需要，这就为实现 LPWAN 提供了有利空间。

LPWAN 是为物联网应用中的 M2M 通信场景优化的，由电池供电的，低速率，超低功耗，低占空比的，以星形网络覆盖的，支持单节点最大覆盖可达 100km 的蜂窝汇聚网关的远程无线网络通信技术。该技术具有远距离、低功耗、低运维成本等特点，因此非常适合远距离传输、通信数据量很少、需电池供电长久运行的物联网中的应用。大部分物联网应用通常只需要传输很少量的数据，如工业生产车间中控制开关的传感器，只有当开关异常时才会产生数据，而这些设备一般耗电量很小，通过电池供电就可工作很久。LPWAN 包含如 LoRa、Sigfox、Weightless 和 NB-IoT 等多种技术。由于是"广域"网络，因此必然会涉及网络运营。所以 LPWAN 一般是由电信运营商或专门的物联网运营商部署，由于 LPWAN 连接的基本都是"物"，因此通常也叫"物联网专用网络"。

LPWAN 最适合两类物联网应用：一类是位置固定的、密度相对集中的场景，如楼宇里面的智能水表、仓储管理或其他设备数据采集系统，虽然现在蜂窝网络已应用于这些领域，但信号穿透问题一直是其短板；另一类是长距离的，需要电池供电的应用，如智能停车、资产追踪和地质水文监测等，蜂窝网络也可以应用，但无法解决高功耗问题。

现有的 LPWAN 技术，有远距离通信（Long Range Communication，LoRa）和窄带物联网（Narrow Band Internet of Things，NB-IoT）两个主要代表。根据无线技术所使用的频段类型，可以分为工作在授权频段的技术和工作在非授权频段的技术两类。工作在授权频段的 NB-IoT 和 EC-GSM 的理论覆盖范围要稍大于工作在未授权频段的 LoRa 和 Sigfox。LTE-M/eMTC、EC-GSM 和 NB-IoT 都是由 3GPP 组织定义的，它们都能够基于现有的蜂窝网络进行部署，且由运营商进行维护。LoRa 和 Sigfox 主要由私营组织部署和维护，如阿里巴巴搭建的天空物联网 LoRa 基站，可为地上 40000m 高空到地下 20m 的设备提供物联网支持。

表 7-1 对现有 LPWAN 的各种技术进行了对比。

表 7-1 现有各种 LPWAN 的技术对比

技术名称	NB-IoT	eMTC	EC-GSM	LoRa	Sigfox
频谱范围	LTE&2G 波段	LTE 波段	2G 波段	未授权 433/868MHz	未授权 902MHz
调制解调	QPSK BPSK	QPSK QAM	GMSK	Chirp 扩频	FSK
数据速率	65kbit/s	375kibt/s	70kibt/s	100kibt/s	100kibt/s
射频带宽	200kHz	1.08MHz	200kHz	125~500kHz	100kHz
发射功率	23dBm	20dBm 或 23dBm	23dBm 或 33dBm	14dBm	14dBm
网络建设	部分软硬件升级	软硬件升级	部分软硬件升级	新建网络	新建网络
覆盖范围	15km	15km	15km	10km	12km
国家标准	3GPP	3GPP	3GPP	LoRa 联盟	—

7.2.2 LPWAN 典型协议

1. LoRa

LoRa 是目前应用最为广泛的 LPWAN 技术之一，它基于 Semtech 公司开发的一种低功耗局域网无线标准，其目的是为了解决功耗与传输覆盖距离的矛盾。它的诞生早于 NB-IoT，2013 年 8 月，Semtech 公司向业界发布了一种基于 1GHz 频率以下且超长距低功耗的数据传输芯片。一般情况下，低功耗则传输距离近，高功耗则传输距离远，但通过开发 LoRa 技术，解决了在同样的功耗条件下比其他无线方式传播的距离更远的技术问题，实现了低功耗和远距离的统一。

2. Sigfox

Sigfox 也是 LPWAN 的代表技术之一。LINB 采用超窄带技术（100Hz）以达到极低功率覆盖大范围区域的目的，已经实现了全球 30 多个国家和地区的网络覆盖。

Sigfox 与 LoRa 之间最大的区别是 LoRa 可以部署属于自己的私有网络，但 Sigfox 需要支付一定的运营商服务费。因此，Sigfox 未来存在一些不确定性和风险。

Sigfox 的基站建设比较困难，采用分销部署模式，在各个国家或地区寻找合作伙伴进行部署，如本地物联网运营商、广播电视公司等。因为这些合作伙伴都具备一定的无线背景或站点资源，所以能够帮助解决无线网络基站部署最大的瓶颈。

Sigfox 基于无线电信号强度分析和深度学习技术，与传统的 GPS 跟踪不同，Sigfox 定位技术在室内和室外都可以工作，不需要任何额外的硬件、软件或能源，可实现较低成本的物联网定位服务，为世界各地的大量资产提供经济性很高的跟踪服务。

3. NB-IoT

NB-IoT 具有大容量、广覆盖、低成本和低功耗等优点，比现有的 LTE 网络提高了 20dB 增益，电池寿命可长达 10 年以上，极大地满足了当前物联网的海量接入需求。同时，NB-IoT 可直接部署于现有的运营商网络，在覆盖和维护上相比其他技术会有很大的优势。

NB-IoT 构建于蜂窝网络，只消耗大约 180kHz 的频段，可直接部署在 GSM 网络、UMTS 网络或 LTE 网络上以降低部署成本，实现平滑升级。NB-IoT 的网络部署包含芯片、模组或终端、NB-IoT 基站、NB-IoT 核心网和 IoT 连接管理平台等部分。终端侧应用包含客户对业务芯片、模组或终端的选择等。部署时需要根据客户的业务属性开展入网测试，确定终端的适用性范围。

基站侧仅仅是个通道，它采用移动通信网络，针对 NB-IoT 可以在现有 LTE 上完成复用、升级或新建等功能。基站侧可以充分利用现有网络的 LTE 站点资源和设备资源，共站点、共天馈、共射频、共 CPRI（公共无线电接口）、共传输、共主控和共 O&M（运行和维护管理），以达到快速部署 NB-IoT、节省建网成本的目的。对于在现有基站频率部署区域外不能共享现有站点资源的热点区域，在部署时需要升级或新建 NB-IoT 基站。

部署核心网具体涉及的网元有接入物联网业务的移动管理实体（MME）、服务网关（S-GW）以及物联网专网 P-GW（PDN 网关）。这些网元需要根据标准进行开发，并进行现有网络升级改造，改造之后能支持 NB-IoT 相关核心网的特性，以满足 NB-IoT 的业务接入要求。连接管理平台在面向客户时，需满足 M2M 业务新型商业模式的需要。面向通信运营商时，需实现全局性掌握 M2M 连接网络行为和业务发展状况，以及辅助业务管控、辅助网络规划、业务规划和套餐制订等能力。

NB-IoT 垂直行业应用主要聚焦于以下几种典型的行业中：

（1）交通行业　它包括车载信息服务（防盗、导航、远程诊断和信息娱乐等）、车载WiFi、车载定位监控、车载视频监控和电动自行车防盗等应用。

（2）物流行业　它包括货物跟踪管理、物流车辆调度等应用。

（3）健康医疗　它以可穿戴应用为主，包括关爱定位（老人手表、儿童手表和宠物定位）、无线血压计等应用。

（4）零售行业　它包括金融POS机、电子广告牌、自动售货机和移动货柜等应用。

（5）抄表　它包括电能表、燃气表和水表等远程抄表应用。

（6）公共设施　它包括市政设施监控、气象与环境监测和城市灯光管理等应用。

（7）智能家居　它包括家庭安防、家居自动控制等应用。

（8）智慧农业　它包括种植业和养殖业相关的数据采集与监控等应用。

（9）工业制造　它包括智能工厂和智能产品（例如工程机械）售后的服务等应用。

（10）企业能耗管理　它包括企业、园区和楼宇的能源管理、能耗监控等应用。

（11）企业安防　它包括企业安防监控和电梯监控等应用。

4. eMTC

eMTC通过对LTE协议进行剪裁和优化以适应中低速物联网业务的需求，传输带宽是1.4MHz。eMTC的基础设施可以通过升级现有大部分LTE基站得到。因此，降低芯片成本、UE的研发成本和产业链使用成本是eMTC应用的关键。

相对NB-IoT而言，eMTC只需LTE基站的软件升级即可完成商用部署。虽然NB-IoT在网络侧可实现大部分的复用，包括天线、远端射频模块（Remote Radio Unit，RRU）和室内基带处理单元（Building Baseband Unit，BBU）等，但商用准备的工作量还是大于eMTC。NB-IoT用户终端的成本和功耗更低，而eMTC在移动性、语音和数据传输速率等方面具有一定优势。随着后续版本的演进，两项技术在LPWAN领域将会互相融合、互相补充，以提升用户体验。eMTC除具备LPWAN基本的四大能力，还具有以下四大差异化能力：

1）速率高，eMTC支持上下行最大1Mbit/s的峰值速率，远远超过当前GPRS、ZigBee等主流物联技术的速率，eMTC的高速率可以支撑更丰富的物联应用，如低速视频、语音等。

2）移动性，eMTC支持用户在移动过程中通信不中断，物联用户可以无缝切换，保障用户体验。

3）可定位，基于TDD的eMTC可以利用基站侧的PRS测量，在无须新增GPS芯片的情况下就可定位位置，低成本的定位技术更有利于eMTC在物流跟踪、货物跟踪等场景的普及。

4）支持语音，eMTC从LTE协议演进而来，可以支持VoLTE语音，未来可被广泛应用到穿戴设备中。

5. EC-GSM

EC-GSM，即扩展覆盖GSM技术（Extended Coverage-GSM）。EC-GSM作为GSM向物联网演进的技术，重用了GSM的物理层设计，与传统的GSM终端可以在同一段载波上部署。同时，EC-GSM还将窄带物联网技术迁移到GSM中，实现了更大的覆盖范围。因此，运用此技术，现有已布建的GSM基站也能适用于物联网应用，支持更多GSM终端节点的通信。

6. RPMA技术

RPMA技术，即随机相位多址接入（Random Phase Multiple Access）技术，是Ingenu公司拥有的一项专利技术，其工作在2.4GHz的非授权频谱，在全球都属于免费频段，可以实现全球漫游。

为了减少功耗，延长电池寿命，RPMA在每个设备的接入点都设置了特殊的连接协议，在检查设备状态接收数据之后便会断开连接。其上行速率可达624kbit/s，下行速率可达156kbit/s，比GPRS和SIGFOX的速率更快一点。RPMA的网络速率可调，当网速设置在2kbit/s时，就非常适合大多数物联网设备。

7.2.3　LPWAN 标准全景

1. Weightless

Weightless 实际上包括：Weightless-W、Weightless-N 和 Weightless-P 三个协议。

初始协议是 Weightless-W，它的目的是充分利用广电白频谱（TVWS），但此前全球并未着眼于开发空白频谱的可用性，因此该协议一直被搁置，直到频道可用的时候。

Weightless-N 作为 Weightless-W 的补充，是一个非授权频谱下的窄带网络协议，源于 NWave 技术，2016 年 5 月发布，用以在 7km 的距离内以低速率为物联网设备到基站提供低成本的单向通信。它是以低功耗、大范围网络覆盖为目标基础所制定的，使用 Sub-GHz 频谱和超窄频段（Ultra Narrow Band）技术，以期能满足更多物联网应用。

但还有一系列的应用需要双向通信，以便确认信息接收、软件更新等，它们需要比 Weighless-N 更高的速率。于是 Weightless-P 应运而生，它瞄准了这些市场需求。这一协议是基于 M2COMM 公司的 Platanus 技术。Weightless-P 利用窄频通道以及 12.5kHz 通道的 FDMA+TDMA 调变，作业于免授权的 Sub-GHz ISM 频段。物联网设备与基站的通信可实现时间同步，从而管理无线电资源、处理交换机制，以实现装置漫游，可用的通信速率能够根据链路品质与所取得的资源，在 200B/s~100KB/s 之间调整。

Weightless 是开放的协议，并允许开发者使用特定供应商或网络服务供应商的资源，每家公司都能免费利用 Weightless 技术发展低成本的基站和终端设备，因此它成为继 LoRa 和 Sigfox 之后又一个具有商业化前景的技术。

2. RPMA

随机相位多址接入（Random Phase Multiple Access，RPMA）是美国 Ingenu（原 On-Ramp）公司自有的低功耗广域网协议，其通信系统的多址接入采用直接序列扩频技术（DSSS）。该公司以授权方式让合作伙伴使用该技术。RPMA 工作于 2.4GHz 频段，是全球范围内免费使用的 ISM 频段；该公司宣称它在一些方面（如上行速率 624kbit/s）优于 Sigfox。该技术既可以组建公用的机器通信网络，还可以通过专用网络服务多种垂直的机器通信市场。

3. NWave

NWave 技术公司自己拥有 NWave 协议的所有权，该协议是 Weightless-N 协议的基础。它以虚拟化 Hub 的方式实现多数据流传输，中央处理器对数据进行分类确保数据归属性。2015 年 7 月，NWave 技术公司和企业加速器组织 Accelerace 与 Next Step City 携手合作，在丹麦部署 Weightless-N 网络，范围遍及丹麦哥本哈根，以及丹麦南部能源产业重镇埃斯比约，这一网络即采用 NWave 协议搭建。此网络是全球首次公共网络建设行动，是极具开创性的里程碑事件，为丹麦物联网和智慧城市建设提供了网络基础。

4. Platanus

这一协议是云创科技（M2COMM）所拥有的，为处理一定距离下的超高密度节点而设计的，可以广泛用于电子标签类应用中的协议，也成为 Weightless-P 技术的基础。Platanus 原始技术瞄准在 100m 左右的中等范围，为物联网数位价格标签提供室内覆盖。这些数位价格标签采用电子墨水（E-ink）或 LCD，能够取代商店货架上的纸类价格标签，让商店得以通过无线方式调整产品价格。

Platanus 技术的其他主动式应用还包括工厂中的生产批次的信息显示器，提供包括即时状态与待处理的下一个步骤等信息。由于这是一种双向的通信，这些显示器还能整合传感器，监测货品的环境状况。

5. Telensa

Telensa（原 Senaptic）公司是一家无线监控系统供应商，将其智能无线技术应用于医疗、安全、车辆跟踪和智能计量等市场，特别关注于街道照明和停车的远程控制和管理。其掌握的低功耗无线通信技术仅开放用户界面，协议本身并不开放，该公司认为自己在应用层具有差异化的优势，而不是在底层协议层上。

随着科学技术的发展，越来越多的设备具有了通信和联网能力，网络一切（Network Everything）逐步变为现实。众多锁定物联网应用的 LPWAN 技术，包括 Sigfox、LoRa、Weightless 和 Igenu 等，在成本与功耗方面可与蜂窝式物联网技术竞争。

7.2.4 LPWAN 物联网的安全架构

相比基于互联网的物联网架构，NB-IoT 物联网的安全问题和基于互联网的安全问题不完全相同。

应用层主要考虑云安全技术，因特网物联网和 NB-IoT 物联网的安全问题主要在于 DoS/DDoS、SQL 注入、运维安全风险、APT 攻击和云间接口风险。传输层主要考虑网络安全技术，因特网物联网和 NB-IoT 物联网的安全问题主要在于 Web 应用漏洞、重放攻击、通信劫持、访问鉴权漏洞和明文传输。感知层主要考虑轻量级安全技术，因特网物联网和 NB-IoT 物联网的安全问题主要在于密钥管理漏洞、设备伪造、源码安全、固件完整性和敏感信息泄露。

虽然从结果看出，二者的安全问题是类似的，但 NB-IoT 等低功耗物联网在具体安全问题的内容上又与基于互联网连接的物联网存在较大区别，主要包括 NB-IoT 的硬件设备、网络通信方式，以及设备相关的业务实际需求等方面。例如，传统的物联网终端设备搭载的系统一般具有较强的运算能力，使用复杂的网络传输协议和较为严密的安全加固方案，功耗大，需要经常充电，如智能手机、智能电视等设备。NB-IoT 设备具有低功耗、长时间不用充电和低运算能力的特点。这也意味着同类的安全问题更容易对其造成威胁，简单的资源消耗就可能造成拒绝服务状态，并且 NB-IoT 等低功耗物联网终端设备在实际部署中，其数量远大于传统的物联网，任何微小的安全漏洞都可能引起更加巨大的安全事故，其嵌入式系统也更加简单、轻量，对于研究人员来说，由此也越容易掌握系统完整信息。

7.2.5 LPWAN 关键特性

1. 通信距离

距离是 LPWAN 与低功耗短距离技术的一大区别。LPWAN 通过单跳实现了长距离，低功耗短距离技术需要借助多跳传输。增加距离的关键技术主要有：增加功率谱密度（Power Spectral Density，PSD）、重传、多接收天线以及扩频 4 种。

（1）增加功率谱密度 功率谱密度是指单位频带内的信号功率，用公式可以表达为功率/带宽。功率谱密度越大意味着单位频谱上发送信号的强度越强，抗干扰能力也就越强。

不同技术的功率谱密度对比见表 7-2。与 GSM 相比，NB-IoT 的功率谱密度提升了 5.33 倍，即 10× lg5.33 = 7dB。NB-IoT 的上行传输有两种带宽（3.75kHz 和 15kHz）可供选择，带宽越小，功率谱密度越大，覆盖增益也越大。与 GSM 相比，LoRaWAN 并没有在功率谱密度上有增益，相反还下降了 0.96dB。可以看到，LoRaWAN 并没有利用增加功率谱密度来提升传输距离，而是采用了其他技术。LoRaWAN 有 3 种可选的带宽：125kHz、250kHz 和 500kHz，但 LoRaWAN 规定仅能使用 125kHz 的带宽，从而尽可能地提高功率谱密度。

表 7-2　不同技术的功率谱密度对比

技术	功率/mW	使用带宽/kHz	功率谱密度/(mW/kHz)	比值（与 GSM 相比）
GSM	2000	200	10	1
NB-IoT	200	3.75	53.33	5.33
LoRaWAN	1000	125	8	0.8

（2）重传　重传能够增加接收数据的冗余，提高数据解码成功的概率，从而增加覆盖增益。NB-IoT 上行最多可以重传 128 次，下行最多可以重传 2048 次。但重传次数的增多会降低有效数据的传输速率。如图 7-3 所示，NB-IoT 的覆盖增益一般以基站能够解调的最远的上行传输来计算。因此，上行理论增益约为 20dB 考虑实际传输性能影响，一般取重传增益为 12dB。

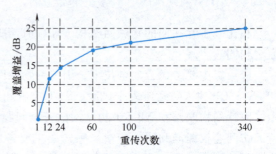

图 7-3　重传次数与覆盖增益之间的关系

（3）多接收天线　多根接收天线会融合接收到的信号，从而增加了信噪干扰比（Signal-to interference-plus-noise Ratio，SINR），提高了解码成功的概率，增大了覆盖增益。理论上，1 根发射天线、m 根接收天线的系统比 1 根发射天线、1 根接收天线有 $10×\lg m$ 的增益。因此，使用了 1 根发射天线、2 根接收天线的 NB-IoT 比仅使用 1 根发射天线、1 根接收天线的系统有大约 3dB 的覆盖增益。GSM 是 1 根发射天线、2 根接收天线的系统，因此其覆盖增益计算为 0~3dB。

（4）扩频　常见的扩频技术有直接序列扩频（Direct-sequence Spread Spectrum，DSSS）、线性频变扩频（Chirp Spread Spectrum，CSS）和跳频扩频（Frequency Hopping Spread Spectrum，FHSS）。扩频技术本质上是通过增加数据或者带宽的冗余性来提升无线传输中的抗干扰能力，增加解码成功率。例如，在 DSSS 中，它首先将每个字节的数据分割成两个单元，每个单元包含 4bit。然后，每 4bit 的数据被扩频成了 32bit 的码元。如此，每个单元之间的海明距离⊖被大大增加，提高了解码时的成功率。

2. 功耗

低功耗也是 LPWAN 的特点。低功耗主要从芯片功耗状态以及节能机制上体现。表 7-3 展示了 NB-IoT 和 LoRa 芯片不同状态的功耗对比。

⊖ 海明距离是指两个字符串在相同位置上不同字符串的个数，是衡量两个等长字符串或二进制序列之间差异的度量方式。

表 7-3　NB-IoT 和 LoRa 芯片不同状态的功耗对比

技术	发送状态	空闲状态	接收状态	睡眠状态
NB-IoT(3.6V)	26dBm,120mA	1mA	50mA	5μA
LoRa(3.3V)	20dBm,120mA	1.5μA	12mA	0.2μA

在节能机制方面，NB-IoT 主要采用了 PSM（Power Saving Mode）机制和 eDRX（Extended Discontinuous Reception）机制，而 LoRaWAN 主要采用了低功耗的 MAC 协议。

（1）PSM 机制　PSM 机制主要通过周期性的睡眠来节能。当 UE（User Equipment）处于 PSM 状态时，就进入了深度睡眠状态，不能被访问。如果 UE 有上行缓存的数据待发送，当释放了上行连接资源后，UE 就会进入空闲状态，同时，启动 Active 计时器。进入空闲状态的 UE 会执行周期性的寻呼，以监听基站是否有下行数据到来，当 Active 计时器到期，UE 仍然没有收到下行发送的数据，或者也没有要向基站发送的数据时，UE 会再次回到 PSM 状态，以节约能量。UE 为了向基站发送数据，会主动发起服务请求，从而和基站建立连接。当 UE 发现自己所在区域的基站更换时，将主动向基站发起更新区域参数的请求，进入连接状态。

（2）eDRX 机制　在 NB-IoT 中，UE 在空闲状态的寻呼监听中使用了 eDRX 的非连续接收机制，即 UE 周期性地监听来自基站的寻呼数据。DRX 是 LTE 中使用的非连续接收机制，其默认寻呼周期为 1.28s，而 eDRX 的寻呼周期最长可达 2.92h。在下行数据发送频率以小时每次为单位时，通过核心网和 UE 的协商配合，UE 会跳过大部分的寻呼监听，从而达到省电的目的。

PSM 机制和 eDRX 机制都属于 3GPP 协议中的技术，且对 NB-IoT 和 eMTC 都是适用的。相比较而言，eDRX 最大的睡眠时间（2.92h）远小于 PSM（310h）。因此，eDRX 的省电效果差些，但是实时性好些。中国移动采用的就是 PSM 机制。

（3）低功耗 MAC 协议　LoRaWAN 主要采用了低功耗的 MAC 技术以降低能耗。在 LoRaWAN 中，定义了 3 种 MAC 协议：Class A、Class B 和 Class C。Class A 属于 UE 初始化通信的模式，即 UE 可以主动向基站发送数据，但基站必须接收到 UE 的数据包时才能发送下行的数据。Class A 规定，当 UE 发送上行数据包后，必须等待 RxDelay1 的时间，才能开启第一个接收窗口 RX1 接收下行的数据包。如果在 RX1 的窗口没有接收到下行数据包，则必须继续再等待 RxDelay2-RxDelay1-RX1 的时间长度才开始接收下行的数据包。其中 RxDelay1 和 RxDelay2 都必须大于 1s。在等待期间，UE 处于睡眠状态以降低能耗。可以发现，在 Class A 中，下行数据的延迟受限于 UE 发送数据包的频率，为了适当降低下行数据的延迟，Class B 被提出来，在 Class B 中，UE 额外开启与基站同步好的监听窗口（Ping Slot），在同步好的窗口中，基站可以直接发送下行数据而不用等待 UE 发送的上行数据包。在 Class C 中，节点会持续监听信道。因此，LoRaWAN 中低功耗的 MAC 技术仅为 Class A 和 Class B。

此外，LoRaWAN 还规定了严格的占空比的限制。假设在某个信道上的占空比限制为 1%，当 LoRaWAN 设备在该信道上发送了 0.5s 长的数据后，必须等待 49.5s 之后才能再次在该信道上发送数据。

3. 数据率

LPWAN 的数据传输速率相对较低，因此其适用于对数据传输延迟不敏感的场景，如远程抄表。从最大的物理层数据传输速率角度看，NB-IoT 的上行数据传输速率为 250KB/s，下行数据传输速率为 226.7KB/s。LoRaWAN 的上行和下行一样，最高为 5.470KB/s。然而，实际的数据传输速率比最大的物理层数据传输速率要低。NB-IoT 规定了上行和下行的不同类型数据包的传输间隔，如基站发完下行数据后，UE 至少间隔 12ms 才能反馈 ACKNACK 数据包。因此，在实际使用中，NB-IoT 的实际下行数据传输速率一般为 27.2KB/s，而上行一般为 62.5KB/s。LoRaWAN 对信道使用有严格的占空比限制，如 1% 的信道使用限制，因此数据传输速率通常只能达到 54.7B/s。

4. 频段的分配与使用

LPWAN 中不同的技术使用了不同的频段类型（授权与非授权）。

LoRaWAN 使用了非授权频段。在中国，LoRaWAN 上行使用的频段为 470.3~489.3MHz（共 30 个不连续的信道），下行 500.3~509.7MHz（共 48 个连续信道），带宽都是 200kHz。LoRa 调制时使用的带宽为 125kHz，因此存在保护带。对于 LoRaWAN 的频段分配，在上行的总计 96 个信道中，中国无线电委员会占用了信道 6~38 以及信道 45~77 共 66 个信道，因此分配给 LoRaWAN 的信道剩下 30 个。

NB-IoT 使用了授权频段，占用带宽为 200kHz，其中传输带宽为 180kHz。表 7-4 所列为中国电信、中国移动和中国联通对于 NB-IoT 的频段分配情况。

表 7-4　中国电信、中国移动和中国联通对于 NB-IoT 的频段分配情况

上行频率/MHz	下行频率/MHz	运营商
824~849	869~894	中国电信
880~915	925~960	中国移动、中国联通

NB-IoT 有 3 种频段部署方案：独立部署、保护带部署和带内部署。其中，独立部署方案利用了 LTE 系统未使用的 200kHz 带宽，比如复用 GSM 的信道（一个 GSM 带宽为 200kHz，大于 NB-IoT 的 180kHz 带宽）。保护带部署方案利用了 LTE 边缘保护频带中未使用的 200kHz 资源块（即 LTE 的最小资源分配单元）。带内部署方案则占用了 LTE 的 1 个资源块（200kHz）。

需要注意的是，带内部署方案所占用的 LTE 的 1 个资源块并不是任意资源块均可。在 LTE 的 1.4MHz 带宽下是不支持带内部署方案的 NB-IoT。并且，无论 LTE 采用哪种带宽，NB-IoT 的带内部署方案都需要避开中间的 6 个资源块，因为这里要用来传送 LTE 的同步信号和 MIB（Master Information Block）消息。除此之外，还有一些资源块也是不能用来部署 NB-IoT 的，如 UE 仅在 100kHz 的倍数点上搜索，所以 NB 的中心频点要满足 100kHz 的栅格。

5. 基站部署

基站是 LPWAN 终端实现互联互通的关键，也是应用层服务访问和控制 LPWAN 终端的关键。现有的 LPWAN 主要使用了两种不同的基站部署方式：

（1）复用现有基站　复用现有基站的优点是部署效率高，缺点是存在覆盖盲区，如楼宇地下室，且使用公网传输数据面临着将自己的数据暴露给第三方的危险。

（2）自行搭建基站　它的优点是可以按照自己的需求做到深度覆盖，同时，由于搭建的是私有的基站，避免了数据暴露给第三方的危险。它的缺点是部署的成本高、效率低。现

有的 LoRaWAN 的基站都是自行搭建的私有基站。

6. 非技术特性

（1）协议开放性　在协议开放性方面，NB-IoT 是闭源的，而 LoRaWAN 是开源的。因此，LoRaWAN 比 NB-IoT 更受到研究界的喜爱，与 LoRaWAN 相关的论文频繁出现在计算机网络领域的顶级会议上。在网络领域顶级会议（ACM SIGCOMM 2018）上，PloRal 实现了基于 Backscatter 的低功耗 LoRa 通信技术，在 ACM SIGCOMM 2017 上，Chior 提出了 LoRa 信号传输发生冲突时如何分别恢复冲突的信号的技术。

（2）低成本特性　在低成本特性方面，NB-IoT 在产业链上尽量前向兼容、复用已有技术与设施。与 LoRaWAN 相比，NB-IoT 不用重新建网，射频和天线基本上都是复用的。同时，NB-IoT 将 LTE 的全双工收发器裁剪为半双工收发器，收发器的器件从 LTE 的两套减少到一套。LoRaWAN 主要通过技术的开源来吸引企业的合作，利用企业的资金打开 LoRaWAN 的产业链。

7.3　窄带物联网（NB-IoT）

7.3.1　NB-IoT 技术概述

随着智慧城市、大数据时代的来临，无线通信将实现万物互联。为了满足不同物联网业务需求，根据物联网业务特征和移动通信网络特点，第三代合作伙伴计划（3rd Generation Partnership Project，3GPP）标准组织从 2015 年启动了窄带物联网（Narrow Band Internet of Things，NB-IoT）的研究和标准化工作，并于 2016 年 5 月完成了其核心标准制定和使用授权频段，以适应蓬勃发展的物联网业务需求。

NB-IoT 属于一种 LPWAN 技术，是大约只消耗 180kHz 带宽的一种蜂窝网络，具备低成本、强覆盖、低功耗和大连接 4 个关键特点。它是主要面向智能抄表、智能交通、工厂设备远程测控、智能农业、远程环境监测和智能家居等应用领域的新一代物联网通信体系，其应用领域的数据通信具有以文本信息为主、流量不高和功耗敏感等特征。从 2016 年首个 NB-IoT 标准发布以来，NB-IoT 产业发展极为迅速。NB-IoT 将成为 5G 物联网的主流技术。

NB-IoT 主要支持以下 3 种操作模式：

1）Stand-alone（见图 7-4），即利用目前 GERAN 系统占用的频谱，替代目前的一个或多个 GSM 载波。

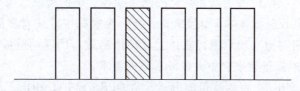

图 7-4　Stand-alone 操作模式

2）Guard-band（见图 7-5），即利用目前 LTE 载波保护带上没有使用的资源块。

3）In-band（见图 7-6），即利用 LTE 载波内的资源块。

NB-IoT 系统要满足以下需求：

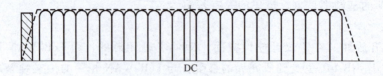

图 7-5　Guard-band 操作模式

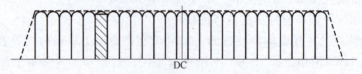

图 7-6　In-band 操作模式

1）下行和上行链路终端射频带宽都是 180kHz。

2）下行链路是 OFDMA 方式，对于 3 种操作模式都是 15kHz 的子载波间隔。

3）对于上行链路：支持 Single-tone 和 Multi-tone 传输。

4）对于 Single-tone 传输，网络可配置子载波间隔为 3.75kHz 或是 15kHz。

5）Multi-tone 传输采用基于 15kHz 子载波间隔的 SC-FDMA。

6）UE 需要指示对 Single-tone 和 Miulti-tone 传输的支持能力。

7）NB-IoT 终端只要求支持半双工操作，在 Rel-13 阶段不需要支持 TDD，但要求保证对 TDD 前向兼容的能力。

8）对不同的操作模式只支持一套同步信号，包括与 LTE 信号重叠的处理。

9）针对 NB-IoT 物理层方案，基于当前 LTE 的 MAC、RLC、PDCP 和 RRC 过程优化。

10）优先考虑支持 Bands 1、3、5、8、12、13、17、19、20、26、28。

11）S1 Interface to CN 以及相关无线协议的优化。

7.3.2　NB-IoT 的技术特征

NB-IoT 构建于蜂窝网络，只消耗大约 180kHz 的带宽，可直接部署于 GSM 网络、UMTS 网络或 LTE 网络，以降低部署成本、实现平滑升级。NB-IoT 的主要技术特征体现在以下 6 个方面：

（1）大连接　在同一基站的情况下，NB-IoT 基站的单扇区可支持超过 5 万个 UE 与核心网的连接，比 2G、3G 和 4G 移动网络有 50～100 倍的用户容量提升，同时支持低延时敏感度、超低的设备成本、低设备功耗和优化的网络架构。举例来说，由于带宽的限制，运营商给家庭中每个路由器仅开放 8～16 个接入口，而一个家庭中往往有多部手机、便携式计算机、平板计算机，未来要想实现全屋智能、上百种传感设备的联网就成了一个棘手的难题。NB-IoT 足以轻松满足未来智慧家庭中大量设备联网需求。

（2）广/深覆盖　NB-IoT 室内覆盖能力强，与 GPRS 或 LTE 相比，最大链路预算提升了 20 dB 增益，相当于提升了 100 倍覆盖区域能力。不仅可以满足农村这样的广覆盖需求，对于厂区、地下车库、井盖、地下管线这类普通无线信号难以到达却对深度覆盖有要求的应用同样适用。以井盖监测为例，过去 GPRS 的方式需要伸出一根天线，车辆来往极易损坏，而 NB-IoT 只要部署得当，就可以很好地解决这一难题。

（3）低功耗 对于一些不能经常更换电池的设备和场合，如安置于高山、荒野及偏远地区中的各类传感监测设备，它们无法实现频繁充电，更换电池也是一个不小的挑战，故长达几年的电池使用寿命是最本质的需求。NB-IoT聚焦小数据量、小速率应用，因此NB-IoT设备功耗可以做到非常小，设备续航时间可以从过去的几个月大幅提升到几年。NB-IoT借助PSM和eDRX可实现更长待机。其中PSM技术是Rel-12中新增的功能，在此模式下，终端仍旧注册在网，但信令不可达，从而使终端更长时间驻留在深度睡眠以达到省电的目的。相当于依靠减少不必要的命令、更长的寻呼周期及终端进入PSM状态实现省电的目的。

（4）低成本 与LoRa相比，NB-IoT不用重新建网，可直接部署于现有的LTE网络，射频和天线基本上都是复用的。低速率、低功耗、低宽带可以带来终端的低复杂度，便于终端做到低成本。以中国移动为例，900MHz里面有一个比较宽的频带，只需要清出来一部分2G的频段，就可以直接进行LTE和NB-IoT的同时部署。

（5）授权频谱 NB-IoT可直接部署于LTE网络，也可利用2G、3G的频谱重耕来部署，无论是数据安全和建网成本，还是产业链和网络覆盖，相对于非授权频谱都具有很强的优越性。

（6）安全性 NB-IoT继承4G网络安全的能力，支持双向鉴权和空口严格的加密机制，确保用户终端在发送和接收数据时的空口安全性。

NB-IoT的系统带宽为200kHz，传输带宽为180kHz，这种设计的优势主要体现在以下3个方面：

1）NB-IoT系统的传输带宽和LTE系统的一个物理资源块（Physical Resource Block，PRB）的载波带宽相同，都是180kHz，这使得NB-IoT系统能够与传统LTE系统很好地兼容。此外，窄带宽的设计为LTE系统的保护带（Guard-Band）部署带来了便利，对于运营商来说，易于实现与传统LTE网络设备的共站部署，有效降低了NB-IoT网络建设与运维的成本。

2）NB-IoT系统的系统带宽和GSM系统的载波带宽相同，都是200kHz，这使得NB-IoT系统可以在GSM系统的频谱中实现无缝部署，对运营商重耕2G网络频谱提供了先天的便利性。

3）NB-IoT将系统带宽收窄至200kHz，将有效降低NB-IoT用户终端射频芯片的复杂度。同时，更窄的带宽提供更低的数据吞吐量，NB-IoT用户终端芯片的数字基带部分的复杂度和规格也将大幅降低。这使得NB-IoT芯片可以实现比传统LTE系统更高的芯片集成度，进一步降低芯片成本及开发复杂度。

7.3.3 NB-IoT网络架构

1. 总体框架概述

NB-IoT的网络架构包括：NB-IoT终端、E-UTRAN基站（即eNodeB）、归属用户签约服务器（HSS）、移动性管理实体（MME）、服务网关（S-GW）和PDN网关（P-GW）。计费和策略控制功能（PCRF）在NB-IoT架构中并不是必要的。为了支持MTC、NB-IoT而引入的网元也不是必要的，包括：服务能力开放单元（SCEF）、第三方服务能力服务器（SCS）和第三方应用服务器（AS）。其中，SCEF也经常被称为能力开放平台。

和传统 4G 网络相比，在架构上，NB-IoT 网络主要增加了业务能力开放单元（SCEF）以支持控制面优化方案和非 IP 数据传输，并对应地引入了新的接口，如 MME 和 SCEF 之间的 T6 接口、HSS 和 SCEF 之间的 S6t 接口。

在实际网络部署时，为了减少物理网元的数量，可以将部分核心网网元（如 MME、S-GW、P-GW）合一部署，称之为 CIoT 服务网关节点（C-SGN），如图 7-7 所示。

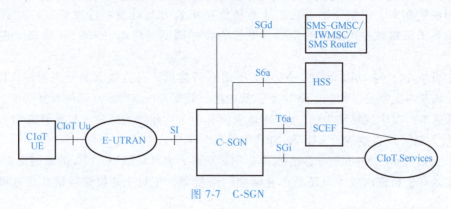

图 7-7　C-SGN

总体上看，C-SGN 的功能可以设计成 EPS 核心网功能的一个子集，必须支持的功能如下：

1）用于小数据传输的控制面 CIoT 优化功能。

2）用于小数据传输的用户面 CIoT 优化功能。

3）用于小数据传输的必要的安全控制流程。

4）对仅支持 NB-IoT 的 UE 实现不需要联合附着（Combined Attach）的短信 SMS 支持。

5）支持覆盖优化的寻呼增强。

6）在 SGi 接口实现隧道，支持经由 PGW 的非 IP 数据传输。

7）提供基于 T6 接口的 SCEF 连接，支持经由 SCEF 的非 IP 数据传输。

8）支持附着时不创建 PDN 连接。

对于 NB-IoT，SMS 短信服务是非常重要的业务。仅支持 NB-IoT 的终端，由于不支持联合附着（Combined Attach），所以不支持基于 CSFB 的短信机制。对仅支持 NB-IoT 的终端，NB-IoT 技术允许 NB-IoT 终端在 Attach 与 TAU 消息中和 MME 协商基于控制面优化传输方案的 SMS 短信支持，即按照控制面传输优化方案在 NAS 信令包中携带 SMS 短信数据包。

对于同时支持 NB-IoT 和联合附着的终端，可继续使用 CSFB 的短信机制来获取 SMS 服务。

对网络而言，如果网络不支持 CSFB 的 SGs 接口短信机制，或对仅支持 NB-IoT 的终端无法使用 CSFB 机制来实现 SMS 短信服务，则可考虑在 NB-IoT 网络中引入基于 MME 的短信机制（SMS in MME），即 MME 实现 SGd 接口，通过该接口、短信网关和短信路由器实现 SMS 的传输，该架构如图 7-8 所示。

2. 协议栈架构

在 NB-IoT 技术中，用户面优化方案对 LTE/EPC 协议栈没有修改或增强。

区别于传统 LTE/EPC 架构，支持控制面优化的方案对协议栈有比较大的修改和增强。控制面优化方案又包括：基于 SGi 的控制面优化方案和基于 T6 的控制面优化方案两种。

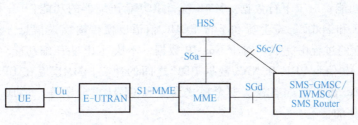

图 7-8 MME 实现 SGd 接口的 SMS 架构

这两种不同的控制面优化方案，其协议栈架构在 MME 到 PGW 或 MME 到 SCEF 间有所不同。

7.3.4 NB-IoT 关键过程

1. 附着

附着是 UE 进行业务前在网络中的注册过程，主要完成接入鉴权和加密、资源请求和注册更新以及默认承载建立等过程。附着流程完成后，网络记录 UE 的位置信息，相关节点为 UE 建立上下文。

与 LTE 的附着流程相比，NB-IoT 的附着流程主要有以下差异：

1) NB-IoT UE 可以支持不建立 PDN 连接的附着，即可以跳过在 MME 和 S-GW 与 P-GW 之间建立会话的信令流程。

2) 如果 NB-IoT UE 和网络同时支持控制面优化数据传输方案，那么当 UE 在附着过程中请求建立 PDN 连接时，网络侧可决定不建立无线数据承载，UE 和 MME 之间通过 NAS 消息来传输用户数据。

2. 去附着

去附着可以是显式去附着，也可以是隐式去附着。显式去附着是由网络或 UE 通过明确的信令方式来去附着 UE。隐式去附着指网络注销 UE，但不通过信令方式告知 UE。

去附着流程包括 UE 发起的过程和网络发起（MME/HSS 发起）的过程。如果 UE 存在激活的 PDN 连接，那么去附着流程与 R12 中去附着流程类似。如果 UE 不存在激活的 PDN 连接，那么去附着流程中不存在 MME-SGW-PGW 网元间的信令。

3. 跟踪区域更新

在传统 E-UTRAN 终端进行跟踪区更新过程的触发条件的基础上，NB-IoT UE 触发跟踪区更新的触发条件还包括 UE 中支持和偏好的网络行为（Preferred Network Behaviour）信息发生变化。

4. 控制面优化数据传输方案

控制面优化数据传输方案是针对发送频率低的小数据包传输进行优化设计，将 IP 数据包、Non-IP 数据包或 SMS 封装到 NAS 协议数据单元中传输，不用建立无线数据承载和 S1-U 承载。

控制面数据传输通过 RRC、S1-AP 协议的 NAS 消息以及 MME 和 S-GW 之间的 S11-U 用户面隧道来实现。对于 Non-IP 数据，也可以通过 MME 与 SCEF 之间的连接来实现。

对于 IP 数据，UE 和 MME 基于 IETFRFC4995 定义的 ROHC 框架协商 IP 头压缩功能的相关参数并执行 IP 头压缩。对于上行数据，UE 执行 ROHC 压缩器的功能，MME 执行 RO-

HC 解压缩器的功能；对于下行数据，MME 执行 ROHC 压缩器的功能，UE 执行 ROHC 解压缩器的功能。UE 和 MME 绑定上行和下行 ROHC 信道以便传输反馈信息。头压缩相关配置在 PDN 连接建立的过程中完成。对于 Non-IP 数据，不执行 IP 头压缩功能。

为了避免 NAS 信令 PDU 和 NAS 数据 PDU 之间的冲突，MME 应在 EPS 移动性管理和 EPS 会话管理 NAS 流程（如鉴权、安全模式命令和 GUTI 重分配等）完成之后，再发起下行 NAS 数据 PDU 的传输。

5. 用户面优化数据传输方案

用户面优化数据传输方案支持在用户面数据传输时不必使用业务请求流程来建立 eNodeB 与 UE 间的接入层（AS）上下文。

使用 NB-IoT 用户面优化数据传输方案的前提是 UE 需要在执行初始连接建立时在网络和 UE 侧建立 AS 承载和 AS 安全上下文，且通过连接挂起流程来挂起 RRC 连接。当 UE 处于空闲态（ECM-IDLE）时，任何 NAS 层触发的后续操作（包括 UE 尝试使用控制面方案传输数据）将促使 UE 尝试恢复连接流程。如果恢复连接流程失败，则 UE 发起待发的 NAS 流程。为了支持 UE 在不同 eNodeB 间移动时的用户面优化数据传输方案，在 eNodeB 间可以传递 AS 上下文信息。

为支持连接挂起流程，UE 在转换到空闲态时应存储 AS 信息；eNodeB 应存储该 UE 的 AS 信息、S1AP 关联信息和承载上下文；MME 存储进入空闲态下 UE 的 S1AP 关联和承载上下文。在该方案中，当 UE 转换到空闲态时，UE 和 eNodeB 应存储相关 AS 信息。

为支持连接恢复流程，UE 通过利用连接挂起流程中存储的 AS 信息来恢复到网络的连接；eNodeB（有可能是新的 eNodeB）将 UE 连接安全恢复的信息告知 MME，则 MME 进入到连接态（ECM-CONNECTED）。

当存储一个 UE 相关 S1AP 关联信息的 MME 从其他 UE 关联连接，或包含 MME 改变的 TAU 流程，或在 UE 重附着时收到 SGSN、上下文请求，或 UE 关机时，MME 及相关 eNodeB 应使用 S1 释放流程删除存储的 S1AP 关联。

6. 控制面优化和用户面优化数据传输共存

当用户采用控制面优化数据传输方案传输数据时，如有大数据包传输需求，则可由终端或者网络发起由控制面方案到用户面优化数据传输方案的转换，并在会话建立或 TAU 流程中为 S11-U 和 S1-U 分配不同的全量隧道端点标识（Fully Qualified Tunnel Endpoint Identifier，F-TEID），此处的用户面数据传输方案包括普通用户面方案和用户面优化数据传输方案。

空闲态用户通过 Service Request 流程发起控制面到用户面方案的转换，MME 收到终端的 Service Request 后，需删除和控制面方案相关的 S11-U 信息和 IP 头压缩信息，并为用户建立用户面通道。

连接态用户的控制面到用户面方案的转换可以由终端通过 Control Plane Service Request 流程发起，也可由 MME 直接发起。MME 收到终端的 Control Plane Service Request 消息时，或者检测到下行数据包超过一定阈值时，MME 将删除和控制面方案相关的 S11-U 信息和 IP 头压缩信息，并为用户建立用户面通道。

在控制面优化数据传输的会话建立或 S-CW 改变的 TAU 过程中，S-GW 返回给 MME 的 Create Session Response 中同时携带 S11-U 和 S1-U F-TEID，MME 保存 S1-UF-TEID 并在控制面转用户面优化时将保存的 S1-UF-TEID 发给 eNodeB，用于建立用户面通道。在 MME 改变的 TAU 过程中，旧的 MME 需将保存的 S1-UF-TEID 发给新的 MME，保证 TAU 后新的 MME 可以完成控制面优化数据传输至用户面优化数据传输的转换。

7. Non-IP 数据传输方案

在一些物联网应用中，终端发送数据报文字节较小（一般在 20～200B 之间），但 IP 数据报文头所占用字节数就有 20B 或 40B，这导致数据报文在传输过程中的有效字节数较低。在这种场景下，NB-IoT 终端可以采用 Non-IP Data Over NAS 进行数据传输，以减小传送数据包的大小，提高传输效率，节省终端电池的功耗。

Non-IP 数据传输包括终端发起（MO）的和终端接收（MT）的数据传输两部分。NB-IoT 为 Non-IP 数据传输新增了一种 PDN 类型 "Non-IP"。将 Non-IP 数据传输给 SCS/AS，可以有基于 SCEF 的 Non-IP 数据传输和基于 P-GW 的 Non-IP 数据传输两种方案。MME 根据 APN 对应的 Invoke SCEF Selection 参数决定是否采用 SCEF 方案。

8. 短消息方案

为丰富 NB-IoT 的数据业务能力，NB-IoT 终端还可通过短消息进行数据传输。NB-IoT 终端在请求短消息服务时，可以不用像传统的 LTE 终端一样发起联合的 EPS/IMSI 附着，只需附着到 EPS 网络，通过 MME 与 MSC 的交互实现短消息数据传输业务，该方案降低了 NB-IoT 终端的复杂度。

9. NB-IoT R14 及后续演进的关键技术

NB-IoT 技术以面向下一代网络为演进方向，结合现有网络的应用需求和当前标准版本的不足，主要考虑如下几个方面。

（1）NB-IoT R14 演进　该演进进一步增强了单用户速率，上行达到 150kbit/s 左右，下行达到 120kbit/s 左右，增强了定位功能，支持基于 OTDOA（观察到达时间差）的定位技术，定位准确度可达 50m，减少终端对 GPS 的依赖，进一步降低成本及功耗，增强多播功能，便于统一高效地进行软件更新等。

（2）支持 NB-IoT 和各 RAT 间的互操作　NB-IoT 和各 RAT 间的互操作存在多种应用场景，如在移动物联网部署初期，部分地区的无线信号覆盖可能不及大网，此时物联网终端为保证业务的连续性，需要切换至大网，当大网用户进入地下车库、井底等这种大网信号无法覆盖的地区时，需要发送短消息或数据，此外还有 NB-IoT 用户希望使用语音功能等。

此时核心网可通过为 NB-IoT 规划独立的 TAI 的方式支持实现各 RAT 和 NB-IoT 间的空闲态 TAU，同时可以在 HSS 中签约选择对当前承载的处理方式（维持或去激活）。

（3）拥塞控制优化　同类移动物联网业务的话务模型非常相似甚至相同，如抄表类业务，可能在某一时刻数据出现井喷式的增长，从而引起网络拥塞，现有的基于 PLMN 和 APN 的拥塞控制方式对这种拥塞无法控制。物联网用户多是采用控制面优化数据传输方案，所以一旦发生拥塞，不仅会影响数据的传输，还有可能危及信令的传输。

针对以上情况，在用控制面优化数据传输方案时，网络侧引入退避计时器（Back-off Timer），MME 随机生成一个退避值，在 NAS 消息中发送 UE，UE 收到后在该计时器生效期间不会发送业务数据，也可由 MME 判断在需要进行拥塞控制时，MME 在 Overload Start 消息中增加对 NB-IoT 的控制面数据控制的参数，指示 eNodeB 对 UE 此类数据进行拥塞控制。

10. 覆盖增强优化

移动物联网的覆盖增强技术是实现广覆盖的重要手段之一，但是会占用大量的无线和网络资源，因此，可以通过在核心网控制用户是否使用该功能来降低资源的开销。

覆盖增强技术方案包括以下两种：

1）在 HSS 中增加用户能否使用覆盖增强功能的签约（Enhanced Coverage Allowed 参数），并下发给 MME，由 MME 在 Attach/TAU Accept 消息或寻呼消息中将该参数传递给 UE。

2）MME 根据从 HSS 获得的 UE 覆盖增强的相关信息判断该用户是否允许使用覆盖增强功能，并将结果下发给 eNodeB，由 eNodeB 在 RRC 消息中带给 UE。

7.3.5　NB-IoT 的主要应用

1. 智能路灯

传统城市照明存在一系列问题：首先是存在无远程实时控制、无单点集中式管理和无数据监测管理的系统缺陷；其次是存在无法实时操控、巡检人员繁忙、巡检周期长和数据采集分析困难的管理缺陷；最后是存在能源浪费、故障无预警、设备易被盗窃及其他安全隐患。

基于 NB-IoT 的智能路灯解决方案，在每个照明节点上安装一个集成了 NB-IoT 模组的单灯控制器，单灯控制器再经运营商的网络，与路灯控制平台实现双向通信，路灯控制平台直接对每个灯进行控制，包括开关灯控制、调节明暗等操作。与传统"两跳"方案不同，基于 NB-IoT 技术的解决方案不需要网关，每个 NB-IoT 路灯控制器直接接入运营商的 NB-IoT 网络，即可与控制平台通信。

下面以一个典型方案为例：该智能路灯系统主要由单灯控制器、NB-IoT 网络和路灯控制平台组成。每个灯杆中都安装一个集成了 NB-IoT 模组的路灯控制器，主要包括监测模块、控制模块和通信模块。路灯每天在特定时间（如下午 6 时）上电，触发 NB-IoT 模组和 NB-IoT 网络建立连接，随后按周期（如 15min）上报路灯的电流、电压等信息，同时监听来自控制平台的指令（如调光），并触发控制模块对路灯进行操作。

智能路灯系统主要特点如下：

1）实现城市照明设备的自我管理。通过城市智能照明节电设备和单灯智能节电设备的应用，实现对城市照明能源的有效控制管理。每一盏灯具都是一个智能节点，可以按照需求进行自动监测、远程控制和实时报警等自我管理。管理人员可根据实际需要任意组合路灯的工作状态，如隔几亮几、一侧关闭、一侧开启、辅车道关闭、主车道开启和脉冲式开启等，最终实现"按需照明"的理想状态。

2）智能路灯系统以 GIS 为基础，建立、完善静态的城市照明设施图形数据和属性信息，实现一图多层，显示单灯、电源、灯杆和节电设备等的详细信息，操作人员可以在屏幕上实现图形的缩放、平移、导航及各种监视、操作、修改和定义功能，同时通过与动态实时数据的完美结合，为决策提供重要的依据。

3）自动巡检功能可以对终端周期巡检，也可以随时手动巡检和选择任意终端进行巡检，包括电压、电流、开关状态和故障信息等。当监控终端主动报警或调度端在巡测时发现有异常数据时，自动发出语音报警、自动存盘并在地图上显示相应的位置和故障类型，可通过设定的手机号码或手机 App 向有关人员报警。

4）智能路灯系统将实现大数据分析功能，系统对实时监控数据、设施部件数据、维修事件数据、业务数据、基础地形数据和多媒体数据等大量数据进行处理分析，得出最优的照明方案，实现按需照明，同时结合历史数据的分析，做出预测和预警，保证路灯照明设备随时处于最佳工作状态。当出现紧急情况时，系统会根据故障位置、人员位置等信息给出最优的处置建议，供管理和决策者参考。

2. 智能烟雾探测器

采用 NB-IoT 技术的智能烟雾探测器产品具有功耗低、连接数量大和网络覆盖广等特点。它第一解决了传统独立式烟雾探测器无法联网的问题；第二，解决了传统无线联网方式在通信距离、中继、网关路由器以及功耗上的痛点和瓶颈；第三，烟雾探测器产品在连接网络后会对传统的通信网络（如 GSM）造成较大的压力，而 NB-IoT 的海量连接能力可以解决该接入问题。

可以建立用于烟雾探测器系统的"云-管-端"系统部署方案。通过"云-管-端"系统部署方案，可以在烟雾探测器系统每一层建立标准和灵活的模块化组合，快速地部署、更换和配置。具体地，通过云服务提供从端到管的统一、高效便捷的技术保障。由云管理平台对计算资源、存储资源、网络资源、数据库、文件存储、统一认证、通信协议和位置服务等进行统一调度分配；"管"是指基于运营商的网络，为云和端的数据链路提供安全可靠的数据传输管道，是监控险情的数据传输的途径；"端"是烟雾探测器上的采集和上报终端，包括火灾报警传感器和 NB-IoT 通信技术的智能监测终端。

3. 智能消防栓

NB-IoT 具有分布范围广、数量规模大、无电源供电、非连续数据和使用周期长等特点，非常适合智能消防栓的应用场景。当有人拧开加装了报警装置的消防栓盖盗水或消防栓漏水时，设备中的倾斜开关发生位置偏离并导通，触发报警装置，将报警信息通过 NB-IoT 传输到监控中心，实现及时报警，上传包括压力监测、撞倒、开盖、破坏和出水等各种异常报告，降低了消防栓的管理和维护成本。

同时，通过监控消防栓可以减少水务公司人员现场巡视管理成本，辅助决策城市消防栓的合理布局，在有火情发生时快速定位消防栓，通过消防栓水压远程监测可以提升消防队的成功率，避免了因消防栓不可用而造成的生命财产损失。

利用 NB-IoT 技术特性和优势可以很好地将消防栓进行智慧物联，其集中优势体现在以下几个方面：

1）降低原有连接的成本。

2）大大提高连接的数量和稳定性。

3）有效降低了安装运维成本。

4）解决了消防栓状态数据上报和管理的需求。

5）为城市消防安全管理提供感知末梢，作为大数据和人工智能的核心基础。

6）低功耗，可以工作 5~6 年。

系统设计时应考虑到消防部门和水务部门的不同管理和使用需求，可将设备采集的数据和发出的报警信息根据需求进行智能分发推送，同时可以共享一个业务平台。这样可以避免重复建设产生不必要的浪费。

4. 智能停车

与两跳技术相比，采用 NB-IoT 技术的车辆检测器终端直接将信息上报给运营商的无线网络，整体方案不再需要汇聚网关，大大节省了设备的采购成本、安装成本及后期维护成本。据估算，基于 NB-IoT 无线接入技术的智能停车通信解决方案相对于传统方案节省的综

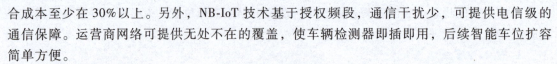

合成本至少在 30%以上。另外，NB-IoT 技术基于授权频段，通信干扰少，可提供电信级的通信保障。运营商网络可提供无处不在的覆盖，使车辆检测器即插即用，后续智能车位扩容简单方便。

更重要的是，NB-IoT 作为未来物联网的主流技术，其产业链生态将会越来越完善，可以提供一套标准化的无线接入体系，使不同厂家不同型号的车辆检测器终端通过统一的无线接入方式把数据上传到平台，兼容性大大提高。未来，智能停车方案中的停车诱导屏、充电桩、车位锁和出入口道闸等各类终端都可以通过 NB-IoT 技术实现平台接入，并形成以 NB-IoT 为主要物联网连接技术的城市级智能停车整体解决方案。

NB-IoT 智能停车通信解决方案按照云平台、管道和终端的系统架构建设，包括终端、NB-IoT 网络、IoT 平台和业务平台 4 部分。与现有停车方案不同，NB-IoT 智能停车通信解决方案不包括网关，终端以无线方式直接将状态信息传递给 NB-IoT 网络，并最终送达 IoT 平台。IoT 平台针对终端状态变化进行集中处理，并向业务平台提供服务接口。

5. 智能水表

水表是供水行业流量测量中使用最广泛和最重要的仪表之一。水表的使用量大面广，既关系到千家万户的切身利益，也是各企业节约和控制用水、降低生产成本的重要手段。

智能水表是一种利用现代微电子技术、现代传感技术和通信技术等对用水量进行计量并进行用水数据传递及结算交易的新型水表。传统机械水表一般只具有流量采集和机械指针显示用水量的功能，智能水表与之相比有很大进步。

作为物联网专用网络，NB-IoT 用于智能水表的优势如下：

（1）广深覆盖　在相同的频段下，NB-IoT 网络比现有的其他网络增益高 20dB。不仅可以满足农村这样的广覆盖需求，对于管道井、楼道内、室内或地下、厂区等对深度覆盖有要求的场景同样适用。

（2）超低功耗　水表主要安装在管道井、楼道内、室内或地下，外接电源不方便，一般采用电池供电的方式。因此，对功耗要求非常苛刻，目前终端很难满足，而 NB-IoT 的低功耗优势可以满足智能水表对功耗的要求。

智能水表的无线通信选择 NB-IoT 网络，电源采用电池，不需要市电，根据行业标准的要求，电池的使用寿命要大于 6 年，因此整个产品的设计要求充分考虑耗电量问题。电池选择锂离子电池，通过选择低功耗器件，设定精密的微功耗工作方式来确保电池的使用寿命。通过采用双传感器、软件纠错、抗干扰技术、加密技术来保障数据采集、存储和传输的准确度。

6. 综合交通信息服务平台

综合交通信息服务平台将传感器、RFID 电子标签、无线通信、数据处理、网络通信、自动控制、视频检测、位置服务和信息发布等技术运用于整个交通运输管理体系中，从而建立起实时的、准确的和高效的交通运输综合管理和控制系统。

综合交通信息服务平台通过整合交通管理各业务系统，以及静态交通数据和动态交通数据，并深入挖掘各种交通数据在交通管理决策中的应用，拓展了交通指挥调度和事故应急处理的系统功能，提高了交通指挥协调能力和交通智能诱导能力，提升了交通管理水平。

综合交通信息服务平台通过监控、监测和交通流量分布优化等技术，完善了公安、城管和公路等监控体系，建立了以交通诱导、应急指挥、智能出行、出租车和公交车管理等系统为重点的、统一的智能化城市交通综合管理和服务系统，实现了交通信息的充分共享、公路交通状况的实时监控和动态管理，全面提升了监控力度和智能化管理水平，确保交通运输安全和畅通。

7. 共享单车

共享单车用于满足人们便捷出行，分布范围很广。因此需要广域网通信技术的支撑。NB-IoT 由运营商承建网络和运营，具有广覆盖、低功耗、低成本和大连接等特点，得到了共享单车运营商的大规模启用。NB-IoT 网络具备广覆盖能力，即使在地下车库、地下室等普通无线网络信号难以到达的地方也容易覆盖到。NB-IoT 终端的功耗非常低，即使让设备一直在线，使用电池供电也可以运行多年。共享单车不用采用外部供电的方式，把从几个月就要更换电池的工作量延长至几年的周期。NB-IoT 基站具备大连接的特性，每个小区可支持 5 万个用户，比现有 2G、3G 和 4G 移动网络有 50~100 倍的用户容量提升，不用担心被踢网的可能。

随着 NB-IoT 技术的规模化使用，共享单车可以利用 NB-IoT 技术进行多种创新。

8. 可穿戴智能设备

可穿戴智能设备的电池分为以下两类：一类是传统纽扣电池，需定期更换，不可充电，成本较低，一些手环产品会采用，极低的功耗设计可以使其更换周期保持在半年到一年；另一类是可充电锂离子电池，需要外配充电线、充电座，成本较高，大多数可穿戴智能设备均采用这种电池，其充电周期虽不尽相同，但最长待机时间也仅为月余，并不理想。

可穿戴智能设备体积较小，受限于空间，智能手环电池电量为 $50~150mA \cdot h$（电池空间小于 $1cm \times 2cm$），智能手表为 $200~500mA \cdot h$（电池空间小于 $2cm \times 3cm$），这也是导致可穿戴智能设备待机时间短的根本原因。

可穿戴智能设备中应用最广泛的连接技术是低功耗蓝牙和 WiFi。低功耗蓝牙由于其低功耗的特性在可穿戴智能设备中大量使用，包括手环、手表等，但低功耗蓝牙连接的弊端为传输速率有限、传输距离短并且不能主动联网。WiFi 具备主动联网、距离远和传输速率快等优点，但由于功耗较高，对低功耗要求高的手环等产品则很少采用。

不管是低功耗蓝牙技术还是 WiFi 技术，都需要让可穿戴智能设备连接智能手机进行后台服务器通信。可穿戴智能设备若没电了，后台服务器存储的数据将中断。而大数据分析的前提是连续的、真实的数据，如果数据不完整，即使再完美的算法也无法计算出接近真实的场景。可穿戴智能设备采用 NB-IoT 技术后，不需要智能手机作为中转，可直接通过蜂窝网络和后台服务器通信，因为其非常低的功耗，可以在几年的使用期内都不需要充电，消费者也不需要时刻担心没电的情况，后台服务器数据还可以保持完整和连续性，为大数据分析和利用提供完美的数据基础。

7.4 LoRa-LPWAN 低功耗广域物联网系统解决方案

7.4.1 LoRa 技术发展

2015 年起，为了抢占 LPWAN 低功耗广域物联网市场先机，产业链相关厂商纷纷成立联盟。其中之一便是 Semtech 公司主导的 LoRa 技术。LoRa 联盟于 2015 年 3 月的世界移动通信大会上成立，联盟成员包括跨国电信运营商、设备制造商、系统集成商、传感器厂商、芯片厂商和创新创业企业等。LoRa 可应用于能源、汽车、物流、农业、商业和制造产业等诸多垂直行业，这些产业资源也是未来 LoRa 联盟发展的成员。随后，中国也成立了 LoRa 应用联盟（China LoRa Application Alliance，CLAA）。

作为全球首个低功耗广域领域的产业联盟，LoRa 联盟成员包括思科、IBM 等设备和咨询厂商，法国 Orange 电信（原法国电信）和布依格电信、韩国 SK 电信、瑞士电信和荷兰皇家电信等运营商，Semtech 等芯片厂商以及众多云服务和应用厂商也构成了基于 LoRa 技术的 LPWAN 的完整生态系统。在电信运营商的支持下，LoRa 也正成为搭建运营商级低功耗广域公网的核心技术之一。

LoRa 联盟推出了完全支持蜂窝物联网应用的 LoRaWAN（Long Range Wide Area Network）通信协议。该通信协议能够很好地处理节点漫游、基站容量管理和节点鉴权等蜂窝技术的要求，而且因为其使用非授权频谱的开放技术标准，全球大量的研发型公司可参与其中不断更新、修正和完善 LoRaWAN 通信协议，使得该通信协议有着自我修复不断进化的能力，进而逐渐展现出强大的生命力。LoRaWAN 支持模块生产商将模块接入第三方符合 LoRaWAN 标准的基站，进而提升了厂商之间合作的可能性，也让 LoRa 联盟的商业价值凸显。

7.4.2　LoRa 技术概述

1. 简介

2013 年 8 月，Semtech 公司发布了一款基于 Chirp 扩频调制（Chirp Spectrum Spread，CSS），用于超长距低功耗通信的芯片——LoRa（Long Range）。其中 Chirp 信号又称扫频信号，是频率随时间变化的信号。根据其频率随时间变化的情况，又分为线性 Chirp 信号和指数 Chirp 信号。凭借 CSS 方案具有的更优链路预算，它能在部分牺牲数据传输速率的基础上，达到更远的通信距离，并工作在小于 1GHz 非授权频段，LoRa 以其高达 −142dBm 的惊人灵敏度，相比 GPRS/LTE 实现了 20dB 的灵敏度提升，覆盖增强 100 倍。在此之前，为了实现长距离通信，许多商用无线通信系统的物理层采用频移键控（FSK）调制，而抗干扰性更强的 Chirp 线性调频技术的使用还局限在航空和军事通信领域。LoRa 第一次将 Chirp 线性调频技术用于扩频通信的商用应用，在延续 FSK 低功耗特性的基础上，进一步增大了通信距离。

不同于部署在授权频段的 NB-IoT，LoRa 主要工作在全球的非授权频段，如 433MHz、868MHz 和 915MHz 等。

2. LoRa 协议的主要特征

（1）工作在 ISM 免费频段　其中，美国采用 915 MHz 频段，没有占空比限制；欧洲采用 868MHz 频段，以及 1% 和 10% 的占空比限制；亚洲则采用 433MHz 频段。

（2）网络速率较低　LoRa 协议能够达到的典型通信速率为 0.3～22KB/s，欧洲为 0.3～50KB/s。

（3）通信距离长　LoRa 能够进行 3km 的长距离传输，整体上的传输距离可达 2～15km，市区内典型距离为 2～5km。

（4）安全性　LoRa 采用了 EU1128 设备密钥、EUI64 网络密钥以及 EUI64 应用密钥。

（5）调制方式　LoRa采用了线性调频扩频（Chirp Spread Spectrum，CSS），在使用前向纠错码的情况下可以解调出低于本底噪声平面19.5dB的信号。

（6）节点数高　节点数可达万级甚至百万级。

（7）低功耗　极高的接收灵敏度使得LoRa发送端仅需要100mW（20dBm）的发送功率，即可获得162dB的链路预算，而采用GFSK的发送端达到相同的链路预算，则需要158W（52dBm）的发射功率。此外，LoRa睡眠状态下的电流小于$2\mu A$，使得LoRa节点能在容量为$2000mA\cdot h$的电池供电情况下，最大保障10年的工作寿命。

（8）网络铺设所使用的频谱资源不用许可　与传统的移动网络不同的是，LoRaWAN属于混合网络，私人和公共网络均可使用。显然，LoRa意图提供一种技术，让公司根据自身的业务在全球范围内具有自己组成物联网的能力。

3. LoRa协议的工作方式

LoRa协议具有以下3种集中工作方式：

（1）双向终端设备（Bi-directional End-devices，Class A）模式　在这一模式中，节点只能在有数据上传时下载数据，这一模式可以减小大量能量开销。

（2）有接收时隙的双向终端设备（Bi-directional End-devices with Scheduled Receive Slots，Class B）模式　在这一模式中，节点可以在固定的时隙内下载数据。

（3）最大化接收时隙的终端设备（Bi-directional End-devices with Maximal Receive Slots，Class C）模式　在这一模式中，节点有几乎连续的接收时隙。

不难看出，3种模式的能量消耗由小到大，同时模式也由单一到灵活。在Class A模式中，设备只有在有数据上传的时候才能下载数据，能耗最低；而在Class C模式中，设备几乎可以在任意时刻下载数据，能耗最高。实际组网中，LoRa一般由若干从设备和一个主设备构成星形网络。

为了更好地理解LoRa协议的性能，表7-5通过典型的芯片对比展现了LoRa协议和ZigBee协议的基本特点。

表7-5　LoRa协议和ZigBee协议的对比

协议	ZigBee	LoRa
芯片	CC2420（TI）	SX127x（Semtech）
发射功率	0dBm（1mW）	20dBm（100mW）
传输距离	100~300m	最高3km
调制方式	DSSS	CSS
带宽	250KB/s	0.3~22KB/s
单个包长	128B	256B
MAC协议	无特定MAC协议，可实现ZigBee不同模式	LoRa WAN三种不同模式
接受敏感度	3dB高于噪声平面	19.5dB低于噪声平面

可以看到，LoRa芯片对传输距离、传输功耗和传输带宽都进行了相应的设计，与ZigBee协议相比，LoRa协议的通信距离更远，而通信带宽更小。通过减小带宽，LoRa协议提高了接收数据的灵敏度，使其达到噪声平面以下19.5dB。因此，LoRa芯片能够接收更加微弱的信号，从而达到更远的传输距离。

4. LoRa 的技术特点

LoRa 使用线性调频、扩频调制技术，既保持了与频移键控（Frequency-shift keying，FSK）调制相同的低功耗特性，又明显地增加了通信距离，同时提高了网络效率并消除了干扰，即不同扩频序列的终端即使使用相同的频率同时发送数据也不会相互干扰，在此基础上研发的集中器/网关（Concentrator/Gateway）能够并行接收并处理多个节点的数据，大大扩展了系统容量。

LoRa 作为一种无线技术，基于 Sub-GHz 的频段使其更易以较低功耗远距离通信，它可以使用电池供电或者其他能量收集的方式供电。较低的数据速率也延长了电池寿命并增加了网络的容量。LoRa 信号对建筑的穿透力也很强。LoRa 的这些技术特点更适合低成本大规模的物联网部署。

LoRa 网络主要由终端（内置 LoRa 模块）、网关（或称基站）、服务器和云 4 部分组成，应用数据可双向传输。

在城市里，一般无线传输距离在 1~2km，郊区或空旷地区的无线传输距离会更远些。网络部署拓扑布局可以根据具体应用和场景设计部署方案。LoRa 适合通信频次低、数据量不大的应用。按照 Semtech 官方的解释：一个 SX1301 有 8 个通道，使用 LoRaWAN 协议每天可以接受约 150 万数据包。如果应用每小时发送一个包，那么一个 SX1301 网关可以处理大约 62500 个终端设备。

LoRa 非常适合大规模部署，比如部署在智慧城市中的市政设施检测或者无线抄表等应用领域。LoRa 方案实施的成本比 NB-IoT 低，而且 LoRa 技术发展比 NB-IoT 早，产业链也相对成熟。

传输速率、工作频段和网络拓扑结构是影响传感网络特性的 3 个主要参数。传输速率的选择将影响电池寿命；工作频段的选择要综合考虑频段和系统的设计目标；在 FSK 系统中，网络拓扑结构的选择将影响传输距离和系统需要的节点数目。LoRa 融合了数字扩频、数字信号处理和前向纠错编码技术，性能较好。

前向纠错编码技术是给待传输数据序列中增加了一些冗余信息，这样，数据传输进程中注入的错误码元在接收端就会被及时纠正。这一技术减少了以往创建"自修复"数据包来重发的需求，且在解决由多径衰落引发的突发性误码中表现良好。一旦数据包分组建立起来且注入前向纠错编码以保障可靠性，这些数据包将被送到数字扩频调制器中。这一调制器将分组数据包中每一比特馈入一个"扩展器"中，并将每一比特时间划分为众多码片。

LoRa 调制解调器经配置后，可划分的范围为 64~4096 码片/比特，最高可使用 4096 码片/比特中的最高扩频因子。相对而言，ZigBee 能划分的范围为 10~12 码片/比特。通过使用高扩频因子，LoRa 技术可将小容量数据通过大范围的无线电频谱传输出去。扩频因子越高，越多数据可从噪声中提取出来。在一个运转良好的 GFSK 接收端，8dB 的最小信噪比（SNR）若要可靠地解调出信号，采用配置 AngelBlocks 的方式，LoRa 解调一个信号所需信噪比为−20dB，GFSK 方式与这一结果差距为 28dB，这相当于范围和距离扩大了很多。在户外环境下，6dB 的差距就可以实现 2 倍于原来的传输距离。

物联网采用 LoRa 技术，能够以低发射功率获得更广的传输范围和距离，而这种低功耗广域技术方向正是未来降低物联网建设成本，实现万物互联所必需的。

7.4.3 LoRaWAN 技术概述

1. LoRaWAN 组网结构

在 LoRa 组网中，所有终端会先连接网关，网关之间通过网络互联到网络服务器，在这种架构下，即使两个终端位于不同区域，连接不同的网关，也能互相传送数据，进一步扩展数据传输的范围。

目前大多数的网络采用网形拓扑，然而在这种网络拓扑下，往往通过节点作为中继传输，路由迂回，增加了整体网络的复杂性和耗电量。LoRa 采用星形拓扑，让所有节点直接连接到网关，网关再连接至网络服务器整合，若需要与其他终端节点沟通，也是经由网关传输。LoRaWAN 主要由终端、网关（或称基站）、服务器和云 4 部分组成，LoRaWAN 采用星形拓扑结构组网，终端中嵌入基于 LoRa 的芯片或模块，终端节点可以实现与 LoRa 网关的组网连接，LoRa 网关连接前端、终端和后端网络服务器，网关和网络服务器通过标准 IP 连接。

尽管终端节点必须指定位置安装，但网关安装选点灵活，可以在靠近有线网络或有电源的地方选点，不必担心网关的耗电问题。进而，终端节点可以将一些耗电较高的工作交给网关来处理，以提高终端的续航能力。

在 LoRaWAN 协议中，对于接入终端有新的命名，即 Mote/Node（节点）。节点一般与传感器连接，负责收集传感数据，然后通过 LoRa MAC 协议传输给网关（Gateway）。网关通过 WiFi 网络、移动通信网络或者以太网作为回传网络，将节点的数据传输给服务器（Server），完成数据从 LoRa 方式到无线/有线通信网络的转换，其中网关并不对数据进行处理，只是负责将数据打包封装，然后传输给服务器。LoRa 技术更像是一次物理层技术与互联网高层协议栈的大胆融合。LoRaWAN 物理层接入采取线性扩频、前向纠错编码技术等，通过扩频增益，提升了链路预算。而高层协议栈又颠覆了传统电信网络中控制与业务分离的设计思维，采取类似 TCP/IP 中控制消息承载在 Pay Header，而用户信息承载在 Pay Load 这样的方式层层封装传输。这样的好处是避免了移动通信网络中繁复的空口接入信令交互，但前提是节点设备应具备独立发起业务传输的能力，并不需要受到网络侧完全的调度控制，这在小数据业务流传输或不需要网络侧统一进行资源调度的大连接物联网应用中，未尝不是一种很新颖的去中心化（并不以网络调度为中心）尝试。

（1）组网特点　LoRaWAN 采用星形拓扑结构组网，与其他形态的组网方式相比有以下特点：

1）拓扑组网：LoRa 技术通信距离长、网络覆盖范围广。

2）跳数：单跳，终端节点与一个或多个网关进行双向通信。

3）延时：延时小，实时性可控。

4）功耗：终端节点收发后立即休眠，耗电低，电池使用寿命增加。

5）网络容量与扩容：增加网关即可增加网络容量并进行扩容。

6）可靠性高，可及时发现丢帧并重发。

7）复杂度低：无路由转发，网络结构简单。

（2）网关类型　根据应用场景的不同，LoRaWAN 可分为室内型网关和室外型网关；根据通信方式的不同可以分为全双工网关和半双工网关；根据支持 LoRaWAN 协议的程度不同可以分为完全支持 LoRaWAN 协议网关和部分支持 LoRaWAN 协议网关。

（3）网关容量　LoRa 技术是 Semtch 公司的专利技术，网关产品采用 Semtch 公司提供的 SX1301 芯片进行开发。从理论上说，单个 LoRa 芯片在完全符合 LoRaWAN 协议规定的情况下，每天最多能接收 1500 万个数据包。如果某个应用发包频率为 1 包/h，单个网关能接入 62500 个终端节点。

LoRaWAN 的数据传输速率为 0.3~50kbit/s，为了最大化终端设备电池寿命和整个网络容量，LoRaWAN 的网络服务器通过一种速率自适应（ADR）方案来控制数据传输速率和每一终端设备的射频输出。离网关近的终端节点采用高速率传输，可以降低传输时间，提高带宽利用率，扩大网络容量。所以，当一个 LoRaWAN 需要增加网络容量时，仅需要增加网关即可。

（4）一网络多网关　LoRaWAN 一个终端节点发送的数据包通常可以被多个网关接收，再被转发给服务器，服务器可以选择最佳信号的网关进行回复并调整 ADR。

2. LoRaWAN 特征

（1）长距离　链路预算是衡量通信技术传输范围的重要定量指标，可简化表示为接收灵敏度与发射功率的加和。LoRa 的 CSS 方案能达到 -142dBm 的接收端灵敏度，在最大发送功率为 20dBm 的情况下，LoRa 能有 162dB 的链路预算。相同情况下 GPRS/GSM 的链路预算为 144dB。因此，在相同的发射功率下，LoRa 能有更高的链路预算，从而实现更远的通信距离。

（2）低功耗　极高的接收灵敏度使得 LoRa 发送端仅需要 100mW（20dBm）的发送功率，即可获得 162dB 的链路预算，而采用 GFSK 的发送端为了达到相同的链路预算，则需要 158W（52dBm）的发射功率。此外，LoRa 睡眠状态下的电流小于 $2\mu A$，使得 LoRa 节点能在容量为 2000mA·h 的电池供电情况下，最大保障 10 年的工作寿命。

（3）大连接　网关允许接入的终端设备的数量由网关提供的信道资源和单个终端占用的信道资源共同决定。采用参考 Semtech 标准设计的 SX1301 芯片的网关，提供了 8 个上行通信信道，能够同时接收 8 个终端发来的数据。同时 LoRa 的 CSS 调制采用的 6 个扩频因子之间相互正交，从而构成了 48 个虚拟信道，实现了容量的进一步提升。另外，终端需要的信道资源受占用信道的时间影响，LoRa 应用在低数据率、低频次的通信场景下，使得网关能接入更多的设备。动态自适应速率（ADR）机制的存在，能进一步优化数据传输的空中时间，避免某个终端设备没必要地过多占用信道，造成资源的浪费，从而增大可接入设备的数量，提升网络容量。

（4）低成本　LoRa 工作在公用频段，因此不需要支付高昂的频段使用费，同时也降低了高价基础设施的部署和使用开销。

3. LoRaWAN 终端等级

LoRa 支持双向传输，传输方式分为：Class A、Class B 和 Class C 3 种不同的等级。

Class A 最省电，终端设备平常会关闭数据传输功能，在终端上传输数据后，会短暂执行 2 次接收动作，然后再次关闭传输。这种方式虽然能够大幅度省电，但是无法及时从网络服务器上遥控或传送数据，会有较长的延迟。

Class B 耗电量较大，能够在设定的时间定期开启下载功能、接收数据，这样能降低传输延迟。

Class C 则会在上传数据以外的时间持续开启下载功能，虽然能够大幅降低延迟，但也会进一步耗电。

LoRa 终端等级差异及应用场景见表 7-6。

表 7-6 LoRa 终端等级差异及应用场景

等级	概述	下行时间	应用场景
A（Baseline）	采用 ALOHA 协议，按需上报数据，在每个上行后都会紧跟两个短暂的下行接收窗口，以实现双向传输，这种操作最省电	必须等待终端上报数据后才能对其下发数据	烟雾报警器、气体监测
B（Beacon）	除了具备 Class A 的随机接收窗口，还会在指定时间打开接收窗口，需要从网关接收时间同步的信号	在终端固定接收窗口对其下发数据，下发时延有所减少	阀控、水、气和电能表等
C（Continuous）	一直打开接收窗口，仅在发送时间短暂关闭，是 3 种设备中最费电的设备	可在任意时间对终端下发数据	路灯控制等

LoRaWAN 尽管传输距离不如 Sigfox，也能保证几千米范围的覆盖，且频带较宽，建设成本和难度不高，尤其适用于工业区内收集温度、水、气体和生产情况等各种数据。当然，如果与 NB-IoT 或 LTE-M 这样的成熟大网结合，大范围地将分布于各地的工业区连接起来，并且传送到云端进行数据分析，其意义将非同凡响。

7.4.4 LoRa-LPWAN 低功耗广域物联网应用方案

1. 烟雾报警系统

根据 LoRaWAN 的网络架构，可设计出基于 LoRa 技术的部署在社区的无线烟雾报警系统。系统的组成主要包括以下几个部分：

（1）终端 选取无线烟雾报警器作为终端节点，该终端主要由 LoRa 模块、MCU、电源和光电烟雾传感器组成。终端采用红外散射原理来探测烟雾，当烟雾达到预定阈值时，终端发送报警数据到 LoRa 网关，并发出报警提示音。终端可被部署在社区中需要检测烟雾的地方或存在火灾隐患的地方。

（2）LoRa 网关 LoRa 网关通过 LoRaWAN 协议接收前端设备的通信数据，在无线烟雾报警器和云平台之间中继数据传输。这里可以选取一个中型的室外网关，其覆盖半径可以达 1km，可以连接约 150 个无线烟雾报警器。

（3）云平台 云平台收集网关传来的数据信息，并将数据信息传送到后台进行处理，云平台可以提供历史事件数据记录、数据加密解密、数据包纠错和数据备份存储服务。云平台可以使用私有云或公有云，但需要通过一个中间件转变成符合 LoRaWAN 协议。

（4）报警中心平台 该平台可自动记录报警时间、报警单位信息和管理人员应急处理信息。

（5）App 手机客户端 App 手机客户端通过互联网接收云平台推送的信息，实现人机交互和对前端设备的管理。

通过云平台和 App 应用的处理，相关人员可以直观地对每个无线烟雾报警器进行远程监测和智能化管理，及时发现异常并进行火灾报警。

该方案终端耗电低，设备接收灵敏度高，可以实现大量终端节点的连接，且具有成本低、部署简单的优势。

2. LoRa 气体采集系统

在传统的室内畜牧业养殖中，清理室内的动物排泄物是保证室内空气质量的重要环节，如果排泄物得不到有效的清理，随着时间的推移不仅会滋生病菌，还会产生沼气，当沼气达到一定浓度时就有可能发生爆炸。因此在智慧畜牧系统中需要加入气体采集系统，从而保证室内空气质量。

LoRa 网络功能之一是能够实现远程的数据传输，通过 LoRa 节点将采集的数据通过星形网络汇总到远程服务器，并为数据分析和处理提供数据支持。

LoRa 的远程数据采集在森林植被监测、油田油井工作状态监测、环境数据采集、灾区地质变化监测和空气质量采集等领域有着广泛应用。采集类传感器在物联网应用场景中主要用于数据的定时上报。

1) LoRa 节点能够完成数据的采集和上报，并可根据设定的参数循环进行数据的上报更新。在实际的应用场景中，结合应用需求和节点的供电能耗，往往会设定一个比较适合的上报时间间隔，比如在畜牧养殖中对室内温度的监测可以每 15min 更新一次数据。传感器数据采集操作得越频繁，节点的耗电量就越大。如果在一个网络中，多个环境数据采集节点频繁地发送数据，会对网络的数据通信造成压力，严重时会造成网络阻塞、丢包等后果。因此节点定时上报需要注意两点，即定时上报的时间间隔和发送的数据量。

2) LoRa 节点可根据需求关闭传感器的数据上报，以节约能耗。例如，在农业大棚中同时采集 CO_2、温度、湿度、光强、土壤水分、土壤 pH 值等信息，在夜晚时可以关闭空气质量传感器的数据上报。

3) 能够远程设定数据的更新时间，这种功能通常用于物联网自动调节的应用场景。例如，当燃气浓度信息监测系统工作在自动模式时，如果燃气浓度超出阈值，那么系统将会命令换气系统进行换气操作。通过加快监测信息的更新可以让环境的变化信息更快地反映给管理者，以提供决策依据。

4) 节点接收到查询指令后会立刻响应并反馈实时数据，这种操作通常出现在人为场景中。例如，在智能畜牧系统中，当管理员需要实时了解室内的可燃气体浓度信息时，就需要发出数据更新指令以获取实时数据，如果这时数据采集节点不能及时响应数据采集操作，那么管理员就无法得到实时数据信息，这可能会对监测节点的调试操作造成影响，从而造成经济损失。所以在接收到查询指令后立即响应并反馈实时数据是采集类节点的必要功能。LoRa 气体采集系统是 LoRa 智慧畜牧系统中的一个子系统，主要用于对动物生长环境中的有害气体进行定时监测，以便对动物生长环境跟踪和追溯，为畜牧后期数据分析提供依据。LoRa 气体采集系统采用 LoRa 网络，通过部署空气质量传感器和 LoRa 节点，将采集到的数据通过智能网关发送到物联网云平台，最终通过智慧畜牧系统进行气体数据的采集和数据展现。

3. LoRa 在其他方面的应用

（1）智慧城市　在建筑中加入温湿度、安全、有害气体和水流监测等传感器并且定时将监测的信息上传，方便了管理者监管的同时更方便了用户。通常来说这些传感器的通信不需要特别频繁或者保证特别好的传输质量，便携式的家庭网关便可以满足需要，所以在该场景中 LoRa 是比较合适的选择。

如图 7-9 所示，利用 LoRa 实现智慧停车、智能井盖和路灯检测 3 种方式的综合应用。便于停车的管理，同时对城市中井盖和路灯的信息进行监控和预警，便于路灯的节能控制。

（2）智慧水务　智慧水务通过数采仪、无线网络、水质水压表等在线监测设备实时感知城市供排水系统的运行状态，并采用可视化的方式有机整合水务管理部门与供排水设施，形成"城市水务物联网"，并可将海量的水务信息进行及时分析与处理，并给出相应的处理结果，辅助决策建议，以更加精细和动态的方式管理水务系统的整个生产、管理和服务流程，从而达到"智慧"的状态。

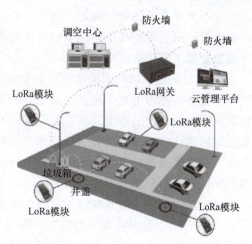

图 7-9　LoRa 在智慧城市中的应用

（3）智慧农业　对农业来说，低功耗低成本的传感器是迫切需要的。温湿度、二氧化碳、盐碱度等传感器的应用对于提高农业产量、减少水资源消耗等有重要的意义，这些传感器需要定期地上传数据。LoRa 十分适用于这样的场景。

（4）智慧油田　智慧油田利用各种在线的、实时测量的感知设备，诸如安装在油气井、管道和油气处理、加工与储运设备上的各种仪表等信息传感设备，按约定的协议连接到企业网或者互联网，进行信息交换和通信，以实现智能化识别、定位、跟踪、监控和管理。

（5）物流追踪　物流追踪或者定位市场的一个重要的需求就是终端的电池使用寿命。物流追踪可以作为混合型部署的实际案例。物流企业可以根据定位的需要在相应场所部网，可以是仓库或者运输车辆上，此时便携式的基站（LoRa 网关）便派上了用场，而 LPWAN 使用网关/集中器扩展系统容量，使基础设施容易建设和部署。

（6）智能医疗保健和健康安全　LoRa 技术以其低功耗、低成本和覆盖范围广的能力，适合关键的智能医疗保健应用，并可改善医疗保健和生计。

利用 LoRa 技术可实现阿尔茨海默氏症患者的跟踪。现在已有基于 LoRaWAN 的阿尔茨海默氏症患者佩戴设备，当患者离开指定的安全区时，这些设备有助于提醒护理人员，实现在缺乏监督的情况下确保最大的安全。

利用 LoRa 技术还可实现儿童可穿戴设备。基于 LoRa 的手环和智能手表现在可用于跟踪儿童的位置。

基于 LoRa 技术的设备也使滑雪更加容易。此类设备可以跟踪滑雪者的位置，并确保安全。

7.5　物联网技术应用场景之高层建筑消防监督管理

物联网技术在我国许多地区得到广泛应用，有效提高了这些地区的发展速度和效率，也为我国经济活动创造了有利条件。使用物联网技术，不仅可以收集信息，还可以通过智能技术对数据和信息进行分析和处理，这为消防控制和管理提供了坚实的基础。使用各种传感器，可以预测火灾发生的可能性，可以实时监测和掌握火灾情况，对情况进行科学准确的分析，进而做出有效的处理决策。利用物联网技术，不仅可以准确判断火灾风险，还可以有效降低火灾风险，对提高消防人员的工作效率、减少工作量也具有现实意义。物联网技术在消防监督管理工作中的应用如下：

（1）利用物联网技术提高火灾监督管理质量　在使用物联网进行火灾监测和控制时，物联网技术可用于为每个建筑物贴上各种电子标签，并将标签上的信息输入传感器。交互系统或火灾监控管理过程中的责任部门可以扫描电子标签，以识别相关建筑物的信息，并可以快速定位建筑物内的消防设备。另外，可以通过物联网触控系统展示各部门详细的消防检查记录，及时发现漏检问题。此外，物联网技术还可用于连接消防队与各个部门，将各个部门的火灾信息下载到物联网连接的消防部门，完成不同部门之间的通信。一旦发生火灾后，利用相关信息，可第一时间向建筑物内的人员提供有效的自救指导。

（2）利用物联网技术为消防安全提供关键信息　消防部门可以利用物联网技术为用户提供各种消防安全信息，为此，需要实时监控物联网，一旦发现问题，应立即解决。此外，消防队必须根据具体需求，主动加大物联网技术投入，以取得良好效果，并为消防员和管理人员提供关键数据和技术支持，让消防员和管理人员及时了解火灾情况，以便在最短的时间内控制火灾，有效减少伤亡与经济损失。

（3）利用物联网技术促进消防网络的渗透　物联网以互联网技术为基础。因此，互联网的发展对物联网的应用和发展有重大的影响。针对当前形势，各地消防部门建立了专门的消防网络，确保了资源和信息的广泛交互，有效提高了消防管理的整体效率。由于这样的社会环境，消防队和控制部门也应该积极利用物联网技术扩大存储空间，打造专门的云存储消防系统，并配合进行快速的数据处理和安装，云计算的基础是数据和信息同步并很好地协同工作，而加密处理也有效地促进了消防网络的集成。图 7-10 所示为物联网技术在消防中的应用。

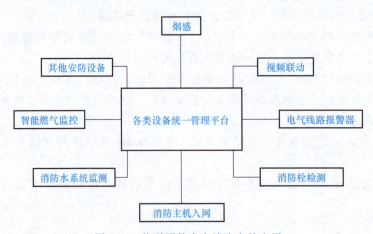

图 7-10　物联网技术在消防中的应用

（4）利用物联网技术积极实施消防设备管理　就目前的情况来看，消防和救援设备的设计各不相同，在参数、性能和工作方法上也存在较大差异。为了使该类消防设备在工作中更好地发挥积极作用，人员必须具备使用各种设备的技能，并充分了解所有设备的运行参数。此外，部分建筑管理人员对消防设备的日常管理和使用不规范、不合理，导致控制延迟、信息更新缓慢等问题。因此可以设计一个目标消防设备控制系统，利用物联网、网络共享、Web 服务和二维码等开源代码技术，搭建消防设备专用信息管理平台，可有效实现消防设备实时检查、实时沟通的目的，同时及时、快捷地解决存在的问题，从而有效加强对消防设备的管理。

（5）利用物联网技术实现智慧消防　在我国消防系统的建设和发展中，智慧消防是未来的主要目标和趋势，也是人们开始涉足的一个新的研究领域，其主要研究对象为人工智能技术、虚拟现实技术和无线网络技术。应用在火灾监控管理领域的目的是创建一个可靠、完整的消防管理系统，能够快速高效地发现和消除火灾隐患，为消防事业做出更好的贡献。事实上，物联网是一个新的技术环境，它包含了许多不同学科的技术，具有一定的复杂性。所以，其在消防监控管理中的应用，在很大程度上可以满足智能化技术的需求。对此，有关部门要积极利用物联网技术进行消防产品的设计开发、消防监控和测试，建立完整的信息资源数据库，增强物联网和物联网技术的科学性和影响。只有这样，才能为智能消防系统的开发和运行做出有效的贡献，为建筑的消防和管理服务提供有力的支持。图 7-11 所示为智慧消防云平台。

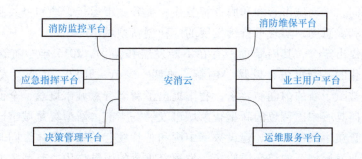

图 7-11　智慧消防云平台

如今，高层建筑的安全性能越来越受到重视，在施工的各个环节都需要加强安全管理，其中消防安全是重要的一环，高层建筑需要改进监控和消防管理。近年来，物联网技术的进步可以为消防监控和高层建筑管理做出更大的贡献，延长高层建筑的使用寿命，减少高层建筑火灾发生的可能性，可以更好地保障社会安全。

第8章

智 慧 城 市

8.1 智慧城市概述

当前，智慧城市建设已成为推动我国经济改革、产业升级和提升城市综合竞争力的重要驱动力。

智慧城市是运用信息通信技术，有效整合各类城市管理系统，实现城市各系统间信息资源共享和业务协同，推动城市管理和服务智慧化，提升城市运行管理和公共服务水平，提高城市居民幸福感和满意度，实现可持续发展的一种创新型城市。

智慧城市从提出至今，其内涵也一直在不断发展和深化。2015年，随着国家治理体系和治理能力现代化的不断推进，以及"创新、协调、绿色、开放、共享"发展理念的全面贯彻，城市发展被赋予新的内涵和要求，我国提出了新型智慧城市概念，全面推动了传统意义上的智慧城市向具有中国特色的新型智慧城市发展。当前，新型智慧城市已成为贯彻落实新发展理念、培育数字经济市场、建设数字中国和智慧社会的综合载体。同时，新型智慧城市也是技术和产业发展创新的综合试验场，发挥着重要的引擎作用。新型智慧城市建设已成为推动我国经济改革、产业升级、提升城市综合竞争力的重要驱动力。

新型智慧城市建设能为新型城镇化提速提质，激发经济发展内生动力，提升城市的综合承载能力，为加快形成双循环新发展格局提供强大支撑。新冠疫情加速了行业数字化转型，也带来了智慧城市规划及建设的深刻反思，让所有人意识到新型智慧城市建设在支撑城市健康高效运行和突发事件快速智能响应方面发挥的重要作用。2020年以来，国家发展和改革委员会先后出台了一系列政策，从城市治理、县城改造、城乡融合等角度为新时期智慧城市发展提出了新要求。国家发展改革委《关于加快开展县城城镇化补短板强弱项工作的通知》和《国家发展改革委办公厅关于加快落实新型城镇化建设补短板强弱项工作有序推进县城智慧化改造的通知》等政策文件为县城智慧城市建设指明了方向。

国家发展改革委《关于印发〈2022年新型城镇化和城乡融合发展重点任务〉的通知》明确提出：完善国土空间基础信息平台，构建全国国土空间规划"一张图"；探索建设"城市数据大脑"，加快构建市级大数据综合应用平台，打通城市数据感知、分析、决策、执行环节；推进市政公用设施及建筑等物联网应用、智能化改造，促进学校、医院、养老院、图书馆等资源数字化；推进政务服务智慧化，提供商事登记、办税缴费、证照证明、行政许可等线上办事便利。"

《中华人民共和国国民经济和社会发展第十四个五年规划和2035年远景目标纲要》第

五篇中明确指出：适应数字技术全面融入社会交往和日常生活新趋势，促进公共服务和社会运行方式创新，构筑全民畅享的数字生活；以数字化助推城乡发展和治理模式创新，全面提高运行效率和宜居度；分级分类推进新型智慧城市建设，将物联网感知设施、通信系统等纳入公共基础设施统一规划建设，推进市政公用设施、建筑等物联网应用和智能化改造；完善城市信息模型平台和运行管理服务平台，构建城市数据资源体系，推进城市数据大脑建设；探索建设数字孪生城市；推动购物消费、居家生活、旅游休闲、交通出行等各类场景数字化，打造智慧共享、和睦共治的新型数字生活；推进智慧社区建设，依托社区数字化平台和线下社区服务机构，建设便民惠民智慧服务圈，提供线上线下融合的社区生活服务、社区治理及公共服务、智能小区等服务；丰富数字生活体验，发展数字家庭；加强全民数字技能教育和培训，普及提升公民数字素养；加快信息无障碍建设，帮助老年人、残疾人等共享数字生活。

2021年12月，中央网信办印发《"十四五"国家信息化规划》，对我国"十四五"时期信息化发展作出部署安排。该规划提出，新型智慧城市分级分类有序推进，数字乡村建设稳步开展，城乡信息化协调发展水平显著提升；构筑共建共治共享的数字社会治理体系；推进新型智慧城市高质量发展；因地制宜推进智慧城市群一体化发展，围绕公共交通、快递物流、就诊就学、城市运行管理、生态环保、证照管理、市场监管、公共安全、应急管理等重点领域，推动一批智慧应用区域协同联动，促进区域信息化协调发展；推动粤港澳大湾区信息共享；稳步推进城市数据资源体系和数据大脑建设，打造互联、开放、赋能的智慧中枢，完善城市信息模型平台和运行管理服务平台，探索建设数字孪生城市；实施智能化市政基础设施建设和改造，有效提升城市运转和经济运行状态的泛在感知和智能决策能力。推行城市"一张图"数字化管理和"一网统管"模式；丰富数字生活体验，加快发展数字家庭；推进新型智慧城市与数字乡村统筹规划、同步实施，探索城乡联动、资源共享、精细高效的智慧治理新模式。

2022年1月，国务院印发《"十四五"数字经济发展规划》。该规划指出，统筹推动新型智慧城市和数字乡村建设，协同优化城乡公共服务；深化新型智慧城市建设，推动城市数据整合共享和业务协同，提升城市综合管理服务能力，完善城市信息模型平台和运行管理服务平台，因地制宜构建数字孪生城市；加强统筹谋划，高质量推动中国-东盟智慧城市合作、中国-中东欧数字经济合作；面向政务服务、智慧城市、智能制造、自动驾驶、语言智能等重点新兴领域，提供体系化的人工智能服务。

8.2 智慧城市发展现状

1. 国际现状

根据联合国《2019年世界人口前景》报告内容，世界人口从1950年的25亿增长到2019年的77亿，全球人口在2050年将达到97亿人，届时将有68.4%的世界人口生活在城市，全球城市化进程正以不可阻挡之势向前推进。在此背景下，城市发展面临着巨大压力，交通拥堵、环境恶化和资源浪费等诸多城市问题日益凸显。随着物联网、云计算、5G和人工智能等新一代信息技术在智慧城市领域的深入应用，城市的治理和管理更加精准和高效，智慧城市正在成为解决城市经济、社会和环境等问题的最佳方案。

2020年后，越来越多的国家开始意识到智慧城市建设的重要性，城市管理者可以借助先进的信息技术来应对危机。2020年经济合作与发展组织（OECD）发布的《城市政策响应》报告中强调，数字化应用在疫情应急防控中起到关键作用，这促使许多城市将疫情防控系统长久地纳入到了智慧城市应用场景中，用以监控和警惕公共卫生风险。同时，市政服务、医疗、办公和教育等模式的变革正在加速向数字化转型。

目前全球大多数国家和地区都在积极投身于智慧城市建设，且各地智慧城市的发展各具特色。新加坡的智慧城市建设注重服务公众；美国将智慧城市建设上升到国家战略高度，在基础设施、智能电网等方面进行重点投资与建设；日本发布超智能社会5.0政策，明确提出将日本打造为世界最适宜创新的国家，最大限度应用ICT；韩国作为全球第四大电子产品制造国和物联网国际标准制定主导国之一，通过智慧城市建设培育新产业；英国在利用数字技术和人工智能提升公共服务水平、培育数字产业优势和促进城市创新生态系统建设方面取得突出成绩；欧盟以"成为全球数字经济及创新应用的全球领导者"为目标，积极推进在全球数字经济中市场份额的占比。

（1）新加坡　新加坡由新加坡总理领导规划了新加坡数字化发展愿景，并设立专门政府部门负责推进"智慧国家"建设以及协调各机构工作。2006年，新加坡推出为期十年的"智能城市2015"信息化计划，目的是通过大力发展ICT产业，应用ICT，提高关键领域的竞争力，将新加坡建设成为由ICT驱动的智能城市。制定了智慧城市建设目标后，还会定期发布报告，让民众了解目标是否达成。经过近十年的努力，新加坡于2014年将该发展蓝图升级为"智慧国家2025"，希望通过ICT改善人们的生活，创造更多的机会。智慧国家计划是政府、行业组织与市民共同创造的以人为本的创新解决方案，这也是全球第一个智慧国家发展蓝图。

为了实现智慧国家计划，智慧国家和数字政府办公室进一步明确细分领域的建设目标，于2018年更新发布《智慧国家：前进之路》，其中新加坡智慧国家发展的总体框架核心内容由两大智慧国家基础（数字系统基础、国民与文化）、三大智慧国家支柱（数字经济、数字政府和数字社会）、六大智慧国家新方案（国家战略、交通、城市生活、电子政务、健康、创业与商业）组成。针对提及的三大智慧国家支柱，新加坡政府制定了《数字经济行动框架》、《数字政府蓝图》和《数字化储备蓝图》，为"智慧国2025"的落地实施提供支撑。2019年新加坡政府发布了《国家人工智能计划》，提出了新加坡未来人工智能发展愿景、方法、重点计划以及建立人工智能生态等内容，该战略将成为新加坡实现"智慧国"愿景的重要一步。

（2）美国　2015年9月，美国联邦政府发布了"白宫智慧城市行动倡议"，积极布局智能交通、电网和宽带等领域，宣布政府投入超过1.6亿美元进行研究，以推进智慧城市并推动超过25项以上的新技术合作，同时解决城市交通和能源问题。据统计，2018年美国智能城市技术投资达到220亿美元（全球800亿美元），并且投资金额在持续增长。在美国联邦政府机制下，各地方政府存在竞争，促使市级政府更愿意制定全面、详细的智慧城市战略。以纽约为例，为了保持在世界智慧城市前列的位置，在《纽约2050》战略中明确了集中推进互联网连接、传感器及其他城市技术，加大数字化基础设施的建设，提升网络安全意识，将纽约打造成为全球智慧城市网络安全的领导者。2020年，纽约市长宣布加速实施《纽约市互联网总体规划》，计划将于18个月内投资1.57亿美元。

2020年1月，美国网络安全和基础设施安全局发布《智慧城市系统信任（*Trust in Smart*

City Systems）报告》。根据该报告，美国有数百个智慧城市项目处于部署或开发阶段，这些项目的投资量和影响范围意味着美国公民将更加依赖智慧城市技术。但同时该报告中的数据显示，美国尽管进行了大量投资，但近1/3的智慧城市项目宣告失败，近80%的原型未能成功拓展以达到预期目标。此类项目失败除了导致的经济影响，还有可能在不经意间导致社区安全性、隐私和基础设施的风险。

（3）日本　日本从自身自然资源贫乏和自然灾害频发的国情出发，制定了相应的计划和政策来支持智慧城市的研究与建设。2009年，日本提出"i-Japan战略2015"，旨在将信息技术融入生产、生活的各个方面。2016年1月，日本政府发布《第五期科学技术基本计划》（简称"第五期计划"），首次提出"社会5.0"概念。该计划明确提出将日本打造为世界最适宜创新的国家，最大限度应用ICT，通过网络空间与物理空间（现实空间）的高度融合，给人带来富裕的"超智能社会"。"社会5.0"是将"狩猎社会"作为起点，相继经历"农耕社会""工业社会""信息社会"，到达第五阶段——"超智能社会"。日本"社会5.0"政策涉及范围全面宽广，计划实现的最终目标是立足于整体经济社会，形成一套互联互通、相辅相成、涵盖整个社会的综合性智能化体系。日本"社会5.0"以问题为导向，从当前面临的众多社会问题出发，通过新技术手段在生产、生活中的运用，达到经济发展与解决社会问题二者兼顾的目的，不仅要提升核心产业的竞争力，还要实现国民生活的智能化。日本"社会5.0"将运用物联网、机器人、人工智能和大数据等技术从衣、食、住、行各方面提升生活便捷性，提高灾害的防御和应对能力，培养高素质专业人才，解决少子高龄化、环境和能源问题等社会问题，最终在日本建设一个富裕且有活力的社会。

2017年，日本内阁发布《成为世界IT领先国家——促进公共和私营部门数据采用基本计划的声明》，其中重点强调了促进建设以数据利用为导向的ICT智慧城市。东京于2017年发布《都市营造的宏伟设计——东京2040》城市总体规划，推进"新东京"，实现"安全城市""多彩城市""智慧城市"3个愿景。《东京2040》提出要利用城市空间，结合不断发展的ICT，开放数据，搭建最尖端的信息平台，实现城市活动便利性和安全性的本质提升，创新信息化城市空间。

（4）韩国　作为国际电信联盟选定的智慧城市典范，韩国的智慧城市建设一直走在世界前列。根据OECD统计，韩国的政府数据开放程度排名全球第一。1999年韩国就已推出了"E-government"计划，2011年，韩国政府公布了"智慧首尔2015"，旨在进一步提升城市竞争力，提升城市居民幸福感。2016年，韩国政府成立首尔数字化基金会，以支撑首都基础设施的数字化建设，同年发布了《数字首尔2020计划》，指导城市在数字化城市、数字经济、市民体验以及全球引领等方面的工作。

2019年，韩国政府制定《第三次智慧城市综合规划（2019—2023）》，主要目标是在打通和完善数据与技术的基础层面上，推进更高质量的城市管理、服务和运营工作。韩国政府积极拥抱"第四次工业革命"，将区块链、人工智能和物联网等新一代信息技术，积极运用和推广到城市运行与治理服务中。韩国智慧城市倡议建设三种类型的国家试点项目，一是以釜山市和世宗市为代表的国家试点城市，旨在展示韩国智慧城市前沿技术的融合落地，打造具有示范作用的未来智慧城市；二是建立旨在验证研发能力的试点项目，以大邱市与始兴县为主，针对智能交通、预防犯罪和环境能源等领域探索韩国智慧城市模式；三是城市更新项目，以解决城市产业升级、旧城维护等问题。2019年7月，韩国政府发布了智慧城市海外扩张计划，鼓励智慧城市出口，全面强化外交合作，以此实现经济增长和城市发展的双重目标。面对后疫情时代带来的就业、房价和老龄化等种种城市问题，首尔于 2021 年 9 月正式发布了《首尔愿景 2030》，综合涵盖了今后市政发展的基本方向，是首尔的十年市政统筹规划，它确定了 2030 年四大未来目标，即共生城市、全球领先城市、放心城市和未来感性城市。其中未来感性城市提出要将首尔打造成为引领世界的可持续发展的智慧城市，重点工作包括：提升交通物流智能化水平、构建以市民为中心的智慧生态、实现大数据 AI 基础的智能型政府，保障城市可持续发展等。

（5）英国 英国在城市管理、规划方面一直具有极强的战略意识，积极应对潜在挑战。英国专门成立了未来城市技术创新中心，其职能是促进数字服务和智能技术在公共服务中的应用，并通过制定设计原则和统一的开放标准，促进跨部门、跨区域的共享合作。其首都伦敦于 2013 年发布《智慧伦敦规划》，目标是"通过数字技术的应用，促进系统的整合，加强系统之间的联系，使伦敦作为一个整体运作，为居民和游客提供更高效、高质的服务"。2018 年，伦敦发布第二个智慧城市规划《共建智慧城市——让伦敦向世界最智慧城市转型的发展蓝图》，该计划包括了 20 多项倡议，旨在推进下一代智能技术发展，促进城市公共服务数据共享。其核心内容包括优化智慧伦敦计划、利用城市数据和信息技术实现城市智能化以及提高城市的连接性、协同性和响应性。

（6）欧盟 欧盟是国际区域一体化的代表区域，整个欧洲已启动了超过 15 项针对数字化产业的国家计划，如德国的工业 4.0、法国的未来工业联盟、荷兰的智慧产业等。欧盟虽然具有较强经济实力，但欧洲数字经济仅占全球份额的 4%，与其经济实力并不匹配。随着价值链在欧洲的分布越来越广泛，只能通过在整个欧盟范围内的协调努力来解决内部协同发展的问题。2020 年 2 月，欧盟委员会先后发布了《塑造欧洲的数字未来》《人工智能白皮书》和《欧洲数据战略》3 份文件，从战略层面推进欧盟加快数字转型、提升数字化水平。

《塑造欧洲的数字未来》涵盖了从网络安全到关键基础设施、数字教育到技能的所有内容，该战略提出欧盟数字化变革的理念、战略和行动，希望建立以数字技术为动力的欧洲社会，使欧洲成为数字化转型的全球领导者。《人工智能白皮书》强调，利用欧盟在工业和专业市场的优势，加大投资以及构建卓越生态系统来提升和保障欧盟的话语权，进而将人工智能技术传播到全世界，实现其自身全球性的领导地位。与该白皮书同期发布的《欧洲数据战略》，旨在使欧洲成为世界上最有吸引力、最安全和最具活力的数据导向经济体，即使欧洲运用数据改善决策能力并提高全体居民的生活水平。与此同时，2021 年欧洲标准化委员会（CEN）和欧洲电工标准化委员会（CENELEC）发布"CEN-CENELEC 战略 2030"，明确将数字化作为战略变革的核心内容，将加速为物联网、人工智能、网络安全和量子技术等世界领先技术制定先进创新标准，进而提升欧洲经济优势。

2. 国内现状

智慧城市从概念提出到落地实践，历经多年的建设与发展，我国智慧城市建设数量也持续增长。截至 2019 年，已有 100% 的副省级以上城市和 95% 的地级以上城市，总计约 700 多个城市（含县级市）提出或在建智慧城市。从在建智慧城市的分布来看，我国已初步形成京津冀、长三角、粤港澳和中西部四大智慧城市群。新型智慧城市建设呈现"区域特色明显""地域差异化显著"等发展态势，北京、上海、广州、深圳和杭州等城市发展水平相对较高，为全国智慧城市建设提供了借鉴样本。根据 2017 年度和 2019 年度两次全国范围内的新型智慧城市评价工作，参评城市平均得分由 58.03 分上升至 68.16 分，涨幅达 17.46%，惠民服务、精准治理、生态宜居、信息资源和改革创新领域水平均有所提升。智慧城市作为一种新型城市发展形态和治理模式已被社会群体广泛认可和接受，建设新型智慧城市渐成风潮。

(1) 智慧城市建设更加注重以人民为中心　智慧城市建设从运营管理范畴向"以人为本"的建设理念转变。坚持以人民为中心，关注民众需求，强调民众在规划建设、管理、服务和治理等领域的重要参与作用。例如，广东、山东和贵州等省提供服务平台，供民众参与智慧城市建设相关的物联网设备选型、百姓随手拍管理、城市治理、功能定制和建言献策等决策。以民众关切为导向，聚焦智慧城市精准服务和精细管理，打造服务型政府，使智慧城市建设和市民感受紧密相连，让民众在智慧城市的发展过程中感受到实实在在的益处，形成自上而下的赋权与自下而上的积极行动的良性循环，打造有温度、可感可触的智慧城市。

(2) 新技术持续赋能智慧城市建设发展　以 5G、物联网、云计算、大数据、人工智能和区块链等为代表的信息技术与新型基础设施建设全面融合，可助推智慧城市高质量建设发展。截至 2022 年 2 月，我国已建成全球最大 5G 网络，累计已建成 5G 基站 150.6 万个，已有多个 5G 应用落地实践，涉及交通、教育、医疗、园区、社区和疫情防控等场景。国家层面已经设立江苏无锡、浙江杭州、福建福州、重庆南岸区和江西鹰潭 5 个物联网特色的新型工业化产业示范区，物联网感知设施统筹部署已经成为智慧城市建设的重要内容。上海、兰州、合肥和南京等多地建立了云计算中心，并部署面向人工智能的计算加速资源和边缘计算布局，提供先进的计算技术服务。广东、贵州、浙江、吉林、山东、重庆和广西等大部分省市均成立了政府数据管理机构，承担大数据发展、大数据存储与分析研究、数据资源统筹共享等职责，支撑新型智慧城市建设。江苏、广东、山东和陕西等省深入布局"区块链+智慧城市"项目，其中，数字公民、数字金融和电子证照等领域的建设成效明显。基于信息技术赋能的信息基础设施、融合基础设施，为智慧城市提供数字转型、智能升级、融合创新等服务的基础设施体系。

(3) 城市治理现代化是智慧城市建设的必然要求　城市治理体系和治理能力现代化是国家治理体系和治理能力现代化的重要内容，而智慧城市已成为推动城市治理体系和治理能力现代化的必由之路。通过运用数字技术推动城市管理手段、管理模式和管理理念创新，精准高效满足群众需求。通过新技术的应用，推动城市治理模式从政府单向管理向社会参与、市民共建转变；注重基层治理中的创新突破，强调从城市"末梢"如社区、乡村等多方面协同治理，推动资源、管理和服务向街道社区下沉。同时，我国城市治理体系的理念不仅局限于传统的基层治理、综合治理、治安防控和公共安全等方面，更强调了从人的需求角度出发，提升民生服务方面的治理水平。

(4) 智慧城市群区域一体化协同发展新格局逐步形成　智慧城市在顶层设计、建设重点、目标定位和实施路径等方面都发生了深刻变化，更加注重区域创新一体化协同发展。我国已初步形成京津冀、长三角、粤港澳和中西部四大智慧城市群，未来新型智慧城市的发展将向区域智慧城市群体系转变，强调区域层面智慧城市的顶层设计，实现区域城市间的信息融合共享、产业功能分工、协同机制建立、创新体系建立和战略规划定位，打造区域乃至全国统一的新型智慧城市建设框架。以区域城市群资源整合、数据共享和融合应用等为重点的智慧城市群一体化发展将成为新型智慧城市建设的重要方向。

（5）共建共治共享生态模式，助力智慧城市高质量发展　智慧城市建设是构建数字中国、智慧社会的重要内容，也是建设创新型国家的重要着力点。从创新合作角度看，智慧城市共建生态联盟或研究机构将依托政府、企业和科研院所多方力量应运而生，形成"政产学研用"融合发展的生态圈，面向惠民服务、精准治理、生态宜居、智能设施、信息资源、网络安全和改革创新等领域，重点聚焦智慧城市规划、建设、运营、服务和共享的共性问题和关键技术，支撑智慧城市全周期建设发展。从多元主体角度看，ICT 设备供应商、电信运营商、软件开发商、系统集成商、互联网企业和数据服务企业以专业技术优势构建产业协同生态，公众主体以多样化、多渠道互动平台参与社会治理。政府发挥引导作用，充分调动各主体的积极性和能动性，形成政府负责，社会协同，公众参与的社会治理机制，助推智慧城市高质量发展，让全民共享智慧城市建设成果。

8.3　智慧城市发展趋势

"智慧城市"不是一个纯技术的概念，它与"园林城市""生态城市"和"山水城市"一样，是对城市发展方向的一种描述，是信息技术和网络技术渗透到城市生活各个方面的具体体现。"智慧城市"意味着城市管理和运行体制的一次大变革，为认识物质城市打开了新的视野，并提供了全新的城市规划、建设和管理的调控手段，从而为城市可持续发展和调控管理提供了有力的工具。此外，"智慧城市"还将更好地体现出现代城市"信息集散地"的功能，这意味着城市功能全面实现信息化，更好地促进城市人居环境的改善和可持续发展，随着城市发展借助信息技术呈现新的动向，"智慧城市"发展轨迹日渐清晰。在这一背景下，涌现出了"智慧城市"相关的多种概念，需要人们从不同的角度去理解智慧城市，同时结合城市的历史与现实情况对智慧城市的内涵进行深入分析。

1. 中国智慧城市进入全面快速发展阶段

智慧城市是一项复杂的巨系统工程，通过充分融合物理设施、社会人文生态及数字空间，结合数据传输、智能分析等技术手段，实时感知、分析和协调城市运行动态，智能响应城市治理、生活和生产，实现城市的高效健康运行和可持续发展。我国作为智慧城市研究和实践推进的重点国家，经过十几年不懈的试点探索和统筹推进，逐渐掌握了建设高质、高效智慧城市的命脉。

（1）概念导入研究期（2008—2012）——理论研究、提高认识

2008 年"智慧城市"概念提出，拉开了智慧城市发展的序幕，全球各国开始逐步摸索智慧城市的建设，由于各国对于城市发展的关注层面不同，智慧城市的建设也各有侧重，如新加坡的智慧城市建设侧重于以人文生态为核心，而美国更加关注于新兴产业的发展。我国由于具有地域广、城市发展水平不均的特点，在智慧城市的摸索阶段，基本是"摸着石头过河"，各城市逐步开始使用各类技术解决城市单点问题，但对智慧城市的建设还没有形成系统性、整体性的认识。

（2）试点探索实践期（2012—2016）——试点推进、瓶颈凸显

2012 年 11 月，住建部印发《国家智慧城市试点暂行管理办法》和《国家智慧城市（区、镇）试点指标体系（试行）》，标志着我国的智慧城市建设进入试点探索实践期，鼓励在全国范围内积极进行智慧城市的试点工作。据统计，我国智慧城市的试点数量有将近

800 个，基本涵盖了国内的一、二线城市。在该阶段，各试点城市主要集中在各领域应用的智慧城市建设上，如增设智能感知设备，采集、处理和分析交通数据，指导城市交通等。

我国智慧城市的试点探索从实践的角度出发，为智慧城市的建设积累了各类经验，取得积极进展的同时，也充分暴露出了问题，2014 年 8 月，八部委印发《关于促进智慧城市健康发展的指导意见》认为：我国当前智慧城市的建设问题主要包括缺乏顶层设计和统筹规划、体制机制创新滞后等，且在某些地区思路不清，盲目建设。未来智慧城市的建设应制定科学的顶层设计，围绕基础设施、城市管理、公共服务、生活环境和网络安全 5 个目标。

（3）集成融合发展期（2016—2020）——资源融合、系统集成

2016 年 2 月，中共中央、国务院印发的《关于进一步加强城市规划建设管理工作的若干意见》认为：应清醒地看到城市规划的问题，要坚持规划先行和建管并重相结合，坚持统筹布局与分类指导相结合。智慧城市已经上升为国家战略，且在国家层面上强调要以统筹的思想看待整体的布局建设，以往"打补丁"建设的方式并不能在根本上解决城市问题，应着力推动信息共享、系统整合，打破数据孤岛。

为了推动智慧城市的高质量建设，2018 年 6 月，国家市场监督管理总局和国家标准化管理委员会发布了《智慧城市顶层设计指南》（GB/T 36333—2018）。它强调了以城市需求为导向，运用系统工程方法统筹协调城市各要素，开展智慧城市需求分析，对智慧城市建设目标、总体框架、建设内容和实施路径等方面进行整体性规划和设计。

该阶段的实践经验表明，应从总体层面上布局智慧城市的建设，变以往松散、单点的应用系统建设为统一、整体的城市智慧系统建设。我国经过摸索，已经逐渐掌握了智慧城市建设的核心，标准、体系也越发完善，整体建设质量也在逐步提升。

（4）全面推进上升期（2020 至今）——创新应用、全面赋能

智慧城市作为实现数字中国战略的重要手段之一，在历经概念导入研究期、试点探索实践期、集成融合发展期之后，迎来了全面推进上升的阶段。

在技术层面上，2020 年国家提出并部署了"新基建"项目，智慧城市的建设迎来了重大的发展机遇。新基建的最终目的主要是服务其他产业，为其他产业增光添彩，而智慧城市便是新基建最好的施展舞台，2020 年以来，伴随着新基建的不断深入，智慧城市的建设速度也在逐渐加快，随着人工智能、大数据和 5G 等相关技术与交通、城管、环保和金融等各领域的连接，有效实现了城市数字化、网格化和智能化发展，提升城市运营和管理的科学化、精细化水平。

大型城市的智慧化在过去的十几年里得到了有序地推进，为缩小地区之间的差异，提升我国的城镇化发展水平，2021 年 4 月，国家发展和改革委员会印发了《2021 年新型城镇化和城乡融合发展重点任务》，提出要提升城市建设与治理现代化水平，推进以县城为重要载体的城镇化建设，加快推进城乡融合发展。智慧城市的建设已经逐渐开始渗透到各个城市以及城市的各个方面，全面赋能城市向更好、更优的方向发展。

我国智慧城市在历经十几年的探索、实践后，逐步向科学、规范的建设方式转变，可以看到的是，未来的智慧城市的建设在政策推动、咨询引领和技术驱动下，一定能够爆发出无限的生机。

2. 中国智慧城市的核心驱动力

（1）智慧城市是城市化进程的必然选择   城市化是国家经济发展的客观要求和必然趋

势。近年来，城市化进程发展迅速，在提升人们的生活水平的同时，也给城市带来了前所未有的挑战，如社会矛盾激化、安全事故频发、资源大量消耗、城市交通拥堵、环境污染严重和政府办事困难等。

智慧城市无疑是应对城市化挑战的重要突破口，智慧城市通过深度融合新一代信息通信技术与城市经济社会发展，运用通信连接、数据和智能等技术手段，实现对城市实时动态的感知、分析和协调，并能对城市治理和公共服务等做出智能响应，从而让城市治理更加精细，实现城市健康运行和可持续发展。

1）智慧城市建设是解决"城市病"的重要手段。通过建设城市智慧交通、智慧应急、智慧城管、智慧环保、智慧医疗和智慧教育等各类应用，解决城市在交通、安全、医疗和教育等各方面的问题，优化城市的运行效率。通过对交通管理、交通运输和公众出行等交通领域的全方面以及交通建设管理的全过程进行监管，使城市得以解决交通拥堵、交通事故频发等问题。通过建立"统一指挥、专常兼备、反应灵敏、上下联动、平战结合"的应急管理体系，实现应急一体化联动，为城市应对重大风险和灾害提供更有效的解决方式。通过全面网络覆盖，实现智能化感知、识别、跟踪和监管，提升城市治理效率。通过建立以居民电子健康档案为核心的区域医疗信息共享平台，构建多层次的医疗服务体系，全面提高城市医疗服务。

2）智慧城市建设是提升人民生活幸福感和获得感的有力保障。智慧城市建设坚持以人民为中心，针对人民群众的需求，及时做出响应，为人民提供更加精准的服务，通过聚焦城市管理难点堵点，夯实城市数字底座，有效支撑城市运行管理效率效能的提升，不断增强人民群众的获得感、幸福感和安全感。

（2）智慧城市是数字中国建设的重要抓手　新一轮科技革命和产业变革席卷全国，数字化正以不可逆转的趋势广泛而深刻地改变着人类社会。智慧城市作为各类技术的集中效能发挥领域，是发展数字经济，实现数字中国战略的重要驱动力量。

1）整合城市数据，夯实数字中国建设基础。首先，智慧城市能够提升城市数据采集和流转效率，通过数据共建、共享和共用赋予城市全面感知的能力，实现城市数字化、智能化和智慧化，而数据也同样是实现数字中国战略的必不可少的财富；其次，通过充分应用大数据、物联网和云计算等新一代信息技术，为城市搭建集数据汇聚、分析和展示等服务于一体的空间信息云平台，面向各类对象提供空间信息服务，为数字中国建设夯实基础。

2）优化城市结构，支撑数字中国建设发展。通过信息技术深度创新应用，不断促进产业数字化和数字产业化转型，激发数字经济的活力，促进数字经济向衣食住行等各个领域渗透，拓展新兴业务市场，推动城市产业结构优化和品质提升，同时能够助推与催生新产业、新业态和新模式，促进城市经济健康发展，有效支撑数字中国的建设发展。

在国家新基建战略的引领下，科技型基础设施的建设将成为未来智慧城市的基础。当前我国已经走出了一条中国特色的科技发展道路，科技整体水平大幅提升，一些重要领域跻身世界先进行列，某些领域正由"跟跑者"向"并行者""领跑者"转变。5G、物联网、大数据、云计算、边缘计算、人工智能和区块链等科技领域取得了举世瞩目的成就，无可争议地表明中国科技事业的巨大进步。先进技术与城市治理业务结合，产生了大量的技术及业务创新，辅助实现数据高效流转、应用充分融合和智能感知决策等智慧城市建设目标。

1）5G。5G技术作为新型技术，逐渐渗透到未来社会的各个领域。在智慧城市的建设中，5G 技术结合物联网、边缘计算和人工智能等技术，赋能各行业应用，5G+传感设备、5G+AI 人脸识别门禁、5G+无人机、5G+巡逻机器人和 5G+照明灯杆等在智慧城市中都在逐渐得到应用实战。例如，在智慧交通领域，5G 和云计算等技术联合，实现车与车、车与路之间的实时信息交互，传输彼此的位置、速度和行驶路径，避免交通拥堵，还可以为城市交通规划者提供预测模型。

2）物联网。物联网技术在智慧城市建设中应用广泛，智能摄像头对人脸、车辆和异常行为（人群密集、消防通道占用和电动车上楼等）等进行识别报警，智能感知设备监测气象、环境、燃气泄漏、危化品泄漏和森林火灾等异常现象，都是物联网技术在智慧城市的智能应用。构建全域覆盖、三维立体的智能化感知体系是目前智慧城市的重要建设内容之一。如对燃气管网、供水管网、排水管网、热力管网、桥梁和综合管廊等进行城市生命线安全风险监测；对消防安全、交通安全、特种设备安全和人群密集场所安全等进行公共安全风险监测；对危险化学品、煤矿、非煤矿山、烟花爆竹和建筑施工等进行生产安全风险监测；对地震、地质、气象、水旱、海洋和森林草原火灾等自然灾害进行风险监测。

3）大数据。随着城市信息化建设的深入，城市各部门积累了海量数据，数据已成为一个城市重要的生产要素之一。城市大数据中心可作为智慧城市的"数据底座"，智慧城市的建设离不开对海量的数据资源进行汇聚、存储、融合与分析。统一汇聚存储城市各行业的多源异构数据，打破"信息孤岛"，实现城市信息拉通互通；整合融合原始数据，建立城市六大基础库（人口库、法人库、空间地理库、电子证照库、公共信用库、宏观经济库）以及行业主题库、业务专题库和知识库，释放数据价值，支撑行业应用建设；借助人工智能技术，建立监测预警、态势分析等算法模型，为城市治理提供决策建议，提升城市运营指挥能力。

4）云计算。云计算依托超大规模、虚拟化、高可靠和易扩展性等技术特点，可有效整合城市各类软硬件资源，实现"云网融合"，促进信息技术与实体经济融合发展。云计算技术在智慧城市领域得到了更加广泛的应用，不仅可以提供基础的 IaaS 服务，还可以提供 PaaS 服务和 SaaS 服务，如在政务领域，可通过云计算技术统筹利用已有的软硬件资源，促进政府各部门之间的互联互通、业务协同；在交通行业，借助云计算强大的计算能力，可对道路交通情况进行实时预测及评估，分析道路交通情况的发展趋势，为道路交通疏导提供辅助决策；在医疗行业，构建城市居民的电子病历后可以分析城市居民的多发病症，有针对性地开展医疗宣传，提高城市居民的健康水平，提升医疗卫生服务能力。

5）边缘计算。边缘计算是指在网络边缘处理数据，实现数据的实时分析和响应。在公共安全领域，边缘计算赋能前端感知设备，降低网络带宽需求，减少数据传输时间，实现快速识别公共安全风险隐患以及预测事件态势发展。在农业领域，边缘计算能很好地解决部分偏远地区网络带宽资源不足的问题，结合气象、土壤和光照等环境信息实时分析影响农作物生长的因素以及预测农作物年产量，提升农业效益，助力农业生产数智化。

6）人工智能。人工智能通过结合数据库引擎、自然语言处理技术和基础视觉能力，能够促进传统智慧应用转型升级，推动城市从网络化、数字化向智慧化加速提升，有效促进城市精细化发展，推动城市高效运转和可持续发展。例如，在安防领域，结合深度学习算法实现智能监控识别、车牌识别等，同时可实现人员管理、轨迹查询、异常告警等应用，实现城市对象动态数字化；在交通领域，结合人工智能系统，实现路段的快速判断，为用户提供最佳、最通常的路线。

7）区块链。区块链具有去中心化、分布式、不可篡改和公开透明的技术特点。在政务领域，依托区块链技术可实现政务信息跨层级、跨地域、跨领域、跨部门和跨系统的共享交换，促进业务协同办理，深化"最多跑一次"的改革；在社区治理领域，依托区块链技术可实现居民关于"资金动用管理、业委会选举"等公共事务表决事项投票记录上链，杜绝"唱票"及违规操作现象；在医疗领域，依托区块链技术建立患者健康档案，追溯全就医过程以及药物供应链监管，使就医过程更加透明，减少医患纠纷事件的发生。

8）数字孪生。数字孪生技术就是在虚拟空间进行建模，反映相对应的实体部件的全生命周期过程。通过数字孪生技术建立数字孪生城市，在网络空间上构建一个同物理世界相匹配的孪生城市，采集城市各行业感知数据，以数据为支撑，全方位展示城市运行情况，包括城市经济、城市风险、城市交通和城市环境等领域。同时，根据历史运行数据，分析预测城市未来运行态势，做到城市问题"早发现、早处置"，提升城市管理决策协同化和智能化。

8.4 我国智慧城市建设重点

我国在历经多年的探索、试错和实践后，已经摸索出一条符合中国特色的智慧城市建设之路，以创新城市治理、保障服务民生和提升产业水平为目标，稳步推进智能信息化基础设施建设、数据平台建设、信息系统建设、应用门户建设和运营指挥中心（城市大脑）建设。新时代对于城市发展的需求在不断变化，智慧城市的建设应当在有序推进的基础上，突出建设重点，夯实智慧基础。

1. 统筹推进——注重顶层设计，统筹系统工程

"顶层设计"在工程学领域上是指统筹考虑项目各层次和各要素，追根溯源，统揽全局，在最高层次上寻求问题的解决之道。智慧城市的建设作为一个复杂的巨型系统工程，在建设之前，需要科学的顶层设计，在更高层面，以全局视角把控城市未来发展方向，避免建设过程中出现的各自为政、信息孤岛、重复建设和科技滞后等问题。智慧城市应首先做好可落地、有针对性且可持续的顶层设计。

（1）做可落地的智慧城市顶层设计 顶层设计的目的不是为了博人眼球，创造引人注目的概念，而是要以实际落地为导向，切实有效地指导城市建设，提升整体数字化、智慧化水平，以提供更优质的管理和服务。因此，顶层设计首先不应超过地区经济的支持能力以及成本的回收能力，要有良好的投资效益分析对全过程进行指导；此外顶层设计不应超过城市各类对象需求的消化能力，应以实用有效为前提进行系统的部署。

（2）做有针对性的智慧城市顶层设计 智慧城市的建设应以人为本，提升城市治理与公共服务，让人民生活、工作都有获得感，智慧城市的顶层规划也应以人为核心，牢牢把握各方需求，做面向服务的设计。其中所提出的各类系统架构和应用解决方案都应以解决城市各类对象的实际问题为导向，进行深入的分析和应用，避免大而空的想象导致实际落地时过于超前，背离建设初衷。

（3）做可持续的智慧城市顶层设计 智慧城市的建设不是一蹴而就的，而是要通过长期的建设、运营，逐步完善智慧城市的发展，而顶层设计正是实现这种持续性的总体规划。在设计的过程中，要既能够为城市明确阶段性的建设重点，也能够通盘考虑各个阶段的整体

衔接，促进智慧城市有序建设。此外，科学的顶层设计应能够依据智慧城市的评价结果和城市所处的发展阶段对整体的建设理念和建设内容进行合理调整与创新。智慧城市建设是基础，运营是关键，应在顶层设计中将运营的理念"内化于心、外化于行"，贯穿整个过程，将城市建设成为一个富含生命力的良性循环系统。

2. 数据赋能——释放数据红利，提升城市活力

数据是智慧城市建设的重要基石，未来的智慧城市将利用数据资源，结合数据智能，以数据运维为基本方法对城市进行治理，智慧城市的发展并不仅仅是一个又一个城市的数据化和智能化，更是城市治理的新时代。云、网、AI、区块链及数据平台等新一代信息基础设施的建设，其目的都是为数据服务，基础网络实现数据的采集和传输，云网融合对数据进行存储处理，大数据、AI及区块链等新技术是数据产生价值的工具，数据平台则是数据运营和数据生产服务能力的依托。

（1）有价值的数据是智慧城市"数智"的关键　数据作为生产要素的特殊性中，数据价值化是关键。数据是数字经济中最重要的生产资料，掌握了高价值的数据，就等同于掌握了先进的生产力。数据对经济运行机制、生产制造、流通分配以及国家治理能力、社会生活方式等产生了重要影响。全球已初步形成较为完整的数据资源供应链，数据采集、数据标注、时序数据库管理、数据存储、商业智能处理、数据挖掘和分析及数据交换等技术领域迅速成长发展。在我国目前新旧动能转化的关键时期，可通过大数据与实体经济深度融合，加速传统行业经营管理方式变革、服务模式和商业模式创新及产业价值链体系重构，最终完成产业转型。

（2）有温度的数据是智慧城市的核心　新技术往往因其特有的未知性、前瞻性，冲撞人们的心理认知舒适区。"大数据骨子里是有温情的"，历史的发展潮流沉淀而来的大数据，同时又在精确地记录和塑造着历史，填补人类情感和记忆消逝的遗憾。数据和生活、医疗、教育等行业相融，能够产生一定的温暖价值。例如，建立个人的数据中心，将每个人的日常生活习惯、身体状态、社会网络、知识能力、爱好性情和情绪波动数据记录。这些数据可以被充分地利用，医疗机构将实时监测用户的身体健康状况，教育机构可针对用户制定专门的培训计划，服务行业可提供符合用户习惯的服务，社交网络让志同道合的人群相识相知，政府能在用户心理健康出现问题时及时干预，金融机构能为用户的资金提供更有效的使用建议和规划，道路交通可以提供合适的出行线路。摸清大数据的"脾气""习性"，能够有效推动它和实体经济、生活方式的深度融合。

（3）可运营的数据是智慧城市的共性需求　数据运营能够让数据产生价值，影响社会生产生活的各个领域。5G+时代预示着人们进入了泛在感知物联时代，数据的增长速度会进一步加快。2021年，受益于国家重大区域战略、数字经济创新发展和服务贸易扩大试点等政策的叠加效应，京津冀、长三角、珠三角和中西部等地区的大数据与区域经济协同发展，融合日益深化，将持续引领全国大数据发展。未来，6个数字经济创新发展试验区、28个服务贸易扩大试点省市（区域）将围绕数据要素释放价值，在新基建、数字政府、新型智慧城市、大数据与实体经济融合、数字货币、数字贸易和区域一体化等方面推动特色发展。为贯彻落实国家大数据战略，加快培育数据要素市场，促进数据流通交易，助力城市数字化转型，2021年11月25日，上海数据交易所揭牌成立达成了部分首单交易，这是推动数据要素流通、释放数字红利、促进数字经济发展的重要举措，也将有望成为引领全国数据要素市场发展的"上海模式"。

随着数据的价值被各行各业认可，政府及各大中型企业也开始研发、建设大数据平台，实现数据的采集及分析，对政府和企业内部的各业务系统信息流进行采集和分析，由数据来引导政府和企业的发展战略、重大决策、运营方案和市场拓展等，促进内部价值链增值。

数据融通共享、科技创新赋能、智慧网格联动，中国快速推动智慧城市建设，让城市成为可感知、会思考、有温度、有活力的"智慧生命体"。

3. 敏捷响应——构建敏态系统，增强治理能力

新冠疫情对我国的应急响应能力提出了更高的要求，必须看到，以敏捷、高效为目标的智慧城市建设是后续的重点建设方向。构建实用高效、快速响应的敏态系统，增强城市应急能力是检验智慧城市的建设效果的关键，也是城市灵活应对突发事件的坚实基础。

（1）以实际应用为导向，促进智能技术落地实践　智能化技术应转向求真务实的应用。一方面，要以解决城市中的真实存在的问题和痛点为导向，促进真正的智慧化；另一方面，智慧化的结果逐渐由场景导向转为效能导向，智慧化应用不仅仅是可视化的展示，而应根据数据采集和分析真正做到实时的应急指挥和管理，快速响应，实现敏态管理。

（2）以迭代优化为手段，不断提升城市应急能力　智慧城市的敏态系统建设并不能一蹴而就，而是要通过运营过程中发现的问题进行反馈优化，经过多次的迭代升级来提升整体效能及容灾能力。可通过实际运行中的问题反馈进行精准优化，包括提升数据联动、处理和分析能力，以及应用的反应能力等；也可通过模拟运行，对实施效果进行评价分析，优化系统问题。

4. 因地制宜——把握城市特色，拒绝千篇一律

智慧城市建设既要充分考虑城市通用基础配套设施建设，加快 5G、物联网、工业互联网和空天地一体化网络等信息基础设施，以及云计算、边缘计算等算力应用平台建设，也要根据各个城市建设特色因地制宜，凸显自身优势，避免千城一面。国内城市地域差异明显，从气候、人文和社会经济发展水平等方面均有很大差别，基于城市之间的地域差异，坚持本地化发展的同时兼容差异化是发展智慧城市的必要路径。

（1）分析城市特征，突出特色基因　在顶层设计过程中，应以因地制宜为原则，以本地区位优势、历史文化特征、社会形态以及经济基础等为出发点，制定智慧城市建设规划和发展策略，确保规划能契合城市发展需求及发展特征，逐步突破地区在地理位置及自然环境等方面的局限性问题，充分发挥地缘和产业等优势，有效提升智慧城市建设效率，降低建设成本。

要结合城市经济社会发展水平和定位，紧扣城市的战略方向，从实际出发，以需求为导向，推动差异化可持续发展。要打破传统的依靠政府投入的老模式，探索出政府引导、社会参与、企业主导的适用当地城市情况的新模式。

（2）前沿技术赋能，推进特色业务　在城市管理方面，在 AI 中心、物联网平台、移动平台、GIS 服务、身份认证和即时通信等智慧城市统一平台的基础上，可基于"大城管"工作模式，打造城市管理信息智能监控研判、基础设施综合管理、基于社会征信体系的城市治理等特色业务应用，为政府部门、各级领导、社会公众、网格员和企业用户等各部门各角色提供服务。

5. 城市集群——整合城市资源，智慧协同发展

城市集群由起核心作用的一个中心城市或各大城市对周边更大范围、更多中小城市辐射，形成核心城市与周边城市紧密联系的城市经济区域，充分发挥城市群内各城市的互补功能，通过城市集群发展协同提升城市全要素生产率。城市集群大多以行政中心城市或省会城市为核心，区域范围跨度较大，依托一定的自然环境和交通条件，城市之间的内在联系不断加强，共同构成相对完整的城市集合体。

（1）城市区域性协调发展 城市化推进过程中，原有发展格局与实际发展过程中往往有偏差部分，各核心城市之间重点领域难免有交错部分，甚至出现恶性循环竞争局面，整体布局规划需要从更高维度予以统筹布局，在核心领域方面进行更加深入细致的分工与引导，将资金导引到更加精准化的领域方向上去发展，提升行业布局效率，统筹规划，梯度配置各城市行业结构。

（2）跨城市产业资源整合 构建以企业为主体、以市场为导向且产学研相结合的技术创新体系，贯彻落实创新驱动发展战略，促进科技创新，吸引集聚创新资源，提高创新服务水平，推动由要素驱动向创新驱动转变，积极适应新一轮产业变革趋势。

依托跨区域产业资源整合所形成的大数据，结合市场端、资金端，给予智慧城市规划的精准指导分析，为统筹决策插上智慧翅膀，将生产资料、生产要素、市场要素和资本要素等更加科学精准地为城市企业所用，有效提升生产效率，降低生产成本，避免生产浪费，提高生产价值。

6. 重心下沉——打造智慧区县，平衡城市发展

区县作为衔接城市和乡村的重要载体，向上对接省市智慧化建设，向下指导乡村智慧化建设，肩负着城市建设及产业发展的重要使命，国家"十四五"规划认为，要科学编制县域村庄布局规划，以县域为基本单元推进城乡融合发展，强化县城综合服务能力。智慧城市建设的热潮，已经逐步从省市级大城市下沉到县域层级。

据统计，我国当前拥有的县级市数量超过300个，建制县更是超过10000个，从整体的发展情况来看，我国县域的基础设施水平、治理能力和服务能力仍然较弱，产业集聚协同程度较低，区域发展不协调。推动县域数字化转型，打造能感知、会思考、有温度、可持续的一体化智能协同体系是当前县域智慧城市建设发展的重点。

（1）县域级智慧城市建设应夯实信息化基础 配套设施薄弱是制约县域级城市智慧化发展的重要因素。因此，必须以提升信息化基础设施部署为导向，充分基于自身有限的资源，提升县域城市数据采集的覆盖程度，做深做厚城市数字化基础。结合先进的感知和网络技术对城市老旧基础设施进行改造升级，同时基于城市的需求，新增数据采集点位的部署，确保智慧的触角能够延伸至城市的各个角落。

（2）县域级智慧城市建设应统一技术标准 县域级智慧城市作为纵向贯通城市和乡村建设的纽带，在智慧城市整体布局建设中起到非常重要的作用，需要统一的技术标准，确保所建设的平台和系统能够向上贯通省市级平台，向下扩展智慧乡村的建设，提升城市整体治理能力。

（3）县域级智慧城市建设应具备可生长性 相较于省市，县域级智慧城市体量小、需求聚焦、特色鲜明，需要搭建更加灵活的架构来响应城市建设的需求，应能根据县级城市独特的业务需求和数据处理需求配备相应的能力，且能够根据未来需求的变化进行弹性扩展，支撑智慧应用，同时能依据城市特征及特殊需求搭建智慧城市应用架构体系，增强城市特色。

7. 绿色低碳——智慧赋能绿色，打造和谐城市

绿色低碳是当前城市可持续发展的关键，打造绿色智慧城市是在有限的资源下，寻求城市的稳步平衡向上发展的重要举措。2021年10月24日，中共中央、国务院《关于完整准确全面贯彻新发展理念做好碳达峰碳中和工作的意见》认为，要推进城乡建设和管理模式低碳转型，着力推动智慧城市建设向绿色低碳、节能环保转型升级，为实现可持续发展提供新动能。智慧城市的建设应更注重跟进国家"双碳"步伐，着力实现绿色低碳发展。

（1）增强绿色智能设施部署，夯实绿色城市基础 绿色智能设施的全面部署是城市实现绿色低碳的基础，能够有效降低城市污染水平。如通过智能充电桩的广域覆盖，促进市民向低碳化出行方式转变；通过智能灯杆的共建共享、集约建设，可避免重复建设造成的资源浪费，同时智能路灯能够促进低碳节能；通过布设智能垃圾桶，提升城市的垃圾分类水平，促进资源回收利用。

（2）提升绿色生活服务质量，促进城市可持续发展 充分结合信息化和智能化手段，全面提升城市公共服务的低碳和绿色水平，打造智慧、便捷、可持续发展的城市生活服务体系，促进低碳节能和绿色生活的融合发展。首先，通过信息技术的深度应用，有效提升各领域的服务效率及便捷程度，有效降低各领域服务的能耗；其次，通过提升城市的绿色智能建筑占比，促进能源的实用、高效和节约，有效提升生活环境，同时可结合信息化技术辅助实现低碳出行的目标，促进城市节能减排。

（3）推动城市绿色低碳治理，提升城市运行效率 通过充分运用前沿技术，提升城市的全面感知、互联互通、智能判断和及时响应的能力，优化城市治理模式，促进城市低碳转型升级。如实现对雨水和污水的自动化管理、污染源的实时监测及垃圾的无害化处理等。

（4）构建城市低碳生产体系，提升城市综合效益 低碳生产是指通过持续发挥工业互联网的效能，推动生产方式绿色化，同时增加绿色产品供给，如通过对重工业企业的智能分析，优化生产结构，再如大力培育利废利旧企业，降低环境污染，促进资源循环利用。

绿色是城市持续发展的关键，智慧是城市绿色发展的技术保障，在智慧城市迅速发展的当下，应将信息技术充分渗透到城市治理、生活和生产中，提高城市运行效率，降低城市的污染排放水平，满足城市的可持续发展的需求，创建高水平、高质量的城市。

8. 产城互促——支撑产业转型，助推城市升级

新时代下，经济发展成为永恒不变的城市发展命题，智慧城市的建设应以注重赋能产业发展，提升产业经济和数字经济，以"调结构、转方式、促增长"为出发点，实现"产城融合"的目标。

（1）智慧城市建设支撑产业转型升级 智慧城市的建设有利于构建基于新一代智能技术应用的制度环境和生态系统，从而激发全社会创新活力，更好地推动经济的新旧动能转换，不断增强我国经济创新力和竞争力。同时，智慧城市的建设能够催生更多智慧交通、智慧医疗、智慧环保和智慧应急等对国民经济和社会发展有一定拉动作用的新兴产业发展，改变城市的产业生态，提升产业竞争力。

（2）产业经济发展助推城市智慧升级 产业经济的发展有助于为城市发展提供智慧升级的新动能，为智慧城市建设提供物质、技术和能力保障。产业的转型升级直接带动了城市

经济的提升，为城市智慧化建设提供物质基础；同时，新兴产业的发展催生了新的技术和能力，能够为智慧城市的建设提供新的方向和思路。

8.5　新型智慧城市建设关键要素

智慧城市建设应遵行"以人为本""产业为基""数据为王""平台为器"的原则，在建设的前、中、后期，把控核心重点方向。

（1）以人为本　国家"十四五"规划指出，要深入推进以人为核心的新型城镇化战略，以城市群、都市圈为依托促进大中小城市和小城镇协调联动、特色化发展，使更多人民群众享有更高品质的城市生活。"以人为本"要求智慧城市的建设运营应以提高人民群众的满意度和幸福感为核心，注重民众感受和应用效果，同时充分发挥各类人员的主观能动性，做好与公众的协同治理。就政府而言，政府是智慧城市的主要建设统筹者，应制定好相应的政策和鼓励措施，做好方向性引导，统筹好各类人员的关系，解决好城市的问题；就企业而言，应充分发挥各类企业的功能特性，规划、建设、开发并运营好智慧城市，在落地层面上给予智慧城市别样的生命力。

（2）产业为基　智慧城市需要产业的发展为其输送经济和技术血液，智慧城市的发展应以产业为基础，实现自循环上升发展的趋势。产业的发展提升了城市的整体经济水平，赋予城市更多的自主能力去实现智慧城市、孪生城市的目标，同时某些战略性新兴产业的培养和发展也促进了科技的进步，为智慧城市建设提供了有力的支撑。

智慧城市发展的同时也在拉动产业的发展，即催化更多智慧产业。智慧城市的发展能够有效加快经济结构的调整和产业转型升级，当前新能源、新材料等战略性新兴产业可有效转变经济增长方式，提高国家综合竞争力，而这些新兴产业需要在经济、人文和社会环境都十分优越的城市条件下进行孵化、成长，智慧城市正好为这些技术提供了舒适的摇篮。

（3）数据为王　数据作为数字时代最重要的生产要素，驱动城市实现数字化、智能化和智慧化。通过源源不断的数据供给，智慧城市的平台系统才有了一定的生命力，才能够在数字空间对城市进行重构、模拟和分析城市运行，及时发现并解决问题，促进城市治理、服务模式和产业发展更加合理、高效与高质。"数据为王"要求在智慧城市的建设运营中，必须重视城市数据采集与共享，确保"应采必采、重点突出、高效适用"，充分发挥数据的使能效应，激发城市活性。

（4）平台为器　平台是实现智慧城市的最有力的工具，在数据流转、协同治理等方面有着重要的作用。

首先，平台为数据提供了共享和流转的空间，是挖掘大数据价值、使能城市智慧最有力的工具。通过各类信息化平台的建设，能够提升数据汇聚、处理和分析的效率，快速掌握、处置和决策社会治理中发生的问题。

其次，平台能够促进各主体协同治理，基于系统之间的互相融合与互相联动，实现信息的畅通快速流转，实现民众、政府及各社会主体之间的协同联动，提升城市的综合治理能力。平台还能够促进城市规范治理，平台中汇聚的各类清单、事件和处置过程等，能够形成城市治理的凭据，有效监管服务的效能，促进服务管理行为更加公平、公正。

（5）建设前——咨询引领，规划先行　咨询通常是站在全局的视角来更全面地看待问题，在智慧城市的建设初期介入咨询，能够精准把脉城市的建设状况，通过"望、闻、问、切"的方式为城市后续建设提供更加科学的指导和建议，避免各自项目的单点建设导致缺项、重复或者不兼容的后果，摒弃以往"打补丁"的智慧城市建设方式。

科学的顶层规划，方能"一张蓝图绘到底"，应充分发挥咨询的前期策划能力，从智慧城市的规划、建设和运营全生命周期进行统筹考虑，重点明确建设需求、建设原则、总体目标、总体架构、重点任务及工程和实施路径等，同时依托智慧城市的基础建设标准规范、安全管理标准规范以及运维管理标准规范等，最终实现智慧城市高质量落地建设与实施。

（6）建设中——一网统管，统筹落地　国家"十四五"规划指出，要顺应城市发展新理念新趋势，提升城市智慧化水平，推行城市楼宇、公共空间、地下管网等"一张图"数字化管理和城市运行一网统管，建设宜居、智慧、绿色、创新城市。一网统管是促进城市管理统筹协调、指挥调度、监督考核，解决城市问题"发现难""协调难""管理难"的有效手段，是一种思想，也是一种建设落地方向。

一网统管核心在于"统"，这同样也是发挥智慧城市效能的关键，智慧城市建设要发挥统筹、统一、统管和统领的功能，要避免各建设单位各自为政，通过依托城市的网格化管理模式，提供横向纵向城市管理联动模式，连通数据和业务，打造高频、高感知场景，建设实时、实用的指挥调度平台，实现集中受理、统一分拨、高效协同和考核评价等闭环管理，促进城市治理更科学、更优质。

以"一网统管"思想统筹智慧城市落地建设，构建城市运行体系，探索城市治理新模式，是当下智慧城市建设的关键。在此过程中应注重两点：首先是平台的统一，构建多中心合一的平台，着力消除不同主体之间的隔阂，发挥大数据的价值，充分使能业务；其次是网格的统一，通过业务流程再造以及相关制度的完善，促进公安、应急、城管和环保等多网格的统一，以"高效围绕一件事"为核心，以提升人民群众的获得感、幸福感和安全感为目标，不断增强城市的共建、共治和共享的能力。

（7）建设后——注重运营，提质增效　不论是理论还是实践，近年来智慧城市的发展都取得了一定的成效，但同时也暴露出了问题，尤其是以项目建设为主的智慧城市建设呈现出"重建设轻运营"的特点，智慧城市项目的建设需要从"以建为主"向"持续运营"的方向转变，通过智慧城市的运营提升城市的经济效益及社会效益，促进城市内循环、自生长。

良好的运营是对智慧城市效果的保证，智慧城市的运营包含的内容较多，基于智慧城市建设的架构，主要可分为智能基础设施运营、数据运营、系统平台运营以及应用门户运营。其中智能基础设施运营是对遍布城市的智能感知设备和网络的运营，以"可用可靠"为目标，夯实城市的基础，确保城市智慧的源头供给畅通；数据运营是指对采集的数据进行有效整理，包括数据的采集与集约化管理，数据清洗、降噪和标准化措施，推动数据的开放共享；系统平台运营是指提供专业的平台运营和维护，充分发挥各平台系统的效能，保证智慧城市系统"建有所用、用有所效"；应用门户运营是以"实用便捷"为目标，注重以用户体验为核心进行持续优化，提升用户获取服务的便捷性。

以终为始，持续运营。通过运营发挥智慧城市的整体价值，同时促进城市规划和建设向更合理、更科学的方向发展，才能实现智慧城市的长效可持续发展。

8.6 新型智慧城市未来展望

1. 演进方向

智慧城市是新一代信息技术与城市发展融合共生的产物，其未来的演进主要受技术驱动与需求牵引两大因素影响。5G 时代，数字孪生、人工智能、大数据、云计算和物联网等新技术高度集成、广泛应用。技术集群成为推动城市数字化、智能化和智慧化演进的硬核驱动力。"人民城市人民建，人民城市为人民"，城市的发展从根本上要满足人民群众的需求。在数字时代，科学技术改变了人们的生活方式，新产品、新业态和新服务层出不穷，城市各类主体的社会需求也随之变化，促使新型智慧城市要不断满足数字公民共享数字红利的需求。

新型智慧城市未来的演进方向，即以信息技术为驱动力，以人本需求为出发点，以融合共生为导向，将城市从单体智能向协同智慧升级，从点状突破向面上统筹转变，从被动响应向自主感知判断进化，逐步实现人、机和物深度融合。

2. 发展形态

未来的新型智慧城市将呈现出物理、数字和社会三空间深度融合、相互作用的新形态，全生命周期管理、全方位安全防护的跨空间协同贯穿始终，城市精细化管理、智能化服务和特色化发展成为主基调。

（1）物理空间是智慧城市建设的坚实根基　人/组织、地和物是城市物理空间的主要内容。在未来，物理空间的建筑物、感知部件和车辆等所有静态与动态实体要素都将映射到数字空间，为智慧城市发展提供基础的物理支撑。

（2）数字空间是智慧城市发展的全新路径　数字空间是城市物理空间在数字世界的映射孪生。在数字空间中，人员、车辆和城市部件等被虚拟化并实时在线，不断产生大量数据，加速城市治理能力从物理空间向数字空间延伸。在数字空间将形成基于大数据的全方位、立体化、全周期的城市智慧决策支持系统，推动城市智慧化的自主演进。

（3）社会空间是智慧城市建设的成果表现　社会空间是实现城市各体系条块协同的主要载体，在物理空间与数字空间的协同变革中催生新治理模式、新服务方式、新经济形态与新生态环境。社会空间的运行反馈将进一步指导智慧城市物理空间和数字空间的持续优化完善，以更好地促进智慧城市建设在社会空间的成果体现。

（4）全生命周期管理是智慧城市可持续发展的长久驱动　从规划、建设到管理运营的全生命周期管理理念将会贯穿智慧城市的全过程各环节。坚持问题导向和效果导向，强化规划的前瞻性、建设的实效性和管理运营的可持续性，是保障智慧城市长效发展的根本。

（5）全方位安全防护是智慧城市健康生长的首要保障　伴随数字城市的发展壮大，数据安全风险和网络安全风险等为智慧城市的健康带来了潜在隐患。从终端到应用的全方位防护体系，不只是智慧城市建设的基础保障，更将上升为关乎智慧城市发展壮大的关键因素。

3. 发展理念

（1）城市运行孪生协同化　基于5G 网络，充分融合大场景的 GIS 数据、小场景的 BIM 数据、动静结合的物联网数据和高精度的位置服务数据等，打造立体孪生城市，与实体城市交互映射，开展数字化治理，成为提升城市治理能力、重塑城市管理模式的一种新思路。

5G、大数据和人工智能等新一代信息技术的融合发展，将推动形成"端、边、枢"全域一体的城市协同智能体系，即末端感知智能、边缘计算智能和中枢决策智能。未来的新型智慧城市建设将以多元数据融合为核心刻画城市体征，通过"端、边、枢"协同智能体系赋予城市生命，推演未来趋势，破解"物联基础差、系统融合难、应用联动少和运营效率低"等难题，实现万物互联、系统融合与应用联动，有效提升城市运营效率和服务体验。

（2）治理体系精细人本化　未来城市要向全生命周期管理和智慧化升级深度转变，通过充分运用数字技术，汇聚、打通与共享城市大数据，为城市管理者配置公共资源和提升治理效能提供科学依据，让城市更加宜居，社会更加和谐，生活更加幸福。基于5G、数字孪生等前沿技术，城市治理将逐步实现静态向动态和单向链条向闭环管理的演进，治理尺度将提升至"细胞级"，形成事前、事中和事后一体化的管理体系，成为城市治理创新发展的新方向。"以人为本"是治理工作的出发点和落脚点，有效的城市治理体系将攻克公共服务的"最后一公里"，塑造良好的智慧城市发展软环境，成为推动生产生活方式变革的核心，为城市转型升级和高质量发展带来更大的内驱动力。

（3）安全防护内生主动化　智慧城市建设需要打造全流程（防御、监测及治理等）、全方位（技术、管理及标准等）的安全防护体系。未来需要强化顶层思维，基于人工智能等技术，构筑智慧城市主动防御体系，从规划设计阶段就把安全能力内置到业务系统中，实现安全风险主动识别、安全态势智能感知和安全事件联动响应等。避免出现建设先行、安全滞后问题，尽可能地降低潜在安全威胁和不利影响。

（4）规建管运一体长效化　从以建设为主转向长效运营将会是智慧城市下一步的发展方向。城市需要可定制、可持续且可迭代升级的一体化专属服务。在智慧城市建设上要把握整体局势，强调以智慧城市全生命周期的价值构建为核心，规划、设计、建设、运营管理和评估优化等环节并重，引领城市发展新范式。在此基础上，构建城市动态闭环服务体系，并不断迭代优化，才能为智慧城市提供源源不绝的发展动能，打造智慧城市发展的持续生命力。

参 考 文 献

[1] 左玉辉，孙平，华新. 人与环境［M］. 北京：高等教育出版社，2010.

[2] 贾衡. 人与建筑环境［M］. 北京：北京工业大学出版社，2001.

[3] 雍方洲. 建筑环境设计要以人为本［J］. 中外建筑，2018（9）：71-73.

[4] 王文萌. 浅谈建筑环境设计与人文观念［J］. 中外建筑，2015（4）：79-80.

[5] 张顾，徐虹，黄琼. 人与建筑环境关系相关研究综述［J］. 建筑学报，2016（2）：118-124.

[6] 秦佑国，王炳麟. 建筑声环境［M］. 北京：清华大学出版社，1999.

[7] 车世光，王炳麟，秦佑国. 建筑声环境［M］. 北京：清华大学出版社，1988.

[8] 王丽娟. 建筑热环境［M］. 北京：中国建筑工业出版社，2018.

[9] 刘念熊，秦佑国. 建筑热环境［M］. 北京：清华大学出版社，2005.

[10] 赵思毅. 室内光环境［M］. 南京：东南大学出版社，2003.

[11] 焦杨，孙勇. 绿色建筑光环境技术与实例［M］. 北京：化学工业出版社，2012.

[12] 汤铭潭. 电磁环境与城市规划［M］. 北京：中国建筑工业出版社，2011.

[13] 单伽锃，施卫星. 建筑结构混合健康监测与控制研究［M］. 上海：同济大学出版社，2018.

[14] 冯谦，马天骄. 结构健康监测：为房屋建筑"健康体检、把脉会诊"［J］. 防灾博览，2020（5）：12-17.

[15] 王健，李红民，张家瑞，等. 结构健康监测研究进展及增加建筑智能化程度［J］. 智能建筑与智慧城市，2022（3）：124-127.

[16] 田俊峰，颜晓华. 建筑物结构中的安全监测技术研究［J］. 能源与环保，2022，44（5）：25-30.

[17] 王米成. 智能家居重新定义生活［M］. 上海：上海大学出版社，2017.

[18] 林思荣. 一本书读懂智能家居［M］. 北京：清华大学出版社，2019.

[19] 郑静. 物联网+智能家居移动互联技术应用［M］. 北京：化学工业出版社，2016.

[20] 陈国嘉. 智能家居商业模式+案例分析+应用实战［M］. 北京：人民邮电出版社，2016.

[21] 杜明芳. 智能建筑智能+时代建筑业转型发展之道［M］. 北京：机械工业出版社，2020.

[22] 王佳. 智能建筑概论［M］. 北京：机械工业出版社，2016.

[23] 戈德史密斯，克劳福德. 智数据驱动的智能城市［M］. 车品觉，译. 杭州：浙江人民出版社，2019.

[24] 拉蒂，克劳德尔. 智能城市［M］. 赵磊，译. 北京：中信出版社，2019.

[25] 李联宁. 物联网技术基础教程［M］. 3版. 北京：清华大学出版社，2020.

[26] 解相吾，朱冠良，解文博. 物联网技术基础［M］. 北京：清华大学出版社，2014.

[27] 王志良，王粉花. 物联网工程概论［M］. 北京：机械工业出版社，2011.

[28] 张春红，裘晓峰，夏海伦，等. 物联网技术与应用［M］. 北京：人民邮电出版社，2011.

[29] 刘幺和. 物联网原理与应用技术［M］. 北京：机械工业出版社，2011.

[30] 王志良. 物联网：现在与未来［M］. 北京：机械工业出版社，2010.

[31] 黄玉兰. 物联网核心技术［M］. 北京：机械工业出版社，2011.

[32] 刘传清，刘化君. 无线传感网技术［M］. 北京：电子工业出版社，2015.

[33] 彭杰纲. 传感器原理及应用［M］. 北京：电子工业出版社，2017.

[34] 杨博雄. 无线传感网络［M］. 北京：人民邮电出版社，2017.

[35] 弗雷登. 现代传感器手册：原理、设计及应用［M］. 宋萍，隋丽，潘志强，等译. 北京：机械工业出版社，2019.

[36] 王汝传, 孙力娟. 无线传感器网络技术及其应用 [M]. 北京: 人民邮电出版社, 2011.

[37] 许毅. 无线传感器网络原理及方法 [M]. 北京: 清华大学出版社, 2011.

[38] 张新程, 付航, 李天璞, 等. 物联网关键技术 [M]. 北京: 人民邮电出版社, 2011.

[39] 张鸿涛, 徐连明, 张一文, 等. 物联网关键技术及系统应用 [M]. 北京: 机械工业出版社, 2012.

[40] 吕治安. ZigBee 网络原理与应用开发 [M]. 北京: 北京航空航天大学出版社, 2008.

[41] 张春红, 裘晓峰, 夏海轮, 等. 物联网技术与应用 [M]. 北京: 人民邮电出版社, 2011.

[42] 无线龙. ZigBee 无线网络原理 [M]. 北京: 冶金工业出版社, 2011.

[43] 金纯, 许光辰, 孙睿. 蓝牙技术 [M]. 北京: 电子工业出版社, 2001.

[44] 严紫建, 刘元安. 蓝牙技术 [M]. 北京: 北京邮电大学出版社, 2001.

[45] 刘书生, 赵海. 蓝牙技术应用 [M]. 沈阳: 东北大学出版社, 2001.

[46] 周新丽. 物联网概论 [M]. 北京: 北京邮电大学出版社, 2016.

[47] 朱刚. 超宽带（UWB）原理与干扰 [M]. 北京: 清华大学出版社, 2009.

[48] 王金龙, 王呈贵, 阚春荣, 等. 无线超宽带 UWB 通信原理与应用 [M]. 北京: 人民邮电出版社, 2005.

[49] 张智江, 胡云, 王健全, 等. WLAN 关键技术及运营模式 [M]. 北京: 人民邮电出版社, 2014.

[50] 钟章队, 赵红礼, 吴昊, 等. 无线局域网 [M]. 北京: 科学出版社, 2004.

[51] GEIER J. 无线局域网 [M]. 王群, 李馥娟, 叶清扬, 译. 北京: 人民邮电出版社, 2001.

[52] 刘乃安. 无线局域网（WLAN）: 原理、技术与应用 [M]. 西安: 西安电子科技大学出版社, 2004.

[53] 高峰, 高泽华, 文柳, 等. WLAN 技术问答 [M]. 北京: 人民邮电出版社, 2012.

[54] 段水福, 历晓华, 段炼. 无线局域网（WLAN）设计与实现 [M]. 杭州: 浙江大学出版社, 2007.

[55] 史治平. 5G 先进信道编码技术 [M]. 北京: 人民邮电出版社, 2017.

[56] 崔海滨, 杜永生, 陈巩. 5G 移动通信技术 [M]. 西安: 西安电子科技大学出版社, 2020.

[57] 刘云浩. 物联网导论 [M]. 北京: 科学出版社, 2017.

[58] 中国互联网协会. 中国互联网发展报告 2018 [M]. 北京: 电子工业出版社, 2018.

[59] 陈鹏, 刘洋, 赵嵩, 等. 5G 关键技术与系统演进 [M]. 北京: 机械工业出版社, 2016.

[60] 杨峰义, 谢伟良, 张建敏等. 5G 无线接入网架构及关键技术 [M]. 北京: 人民邮电出版社, 2019.

[61] 罗德里格斯. 5G 开启移动网络新时代 [M]. 江甲沫, 韩秉君, 沈霞, 等译. 北京: 电子工业出版社, 2016.

[62] 刘军, 阎芳, 杨玺. 物联网技术 [M]. 北京: 机械工业出版社, 2017.

[63] 李永太, 支春龙, 王元杰, 等. 无处不在的网络 [M]. 北京: 人民邮电出版社, 2018.

[64] 谭晖. 低功耗蓝牙技术快速入门 [M]. 北京: 北京航空航天大学出版社, 2016.

[65] 谭晖. 低功耗蓝牙开发与实战 [M]. 北京: 北京航空航天大学出版社, 2016.

[66] 谭康喜. 低功耗蓝牙智能硬件开发实战 [M]. 北京: 人民邮电出版社, 2018.

[67] 谭晖. 低功耗蓝牙与智能硬件设计 [M]. 北京: 北京航空航天大学出版社, 2016.

[68] 张鸿涛, 徐连明, 刘臻, 等. 物联网关键技术及系统应用 [M]. 2 版. 北京: 机械工业出版社, 2017.

[69] 陈灿峰. 低功耗蓝牙技术原理与应用 [M]. 北京: 北京航空航天大学出版社, 2013.

[70] 金纯, 李娅萍, 曾伟, 等. BLE 低功耗蓝牙技术开发指南 [M]. 北京: 国防工业出版社, 2016.

[71] 刘军, 阎芳, 杨玺. 物联网技术 [M]. 北京: 机械工业出版社, 2017.

[72] 宋航. 万物互联物联网核心技术与安全 [M]. 北京: 清华大学出版社, 2019.

[73] 高泽华, 孙文生. 物联网 [M]. 北京: 清华大学出版社, 2019.

[74] 雷敏. 物联网安全实践 [M]. 北京: 北京邮电大学出版社, 2017.

[75] 江林华. 5G 物联网及 NB-IoT 技术详解 [M]. 北京: 电子工业出版社, 2018.

［76］ 廖建尚. 物联网长距离无线通信技术应用与开发［M］. 北京：电子工业出版社，2019.

［77］ 解运洲. NB-IoT 技术详解与行业应用［M］. 北京：科学出版社，2017.

［78］ 戴博，袁戈非，余媛芳. 窄带物联网（NB-IOT）标准与关键技术［M］. 北京：人民邮电出版社，2016.

［79］ 黄宇红，杨光，肖善鹏，等. NB-IoT 物联网技术解析与案例详解［M］. 北京：机械工业出版社，2018.

［80］ 陆婷. 窄带物联网（NB-IoT）标准协议的演进［M］. 北京：人民邮电出版社，2020.

［81］ 张新程，付航，李天璞，等. 物联网关键技术［M］. 北京：人民邮电出版社，2011.

［82］ 刘云浩. 物联网导论［M］. 北京：科学出版社，2017.

［83］ 董玮，高艺. 从创意到原型物联网应用快速开发［M］. 北京：科学出版社，2019.

［84］ 聂增丽，宋苗. 无线传感网开发与实践［M］. 成都：西南交通大学出版社，2018.

［85］ 韩立云. 物联网技术在机械设备管理中的应用与分析［J］. 中国设备工程，2022（2）：18-19.

［86］ 邵乐乐. 物联网技术在铁路物资管理中的应用［J］. 中国储运，2022（1）：206-207. DOI：10.16301/j. cnki. cn12-1204/f. 2022.01. 117.

［87］ 陈伟东，李国领，叶亚伟，等. 物联网在智慧农业中的应用及其比较研究［J］. 广播电视网络，2021，28（12）：31-33. DOI：10.16045/j. cnki. catvtec. 2021. 12. 005.

［88］ 张令健. 物联网技术在高层建筑消防监督管理中的应用［J］. 低碳世界，2021，11（12）：197-198. DOI：10.16844/j. cnki. cn10-1007/tk. 2021. 12. 086.

［89］ 李季明. 计算机物联网技术在物流领域中的应用研究［J］. 物流工程与管理，2021，43（11）：53-55.

［90］ 沈玺，孔丽. 基于 NFC 技术的手机收款系统［J］. 电脑知识与技术，2021，17（3）：254-256. DOI：10.14004/j. cnki. ckt. 2021. 0202.

［91］ 冯红杰，陈晓晨，邓军军. NFC 技术在汽车电子领域的集成与应用［J］. 重型汽车，2019（4）：37-38.

［92］ 张春红，裘晓峰，夏海轮，等. 物联网关键技术及应用［M］. 北京：人民邮电出版社，2017.

［93］ 王沛毅，巨新新，赵俊岩，等. 基于 NFC 技术的一卡通系统设计与应用［J］. 无线互联科技，2021，18（18）：50-51.